朱富强●著

The Game Theory

活学活用 **博弈论**

U0226476

经济管理出版社
ECONOMY & MANAGEMENT PUBLISHING HOUSE

图书在版编目(CIP)数据

博弈论/朱富强著. —北京:经济管理出版社,2012.9
ISBN 978 - 7 - 5096 - 2137 - 0

Ⅰ.①博…　Ⅱ.①朱…　Ⅲ.①博弈论—研究　Ⅳ.①O225

中国版本图书馆 CIP 数据核字(2012)第 240490 号

组稿编辑:王光艳
责任编辑:邱永辉
责任印制:杨国强
责任校对:李玉敏

出版发行:经济管理出版社
　　　　(北京市海淀区北蜂窝 8 号中雅大厦 11 层 A 座　100038)
网　　　址:www. E - mp. com. cn
电　　话:(010)51915602
印　　刷:北京银祥印刷厂
经　　销:新华书店
开　　本:720mm×1000mm/16
印　　张:20
字　　数:370 千字
版　　次:2013 年 6 月第 1 版　2013 年 6 月第 1 次印刷
书　　号:ISBN 978 - 7 - 5096 - 2137 - 0
定　　价:39.80 元

目　录

第 1 篇　博弈思维

第 2 篇　主体理论

第 3 篇　　现实问题

第1篇　博弈思维

1. 如何理解博弈论思维

作为青年经济学子和一般经济学爱好者,学习博弈论的首要目的就在于了解博弈思维,以便对微观个体行为和宏观社会经济现象作出自己的分析和认识。一般地,博弈思维与以新古典经济学为代表的传统经济学思维有很大的不同:传统经济学思维关注在封闭环境中理性经济人的行为选择,而博弈思维则涉及个体行为对其他相关者的影响以及其他人作出的相应行为反应。当然,其他相关者究竟如何反应,则涉及不同的心理动机和博弈思维。因此,首先对博弈思维作一简要介绍。

1.1 经济博弈论因何崛起

博弈的英文就是游戏(Game),博弈论(Game Theory)则是一种关于游戏的理论,又称对策论,是一门以数学为基础、研究对抗冲突中最优解问题的学科。游戏是人类日常生活中的一个普遍现象,因而博弈思想很早就在实践中得到了具体应用,如战国时期的"田忌赛马"就是一例。在很大程度上,博弈论就是衍生于古老的游戏,如象棋、围棋、扑克等。不过,博弈思维被正式引入经济学中,却是近几十年的事情。

在经济学文献中,对博弈论最早进行研究的是古诺(Cournot,1838),后来伯特兰(Bertrand,1883)和埃几沃斯(Edgeworth,1925)等相继发表了关于垄断定价和生产的论文,他们通过对"双头垄断"条件下厂商行为相互影响的分析,揭示了经济活动过程所蕴涵的博弈行为特征,为经济博弈分析提供了思想雏形。不过,这些论文在当时都被看成是特例,从而没有促发经济学的范式革命。现代博弈论的正式起源可以追溯到 20 世纪 20 年代,法国数学家波雷尔(Borel)用最佳策略的概念研究了下棋等决策问题,并试图把它们作为应用数学的分支进行系统研究,从而为博弈理论的发展做了很好的铺垫。博弈论产生的公认标志则是 1944 年诺伊曼和摩根斯坦合作的《博弈论与经济行为》,该书引进了通用的博弈理论思想,并指出绝大部分经济问题都应该被当做博弈分析。20 世纪 50 ~ 60 年代,博弈论作为一门学科得到了飞速发展,但即使如此,博弈理论至此依旧还只是作为数学的一个分支。

事实上,拉斯缪森(2003)就写道,在 20 世纪 40 年代晚期,计量经济学与博弈论这两门学科都有远大前程,但随后计量经济学逐渐成为经济学中必不可少的一部分,而博弈论则萎缩为一门子学科,它只对博弈论专家来说乐趣无穷,却为整个经济学界所遗忘。但是,到了 20 世纪 70 年代,博弈论开始与复杂的经济问题结合起来,并在 20 世纪 80 年代迅速成为主流经济学的重要组成部分,最后,它几乎吞没了整个微观经济学,就如计量经济学吞没了"经验经济学"一样。博弈论成为主流经济学研究的主要方法之一并逐渐改造了现代微观经济学,是 20 世纪 70 年代以后的事。那么,博弈论大量应用到经济学领域为何会发生在这一时期呢? 这就涉及经济学研究对象的演变以及新古典经济学思维的缺陷。

我们知道,自古典经济学开始,经济学就将其研究对象逐步限定在物质财富上;而在新古典经济学将财富最大化转化为价格和供求后,经济学又演变为研究稀缺资源如何有效配置的一门学问。随着经济学的扩张,那些经济学帝国主义倡导者积极将物质财富拓展到其他财富方面,同时又固守了经济学中的最大化原则;构成最大化原则的两个支柱就是经济人和理性,以至经济学也被定义为研究理性的人如何行为的学科。很显然,上述理解存在很大的偏颇,其根本缺陷在于它将研究的手段当成了目的,从而忽视人的根本需求。实际上,经济学研究的根本目的是要通过剖析人们的行为机理来探求提高人们福利的途径,因而经济学离不开对人类需求以及相应行为机理的关注。

一般地,经济学的研究必须包含这样两方面的内容:一是人面对着自然物时如何行为,二是人面对着他人或社会时如何行为。其中,前者寻找人类如何最大化地使用自然物的途径,主要是借鉴自然科学所积累的知识及其提升的工具理性;而后者是要探究如何充分运用人的理性以实现社会需求的最大化,根本上关乎心理学和文化学的知识及其提升的价值理性,需要分析具体环境下人的行为方式和偏好。例如,马歇尔(1964)曾指出,"经济学是一门研究财富的学问,同时也是一门研究人的学问",而且,作为"研究人的学科的一个部分"是更重要的方面。因此,新古典经济学将复杂性人类还原为孤立的原子个体就存在严重缺陷。究其原因,孤立的理性经济人所关涉的是人与自然的互动,此时自然是被动的,但社会关系中的人却是主动的。斯密就提出一个影响深远的"棋子原理":人们"似乎认为,他能够像用手摆布一副棋盘中的各个棋子那样非常容易地摆布一个偌大社会中的各个成员;他没有考虑到棋盘上的棋子除了受摆布的作用之外,不存在别的行动原则,但是,在人类社会这个大棋盘上,每个棋子都有它自己的行动原则,它完全不同于立法机关可能选用来指导它的那种行动原则"。

当然,在整个新古典主义时期,西方经济学界集中于物质资本配置的研究,是有其特定的适应性和现实性的。究其原因,当时人们迫切需要解决的是物质需求,而关键或"瓶颈"的生产要素也是物质资本;同时,在资本主义经济还在持续发展的时期,随着资本主义制度的不断调整,个体利益和社会利益之间的矛盾还不突出。正因如此,源于自然主义的经济人比较适用于这一要求。但是,自 20 世纪 70 年代以降,随着物质资本的积累日趋饱和,经济学所处理的对象已经发生了很大的变化,以至传统的理性思维变得越来越不适应。一方面,随着物质资本积累的日益丰富,财富创造所需要的关键或"瓶颈"生产要素已逐渐从物质资本转到了人力资本或社会资本,因此,如何更有效地创造和配置人力资本、社会资本等已经成为经济学关注的重点。显然,这些新型的社会性资本的使用必然会涉及人与人之间的关系,因而不再是像新古典经济学所想象的那样可以基于个人理性加以任意配置的,而是需要激发人力资本主体的能动性。另一方面,随着物质财富的日益丰富,人类的需求也逐渐从物质领域转向更为广泛的非经济领域,因而经济学的研究也越来越涉及更为广泛的内容。显然,非物质的需求往往涉及人们的互动关系,因而人的需求行为就涉及人的社会性,它强调人与人之间的社会互动而形成的联合理性和社会理性,而不是源于人处理自然物的单向理性和个体理性。事实上,随着生产要素和人类需求的转换,经济学的研究内容开始涉及越来越多的人与人之间关系的社会问题,有关人类互动行为的研究在经济学理论的构建中日益重要;这样,经济学就逐渐演化成了研究理性人如何行为的学科,并促使了博弈论和激励理论这类新学科、新工具的产生。

　　思考:现代经济学为什么会转向博弈理论的研究?

1.2　应如何理解博弈思维

　　学习博弈理论根本上要掌握博弈思维,以博弈思维来观察真实世界中的种种社会经济现象。问题是,什么是博弈思维呢? 一般地,如果一个人在做一项决策时考虑到了其他人的可能反应,那么,这种决策过程或策略选择决定就体现了博弈思维的运用;而且,由于任何社会经济现象都是人类互动的结果,都需要考虑到其他人的策略反应,因而博弈思维在现实世界中也必然是普遍的。博弈思维运用的一个直观体现就是股票交易中的个体行为。

　　股市中有一个重要现象就是:人们往往买涨不买跌。那么,人们为什么在股市疯涨的时候买进呢? 这看似与一般的理性原则相悖的行为,却有其合理的逻辑基础。究其原因,股市交易的价值并不是真实的,而是一种虚拟品,它的价值体现在社会需求上:如果社会需求大就会上升。而社会需求不仅是个人行为的表现,而且还是社会大众行为的表现。正因如此，买卖股票时，每个人都必须揣摩社会大众的心态，从而出现了一个博傻规则：关键不在于在高价位购买，而在于不要成为最后一个在高价位购买的傻子，只要不是最傻的就行。

关于这一点，凯恩斯很早就有所认识，他把股市与选美作比较："专业投资大约可以比作报纸举办的比赛，这些比赛由参加者从 100 张照片当中挑选出 6 张最漂亮的面孔，谁的答案最接近全体参加者作为一个整体得出的平均答案，谁就能获奖；因此，每个参加者必须挑选并非他自己认为最漂亮的面孔，而是他认为最能吸引其他参加者注意力的面孔，其他参加者也是以同样的方式考虑这个问题。现在要选的不是根据个人最佳判断确定的真正最漂亮的面孔，甚至也不是一般人的意见认为真正最漂亮的面孔。我们必须做出第三种选择，即运用我们的智慧预计一般人的意见认为一般人的意见应该是什么。"显然，凯恩斯这里所讲的就是博弈思维。受凯恩斯比喻的启发，当前的实验经济学发展出了一种选美博弈实验：选定一个目标数，参与者中谁给出的数字最接近目标数，谁就赢得比赛。

选美博弈可以在现实生活中找到大量的映像。例如，在委员会成员推举会长、主席的过程中，推举的程序往往是：首先是每个人填写选票，然后在点票时公布每个人的选票以及选举最终结果。显然，由于当选的会长总是对选举他的人心存感激，从而会给选举他的人一定的好处，因此，每个委员都希望自己选举的人能够最终当选，从而便于拉关系、套近乎。那么，他们又如何选择呢？显然，他们很可能不会完全按照自己的偏好进行选择，而是努力揣摩其他人的意向。再如，即使在诸如跳水、体操等技术观赏性的体育比赛中，运动员获得成绩的过程是：去掉一个最高分和一个最低分，并把其他分数加总或平均；那么，为了使自己的评判不至于作废，裁判在亮示其给出的成绩时就必须充分考虑其他裁判的看法，否则每个裁判员都可以给自己偏爱的队员打尽可能高的分数了。在很大程度上，正是由于每个选民都希望自己支持的候选人当选或自己支持的政党执政，并由此转而支持那些更可能当选的候选人或政党，从而产生了"西瓜"效应，并导致小党派日渐萎缩。

思考：如何从选美博弈来理解博弈思维？

其实，上述博弈思维，大多数学生在日常生活中已经经常性体验乃至自发地运用了。例如，大学或者研究生入学前填报学校或专业时，就面临着一个博弈问题，因为很多学生的一个基本目的是首先保证能升学，其次才是在升学的基础上有一个更好的学校或者专业。显然，由于一些好的学校和专业总是抢手的，因而就存在一个悖论：如果我报考的好专业或者学校的考生太多，那么我就有可能根本上不了；如果众多考生都有这样的顾虑而报名者减少，此时如果我没有选报，就失去了一个好机会。那么，究竟怎么报选呢？这也涉及对他人心理的判断以及信息的搜寻。同样,大学毕业后许多学生又希望去国外进修、深造,此时也面临这一博弈过程。这也是为什么会出现这么多留学中介的原因。此外,求学期间选择班长、学生会主席以及协会会长时也面临博弈问题,因为大多数同学都希望自己偏爱的人能够当选,并由此希望自己与当选者有更紧密的关系,从而可以获得某种利益。

　　思考:举例说明我们身边的博弈。

　　为了使得自己的选择与多数人保持一致,那么就需要甄别被选对象为大多数人认可的亮点。例如,同学们在选举班长或代表时,为大多数人所欣赏并获得最多选票的同学往往具有一些独特特征:或者成绩最优,或者最乐于助人,或者善于搞好同学关系等。为此提供更好说明的是 1988 年秋《博弈》杂志举办的选美博弈比赛:参与者模拟投票给 9 位名人,各选一位总统和副总统,投票给得票最多的人可能会获得奖金;这 9 名候选人是:著名电视谈话节目黑人女主持奥普拉·温弗雷、超级棒球明星皮特·罗斯、著名摇滚诗人布鲁斯·斯普林斯蒂恩、商业偶像李·艾尔柯卡、辛迪加专栏作家安·兰德斯、影视名人比尔·克斯比、影视名人斯莱·史泰龙、著名演员皮-威·赫尔曼、著名演员雪莉·麦克雷恩,而得票最多的是比尔·克斯比,随后是李·艾尔柯卡、皮-威·赫尔曼和奥普拉·温弗雷,而雪莉·麦克雷恩则排名最后。分析原因是:深受欢迎的比尔·克斯比参加了一次成功的电视秀,从而可能成为一个选择,而皮-威·赫尔曼和奥普拉·温弗雷也做过相同的事,李·艾尔柯卡则曾被媒体提及可能成为美国总统候选人,从而引起人们的注意。正是那些为大家周知的人物更容易成为一种投票目标,因而无论是总统选举还是村长选举或者班长选举中,在任者往往更容易得到连任的机会。

　　思考:如何理解现任者的选举优势?

1.3　博弈思维的理性如何

　　博弈思维的关键在于:行为者必须考虑利益相关者的策略反应。Elster(1986)指出,人类的互动策略存在如下三种依存形式:①每个行为人的报酬取决于所有行为人的报酬。②每个行为人的报酬取决于所有行为人的选择。③每个行为人的选择取决于所有行为人的选择。那么,怎样预期利益相关者的策略反应呢? 一般地,在不同时空背景下,人类行为往往是有差异的,这需要对人类理性作深入的探讨。常识也告诉我们,社会中互动的人类行为存在多种多样的基础,有感性的也有理性的,有功利主义的也有互利主义的,有遵循效率原则的也有遵循正义原则的,有注重行为过程的也有注重行为结果的,有关注个人利益的也有关注社会规范的。这些差异性的行为选择往往与习俗、社会环境以及文化伦理等密切相关,也与个人的特性密切相关,更与互动者之间的社会关系相关。不过,迄今为止的博弈理论大多集中在对那些理性行为进行探讨,问题是,何谓博弈思维中的理性? 其特征主要体现在如下几个方面。

(1)博弈论所探讨的理性与传统经济学的个体理性是有所区别的。①新古典经济学研究的是个体如何配置稀缺性资源,这主要涉及的是人与自然之间的关系。显然,由于自然是没有能动反应的,因而这种理性是单方面的,属于个体理性,也具有相对的确定性。②博弈论研究的是人类互动中的策略选择,它所涉及的是人与人之间的关系。显然,由于其他个体是有能动反应的,因而这种理性是双向的,属于联合理性,并具有很大的不确定性。事实上,在博弈论里,个人效用函数不仅依赖他自己的选择,而且依赖他人的选择,个人最优选择是他人选择的函数。因此,在博弈的均衡状态时,每一博弈方的行为就不再仅局限于个体理性,而是联合理性。

显然,每个行为人均能使个体理性的自我支持并不足以使所有行为人实现联合理性,因此,互动博弈的解就必须是联合自我支持的。为此,2005 年诺贝尔经济学奖得主奥曼(Robert Aumman)认为,博弈论更为恰当而形象的描述性的名称应是"交互的决策论"。即博弈论是研究决策主体的行为发生直接相互作用时候的决策以及这种决策的均衡问题,是关于包含相互依存情况中理性行为的研究。正因如此,博弈思维的联合理性就具有这样的双重特性:一是相互依存,即博弈中的任何博弈方都受到其他博弈方行为的影响,他的行为也将影响其他博弈方,这是与新古典经济学的差异处。二是理性行为,即博弈方的决策必定建立在预测其他博弈方的反应之上,并把自己置身于其他博弈方的位置预测其他博弈方的行动,再决定自己的最佳行动,这是与新古典经济学的相似处。

(2)博弈理论的理性体现在与他人的互动中实现个人收益最大化。事实上,博弈论仅仅是一种用来探讨个体之间互动行为的分析工具,互动者之所以将他人的反应纳入考虑,根本目的在于增进自己的利益或福利。那么,互动中的个体如何增进自身利益呢? 不同情形下博弈方所采用的博弈思维往往是不同的,从而显示出了不同的博弈机制。例如,博弈方的行为可以是"为他利己"的,也可以是"为己利他"的,不同的行为机理最终导向不同的博弈结局,或者是合作的,或者是非合作的。事实上,不同的社会环境和互动关系都会带来不同的行为预期,从而带来不同的策略选择。譬如,在友好的环境中或者在敌意的环境中,个体的行为选择往往很不一致;同样,在零和博弈的环境和非零和博弈的环境中,个体的行为选择也很不一样。

因此,学习博弈论要采取辩证的思维,博弈论仅仅是为我们理解社会中互动的人们的理性行为提供了一种分析思维,但究竟采取何种思维却往往与具体的博弈情形有关,而博弈理性的程度则反映在最终所获得的收益大小上。不幸的是,尽管主流博弈论注意到互动双方之间的行动依赖关系,却没有考虑到互动本身对理性内涵的改变诉求。相反,无论是所基于的理性概念还是博弈方的行为机理,主流博弈论都是从新古典经济学中引进基于个体主义的工具理性:每个人都是根据自己的效用最大化原则独立行动的,而没有设身处地考虑对方的反应。结果,主流博弈论的思维往往引发并加剧了囚徒困境,从而博弈方也就无法真正地最大化自身收益。

(3)个人收益能否达到最大化根本上取决于互动者之间行为协调。事实上,绝大多数互动情形互动所产生的总收益都是可变的,具有变和博弈的特征。在这种情形下,只有通过行为的协调,才可以达成合作均衡,并由此实现合作剩余。在很大程度上,现实世界中的个体正是在长期的实践中通过不断的互动来调整各自行为,实现有效的分工和互惠的合作,从而最终增进双方的共同利益或长期收益,这就是哈耶克所讲的人类文明的伟大之处。因此,作为探究和协调个体之间互动行为的合作博弈理论,它的一个重要任务就是要揭示博弈各方实现合作的理性思维,以及实现行为或策略协调的内在机理。

显然,这种在互动中实现合作所体现出的联合理性与现代主流经济学所使用的那种单向理性有很大不同:它根本上不是工具理性而是交往理性,不是个体理性而是社会理性。为此,博弈论也应该充分吸收其他社会科学的理论和知识来真正剖析现实生活中的博弈思维,这种博弈思维在一定程度上也可以在大量的行为实验中得到体现。不幸的是,主流博弈论却主要集中分析敌意环境中的策略行为,关注的是博弈方之间的利益冲突而非行为协调,而且,它还将零和博弈倾向下的策略推广到其他变和博弈的情形,从而造成博弈的行为失调,而无法实现双赢的结果。正是基于这一研究倾向,谢林(2006)将主流博弈论所研究的领域称为"冲突的战略",是一场冲突双方都"志在必得"的竞赛。

思考:如何理解博弈理性的基本含义和要求?

1.4　主流博弈论如何思维

上面介绍了博弈论的基本思维及其理性要求,那么,当前学术界流行的博弈思维又是怎样的呢? 我们可以作进一步的分析。

尽管人类理性的内涵是非常丰富的,但主流博弈论却采用了一种相当偷巧的方法,它继承了新古典经济学的基本思维,承袭了新古典经济学中的经济人和工具理性概念,而只是将人处理物所形成的工具理性简单地应用到对人与人之间互动行为的分析,将人与自然的互动模式简单地拓展到人与人的互动关系中,即每个博弈方都是经济人,从而会选择可理性化策略来增进个人利益。显然,由于经济人本身具有强烈的机会主义倾向,因而主流博弈思维就体现为:运用最小最大化策略来尽可能降低他人的机会主义行为对自己造成的损害。正是由于主流博弈论的联合理性只是将经济人的工具理性联合在一起,从而具有内在的先验性和实质的单向性。先验性表现在行为者的理性行为是普遍而静态的,从而隔断了与具体社会环境和文化心理的联系;单向性则体现为行为者只是机械地理解对方的反应,从而制约了理性在互动中的演化和成熟。在很大程度上,正是由于主流博弈论的联合理性依然是先验的和单向的,从而就无法真正促进行为的协调,反而获得了囚徒困境这一普遍结论。

相应地,主流博弈思维关注博弈方之间的对抗性甚于协作性,这种思维主要适用于零和博弈的情形,如军事战争、商业竞争、体育比赛等领域。迪克西特和奈尔伯夫(2002)就将博弈思维视为"关于了解对手打算如何战胜你,然后战而胜之的艺术。"但是,主流博弈思维却不适合于人类的日常生活互动,因为现实生活中的绝大多互动都体现了变和博弈的特征,都存在通过合作以实现集体收益增进的可能。事实上,日常生活中的需要满足更体现在关系的融洽、行为的协调和有效的合作上,而且,大量的经验事实和行为实验也都表明,人们往往能够缓和相互之间的利益冲突,囚徒困境并不是普遍现象。

问题是,主流博弈论主要关注竞争领域中的囚徒困境现象,关注非合作的博弈均衡;但合作却是其他生活领域中更为常见的现象,而且日常生活的互动构成了人类行为关系的绝对主要部分。既然如此,为什么主流经济学以及主流博弈论要抛开人类80%的合作现象不顾而专注于那些少量的不合作现象呢?威尔逊在《道德观念》一书中就指出:理论最需要解释的不是为什么有些人会犯罪,而是为什么大多数人不会犯罪。一般地,博弈论的这种发展倾向有理论思维上和理论背景上的双重原因。

一方面,就理论思维而言。尽管人类理性根本上体现在对长远利益的关注和追求,但主流博弈论却简单地承袭了新古典经济学的工具理性及其分析逻辑。工具理性的重要特点就是,将行为主体以外的人和物都视为实现自身利益最大化的手段,从而缺乏互动主体之间的交流和关注;相应地,由两个工具理性相结合而产生的联合理性本质上依旧是分立的、机械的,两个分立的理性行为之间主要是对抗和冲突关系而不是协作和融合关系。为此,博弈方基于这种机械的联合理性所采取的以个体效用最大化为目的的行为,最终达致的结果往往是非合作的,无法实现帕累托最优状态。同时,工具理性的偏盛还会促进人类合作的瓦解:①工具理性使得行动只受追求功利的动机所驱使,行动者纯粹从效果最大化的角度考虑,而漠视人的情感和精神价值;②工具理性的膨胀使得物质和金钱成为了人们追求的直接目的,从而导致手段成为目的并进而成为人性的枷锁。正因如此,基于工具理性的主流博弈论就只能集中于非合作行为的研究,而无法建立真正的合作模型,无法真正揭示社会中的合作现象,这导致合作博弈研究取向的日益式微。

另一方面,就理论背景而言。尽管博弈反映了人们日常生活中基本的互动现象,但主流博弈论主要诞生于相互冲突的冷战背景之中。事实上,现代博弈理论勃兴于"二战"时期对战略、战术问题的关注,而"二战"结束之后,又开始了东、西方两大阵营之间的严峻对抗,博弈论的关注也与这种社会背景相适应。例如,纳什早期几篇为现代博弈理论奠定基础的论文基本上都是美国军事单位立项或资助的课题,如《非合作博弈》、《n 人博弈的均衡点》、《一个简单的三人扑克牌博弈》、《两人合作博弈》分别得到原子能委员会、海军研究局以及兰德公司的资助,纳什本人也是原子能委员会的成员。正因如此,早期博弈理论研究的对象是零和博弈,针对的是敌意的博弈环境。在这种情况下,主流博弈理论就具有明显的对抗性,是在探索提防被对方损害的同时尽最大可能地损害对方的策略。Erev 等(2002)就指出,博弈模型的一个重要功能就是提供了人类在策略性环境中行为的近似描述。同样,新古典经济学创立者之一的埃几沃斯(Edgeworth,1881)在提出"经济学的首要原则是每一个行动者都是受自利所驱使"的同时,也警告说,这个"首要原则"严格来说仅仅适用于"契约和战争"这些情形之中。

思考:如何从博弈论的起源理解主流博弈思维的局限性?

可见,主流博弈论所描述的状态与真实世界中常态性的社会互动状态之间存在很大的距离:①早期博弈论关注的主要是对抗式行为,探寻的是兵家的战斗策略;②人们的日常生活不是战斗的而是合作的,人们的总体利益不是对抗式的而是互补的。有人就指出:"能在现实生活中应用博弈的人,大概只有疯癫的战争策略家,因为只有疯子或电子人才会犯这样低级的错误,那就是把世界当做一个零和博弈来看待"(宾默尔,2010)。事实上,只要存在互补性,就存在参与者之间的行为协调问题;而只要处于社会关系之中,任何个体的行为就必然会受到某种类型的协调和制约。显然,所有这些,都必然会产生不同于标准经济人模型的社会行为。然而,主流博弈理论却将具有亲社会性的社会人抽象为没有关联的经济人,从而就舍去了研究协调问题的理论兴趣;同时,它又试图将源于兵家的策略与思维拓展到一般社会互动之中,并以这样的基本假设来改造人们的日常生活:人们是以互不相干的个人来到这个世界的。在很大程度上,这种相互没有任何联系的个体仅仅是个符号,或者相当于一般性动物。很多学者就用博弈理论来研究动物之间的互动行为。正是由于专注于竞争行为而不是合作行为的研究,主流博弈论就无法解释普遍的合作现象,从而呈现出一种很不精确的漫画式画景,因为人类的互动实践显然比理论推演的结果更优。当然,早期研究博弈论的主要学者大多热衷于逻辑关系,而对理论的现实性和应用价值相对不是很看重;但随后的博弈论者却声称,他们能够证明制度如何纯粹出自个人的自利行为,并以此来指导社会现实,从而反而误导了社会实践。可见,博弈论的发展还任重道远,正如迪克西特和奈尔伯夫(2002)所说,"博弈论这门科学远未达到完美佳境,而策略思维在某些方面看来仍然是属于一门艺术"。

1.5　主流博弈思维的缺陷

博弈思维中的理性要求表明,博弈方在互动中应该与其他博弈方尽可能地实现行为协调,以实现个人利益最大化,这就要求建立博弈方之间的联系。但是,主流博弈论却把博弈方视为相互孤立而冷淡的,他并不考虑自身行为是否会损害其他博弈方,而是遵循一种既定不变的行为原则:从自己的个体理性出发,根据避免风险的最大最小化原则进行策略和行动选择,最终达到一种具有内敛性的纳什均衡。显然,这种行为一般都是自我支持的,否则他就不会采用此策略;而且,这种自我支持的行为理性与其他博弈方的行为又是密切相关的,从而符合联合理性的特质,这也是主流博弈论所强调的可理性化策略。问题是,承袭工具理性的联合理性同样具有强烈的先验性和单向性,基于最小最大策略的行为互动并不能有效导向互动者之间的合作,反而往往催生了相互之间不断升级的策略性行为,从而加剧了社会的紧张和对抗关系。

正是基于工具理性导向非合作的事实,非合作博弈及其均衡状态就成了主流博弈论的基本内容。尤其是,现代经济学试图基于主流博弈思维对社会制度进行修正和设计,把一种有效的制度安排简单地等同于纳什均衡的具体化,结果,基于纳什均衡的制度安排进一步误导了社会实践。一个明显的例子就是 MBA 教育:现代 MBA 教育往往教导商人们如何在不违法的情况下(道德则不论)最大限度地追求私利,而那些"义中取利"和崇尚合作的商人在马基雅维利式的竞争中只能消亡;但是,工具理性偏盛而价值理性式微的最终结果就是交往日益不合理,从而使得整个社会都将陷入一个囚徒困境。事实上,西方社会的工具理性本身是人类在认识、征服和改造自然过程中逐渐形成的,它体现了人与自然之间的紧张;相应地,将这种工具理性拓展到人类之间的互动行为后,也就凸显了人与人之间的紧张关系。

思考:如何理解新古典经济学分析范式的使用限度?

而且,正是继承了西方社会根深蒂固的自然主义和工具理性思维,现代主流经济学将人与人之间的快乐和利益都视为相互冲突的,每个人都往往希望最大限度地增进自己的快乐和福利;相应地,主流博弈论也就是探讨两个和两个以上的个体间发生利益冲突时的理性行为以及互动结果。同时,由于主流博弈论承袭了新古典经济学的经济人思维:每个人都关心自己的利益,都基于行为功利原则行事,从而往往会出现糟糕的博弈结果。譬如,在选美比赛中,过分看重社会大众的偏好,那么,那些哗众取宠的候选者反而会当选,从而让人大倒胃口;在高考择校中,那些好学校或者专业往往会成为某一年的冷门,从而使一些学子抱憾。这就是社会中广泛存在的混沌现象,博弈论中则表现为囚徒困境。事实上,社会经济中的混沌现象和囚徒困境比比皆是,如金融泡沫、各种经济风潮都是这种预期效应强化的结果。

当然,尽管主流博弈论可以得到囚徒困境这一普遍结论,但囚徒困境在现实中出现的概率明显会比主流博弈论在理论上所推导出的要少得多:无论是在目前大量的行为实验中还是在日常的现实生活中,"搭便车"的情形要远远低于标准经济理论所推理的,人们也不会像标准经济理论所假设的那样随时准备剥削社会或其他个体。在很大程度上,主流博弈思维只能分析人类社会中相互争斗的很少一部分现象,而在分析大多数日常行为时则具有非常明显的局限性,这可从两方面加以说明。①人类从互动中获得的收益根本上是来自相互的合作而非斗争,而互惠合作本质上也就是互动行为之间的协调问题。譬如,当两个人共同通过一个狭小的出口时往往就会遇到协调问题:两人同时抢先出门就可能发生拥挤或相撞。②人们在日常生活的互动中往往能够且确实已经形成一些有效的协调机制,这种协调机制促进了普遍的社会合作。譬如,在上述进出入互动中,大多数社会都演化出了某种进出入规则:女人优先、老人优先、职务高者优先、客人优先或者事急者优先等。

可见,由于承袭了新古典经济学的工具理性,主流博弈论简单地把新古典经济学的个体理性联合在一起来探究人类的互动,这就产生了两个明显的后果。一是现象解释上的困境,它得出了囚徒困境这一普遍结论,但在日常生活中,人们却往往能够缓和相互之间的利益冲突,囚徒困境并不是普遍现象;二是行为指导上的困境,它会产生俄狄浦斯效应,促发个人的功利主义和机会主义行为,从而促生囚徒困境现象。之所以如此,就在于主流博弈论的博弈思维:它主要关注对抗性的互动情形,从而发展出了防止遭受他人损害的最小最大策略。通俗地说,主流博弈论体现了曹孟德"宁可我负天下人,不可天下人负我"的思维,或者说,不择手段地追求个人利益的马基雅弗利主义思维。霍尔斯(1996)就写道:"任何两个人如果想取得同一东西而又不能同时享用时,彼此就会成为仇敌。他们的目的主要是自我保全,有时则只是为了自己的欢娱;在达到这一目的的过程中,彼此都力图摧毁或征服对方","由于人们这样互相疑惧,于是自保之道最合理的就是先发制人,也就是用武力或机诈来控制一切他所能控制的人,直到他看到没有其他力量足以危害他为止"。问题是,现实生活中绝大多数互动都是互利的,合作剩余的取得往往依赖于互动者之间有意识的行为协调,因而这必然不同于零和博弈情形中的对抗思维。

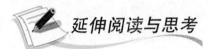

延伸阅读与思考

主流博弈思维引发的问题

主流博弈论将博弈互动者都视为相互冷淡且最大化个人利益的经济人,且为了实现自身利益最大化,他们时刻要提防他人的损害并采取一切可行的机会主义策略。正是在这种博弈思维的指导下,现代社会中的囚徒困境不断加剧。同时,从大历史观的角度看,人类社会的分工和合作又是不断深化的。这意味着,囚徒困境并不是必然存在,更不是无法解决的。谢林(2009)就指出,"严格来说,这并不是一个两难问题(Dilemma),而只是一个困境(Predicament)。"那么,这种困境是如何产生的呢? 根本上就在于现代主流博弈论的思维是有问题的,它并不能很好地揭示或解释真实世界中的行为机理,更无法有效地解决现代世界中的某些乱象,反而会加剧这些混乱。这里作一简单说明。

一、行为指导上的困境

一般地,舆论和观点会对人的思维产生深远的影响,乃至改变人的偏好和行为方式。例如,Johnson 等(2002)的实验就表明:在后向归纳法方面受训的实验对象趋向于采用后向归纳法,而没有受训的实验对象系统地偏离了后向归纳法,行为方式接近后向归纳法的实验对象趋向于做接近子博弈完美均衡的出价和接受决策。就主流博弈论对人类行为的影响而言,它片面宣扬个人追求自身效用最大化的行为,只要有机会就准备"搭便车"或者采取最小最大化的策略行为;这样,功利主义和机会主义就成了共同知识,它通过自我预期效应而引导大家都采取基于最小最大化的可理性化策略。在很大程度上,也正是基于最小最大化的可理性化策略及其相互强化效应,造成了现代社会在实践上的集体理性困境,滋生了普遍的囚徒困境现象。关于这一点,我们以几个例子加以说明。

主流博弈思维主张,抛弃个人的定见而揣摩其他人的心理,并基于个人利益最大化而采取行动;在这种行为原则的指导下,人人都害怕成为"出头鸟",从而就会导致政治和社会的僵化。例如,尽管任何个体的力量都是非常渺小的,那么,一个力量有限的个体如何使大多数人臣服于他,乃至在人类社会中长期存在独裁和专制现象呢? 这就可用主流博弈思维加以解释。波兰尼(2000)写道:"事实上我们容易看到,单独一个个体在没有得到人们明显的自愿支持的情况下也能对很多人行使命令。如果一群人中每个人都相信其他所有的人会遵循一个自称为他们共同的上级的人的命令,那么,这群人就会全都把这个人当作上级而听从他的命令,因为每个人都害怕如果他不服从这个人,其他人就会因他不服从这个上级的命令而惩罚他。这样,所有人都因仅仅假定别人总是顺从而被迫听命,而这群人中的任何成员都没有对这个上级表示过任何自愿的支持。这一群人中的每一个成员甚至会觉得应该被迫报告他的同志的不满迹象,因为他会害怕当着他的面做出的任何抱怨都可能是某个奸细对他的考验,如果他不把这样的颠覆性言论报告上去他就会受到惩罚。就这样,这群人的成员们相互之间可能会如此地不信任,以致他们甚至在私下也只会表现出对一个他们所有人都暗中痛恨的上级的忠心之情。"显然,正是由于人们的行为往往不是基于客观的标准和独立的判断,而是在于相互之间的策略思维,从而在俄狄浦斯效应的作用下就产生了相互之间的行为联动;同时,对他人行为的预期又是建立在经济人基础上的,这使得每个人采取明哲保身的态度和行为,从而强化了某些个人的独裁统治。这也正如《皇帝的新装》这一寓言所揭示的:每个人都看到了皇帝实际上什么都没穿,但是又不知道其他人是否也看到这一点,结果每个人都对皇帝的新衣进行赞美;而只有童心未泯的小孩才愿意说出自己看到的真实情况,从而打破这一囚徒困境。

思考:独裁者是如何具有威权力的? 为什么要建立制度性信任关系?

由相互揣摩引发囚徒困境不仅体现在社会政治领域,而且,在当今学术界也非常普遍,国内学术界更是如此。在很大程度上,正是由于媒体的宣传和追随效应的作用,一个学术平庸者很快就可以包装成学术泰斗或思想大师。究其原因,目前新闻媒体和青年学子往往盲信某些表面现象,却很少愿意且有能力去了解这些被包装了的"著名"学者究竟提出了什么学术洞见;很多人往往看重的是他的身份或其他一些标志,或者是海归,或者是名校毕业,或者是名校教授,或者在英文期刊上发表了一些文章,或者承接了不少社会课题,或者研究成果获得了省部领导的批示。事实上,由于当今社会存在着严重的学历崇拜和崇洋媚外,一些海归学人就打着"回国效力"的旗号而招摇撞骗,略举几例。2000年,"美籍华人科学家"陈晓宁自称携带其科研成果——三个"世界上独一无二、价值无法估量"的基因库回国,被媒体追捧为"基因皇后";但后来经查证,陈晓宁不过是洛杉矶一所私营医院的普通技术人员,其"独一无二"的基因库在美国用3000~4000美元就可以买到。

2003 年,上海交通大学微电子学院院长、留美"海归"陈进把从美国买来的 10 个芯片加上了汉芯字样的标志,谎称研制出具有自主知识产权的高端 DSP 芯片——"汉芯一号",不仅搞定了国内集成电路行业的知名专家,还以此为幌子,申请了数十个国家科研项目,骗取了高达上亿元的科研基金。2010 年,身居加拿大的科学家刘维宁受中国科学院之邀计划担任我国"夸父"卫星项目的首席科学家,他在微博中宣称其是加拿大国家航天局首席科学家;后来被查证出只是加拿大航天局日地科学项目的几个"项目科学家"之一,上面还有"资深项目科学家"和主任,并非加拿大国家航天局独一无二的"首席科学家"。显然,正是基于这种博弈思维,近年来国内就出现了张悟本大师、李一真人、伪娘刘著、打工皇帝唐骏、国学天才孙见坤、网络达人罗玉凤,甚至一些以"智慧"著称的媒体人也为之鼓吹。

思考:如何真正认识和评价一个学者和教授?

事实上,主流博弈论思维注重的是群体认识而不是个人创见,因此,以此思维指导实践就必然会出现庸俗化现象,而以此思维对学术进行评价必然会出现主流化趋势。明显的事实是,当前国内经济学界流行着一股与国际接轨的强大思潮,而这种接轨又主要体现在匿名审稿制等形式规范上。显然,这种匿名审稿制往往只能评定出符合所谓"规范"的庸俗之作,而往往扼杀了那些具有创新性的文章。在很大程度上,自匿名评审体制实行以来,经济学的主流化倾向就大大加强了,并日益局限于形式规范上,最终形成了目前这种类似"八股文"的论文写作风格。正因如此,主要的学术刊物几乎都不愿接受不涉及数理模型和计量模型的论文,如有一位审稿者说,他看到任何里面有"社会的"或"社会"字眼的文章都会把它扔在一边。尤其是由于国内一些专业经济刊物盲目效仿西方的匿名审稿制,甚至滋生出了严重的匿名审稿拜物教,从而导致了大量使用数理模型的文章泛滥。如何理解呢?究其原因,匿名评审要求匿名审稿者具有较广的知识结构,对其领域的前沿思想有深刻的体悟,同时具有坚定的学术理念和宽容的学术态度,能够且勇于发现真正的洞见。然而,现代学人尤其是国内经济学人的知识结构却越来越狭隘,越来越局限于所谓的主流规范;同时,功利主义的盛行,使得审稿者在审稿中只关注个人利益,而不是努力去发现新的洞见。一般地,每个审稿人由于其知识结构以及立场等原因对同一篇文章的评价往往是不同的,特别是对那些具有创新性的文章尤其如此。如果一个匿名审稿者认同的文章多次被其他审稿者所否定,那么,将会降低他个人的学术声望。在这种情况下,那些审稿者一般不会冒利益受损的风险而推荐一些具有完全创新的文章;相反,为了体现自己的学术水平就只能根据主流的规范和理论来选定文章。

思考:为什么当前国内学术如此庸俗化?

二、现象解释上的困境

尽管主流博弈论强调了个体之间的利益对抗性和冲突性，但是，人们在日常生活中往往能够缓和乃至克服相互之间存在的利益冲突，"公地悲剧"等都可以在某种机制下得到克服，而主流博弈思维却往往难以很好地解释这一点。事实上，生物学家针对物种的进化就曾提出两种观点：一是如果个人是相关的进化单位，且利他主义者必然获得比利己主义者更低的支付，那么，进化过程就会趋于消灭利他主义；二是如果基因是进化的单位，那么，在进化确实选择利他主义——合作行为的条件下，利他主义合作者可以很好地生存下来，因为那些继承了进行合作的基因（或文化）倾向的人，更可能比其他人享受到同胞合作的利益。前者是主流的达尔文主义自然选择论，其选择单位是单个的有机体。显然，这种思维也就是主流博弈论的思维，其得出的结论是，利他的个体将被自私的个体所取代。然而，在真实世界中，利他的例子在自然界中却持续存在，甚至具有扩大的趋势，这体现为人类分工半径的扩大。鲍尔斯和金迪斯（Bowles 和 Gintis，2003）也强调，合作行为将更有利于演化，因为它提高了个体进行配对和建立联盟的机会。那么，我们如何解释这种现象呢？生物学家威尔逊声称，"社会生物学的中心问题是：从定义上说将减少个人的适应性的利他主义，如何可能通过自然选择进行演化"（弗罗门，2003）。

其实，现实社会中的任何个体都不是随机地与其他个体进行交易的，而是基于不同的关系而存在不同的交易频率。当遵循"为己利他"行为机理的合作主义者相遇时，他们就会形成稳定的交易关系，从而最终可以取得比利己主义者随机地交往所能够得到的更多的收益。鲍尔斯和金迪斯建立的模型就证明，即使非合作者在与合作者的互动中具有更大的适应优势，以致非合作者构成了群体的一个相当的比例，合作性的"强互惠"行为依然能够维持。现实世界中的任何个体都隶属于一些特定的群体，他与该群体成员的联系更为密切；同时，在交易过程中本身就逐渐培育出一定的私人关系，相互之间合作性越强，今后重复交易的可能性越高。正是由于现实生活中的互动是长期的，因而绝大多数个体在行为决策时都不会只考虑一次性的利益。正如古德（2003）指出的，"参与者重视长期利益，存在危险的只是小的最初或附加利益，不存在潜在的威胁，且由于周围的模糊性降低而存在成功交流的巨大潜力，参与者处于自由、便利的接触的时候，合作及一定程度的信任可以得到发展"。

正因为任何人都不是孤立的原子个体，而是具有或多或少的社会性。这样，社会性特征就成为影响个体行为方式的重要因素，而社会性本身又是不断演化和提升的。这可以从以下两方面加以说明。

第一，在社会互动中人们所采取的行为往往源于内在的动机，这种动机与社会文化和习俗有关,从而博弈结果根本上取决于人的内在动机和对未来的预期。例如,在一个初始状态缺乏竞争的社会或公司中,由于存在普遍的懒散行为,因而一个刚踏入社会或进入公司的新人预期其他人的偷懒倾向,于是一般也会采取偷懒行为。这样,演化均衡就是整个社会处于较低水平的努力程度,这在发展中国家就比较明显。相反,在一个初始状态具有高度竞争的社会或公司中,一个刚踏入社会或进入公司的新人预期其他人的努力程度较高,因而一般也会采取较高的努力行为。这样,演化均衡就是整个社会处于较高水平的努力程度,这在发达国家就比较明显。而且,由于人是异质性的,即使大多数人努力工作,但仍会有一部分人偷懒。如果个体周围恰好存在一群偷懒者,那么相互接触就会促使该个体也跟着偷懒。因此,如果某人周围有50%以上的人存在偷懒倾向,那么,就会促使他产生偷懒动机。如此扩散,将引起整个社会的普遍偷懒行为。由此可见,人的行为深受周围环境的影响,特别是,与社会所存在的制约机制有关。当然,也与他所掌握的信息状况有关:如果了解整个社会的状况,那么也许少数的偷懒行为就不会形成扩散效应。

第二,博弈双方采取何种行为也与他们之间的互动程度有关,这包括两者的社会关系、互动频率以及互动信息等。实际上,标准的囚徒博弈中之所以会陷入困境,就在于其假设前提:两个囚徒今后不再有任何联系了。问题是,大家经常看警匪片,影片中有多少黑帮的成员会招供同伙呢?这里的关键就在于,黑帮中的成员往往都是在一起进行犯罪行为的。正是基于这种分析思维,我们可以预测,临时凑集的犯罪团伙最容易陷入囚徒困境。所以,艾克斯罗德(1996)指出,"从社会的观点看,这两个同案犯最好不要不久又在同样的情况下被抓,因为只有这样他们才能通过出卖对方得到个人的好处"。而且,即使在一次性博弈中,博弈双方一旦有了交流,那么也会导致结果发生很大的改变。弗兰克等的实验表明,如果受试者在一次性博弈支付前30分钟里建立了友好关系,那么受试者合作的可能性是68%(宾默尔,2003)。所以,谢林(2006)强调,"为了协调彼此行为,双方都需要了解对方的情况,研究对方的行为模式;为了建立共同的行为模式和信息释义系统,双方还需要反复不断地沟通协调,沟通的方式也许是某种暗示或默契行为"。

总之,主流博弈论无论在行为指导和现象解释上都存在严重的缺陷:在行为指导下,它无助于人们摆脱困境;在现象解释上,它难以说明大量的合作现象。之所以如此,就在于主流博弈论的思维是有缺陷的,它根基于西方社会的"self-centered"个人主义,而把丰富多样的社会人还原为孤立的原子个体;同时,它借助于数学、力学等工具来刻画原子个体的机械运动,从而建立起了一套形式主义的演绎逻辑。事实上,自边际革命以降,形式主义方法就逐渐弥漫于经济学中并成为其主要方法,乃至以新古典经济学为代表的现代主流经济学常被称为"黑板经济学";而主流博弈论则将这种形式主义方法推到了一个新的高度,因为纳什均衡本身就是数学逻辑的产物。宾默尔认为,纳什"过去和现在都是一个数学家,且习惯于用抽象而简洁的方式描述事物,而这种方式仅仅考虑与待证定理直接相关的东西。因此,他的论文不仅使经济学家们见识到纳什均衡思想的广泛应用,而且也使得他们在讨论最终将收敛的均衡时,不必再像过去那样受相关均衡过程的动态机制的束缚"(纳什,2000)。同样,2012 年诺贝尔经济学奖得主夏普利也表示,自己是个数学家,从未上过一课经济学。当然,包括纳什在内的早期博弈论学者,主要是学习数学或从事数学研究,对理论的现实性和应用价值相对不是很看重。但是,后来的博弈论者却声称,他们能够证明制度如何纯粹出自个人的自利行为,这样,就造成了主流博弈论思维的危机。因此,如何构建更为合理的博弈思维,发展更为可信和可行的博弈理论,就成为经济学界尤其是博弈论领域的重要任务。

2. 主流博弈思维的 10 个案例

主流博弈论思维的基本特征就是承袭了新古典经济学的理性经济人思维,将经济人分析从工程学领域推广到了经济生活领域。阿罗(Arrow,1974)说:"一名训练有素的经济学家会认为自己是理性的捍卫者,把理性赋予他人的人,是把理性制定给社会的人,我要扮演的就是这种角色"。当然,主流博弈论强调的是互动双方采取的是可理性化策略,而可理性化的要点就在于尽可能获得显现出来的信息。为了让大家对主流博弈论及其博弈思维有个直观的认识,在这里选择 10 个经典案例加以分析。

2.1 别人的老婆更漂亮吗

我们的生活中总存在这样一些说法:这山望着那山高,别人碗里的粥更多,别人的妻子总是更漂亮。问题是,如果大家都这么想,显然违反了社会相对效用守恒这一原理。而且,既然大家有交换的冲动,那是否真的应该交换呢? 或者说,交换后能够真正增大所有人的收益吗? 果真如此的话,那些因交换而受损的人为何又愿意交换呢? 事实上,大量的婚姻调查认为,离婚次数越多往往越不幸福,而且,元配夫妇往往更幸福。显然,这些都反映出我们的一些行为并不是很理性的。为了说明这一点,下面以信封交换为例作一分析。

公司年末分配奖金,老板秘密地给两个职员各一个信封,里面随机地装着一定数目奖金,其中一个信封内的钱数是另一个信封钱数的 2 倍,具体数目可能是:10 元、20 元、40 元、80 元、160 元和 320 元。两个职员 A 和 B 都知道这一信息,但每个人都只知道自己信封的具体数目。如果两人都想交换,那么只要付 1 元手续费就可以交换。现在假设,A 打开信封后发现里面是 40 元,而 B 打开信封后发现里面是 20 元(或者 80 元),那么,A 和 B 是否愿意交换呢?

根据一般的推理,A 想到 B 得到 20 元和 80 元的概率是一样的,如果交换,那么期望收益是 50 元。在如此小数目的赌博下,风险是无关紧要的,因而交换符合他的利益。同样的分析也可说明,无论 B 得到的是 20 元还是 80 元,也希望交换。而且,按照这种思维无论给两人多少次选择机会,两人都会选择交换。但问题是:

因为用来分配的钱是固定的,所以双方交换信封后并不能都得到改善,即交换至少会使一人受损。那么,为什么双方都愿意交换呢?推理的问题出在哪里呢?

实际上,上面分析的最大问题是没有从对方角度进行推理,这就是博弈思维的实质。如果他们都充分认识到对方也是理性的,并估计对方产生和自己一样的推理,那就不会发生交换信封的事了。我们先从 A 的角度思考 B 的思维,再从 B 的角度想象 A 如何看待他;再回到 A 的角度,考察他如何看待 B,如何看待 A 对 B 的看法。

假设 A 打开自己的信封,发现里面是 320 元,显然就不愿意交换;既然 A 在得到 320 元时不愿意交换,那么 B 在得到 160 元时也拒绝交换,因为 A 愿意交换的唯一前提是他得到 80 元。进一步地,如果 B 在得到 160 元时不愿意交换,那么,A 在得到 80 元时也不愿意交换,因为交换发生的前提是 B 得到 40 元。既然 A 在得到 80 元时不愿意交换,那么,B 在得到 40 元时也不愿意交换,因为交换发生的前提是 A 得到 20 元;在这种情况下,显然 A 得到 40 元也是不愿意交换的。

这里,再进一步假设:存在另一个中间人 C,他先问 A 和 B 是否愿意交换,两人都说愿意;C 将两人的回答告诉两位,并给两人重新选择的机会,两人仍然表示愿意。C 再将两人的回答告诉两位,并再次给两人重新选择的机会,两人仍然表示愿意。C 第三次将两人的回答告诉两位,并第四次给两人重新选择的机会,此时 B 表示愿意,但 A 却不再愿意了。其关键是 C 不断地提问和通报双方的意愿使得两信封中钱数的上限的“共同知识”不断地被揭示出来,从而成为 A、B 双方决策的基础。推理如下:第一次提问双方都表示愿意时就表明,双方的信封都不是 320 元;有了此共同知识,第二次提问双方都表示愿意时就表明,双方的信封都不是 160 元;接着,第三次提问双方都表示愿意时就表明,双方的信封都不是 80 元。那么,在第四次提问时,显然 A 就可以预料 B 的信封里是 20 元。事实上,即使 A 的信封里只有 20 元,如果 B 还是极力要求交换,那么 A 的最佳策略还是不换,因为 B 肯定只有 10 元。

这个例子反映了典型的主流博弈思维,每个人都是理性的,而且理性是共同知识,从而就会形成一个可理性化策略均衡;同时,该例也使用到了后向归纳推理,在动态博弈中先行动方在选择行为时需要考虑到后行动方的理性行为。

显然,上述交易是一宗零和博弈,一方胜利必然意味着另一方失败,从而不可能出现共赢的结果。既然如此,为什么还有人想与你交易呢?显然,他一定隐瞒了一些对其有利的信息。因此,这个策略思维给出了日常生活中的一个忠告:“别和笨蛋对等打赌。”事实上,在现实生活中常常发现一些非常诱人的赌博,似乎提出打赌的人是个大笨蛋,而自己一定会赢,但最终的结果却是自己输个精光。譬如,有人跟你打赌，他每次都可以将飞镖射入轮盘的正中心。那么，他一定可以做到。如果他做不到，就一定不愿意打这个赌，也就不会输。这个策略也启示我们，其他人的行动往往向我们显露了他们究竟知道什么，因而我们应该充分利用这些信息指导我们自己的行动。这里所反映的道理也揭示了一个流行的"格劳乔·马克斯"定理：只为投资目的（而不是转移风险）而进行交易的参与者应该从不交易。这个定理源自格劳乔·马克斯的一个轶事，他表示绝不参加愿意接纳他成为成员的俱乐部。"格劳乔·马克斯"定理也得到一定的应用，如德国银行界就流传着这样一个信条：只会借钱给那些不需要钱的人。当然，"格劳乔·马克斯"定理又是相当违背直觉的：如大多数人一样还是会不断地在资本市场上进行交易；究其原因，这个定理依赖于多层级的重复推理，同时那些期权、期货以及外汇交易具有零和博弈特性。

思考：为什么在当前社会中一般大众不宜进入股市？

2.2　一元面钞能值多少钱

耶鲁大学教授马丁·舒比克设计了一个陷阱游戏：在课堂上，老师拍卖一张1元钱钞票，请大家给这张钞票开价，每次叫价以10分为单位，出价最高者将获得这张1元钱钞票，但出价最高者和出价次高者都要向拍卖人支付相当于出价数目的费用。结果，这1元钞票的价格一路飙升，直到终于有人认识到此博弈的无上限性而发出惊呼，大家才意识到这一点，从而拍卖最终落槌。

假设初始的最高价格是A出60分，B出50分，如果就此停止，那么A将盈利40分，而B将损失50分；如果B继续出价70分，拍卖落槌，B将获得30分，而A将损失60分。这样的过程可以一直持续下去，远远超过1元的面额。因为，假如A出价10元，B出价10.1元，此时如果A不继续出价10.2元，那么，A将损失10元；而A如果出价10.2元获胜，损失将减少为9.2元。这样的循环会无穷下去，直到掏光除最后胜者外其他人口袋里所有的钱财。

为什么会如此循环下去呢？关键是上面受试者在拍卖行为中没有充分认识到双方的理性意识。如果认识到这一点，采取某种策略就可以使拍卖在掏光受试者口袋里的钱之前停止。

我们假设，现有A、B两人口袋里的钱都是2.5元。现在我们运用后向归纳法，如果A喊价2.5元，从而赢得1元钞票，但他却亏了1.5元。而如果A喊价2.4元，B只有喊价2.5元才可以取胜。由于多花1元来获得1元是不合算的，因此当B喊价在1.5元及以下时，A只要喊价2.4元就可以取得胜利。同样，A如果喊价

2.3 元也行得通,因为 B 还是不可能在 2.4 元处取胜,A 一定会继续叫价 2.5 元进行反击。因此,要击败 A 的 2.3 元喊价,B 也一定要出价 2.5 元;也就是说,2.3 元的喊价将足以击败 1.5 元及以下的喊价。同样的推理,2.2 元、2.1 元一直到 1.6 元的叫价都可以取胜。也就是说,如果 A 喊价 1.6 元,理性的 B 将预见到 A 不会放弃,非要等到价位升到 2.5 元不可;因为,既然已经损失了 1.6 元,再花 90 分获得 1 元是合算的。

　　显然,上面的分析表明,第一个叫价 1.6 元的人将胜出,因为这一叫价建立了一个承诺(Commitment)或威胁(Threat)。相应地,1.5 元可以击败 60 分及以下的叫价,因为叫价从 60 分提高到 1.6 元是无利可图的。而且,进一步分析,只要出价 70 分就可以做到这一点,因为一旦叫价 70 分,那么他一路坚持到 1.6 元就是合算的;在这种情况下,60 分及以下的对手就会觉得跟进是不合算的。可见,在这个博弈中,只要预算是共同知识,即使预算是不同的,只要有人叫价到 70 分,这场拍卖就会结束。这个 70 分叫价对叫价者自身而言就是一个承诺,对其他叫价者而言则构成了一个威胁;同时,这个承诺或威胁也是可信的,从而对其他叫价者的行为就构成了制约。更一般地,如果有 m 个博弈方,其预算 $E_1, E_2, \cdots, E_i, \cdots, E_m$ 是共同知识,且博弈方 i 的预算 E_i 最大,那么,只要博弈方 i 出价 $(E_i - 0.9n)$ 就可以胜出,其中 n 是自然数,且 $0 < (E_i - 0.9n) < 1$。譬如,最高预算为 3.2 元,那么,它只要出价 0.5(即 $3.2 - 0.9 \times 3$)元就可以胜出。

　　当然,上述拍卖的理性结束在于一个前提假设,都知道对方的预算约束,如果没有这个约束就可能产生恶性循环。同时,这里还存在另一个前提,即博弈方都是理性的,如果 A 理性,而 B 是非理性的,那么,即使 A 叫价为 70 分,B 也可能继续往上叫价,结果拍卖无法停下来。显然,如果缺乏足够的信息以及理性不是共同知识,那么,即使有参与者学习了主流博弈论的基本思维,并严格按照这种思维去选择博弈策略,最终也可能实现不了理想的最大收益。究其原因,任何个体都不可能具有基于数理模型中所使用的那种完全理性,或者不是所有人都可以有这种完全理性。

　　正是由于真实世界中的理性总是有限的,人们才会大范围地陷入马丁·舒比克教授所设计的这种陷阱,以致“一元面钞悖论”成为一个普遍现象。例如,超级大国之间为微小的利益不断进行战略升级,美国的星空大战体系等就是如此。一般地,我们也常常把这种“骑虎难下”的博弈称为协和谬误。它起源于 20 世纪 60 年代英法两国联合投资开发超音速协和飞机,尽管市场行情并不确定,但是,这种飞机一旦投资开发,花费就会急剧上升;并且,随着投入和研制工作的深入,越难以停止投资,以至英法两国白白吞了不少苦果。再如,美国介入越南战争、阿富汗战争、伊拉克战争以及以巴冲突等都是"骑虎难下"的典型例子;同样,赌徒追加赌注、老虎资金对东南亚各国货币的攻击以及东南亚各国政府的保卫货币等行为,也都曾陷入一个"骑虎难下"的状态。

　　思考:人类社会为何往往会选择不理想的制度?

2.3　废话为何并非真无用

　　上面提到对 1 元钞票拍卖价格的约束在于一种有关预算的共同知识,实际上,在博弈中正是这种共同知识对人们行为产生显著的协调作用。一个经典案例就是红帽子白帽子故事(也称脏脸案例),大致说明如下:给 A、B、C 三个人都戴上红帽子,每个人都知道帽子有红、白两种颜色,并且可以看清别人帽子的颜色,却不知道自己戴的帽子的颜色。现在依次问 A、B、C 自己戴的帽子的颜色是什么,显然,谁也无法作出明确、肯定的回答。现在,提醒他们说:他们当中至少有一人的帽子是红色。这句话相当于废话,因为每个人都可以看到其他两个人的帽子是红色的。

　　但是,正是这句废话,对三人的判断却起了关键作用。这时如果再依次询问 A、B、C 各自帽子的颜色,这时,A 依然不能确定,B 也不能确定,但到 C 时,他却可以断定自己的帽子是红色的。我们推理如下:首先,问 A 时,A 不能断定自己帽子的颜色,说明 B 和 C 至少有一人的帽子颜色是红的,否则 A 可以肯定自己的帽子是红色。结果 B 和 C 至少有一人的帽子的颜色是红的就为 B 和 C 所共知。其次,当问到 B 时,B 知道 B 和 C 至少有一人的帽子是红色的,但是他依然不能断定自己的帽子的颜色,这充分表明,C 的帽子是红色的;否则,B 可以知道自己帽子的颜色。最后,问到 C 时,C 根据上述推理,显然就可以了解自己帽子是红色的。

　　为什么一句似乎是废话的话却改变了人的判断信息呢? 实际上,正是这句废话使得"三个人中至少有一人的帽子是红色的"这一信息的特点发生了改变:从"三人都具有的知识"转变成了"三人的共同知识"。可见,"都具有的知识"不一定就是"共同的知识"。所谓"共同知识"也就成了参与方之间的常识,也就是莱布尼茨(Leibnitz)所谓的"世界的状态",即每个人都知道什么,每个人都知道每个人都知道什么……每个人做什么,每个人都认为每个人做什么……每个行为对每个人的效用,每个人认为每种可能的行为对其他每个人的效用……共同知识在可理性化策略中具有核心作用,信息结构不同,将会产生完全不同的博弈结局。

　　可见,共同知识和每个人都具有的知识之间是有差异的,在现实生活中我们可以找到非常多的例子。以日常交通规则为例,我们都知道红灯停止和绿灯通行的道理,甚至大家也会遵守这个规则,这是大家都具有的知识。但是,这并不一定会转化为共同知识,因为我们并不能确信对方也一定会如此执行,因而即使在面对绿灯的情况下,我们过马路时也需要格外小心。譬如,在广州的街头就是如此,太多人不遵守交通规则。然而,一旦马路中间站了一名交警,我们就可以大致确信对方是不敢违反规则的,因而也就可以放心过马路了。出现这种转化的重要原因是,交警的存在使得上述大家都具有的知识变成了共同知识。此外,每个人都知道自己不会行窃,然而并不会必然出现夜不闭户的现象,因为每个人并不知道其他人是否会行窃;同样,世界上大多数国家都知道自己不愿意首先使用原子弹,这也并不能促使其销毁原子弹,或者促使美国放弃 NMD 计划,因为都无法确信其他核国家不会首先使用核武器。

　　思考:为何作为警察制的发源地,西方社会街头的交警非常少见?

2.4　现代生活为何不理想

　　在社会中经常发现一些不好理解的经济现象,如在一条大街上,相互竞争的两家厂商总是开在一起,如麦当劳与肯德基、百事可乐与可口可乐、华联超市与联华超市等。实际上,消费者普遍认为,如果相对的两个品牌和两个厂家分散开来往往更加方便消费者,但为什么这些单位要凑在一起呢? 实际上,这是相互竞争的厂商为争取更多消费者的必然结果。

　　我们假设在一条大街上消费者是均匀分布的,并只有麦当劳和肯德基两个公司提供快餐;而消费者对这两种快餐的口味是无差异的,他们对就餐公司的选择取决于他们的交通成本,这里假设交通成本与到达公司的路程成比例,见图 2-1:

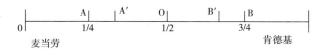

图 2-1　公司空间分布

　　显然,如果两家公司分别在大街的 1/4 的 A 处和 3/4 的 B 处,快餐店布局是最合理的,因为消费者所花的成本最小;并且两个公司各自分享一半的客户。但是,两个厂商都是根据个人理性行事的,它们只关心自己的生意状况而不会去理会其他人的生意。在这种理性下,显然,如果麦当劳稍微向右移动一下,譬如从 A 到

A′,那么它左边的消费者并没有丧失,而增加了右边的生意,因为 AB 的中间点不再是 O 点,而是向右移动,这部分生意是从肯德基中夺取的。同样,肯德基出于个人理性的考虑,也会向左移动;这样相互的博弈,最后都到达了中间点 O,这也被称为"最小差别原则"。

这个例子揭示了主流博弈论的一个重要结论:囚徒困境。个体的逐利行为将导致社会福利的损失而不是增进,因而个人理性和集体理性、近视理性和长远理性之间就存在明显冲突。相应地,纯粹以市场机制来配置资源,就不见得是有效率的。在很大程度上,正是对纯粹市场机制的过分鼓噪,造成了社会福利的普遍下降和社会资源的巨大浪费,这已经为大量的经验事实所证明。布罗姆利(1996)就写道:"市场有其自身的机理,它会产生一些有'效率'的后果,这些后果对社会来说是有害的和可怕的——饥馑、流离失所、绝望、失业、吸毒和无以言表的犯罪。……不受限制的市场可以低成本生产一定的物品和服务,但市场在完成这种任务的同时并不考虑某些真实的成本,这种成本不反映在价格计算上——环境污染就是一个典型的例子。"

思考:市场竞争一定可以实现资源的优化配置吗?

这一现象最早由霍特林(1929)在《竞争中的稳定性》一文中提出,他用政治空间理论来阐述选举中的中间选民而导致的政党趋同现象。事实上,如果把政党或候选人的行为等同于公司的行为——政党的目的是吸引最大多数的选票,把投票者的行为等同于消费者行为——投票者将选择那些在重大问题上与其个人立场最为接近的政党;那么,这种分析就可被用到政治选举当中,这时的大街就成了政治空间,地理的凑集成了政纲的中间化。为此,霍特林写道:"民主党与共和党争取选票的竞争并未造成两党在议题主张上,亦即在选民可能选择的两种明显对立的主张中间形成清晰的分野。实际上,每一政党都尽可能地使本党竞选纲领与对方的相似。民主党曾经反对保护关税,现在它逐渐地改变了立场,其主张不是完全但也几乎与共和党一致了。对狂热的自由贸易主义者也不必担心,因为他们宁愿支持民主党而不是共和党,而长期坚持高额关税政策的共和党则将从一些贸易集团那里获得资金和选票。"

思考:如何理解现代政党制下的轮流坐庄? 为什么美国黑人投票意愿如此之低?

同样,现实社会中也存在大量的类似现象,如同一城市的两家航空公司开辟同一航线的航班时,往往将起飞时刻安排在一起;电视中不同电台的类似节目也往往安排在同一时间等。这一社会现象体现了市场竞争一定的无效性,实际上是个体理性和集体理性困境的反映。正如霍特林感叹的:"我们的城市大得毫无经济效益,其中的商业区也太集中。卫理公会和基督教长老的教堂剪纸一模一样;苹果酒也是一个味道。"

　　思考:如何理解现代社会的平淡化? 马尔库塞所谓的"单向度"人是如何形成的?

2.5　不成熟技术何以推出

　　上面的例子反映了纯粹市场机制运作的缺陷及个体理性的不足。下面再列举一个知识创造的例子。我们知道,知识已经成为现代社会的关键生产要素,因而知识的积累和创造就成为一个国家经济发展和竞争力的核心。也正因如此,世界各国都在通过各种途径激励知识的创造和发明,如实行锦标赛报酬机制。然而,在这种锦标赛制的报酬激励下,人们为了使自己的投资不会白费,往往存在着发明冲动,这会引起知识研究投入的拥挤从而导致资源的浪费。这是因为知识是可重复使用的,相同的知识的重复制造对整个社会并不会带来额外的价值。如图 2-2 所示,一般地,发明的总成本 C 和总收益 R 的当前折现价值都随发明期待时间而递减:就收入来说,发明日期的延迟减少了从发明使用中(或特许他人使用中)得到的收益的现在价值;就成本来说,发明时期越短,需要投入的成本越高(显然,如果 t 为 0 的话,发明的成本将无穷大)。

　　显然,如果该知识是独家进行投资的,那么该投资者将会在 T^* 时产出知识,此时他获得的利润最大。但在现实中,往往面临着众多的投资者,而在正常情况下,只有一个竞争者能够实际完成投资,而其他投资者先前的投资都将化为泡影。这样,竞争性威胁就很可能影响发明成功者选定的时间。我们现在假设,原先有投资者 1,他根据利润最大化原则应该选择在 T_1^* 时完成发明;但是,现在有一个具有更高发明成本的新进入投资者 2,他为了获得利润一般不会选择在自己能获得最大利润的时期完成发明,而是会抢在 T_1^* 期前推出发明。相应地,投资者 1 为了防止可能的投资浪费,就不会等到 T_1^* 时才推出发明,而力争在投资者 2 推出发明前率先推出。这样博弈的最终结果是,投资者 1 将在投资者 2 的利润点 T_2^* 期时就完成发明,从而保证自己的利润。进一步,如果有更多的竞争者参与,发明的期限就可能一再提前。显然,这会降低发明的收益,促成浪费性的过早发明,见图 2-3。

　　思考:如何理解知识产权保护应有一定的期限?

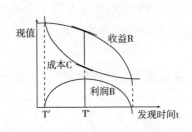

图 2 - 2　　收益最大化的发明期限

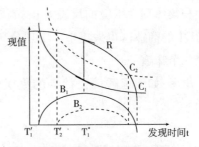

图 2 - 3　　竞争威胁下的发明期限

上述发明博弈也可以转化为占优策略的静态博弈,见图 2 - 4。后面的知识告诉我们,(T_1', T_2') 是该博弈的纳什均衡。

		2	
		T_2^*	$T_2'(<T_1^*)$
1	T_1^*	100,0	0,50
	$T_1'(<T_2')$	50,0	30,0

图 2 - 4　　发明的占优博弈

上面的分析表明,冲动性的发明与先入优势的强化效应一起会加速发明的掠夺性开发,造成知识研究投入的拥挤和资源的浪费,促成浪费性的过早发明。显然,这在目前的 IT 产业中得到了充分的验证,如新经济的主流化特征就是一个明显的例证。事实上,现代社会的竞争越来越取决于速度而不是质量,为此,大多数公司都在加快自身技术的革新,并为了取得主流化优势而不惜造成强烈的短视效应。譬如,英特尔公司的微处理器并不总是性能最好、速度最快的,但总是新一代产品中最早的。曾有一次例外,IBM、Motorola 和苹果三家公司联手先于英特尔公司推出了 PowerPC 微处理器,对英特尔造成了强大的冲击,迫使英特尔公司缩短了当时极其成功的 486 处理器的技术生命,而推出了 586,这也就是名噪一时的新闻"英特尔牺牲 486,支撑奔腾 586"。同样,微软公司也深知,与其成为最佳产品,不如成为首家产品。正因为如此,软件业曾经预测微软公司要经过三个版本的改进才能使其产品完善,而事实上微软公司也从未使其产品达到完善状态。事实上,一旦其产品完善了,用户也就没有必要购买该软件的下一个版本了,而没有版本升级,微软公司的销量就会暴跌。

思考:如何理解市场竞争中的资源浪费? 锦标赛制的工资体系是否合理?

2.6　劫匪面临的抉择困境

"一元面钞悖论"例子已经揭示了承诺或威胁在博弈策略中的应用,承诺或威胁策略的有效性在于它的可信性,这里再借助谢林曾描述的一个劫匪困境作一分析。一位黑社会成员打算绑架一名影视女明星以获取巨额赎金,但绑架成功后他对自己的行为又感到后悔而想罢手,于是他决定,只要女明星不向警察指控自己就放她走。不过,劫匪也清楚,一旦放了女明星,她会感激,但是,女明星被放以后也完全有理由反悔先前的约定而去报案,因为那时女明星已不在自己的控制之下了。因此,尽管女明星保证绝不报案,但这样的保证并不能让劫匪放心,因为这种保证并不可信,如果女明星反悔的话并不会有什么损失。那么,劫匪该怎么办呢? 同样,对女明星而言,她确实只求脱身而不想报复劫匪,问题是,她又怎样获取劫匪的信任呢? 该博弈的展开式如图 2 - 5 所示:

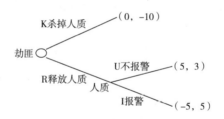

图 2 - 5　劫匪困境博弈

一般地,女明星的承诺要为劫匪所采信,关键在于,如果她违背了诺言就会遭受一定的损失,而且这种损失比因报复劫匪而获得的收益更大。基于这样的考虑,女明星可以向劫匪吐露自己的一个秘密、一桩绯闻或者一项罪行(如偷税、漏税),这样,一旦自己违背诺言,也就有"把柄"在对方手里;相应地,由于双方都握有对方的把柄,从而就可以促使各自遵守诺言。显然,这里就涉及承诺的可信性问题。谢林(2009)就强调:对于许诺和威胁、讨价还价和谈判、威慑和军备控制,以及合约关系来说,承诺都是核心影响因素;承诺要求放弃一些选择或机会,对自我进行约束,它通过改变一个合作者、敌对者甚至是陌生人对自己行为或反应的预期而发生作用。

当然,在这个博弈情形中,如果被劫持的女明星本身没有这样的污点怎么办? 此时,劫匪往往就会制造一些对女明星未来行动构成制约的事件。譬如,他可以拍几张女星的裸照,今后以曝光这些裸照相要挟。显然,这里又反映了威胁和要挟问题:利用对方的弱点,借力量、威胁或其他压力以强迫对方去做或去选择对方不愿意的事,否则威胁方宁可做出对自己不利的事情也要让被威胁的一方承受损害或痛苦。由此,我们也可以明白,为什么一些上级领导总喜欢寻找有相同嗜好的下属,因为这可以便于利害相关。相应地,贪官的下属往往也是贪官,或者有其他见不得人的事。基于这种考虑,如果我们发现了某个贪官,那么,也可合乎情理地推断他的上级也有某种问题(仅仅是推断),或者他至少是一个明哲保身者。否则,在长期的共事生涯中,上级不可能不对这样的下属发出指责之声。

　　思考:如何更深刻地认识现代官场中的共同犯罪和集体腐败等问题?

　　这个例子反映的是人们行为互动中承诺的可信性问题:一旦你作出了承诺,那么你今后的行动选择集就可能受到约束。实际上,我们在日常生活中会遇到非常多的此类事例。例如,既然我们选择了经济学专业,就必须在理论方面打好基础;相反,如果执迷于金融、贸易或者管理学等实务课程,那么,我们今后的工作和事业发展就会丧失优势。事实上,目前非常功利而短视的商业界往往希望找马上能上手的新员工而不愿培养员工的潜力,而他们判断新员工上手快慢的主要标志就是专业。显然,如果他们希望招聘金融、贸易或管理类人才的话,那些专业的学生就必定具有优势。与此同时,如果经济学专业的学生不愿意在理论上打好基础,那么他将丧失自身领域的优势,譬如知识广度、思维深度、理论扎实程度以及研究能力等。在很大程度上,正因为当前经济学专业的学生往往追慕社会热点问题和应用课程,从而丧失了自己的理论优势,在当前经济学研究生保送资格遴选中已经失去了优势。同样,现在年轻学生往往将大好的大学学习时间用于谈恋爱,事实上,你一旦确定了恋人关系(即作出了承诺),你的损失也是巨大的,至少这会减少其他异性对你兴趣的培养;同样,毕业后的工作或结婚选择对我们今后的人生将会产生更大的锁定效应,这或许就是我们常常以"围城"相称的原因吧。

2.7　模仿和创新如何抉择

　　学习博弈论的主要目的是应用,尤其是用于商业竞争、体育竞赛中,这里举一个例子来说明策略的具体应用问题。无论是在商业竞争还是体育竞赛中,往往在比赛中途就已经出现了领先者和落后者;那么,领先者应该采取什么策略才能继续保持领先,而落后者采取什么策略才能异军突起呢? 例如,在一次共有7轮的帆船比赛中,A在前5轮的比赛中暂时以3胜2负处于首位,而在第6轮开头A也处于领先地位,而B紧随其后,那么此时A和B两位选手应该采取什么策略?

　　假如根据常态发展,显然A将保持领先。但是,这时B采取了一个大胆的举动,他把帆船转向了赛道的左边,希望风向可能发生变化,从左后吹来,从而帮助他赶上去;而 A 则预计风向不会变,依旧把帆船放在赛道的右边。但结果风向果真如 B 所愿发生了改变,于是,B 取得了胜利。赛后,人们纷纷批评 A 的策略错误,那么,A 是否有策略保持自己的领先地位呢? 实际上,策略非常简单,领先者只要照搬尾随者的策略就行。即使尾随者采取的是一个非常糟糕的策略,领先者照搬不误也将取得胜利。当然,就落后者而言,他的关键就是采取冒险策略。

显然,这里给出了竞赛中保持优势的一个重要策略:"模仿尾随者",这是领先者搭落后者的"便车"。更为常见的可能是落后者搭领先者的"便车",从而展示出"紧跟领头羊"策略。不过,"模仿尾随者"策略在日常生活中也是非常普遍的,这里的关键是胜利的桂冠将戴在第一名的头上,而不是看绝对成绩如何。例如,在总统选举中,那些领先的候选人往往采取与另一候选人类似的策略,包括政纲的倾向等;在股市分析中,那些出名的股市评论员总是想方设法随大流,制造出一个跟其他人差不多的预测结果。究其原因,这样一来别人就不会轻易改变对他们的看法,从而能够维持优势。事实上,现在某些著名经济学家不是总在吹嘘一些大白话吗? 相反,那些落后的总统候选人、不成气候的股市分析员以及初出茅庐的年轻学者往往采取冒险的策略,大放惊世骇俗之言。究其原因,如果他们很多情况下都说错了,也没有人特别注意,但一旦偶尔碰上了正确的预测,从此就可以一鸣惊人而跻身名家之列。经常有一些名不见经传的小人物后来可以风光无限,甚至有可能占据高位,如卡特就当上美国的大总统。

思考:为什么青年人勇于创新而年龄大者则日趋保守? 为何有些学人往往好发惊人之言? 如何理解当前社会盛行芙蓉姐姐、杨二等网络达人现象? 为什么一些过气影星甚至会拿一些有损名誉的事件进行炒作?

在商战中,我们也经常可以看到相互竞争的寡头厂商,领先者的创新能力往往不足。例如,在个人电脑市场,新概念更多是来自苹果、太阳电脑以及其他新创立的公司,而不是 IBM;宝洁公司也会模仿金佰利(Kimberly Clark)发明的可再贴尿布粘合带,以再度夺回市场的统治地位。相反,如果领先公司采用创新策略却又为市场所排斥,那么它的市场地位很可能就会受到威胁。因此,这些公司的策略往往是首先观察其他公司创新的市场检验,而跟随那些成功创新的企业。例如,1985 年 4 月 13 日上市的"更新、更甜"可口可乐虽然成功通过了味道盲测,但在现实世界却不受欢迎;可口可乐铁杆粉丝纷纷打来电话或寄来书信抱怨,仅仅推出 3 个月,可口可乐公司即恢复传统配方的生产,所有可乐罐和可乐瓶全部增加了"古典"商标,以便令消费者重新获得他们"初恋般"的感觉。同样,可口可乐公司于 2009 年推出一种自称为世界上第一种"活力饮料"的牛奶碳酸型饮料 Vio,但迄今为止这种饮料都没有受到用户的广泛欢迎。事实上,对一些非技术型而是偏好型的产品,用户往往会对老品牌产生某种情感依恋,人们对有百年历史的可口可乐就是如此。显然,这里与体育比赛的要点不同,商界不是赢者通吃的规则,特别是在新产品时期更是如此。

思考:目前大多数企业都致力于产品的差异化?为什么国内经济学人对现代经济学的贡献甚微?

2.8　陆贾分金享天年之启迪

博弈思维不仅体现在策略选择上,还体现在机制设计上。下面我们举两个例子来说明博弈思维在机制设计中的运用。

西汉草创初期有一位能言善辩的谋士陆贾,他一生做了四件重要的事情:一是为刘邦出使南越,劝说南越王赵佗去帝号,向刘邦称臣;二是劝说刘邦读《诗》、《书》,使其明白"逆取顺守"、"文武并用"的道理;三是在吕后专权、刘氏天下岌岌可危的时候,劝说丞相陈平与太尉周勃捐弃前嫌团结一致而平定诸吕之乱;四是为汉文帝再度出使南越,劝南越王赵佗第二次去帝号,恢复与汉王朝的臣属关系。其中,最为重要的当属为汉代奠定长治久安的社会制度。当时,出身市井的刘邦重武力、轻诗书,曾对喜好《诗》、《书》的陆贾大骂:"乃公居马上而得之,安事《诗》、《书》!"但陆贾对答:"居马上得之,宁可以马上治之乎?且汤、武逆取而以顺守之,文武并用,长久之术也。昔者吴王夫差、智伯极武而亡;秦任刑法不变,卒灭赵氏。乡(向)使秦已并天下,行仁义,法先圣,陛下安得而有之?"为此,陆贾强调儒学的意义,后来受命总结秦朝灭亡及历史上国家成败的经验教训,共著文 12 篇,每奏一篇,高祖无不称善,故名其书为《新语》。刘邦晚年在《手敕太子》的诏书中就写道:"吾遭乱世,当秦禁学,自喜,谓读书无益。洎践祚以来,时方省书,乃使人知作者之意。追思昔所行,多不是。"

思考:为何"道统"应该独立于并高于"政统"?为何儒家的价值理性更适于和平年代?

显然,陆贾清楚地认识到制度对社会稳定的重要性,不仅如此,他还将这种思想用到了生活中。史书记载,吕后专权后陆贾知道自己无力改变现状,于是遵循儒家"天下有道则见,无道则隐"(《论语·泰伯》)的教导,并在乱世中坚持"穷则独善其身,达则兼善天下"(《孟子·尽心上》)的操守,而专注于私人治经之务。那么,他如何养生的呢?首先,他将出使南越获得赠送的千金分给五个儿子,令儿子各营生计;其次,自己保留车一乘,马四匹,歌舞侍从十人,宝剑一柄;最后,立下遗嘱:自身轮流在 5 个儿子家生活,如死在哪家,随身的宝剑等就遗留给哪个儿子。正是存在这种激励机制,每个儿子都侍奉甚勤,希望陆贾能够更长时间在自己家生活,从此陆贾分金的故事脍炙人口。

实际上,大多数父母都希望在自己年老以后孩子能够经常来看望他们,但是,现在许多子女因为自己的事业考虑,往往难以遵守探望父母的承诺。在这种情况下,父母常常通过将子女的行为与遗产分配挂钩,从而促使孩子自愿来探望父母。假设某父母定下一个规矩:如果子女没有达到每周探望一次、电话问候两次的标准,就将失去继承权,而他们的财产将在所有符合标准的孩子们之间平均分配。问题是,如果子女不是非常孝顺的,并意识到父母不愿意剥夺所有孩子的继承权,那么他们就可能串通起来,一起减少探望父母的次数,甚至一次也不去。

面对这种情况,父母该怎么办呢? 实际上,一个简单的办法就是,将所有的财产分给探望次数最多的孩子,那么就可以打破孩子之间结成的减少探望次数的卡特尔。这样,就可以避免陷入囚徒困境,因为只要多打一个电话就可能使自己应得的财产份额从平均值跃升为100%。当然,这种分配可能是不公平的,因为其中的收益与贡献并不成比例,并可能造成赢者通吃的结果。也就是说,这种激励机制对委托者是有利的,但对整个社会的制度安排却不见得是好的,这也就是当前广泛盛行的委托—代理机制内含的通病。

关于这一点,我们可以对国内各院校热衷的百篇优秀博士论文评比(简称"百优")进行反思。"百优"评比的最初目的本来有二:一是对各院校是一种荣誉,以促使其加强对博士论文的指导和监督;二是对获得者也是一种荣誉,以激励他们重视博士论文的写作。但是,在盛行的政绩观支配下,并首先由于一些名牌高校动用各种资源对"百优"评比所展开的争夺,使得"百优"评比已经完全偏离了其最初目的。在很多院校,"百优"似乎已经成为了仅次于院士的头衔或称号:不仅"百优"获得者很快就连升三级,从一个博士毕业生很快就晋升为教授、博导;而且各种级别的课题、奖励、职务以及其他荣誉纷至沓来,从而成为垄断各种资源的"赢者通吃"者。同时,由于"百优"评比中一个不成文的基本条件就是在《经济研究》这类数理取向的杂志上发表论文,实际上,绝大多数的"百优"论文都是数理经济学的文章,甚至很多"百优"获得者都是由数学和理工科专业转向经济学的;因此,"百优"评比必然会激励青年学子们从事数理经济学的研究,而很少能够趁年轻时代夯实理论素养以在思想上有所创见。

思考:如果理解当前经济院校严明的学术论文等级划分以及相应的悬殊奖惩机制?

2.9　法不责众的尴尬和化解

沈从文在长篇小说《长河》中有一段关于近代南京政府推行"新生活运动"的描述:因为办"新生活",所以常德府的街道放得宽宽的,到处贴红绿纸条子,一、二、三、四、五写了好些条款,人走路挺起胸脯,好像见人就要打架、神气。学生也厉害,放学天都拿起了木棍子在街上站岗,十来丈远一个,对人说:走左边,走左边。全不怕被人指为"左倾",不照办的被罚立正,大家看热闹好笑,看热闹笑别人的也罚立正,一会儿就是一大串,痴痴地并排站在大街上,谁也不明白这是当真还是开玩笑。末了,连执勤的士兵也不好意思,忍不住笑,走开了。划船的进城被女学生罚站,因为他走路不讲"规矩",可他实在不知道"什么是规矩",或者说"这到底是什么规矩"。只好站在商货铺屋檐口,看着挂在半空中的腊肉腊鱼口馋心馋。所以乡下人便说:"我以为这事乡下办不通。"乡绅接过话头:"自然喽,城里人想起的事情,有几件乡下人办得通。"

我们都知道法不责众的道理,法律是限制少数不守法的人,但是如果大多数人都不遵守法律的话,那么法律的效果也就有限。从某种意义上讲,法律就是为了保障社会大多数人的利益,也就是说,法律制度与习惯制度本没有本质上的区别。所以,有的学者认为,所谓的法治国家,只是一种纳什均衡而已。问题是,在大多数人都不守法的情况下,你如何采取措施来保证大家的遵守? 一个基本的方法是设计一个规则区别出惩罚的顺序。譬如,在一个风行迟到或作弊的大学中,如果我们简单地宣布:所有迟到者或作弊者都处以零分或开除惩罚,那么,很多学生就会对这种规章的有效性表示怀疑,因为法不责众。面对这种情况,我们又该如何呢? 实际上,我们可以简单地规定:按照学号顺序对那些迟到者或作弊者中前5名学生处以零分或开除惩罚。在这种机制下,我们就不必造成大的震荡并能够促使学生遵守纪律。其机理是:首先,基于理性行为,学号前5位的学生是不敢作弊的;而给定了"学号前5位的学生不敢作弊"这一共同知识,学号为6~10的学生也就不敢作弊了;依次类推,所有学生都不敢作弊。再如,针对国家征兵、混乱中的抢劫等事件都可以采取类似的办法。

思考:如何解决当前泛滥的学术腐败和商业腐败现象?

当然,这里也明显呈现出伦理上的不公平性。试问:为什么大家一块作弊,而首先是学号前5位的同学受到惩罚呢? 在很大程度上,这体现了主流博弈论乃至主流经济学的特色:它们强调功能主义分析而不关注其中的因果逻辑,相应的机制设计也主要是遵循实用主义原则,只要这种机制是对设计人(委托人)有用的,那么就不在乎过程是否合理。西方主流经济学的这种功能主义态度在弗里德曼身上得到了集中的体现,他的逻辑实证主义的基本方法是:对实际资料进行分类、组织以加深人们对资料的理解,从而抽出一种假说;其基本观点是:重要的并不是假说是否真实,而是是否有用,而只有在预测事件没有发生时才能对形成该理论的种种假设提出质疑;他甚至宣称"理论越重要,其假设就越不现实"。

　　思考:如何理解委托—代理理论中的主权者问题? 如何理解社会制度的设立:公平与效率的权衡?

2.10　逐渐没落的学术研讨会

　　博弈思维不仅可以用于个体行为的分析和预测以及激励机制的设计,还可以用于预测和解释宏观社会经济现象。譬如,当小贩努力向下班后匆忙要回家的人兜售他的蔬菜时,每个小贩都会努力占据马路边的摊位,这样互动的总体结果就是,实际市场就会从菜场移到马路边。当每个同学都试图在课堂上做其他事情(如讲话、准备考试或者看其他更有趣的课外书)而不愿被老师发现时,他就会努力避免坐在离老师最近的位置,这样互动的总体结果就是,前面几排座位往往就会空着。这里以谢林(2005)提出的"逐渐没落的研讨会"为例加以分析。

　　最初有人组织一个 25 人的学术团体,他们希望在大家有空的时候举行经常性聚会以讨论一些大家都感兴趣的问题。第一次聚会的出席率很高,达到了 3/4 甚至更高,只有少数人时间上有冲突;到第三次或第四次时,出席率就不会超过一半了;过了不久,就只有少数人参加了,乃至最后这个团体聚会也被放弃了。为此,最早加入团体的成员都对团体的失败表示遗憾,而且都认为,如果别人对研讨会给予足够的重视并经常参加的话,他们也会一直坚持参加的。那么,这个团体为何会没落下去呢? 这在很大程度上就在于个体行为之间的连锁反应:不管有多少人在场,总会有两到三个人感到不满意;当这两三个人退出后,人数的减少又使另外两三个人感到不满意……这样,就引起了连锁反应,从而导致团体的解体。

　　当然,也有的学术会议越办越兴旺:第一次聚会有 25 个团体会员参加,同时还吸引了另外 5 个人旁听。这样经常参加会议的人就变成 30 人,而这又可能吸引另外 5 个人来参加,结果,经常参加会议的人就变成 35 人,而这又可能吸引另外更多人来参加。这样的连锁反应使得会议规模不断扩大,最后不得不提高参加会议的门槛。

　　那么,这个团体会朝哪个方向发展呢? 这就涉及临界点:在这个临界点上,人们就乐意参加,而在这个临界点下,人们则认为这个数量还不够而放弃参与。在图

2-6中,只有当期望的参加人数达到一定数值,才会有人愿意参加活动。

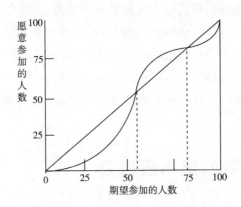

图2-6　学术讨论会的人员演变

　　这种连锁反应在现实生活中非常普遍。例如,在繁华的十字路口,一些行人敏捷地在交通灯下穿过车流,而更多的行人则在犹豫等待,当他们看到足够多的行人穿越马路时,他们也会安全地加入这一人潮,随着横穿马路的人越来越多,司机也只能停下来让行人通过。相反,在人流稀少的十字路口,因为等待观望的行人不过,少数冒险冲过路口的人会回头张望,看有没有人跟在他们后面,而当过街的行人太少而不足以改变路口的交通状况时,这些冒险的行人也不得不退回到路边来。同样,在学校的草坪上,如果看到其他人从草坪上穿过,其他人也会跟着穿过草坪;在车站买票时,看到别人挤上窗口,其他人也会马上挤过去;在课堂上,看到其他同学迟到时,其他人也会不顾忌迟到。近期,媒体就概括出一个"中国式过马路"现象:每一个信号周期,至少有四五个人闯红灯,原来大家都在耐心等红灯,但只要有一个人往路口向前靠一下,后面的人就会跟上来,有一个闯红灯过街,总有两三个人跟着过去。事实上,正是由于这些从众行为,中国人在私人领域往往彬彬有礼,但在公共场所往往不遵守秩序。基于这一普遍现象,20世纪西方最有影响的基督哲学家之一的尼布尔就曾写了《道德的人和不道德的社会》一书来刻画这一悖论问题。

　　思考:国人的素质在公共场合为何往往显得更为低下?

　　上面介绍了10个运用主流博弈思维的代表性例子,这些例子对我们思考周边现象有很大帮助。实际上,历史中也有相当多的博弈素材,诸如《东周列国志》、《三国演义》、《孙子兵法》、《三十六计》中的故事都包含了博弈思维。在很大程度上,中国人的中庸之道就是人类长期社会互动的产物,也体现了博弈思维的实践应用。因此,有兴趣的读者不妨从现在开始以博弈论思维重新阅读这些古典书籍,尝试运用博弈思维来解释这些现象。例如,春秋时期郑国的子产是如何在两大国——齐国和晋国之间维持郑国这一小国的生存的? 同样也可以尝试构建一个鲁酒围邯郸的博弈模型。当然,每个博弈结局都取决于很多因素,而博弈论模型往往简化了这些因素,因此,我们也不能指望博弈论能够解决一切问题,甚至给出确定性的结论。在某种意义上讲,博弈论这门学科还很不成熟,博弈思维很大程度上仍然属于一门艺术。

 延伸阅读与思考

主流博弈思维内含的理性悖论

现代经济学的理性分析范式存在严重的概念悖论:一方面,经济人定义上所体现的行为是基于只关注眼前利益的有限理性;另一方面,经济人分析上所建立的模型是建立在完全理性之基础上。怀特海称之为"理性的吊诡":"现代知识的专业化就是训练人的思维去遵守方法论。17 世纪历史性革命与更早时期对自然主义的反响,都是超越中世纪知识阶层所迷恋抽象概念的例子。这些较早时期所具有的理性主义之理想,并没有追求到它。他们忘记了推理方法需要运用抽象作用所涉及的限制。因此,真正的理性主义必须超越自己,回归具体适时以获得灵感。自给自足的理性主义,实际上就是反理性主义"(何宗武,2005)。显然,主流博弈论承袭了新古典经济学的理性经济人概念,从而在其分析中也必然潜含了理性悖论:一方面,它在分析一次性的行为互动时,实际上使用的是有限理性,从而得出了不同于新古典经济学结论的囚徒困境;另一方面,它在用于分析多阶段的动态博弈尤其是信息不完全下的动态博弈以及由此展开的机制设计时,实际上使用的是无限理性,从而得出了完美均衡。舒密特(C. Schmidt,1996)在《决策理论的理性悖论》一文中就写道:"虽然几乎所有经济模型都要假设个体理性地行为,但经济学家并没有花费多少时间去研究一下'理性地行为'的真正意义,以及这对于经济个体来说意味着什么。"这里作一深入剖析。

1. 主流博弈论中的理性悖论

现代主流经济学在使用理性这一概念时,往往根据自身解释的需要随意变换理性的内涵:一是当经济学将所有人的行为都视为理性的时,它实际上使用的是有限理性概念,因为它认为个体在每一次行为决策时都实现了条件约束下的收益最大化;二是当经济学基于经济人分析框架构建数理模型尤其是基于时间序列模型来作最优化和动态最优化的分析时,它实际上使用的是完全理性概念,因为它尽可能地将各种因素都考虑进来而实现了一般均衡。显然,正因为对现实行为的理性

解释和对数理模型的理性分析存在内涵上的差异,从而往往出现理论和现实相脱节的现象。这可以从"1元面钞的拍卖悖论"中得到充分的展示:一方面,在课堂实验中,老师拍卖一张1元钞票所获得的金额足以请全班学生吃一顿大餐,但现代主流经济学的经济人定义却将这种行为都视为理性的。问题是,用远超过面额的价格(譬如说是10元)来购买1元的行为能够算是理性的吗? 另一方面,在理论逻辑上,理性人在预算是共同知识的条件约束下只要有人叫价到70分就会结束拍卖,而不采取这种策略的行为在理论上又是非理性的。问题是,如果参与者严格按照主流博弈论的基本思维去选择博弈策略就一定可以实现理想的最大收益吗?

第一,经济人假设源于行为功利主义,而行为功利主义是从一次性行为的后果来判断行为的合理性;因此,经济人本质上是有限理性的,它只看到一次性行为或短期收益而看不到长期收益。事实上,按照经济人假设的基本含义,现代主流经济学往往将鸽子、猴子、老鼠等动物的行为也视为是理性的,一些学者还做了不少实验来证明这些动物的行为是理性的(Kagel、Battali 和 Green,1981),但显然,动物们无法考虑长期利益,更不能按照动态最优化行动,这是斯密早就做了说明的。相应地,既然现代主流经济学用经济人概念将人类行为和动物行为统一起来,而动物的行为本身又是短视的,那么,在这种思维的指导下,当然不仅个体不可能实现他的长期利益最大化,而且人类社会也无法达到帕累托最优的状态。正因如此,经济人行为对社会发展的有效性已经遭到了18世纪的哲学家孔多塞、19世纪的数学家道奇森、20世纪的福利经济学家阿罗和森、计量经济学家布莱克以及信息经济学家维克瑞等的否定,他们的理论都证明了社会上存在着这样的不争事实:从个体理性的功利主义出发往往导致社会合作的困境,阿马蒂亚·森甚至将经济人视为"理性的傻瓜"。不过,人毕竟不是一般动物,真正的理性者会考虑到自己的长期利益,而不会像傻瓜一样行事。

第二,现代主流经济学又"似乎"把经济人视为完全理性的,这种理性足以权衡它所获得的各种信息,从而可以实现长期的收益最大化和人类社会的和谐一致。事实上,正是基于理性模型的逻辑,现代主流经济学认为,市场中存在一只"无形的手",在它的预定协调之下,个体的逐利行为可以导向社会帕累托改进乃至社会财富的最大化,因此,理论和制度的关键作用就在于提高人的工具理性,并由此创设各种有助于工具理性运用的组织和制度。问题是,人类果真具有如此的完全理性吗? Gottfries 和 Hylton(1983)做了重要的实验:麻省理工学院的学生按照进度表制定用餐计划,当销售量达到一定程度后,每餐的价格就会降低很多;这些学生被询问是否愿意转到其他食堂用两个星期的餐,替代价格高于用餐计划的边际成本而低于平均成本。实验结果:68%的学生选择转换到其他食堂,并认为这样做是为了

"省钱"。试问:他们的行为果真省钱吗?符合现代经济学基于边际收益等于边际成本的选择原则吗?如果具有高度智力水平的麻省理工学院的大学生都不能有效辨识边际成本和平均成本,那么,我们又怎能期待一般社会大众遵循边际原则行事呢?正因如此,经济人假设的现实性也越来越遭到了森、弗农·斯密斯、宾默尔、鲍尔斯、金迪斯这些伦理经济学家、实验经济学家以及行为经济学家的质疑,宾默尔甚至把纳什均衡和囚徒困境称为一场学术灾难,因为纳什把自利作为其推论的前提,使许多人误认为这是对人性的真实刻画。那么,为何"无形的手"会失效呢?

思考:如何理解囚徒困境与福利经济学第一定理之间的悖论?

可见,现代主流经济学的经济人分析范式存在明显的逻辑缺陷,谢拉·道(Dow S.C.,2002)就指出,"主流经济学在理论和应用上存在一个明显的分歧,无论是理论模型还是应用模型都是非常片面的"。究其原因,经济人分析范式中同时蕴含着有限理性和完全理性两种内涵:在定义上实质反映的是"绝对"有限理性,在分析中实际应用的却是"绝对"完全理性。正是这两个理性概念之间的不一致,使得现代主流经济学在对短期的行为判断和长期的行为预测之间必然会出现断裂。针对这两种不同的理性内涵,现代主流经济学试图用"无形的手"机制将两者沟通起来。问题是,迄今为止,现代主流经济学并没有搞清楚"无形的手"来自何处以及是如何运作的,以致只好乞求于自然的明智而转向了神意说。事实上,尽管经济学家把人类个体都视为"自利"的,但"自利"概念的使用本身就存在着是最大化长远利益还是最大化短期自利的巨大差别;显然,现代主流经济学中的"自利"概念主要着眼于短期利益,因而这种短视的经济理性一直受到质疑和批判。例如,普特南(2006)强调,"现代版本的'经济人'既不是真正理性的,也不是真正按照他或她的自利行动的"。那么,如何理解人类理性呢?

2.基于长远利益视域的理性理解

一般地,人类与动物的重要区别就在于:人具有追求长期利益的理性,从而能够约束自己的短视行为;相反,如果个体在采取行动时只是权衡一次性互动的功利量,那么也就等同于动物的每一次争斗行为了。显然,由此我们可以得出这样两点认知:一是人类理性不等于对一次性行为作功利权衡的有限理性,而是体现在能够考虑尽可能多的行为进程;二是一个人决策时所纳入考虑的进程越多,那么,其理性发挥也就越充分。正是基于行为进程的考虑或长远利益的实现这一视域,我们可以更好地区别有限理性和完全理性概念。①如果只关心单次或少量行为进程的功利量,那么就是有限理性的;而且,两个以上的有限理性联合在一起的时候,就往往会陷入囚徒困境之中。试想,一个无法跳出囚徒困境的人类互动,又怎能称为完全理性呢?事实上,正是由于现代主流经济学倡导的经济人不关注他人利益,崇尚所谓"拔一毫而利天下不为也"的信条,以致由经济人组成的社会就很难形成有效合作,从而也就无法实现长期利益的最大化。②行为者能够考虑到的行为进程越短暂,那么,其理性的"有限"程度就越高,这种行为的联合也越容易陷入囚徒困境;相反,如果行为是完全理性的,那么就容易实现完全的帕累托改进,从而达到一般均衡状态。

基于长远利益的实现程度理解理性内涵的新视域,也可以对现代主流经济学所承认的那些泛理性化行为进行反思。譬如,一些人往往是在股市飙涨乃至接近高位时还不愿抛出股票,而在股市剧跌乃至接近底部时还不敢进入,那么,这是理性行为吗?按照现代主流经济学的观点,显然是理性的。同样,按照现代主流经济学的理性经济人概念,未成年男女间因一时激情的性交、因猎奇心的驱使而抽烟和吸毒、因厌倦读书的逃学和退学、因嘴馋的过量饮食等都是理性的,因为它们都可以被视为具有高贴现率或偏好那些正好有高未来成本之行动的个人福祉最大化的行为。问题是,无论是普通常识还是心理学上的内省都表明,这些行为往往是源于一时冲动,是非理性的。事实上,当事者大都意识到这些行为长期上对他们带来的损害,只不过他们缺乏足够的意志来克制这种一时的欲望,或者因为短视或者意识欠缺而只考虑即期效用。Fehr 和 Zych(1998)就指出,相对于最佳消费决策来说,"上瘾"行为的消费太多了。正因如此,瘾君子在上瘾行为过后也往往会感到后悔,既然事后连自己对那种没有克制的行为也会感到后悔,那种行为当然也就不可能是理性的。同样,谢林(2009)也强调,诸如对合法或非法药物的上瘾、赌博和电子游戏等难以克制的行为以及由暴食、花癫引起的一时冲动等,都是偏离理性的行为。

基于长远利益的实现的视域,我们还可以对大学课堂上越来越多的逃学行为作一分析。这个例子是笔者 2009 年在英国大学访问期间感受到的,一次有关"银行体系与金融危机"的讲座结束后,商学院院长针对听讲者不足发出了这样的感叹:为什么那么多的国际学生愿意花一年上万英镑的学费千里迢迢地来英国求学,却又不愿意来听这些免费的讲座呢?要知道这些讲座对他们专业的学习和未来的就业都有很积极的作用。显然,按照现代主流经济学的经济人分析思维,这些学生的行为是理性的,而且可以举出非常多的理由:他们海外求学的主要目的就是获得一张海外学历文凭以作为未来就业的敲门砖,人生职业则是以后的事而不在目前的考虑之内;要准备近期的 Presentation 或考试,因而拓展视野的讲座只能舍弃;更偏好于谈情说爱,与异性的约会更为重要;等等。问题是,我们还是要进一步问:这些行为果真是理性的吗?事实上,正因为大多数人往往都只是着眼于一次性行为或短期行为的考量,尽管他们似乎每次都过着一种心满意足的生活,但最终却失去了提升人生的潜力;相反,少数人则很早就能够确立较长期的追求目标,并能够在每次行为选择中选择那些与其长远目标相符的行为,尽管在此过程中充满了紧张、困惑乃至煎熬,但最终却实现了自身的追求。① 显然,如果对这两种行为进行比较,后者是理性的,或者是更为理性的,而前者则是非理性的,或者说至多是有限理性的。究其原因,前者只能看到短期的收益,而后者的眼界更长远,最终实现的利益也比前者更大。

思考:逃课行为是理性的吗?

因此,要更好地理解人类理性,应该基于行为进程的考虑或长远利益的实现这一视域。事实上,人类的需求和快乐不同于动物,实现了这种需求和快乐的人也就应该被视为具有更充分理性的人,为此,在对人类理性行为作判断时,就要避免局限于一次性或短期行为的功利考量,因为这种短视行为往往不利于长期目的的实现。同时,基于长远利益和行为进程之视域所理解的理性概念,可以对现实世界中的具体行为提供更好的解释和比较:大量的"捡了芝麻丢了西瓜"的短视行为都不是理性的,或者是高度有限理性的。例如,那些不愿意参加讲座的国际学生尽管可以获得即期的收益最大化,如从 Presentation 或谈情说爱乃至游荡中获得了效用,但是,由于他们没有为未来打下更为坚实的基础而没有实现长期收益最大化(尽管他们很可能根本无法意识到这些长期收益的丧失),从而其行为就是短视的,仅仅体现为有限理性。在很大程度上,长期利益的实现程度也体现了不同个体处理信息的能力:有的人只能考虑很短的几个环节,而另一些人则可以考虑得更长远。正因为不同个体面对同一信息的处理能力不一样,从而也反映出其理性程度的不一样。最后,需要指出,基于长远利益的实现这一视域所理解的理性,往往与社会流行的观点相一致,却与现代主流经济学的观点相冲突。譬如,按照这种视域的理性理解,婴儿是最缺乏理性的,因为婴儿还不具有考虑长期的能力;但是,现代主流经济学却将婴儿也视为理性的,因为婴儿也实现了自身的目的。

总之,现代主流经济学的经济人分析范式在理性内涵的使用上存在明显的逻辑悖论:在定义上实质反映的是"绝对"有限理性,在分析中实际应用的却是"绝对"完全理性。针对这两种不同的理性内涵,现代主流经济学试图用"无形的手"机制将两者沟通起来;但是,迄今为止,现代主流经济学并没有搞清楚"无形的手"

①美国一家心理学院做了一项实验:给 30 个孩子每人一颗糖果,并对他们说:"现在我们要出去一会儿,要是在我回来之前谁的糖果还没有吃的话,我会再给他一颗糖果。"半个小时后第一个小朋友忍不住将糖果给吃了,接下来陆续有小朋友做了同样的事,等到研究者回来时只有极少数的小孩没有吃糖,于是这些小孩每人得到了一颗糖果。在随后的几十年内,心理学家一直观察那些孩子的成长,结果发现,那些半途将糖果吃掉的小孩多数碌碌无为,而那些一直坚持到最后的小孩都做出了一番大事业。

来自何处以及是如何运作的。在很大程度上,正是由于现代主流经济学对理性概念随心所欲的滥用,而没有真正研究它的真实内涵,以致这种"理性行为"概念或假设的滥用开始造成博弈论和纳什均衡分析的一些基本概念和方法(如子博弈完美纳什均衡和后退归纳法等)在应用中遇到困难,无法作出符合实际的预测和导致明显的悖论,以致人们对博弈论和纳什均衡论的信任发生危机时,"理性行为"问题、纳什均衡的理性基础问题,才终于引起经济学家的重视和注意(谢识予,1999)。无论是现实生活中的日常行为还是实验室里的受试者行为,大量的结果都与现代经济学的标准经济人分析范式所得出的理论结果相差较大:经济人分析或者是基于一次性行为的考虑而陷入囚徒困境,或者是基于完全的理性计算而获得理想化的帕累托最优结果;但是,无论是在现实生活中还是在行为实验中,个体的行为都既不是将所有进程纳入考虑的完全理性,也不是只考虑一次性进程的完全非理性,而是介于两者之间的有限理性。

第 2 篇 主体理论

3. 博弈论的基本概念和术语

第 2 章通过 10 个案例分析博弈思维时已经用到了不少的博弈论概念和术语,事实上,主流博弈思维基本上都是用一些专门概念和术语来表示的。因此,为了使读者对博弈思维以及博弈理论形成更为清晰的认知框架,在对主流博弈论的主要理论进行系统介绍和分析之前,先对一些基础性的概念和术语作一介绍。

3.1 现代博弈论的发展进程

现代博弈论的发展归功于诺伊曼和摩根斯坦 1944 年合著的《博弈论与经济行为》一书,诺伊曼和摩根斯坦认为,在所有的两人零和博弈中,如果允许使用混合策略,那么,所有博弈方都使用最小最大化策略是一个理性的决策规则解,并且这个最小最大解在所有两个博弈方的零和博弈中都存在。但是,诺伊曼和摩根斯坦并未能成功地将他们的研究纲领扩展到两人博弈、零和博弈之外,"最小最大定理"不仅迷惑了一代博弈论研究者,也限制了博弈思维在经济学等社会科学领域的拓展。尽管如此,诺伊曼和摩根斯坦的分析方式却成为后来人们遵循的原则:把一个经济问题描述为一个博弈,找出它的博弈论解,然后再对这一解作出经济学意义的说明。可以说,正是诺伊曼和摩根斯坦等人的工作为现代博弈理论的兴起和发展开辟了道路,后来发展出的占优策略在此基础上进一步得出了严格定义的理性决策规则,它通过剔除劣策略而得到博弈解;到了 20 世纪 50 年代,塔克、纳什等人相继发明了囚徒困境和纳什均衡等概念,从而逐步建立了博弈理论的一般分析框架。

博弈论的真正发展是在 20 世纪 50 年代,起点源于 1950 年塔克定义的囚徒困境,从而把博弈论的分析扩展到了非零和博弈,自始奠定了非合作博弈(Noncooperative Game)的基石。塔克的学生纳什在《n 人博弈的均衡点》和《非合作博弈》两篇非合作博弈的开创性论文中从囚徒困境发展出了后来被称为"纳什均衡"的概念,并证明了有限博弈中纳什均衡的存在性定理。自此,纳什均衡就成为一条博弈理论发展的主线,成为现代主流博弈论和经济理论的根本性基础。与此同时,合作博弈(Cooperative Game)也取得了丰硕成果,这包括纳什和随后的夏普利(Shapley,1953)提出了经典的"讨价还价"模型,以及后来吉利斯(Gillies,1953)和夏普利

(1971)等提出了合作博弈中的"核"(Core)的概念。在某种意义上讲,所有将被经济学家们在此后20年中应用到的博弈论几乎都已发现了。当然,自纳什的经典性论文发表之后,以"纳什均衡"为核心的非合作博弈理论的发展明显快于合作博弈理论,以至提起博弈论,人们几乎总是指非合作博弈理论。

　　然而,非合作的纳什均衡却存在以下问题:①纳什均衡的非唯一性;②不考虑博弈方的策略选择如何影响对手的策略;③允许不可信威胁的存在。因此,20世纪60年代,围绕着"纳什均衡"的精致化,泽尔腾、海萨尼等人展开了进一步的研究。首先,泽尔腾(Selten,1965)将纳什均衡概念引入动态分析,证明了在博弈方相机抉择的博弈中不是所有的纳什均衡都同样是合理的,因为其中一些均衡是建立在不可信的威胁之上。为此,泽尔腾提出了"精炼纳什均衡"概念,其中心是剔除了不可信威胁策略的存在,使精炼纳什均衡缩小了纳什均衡的个数。其次,海萨尼(J. C. Harsanyi,1967~1968)则把不完全信息引入博弈论的研究,开创了"不完全信息博弈"这一新的研究领域;并且,他提出了一种使用标准博弈论技术来模型化不完全信息情形的方法,即所谓的"海萨尼转换":在标准的技术中假设了所有的博弈方都知道别人的得益函数,而在不完全信息下博弈方对其他人的支付是不确定的,这样,就将"不完全信息博弈"转换为"完全但不完美信息博弈"。根据这一分析,海萨尼还定义了贝叶斯博弈的纳什均衡解,即贝叶斯纳什均衡。

　　20世纪70年代后,越来越多的经济学家意识到信息在个人理性中的重要性,博弈模型也大多是在20世纪70年代中期以后发展起来的。实际上,当博弈同时是信息不完全和动态时,贝叶斯纳什均衡概念就显得薄弱了。为此,一些学者将子博弈完美性的想法扩展到不完全信息博弈的求解中去;并将完全信息动态博弈的精炼纳什均衡和不完全信息静态博弈的贝叶斯纳什均衡结合起来,这就是精炼贝叶斯均衡。首先,泽尔腾(Selten,1975)提出了颤抖手的完美均衡概念;其次,到20世纪80年代,克瑞普斯和威尔逊(Kreps和Wilson,1982)进一步发展了动态不完全信息博弈,提出了序贯均衡。当然,序贯均衡反映了克瑞普斯、米尔格罗姆、罗伯茨和威尔逊等人提出的博弈中的信誉问题,从而使信息经济学逐渐成为主流经济学的一部分,甚至成为微观经济学的基础。

　　事实上,博弈论使人们可以真正做不完全信息下的经济分析,从而极大地拓宽了经济学的研究范围。一方面,博弈论为微观经济学、宏观经济学、劳动经济学、环境经济学等绝大部分经济学科提供了基本分析方式,一些新的学科如信息经济学、产业组织理论等也应运而生;另一方面,这一分析范式也迅速深入到几乎所有的社会经济领域,包括不完全竞争、外部性、公共物品、关税壁垒、遗产赠与、工资谈判等诸如此类似乎互不相关的各种问题。克瑞普斯(Kreps,1990)在《博弈论和经济建模》一书的引言中写道:"在过去的一二十年内,经济学在方法论以及语言、概念等方面,经历了一场温和的革命,非合作博弈理论已经成为范式的中心——在经济学或者与经济学原理相关的金融、会计、营销和政治科学等学科中,现在人们已经很难找到不懂纳什均衡能够'消费'近期文献的领域。"有西方学者指出,新古典经济学在 20 世纪 70 年代就已经死亡了,而正是博弈论的出现为它注入了新的活力。

　　同时,尽管博弈论是一门新的学科,但它迅速建立起了广泛的应用价值:不仅运用在人类的经济活动中,也运用在政治、军事、法律等各项活动中;不仅运用于人类活动上,也广泛运用于分析其他生物无意识的行为,研究动植物的生存、运动和发展的规律。可以说,博弈思维已经成为经济学乃至政界、商界以及日常生活的基本思维方式,博弈论在生物学、管理学、国际关系、计算机科学、政治学、军事战略和其他很多学科都得到广泛应用。自 20 世纪 80 年代以来,主流经济学家们普遍认为,几乎所有的经济社会问题都可以被理解为理性的人们之间交互作用进行决策的问题,而博弈论则为处理这一问题提供了一个统一的理论框架。而且,正是通过博弈论的桥梁,经济学已经和其他社会科学与自然科学发生越来越紧密的联系,甚至使得科学研究的语言文字和表达方式都发生了显著的改变,纳什均衡、囚徒困境、零和博弈、占优、联合理性、策略思维等都成为新经济学范式的基本用语。正是由于博弈论的巨大影响,1994 年诺贝尔经济学奖同时授予了纳什、泽尔腾、海萨尼三位博弈论专家,2005 年诺贝尔经济学奖授予了博弈论专家托马斯·谢林和罗伯特·奥曼,2012 年诺贝尔经济学奖授予了博弈论专家夏普利和罗斯;此外,阿克洛夫、斯彭斯、梅森、赫维奇、马斯金、维克瑞、莫里斯以及斯蒂格利茨等获诺贝尔经济学奖都与博弈论有关。

　　当然,需要指出,尽管博弈论已经被应用到各个领域,但由于承袭了新古典经济学的思维,这也为主流博弈论的理论发展和实践应用埋下了致命的缺陷。事实上,一般来说,博弈论思维往往还是在人数较少时更为有用,而当人数较多时则涉及了公共选择问题。同时,尽管早期的非合作的纳什均衡是以共同知识和可理性化策略为前提的,但博弈论的这些假设后来都作了进一步的发展,如目前流行的演化博弈和实验博弈等的基本假设就与以前的假设存在一定的差异。因此,人们又往往把演化博弈和实验博弈之前的博弈理论称为古典博弈论,其基本假设是:博弈方是理性的,这些理性是共同知识,并且博弈规则也是共同知识。一般地,古典博弈论又可以分为合作博弈论和非合作博弈论,但主要研究集中在非合作博弈上。

思考:如何理解博弈论的发展历程?

3.2　博弈结构及其相关概念

博弈是指一些个人、团队或其他组织,面对一定的环境条件,在一定的规则下,同时或先后,一次或多次,从各自允许选择的行为或策略中进行选择并加以实施,并从中各自取得相应结果的过程。这个定义就包含了博弈论的主要概念,这里分别就策略型博弈结构和扩展型博弈结构所涉及的概念作一介绍。

3.2.1　策略型博弈结构

基本的静态博弈我们常常用策略型(Strategic Form)博弈结构表示,它也称为标准型(Normal Form)。博弈的策略型表述有三个基本要素:博弈方、每个博弈方可选择的策略、得益函数。一般地,我们往往把博弈方(Player)、行动(Action)和结果(Outcome)统称"博弈规则"(Rules of Game)。

(1)博弈方(Player),即博弈的参加者。是指博弈中选择行动以最大化自己效用的决策主体,可以是个人、企业、国家等。当这些群体或组织内部进行博弈时,就称为博弈方集(Player Set),可用 I = {1,2,…,n} 来表示。有时也引入"自然"作为"虚拟博弈方"(Pseudo-player),它在博弈的特定时点上以特定的概率随机选择行动。另外,我们常常将除了某个给定博弈方 i 之外的所有博弈方称为"博弈方 i 的对手",记为"－i"。

当然,需要指出,一些西方学者往往把行业协会、大学、法院、政府机构等都视为博弈方,但实际上,这些组织并非是利益的最终归属者,而仅仅是代表了特定自然人的利益。进一步的理解涉及组织的性质理解,即是"主权者"还是"裁判者"?

(2)策略或战略(Strategies)。即博弈中存在博弈方给定信息集的情况下的特定行动规则,以指导博弈方在博弈中每一阶段的行动,如冷酷策略(Grim Strategy)或针锋相对策略(Tit-for-Tat Strategy)。由于信息集包含了一个博弈方有关其他博弈方之前的行动的知识,策略就表示博弈方如何对其他博弈方的行动作出反应。一般地,博弈方 i 每一个合乎规则的行动清单就是一个策略 s_i,博弈方 i 所有可选择的策略集合(Strategy Set)$S_i = \{s_i\}$ 就称为博弈方 i 的策略空间(Strategy Space);而所有博弈方的一个策略所组成的有序集就称为一个策略组合或策略向量(Strategy Profile)$s = (s_1, s_2, …, s_n)$,它是向量空间 $S = \Pi_i S_i$ 中的一点,后者称为策略组合空间。

(3)支付结构(Payoff Structure)。即对应于每一种选择得到的策略组合所能带来的确定收益或者期望效用。博弈方 i 的收益记为 π_i,那么,所有博弈方的收益组

合就记为 $\pi = (\pi_1, \pi_2, \cdots, \pi_n)$。显然,由于博弈方的收益不仅取决于自己的策略选择,也取决于其他所有博弈方的策略选择,因而博弈方 i 的收益就可表示为 $\pi_i = \pi_i(s_1, s_2, \cdots, s_n)$。实际上,如果博弈方 i 选择策略 $s_i \in S_i$,在策略组合 $s = (s_1, s_2, \cdots, s_n)$ 下得到的支付记为 $\Pi_i(s)$,一个博弈的支付结构就体现为一个映射 $\Pi: S = \Pi_i S_i \rightarrow R^n$。

(4)策略型(Strategic Form)或标准型(Normal Form)。它反映了每一种可能的策略组合所产生的支付情况,主要包括博弈方集合、博弈方策略空间集合以及得益函数。假定一个对策中有 n 个博弈方,对第 i 个人而言,其所选策略是 s_i,所有策略构成该博弈方的策略空间 S_i。如果博弈方的得益函数为 Π_i,则其所获得的支付为 $\Pi_i(s_1, s_2, \cdots, s_n)$。那么,该博弈就可以表示为 $G = \{S_1, S_2, \cdots, S_n; \Pi_1, \Pi_2, \cdots, \Pi_n\}$。

(5)支付矩阵(Payoff Matrix)。有限双人博弈的标准型(策略型)也可用矩阵来表示,反映每一种可能的行动组合所产生的支付情况。为方便起见,习惯上规定每一单元格左边的数字表示矩阵左侧博弈方 A 的盈利,右边数字表示矩阵上方博弈方 B 的盈利,如囚徒博弈的博弈矩阵,见图 3 - 1:

囚徒 A	囚徒 B	
	不坦白	坦白
不坦白	-1, -1	-10, 0
坦白	0, -10	-5, -5

图 3 - 1　囚徒博弈

一般地,支付矩阵表示法仅仅适用于有限的离散型博弈,而连续型博弈则用反应函数来表示。

3.2.2　扩展型博弈结构

当博弈是动态的或者不完全信息时,我们常常用扩展型博弈结构表示,至于扩展型博弈表示的主要构成要素,除了上述策略型博弈结构的三个基本要素外,还有另外两个要素:每个博弈方选择行动的时点和每个博弈方在每次选择行动时有关其他博弈方过去行动的信息。

(1)信息(Information)。也指博弈方所具有的博弈知识,特别是有关其他博弈方的特征和行动的知识。上述的策略空间、支付结构以及博弈方的特征等就构成了博弈的信息结构。

完美信息(Perfect Information)是指一个博弈方对其他博弈方(包括自然)的行

动选择都有准确的了解,即每个信息集只包含一个值。完全信息(Complete Information)则是指自然不首先行动和自然的初始行动被所有博弈方准确观察到,即没有事前的不确定性;也就是说,关于博弈结构等是共同知识。显然,不完全信息意味着不完美信息,但逆定理不成立。

(2)博弈次序(Order of Play)。当存在多个独立博弈方时往往涉及行动次序问题:如果博弈方同时选择行动称博弈是静态的,即静态博弈;但是,如果博弈方行动有先后,并且后行动者可以观察到前行动者的行动,并在此基础上采取对自己最有利的策略,就称为动态博弈。

(3)展开型(Extensive Form)和博弈树(Game Tree)。相对于策略型作为静态博弈的表达式,展开型是动态博弈的表达方式,一般用博弈树形象化表示,包括节、枝、路径、信息集等要素。

例如,1944年盟军决定展开一场解放欧洲的重大战役,其选择登陆的地点可能是诺曼底海滩或者加来港;而德军决心要阻击这次行动,为了阻击成功,它必须将重兵部署在盟军的登陆点。显然,如果盟军在德军部署重兵的地方登陆,就完全失败;而如果德军部署错了地点,将从此崩溃。博弈展开型见图3－2:

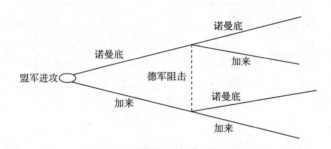

图3－2　1944年盟军登陆博弈

(4)行动和行为(Moves or Action),即博弈方在博弈的某个时点的决策变量。一般地,我们用 a_i 表示博弈方 i 的一个特定行动,博弈方 i 所有可选择的行动集合(Action Set)表示为 $A_i = \{a_i\}$;而所有博弈方的行动的有序集合 $a = (a_1, a_2, \cdots, a_n)$ 就称为"行动组合"(Action Profile)。

在静态博弈中,策略和行动是相同的,因为作为博弈方行动的规则,策略依赖于博弈方获得的信息。正因为在静态博弈中所有博弈方同时行动,没有任何人能获得他人行动的信息,从而策略选择就成为简单的行动选择。但是,在动态博弈中,策略和行动有一定的区别,策略是行动规则而不是行动本身。例如,在行业进入博弈中,如果在位者采取的策略是不打击(压价),那么潜在觊觎者将选择进入;然而,如果在位者的策略是觊觎者不进入就不打击,否则就打击,那么在位者的行动仍然是不打击,但此时觊觎者就将选择不进入。可见,在行动与策略、结果与均衡之间存在严格的区别。这也意味着,动态博弈中与行动相关的一个重要问题就是行动的顺序,因而在扩展型博弈中也需要关注这个概念。

思考:策略和行动在静态博弈和动态博弈中有何差异?

3.2.3　其他一些概念

除了上述两类博弈的表达式外,还有一些概念是博弈论中经常用到的,也是博弈理论的基本概念。

(1)均衡(Equilibrium)和纳什均衡(Nash Equilibrium)。均衡是指所有博弈方选择最优策略所组成的一个策略组合,一般记为 $s^* = (s_1^*, s_2^*, \cdots, s_n^*)$,其中 s_i^* 是第 i 个博弈方在均衡情况下的最优策略。我们最常用到的是纳什均衡概念,一般地,s_i^* 是给定 s_{-i} 情况下第 i 个博弈方的最优策略,则有 $u_i(s_i^*, s_{-i}^*) \geq u_i(s_i', s_{-i}^*)$。

当然,纳什均衡是一个发展中的概念,早在古诺提出的寡头竞争模型中就蕴涵了它,直到纳什才给出了严谨的定义。纳什定义的均衡点说明了有限博弈中的普遍存在性,并为非合作博弈理论的发展奠定了基础,因此,纳什均衡不仅指存在纯策略的组合,也指混合策略的组合。同时,纳什均衡概念还在不断发展中,在很大程度上,纳什均衡可看成是一个集合,不仅体现了静态博弈均衡中的贝叶斯均衡,也包括反映动态博弈均衡的子博弈完美均衡、精炼贝叶斯均衡、颤抖手均衡等概念,它们都是由纳什均衡派生出来的,因而纳什均衡也往往就是指这些概念的发展。

思考:如何理解纳什均衡概念?

(2)均衡策略(Equilibrium Strategies)。也是指博弈方在最大化各自支付时所选取的策略。

(3)共同知识(Common Knowledge)。我们一般假设博弈的结构、得益函数、博弈方的理性等都是共同知识。所谓共同知识,简而言之就是对所有博弈方而言都是常识。

这种共同知识对应着莱布尼茨(Leibnitz)所谓的"世界的状态",即,①每个人都知道什么;②每个人都知道对方知道什么;③每个人都知道对方知道自己知道什么……显然,共同知识是一种关于知识的潜在无穷推理过程的极限。例如,在脏脸的故事中,告诉博弈方"你们中至少一人脸上是脏的",这就把原先大家都具有的知识变成了共同的知识。

思考:如何理解共同知识和大家都拥有的知识? 举例说明现实中的共同知识。

(4)可理性化策略(Rationalizable Strategies)。符合可理性化性(Rationalizability)要求的策略称为可理性化策略。可理性化概念是由伯恩翰姆(Bernhein,1984)和皮尔斯(Pearce,1984)独立引入的,这种概念后来被奥曼等人推展到贝叶斯方法的策略选择中所使用。可理性化的出发点是,理性的博弈方仅使用对他关于其对手可能具有某些信念来说是最优反应的那些策略;也就是说,由于博弈方知道对手的收益以及对手是理性的,因而就不应对他们的策略具有随意性的信念。实际上,可理性化是从博弈方的收益和"理性"是"公共知识"这一假设所导出的对策略选择和行动的限制。例如,重复严格占优博弈的出发点就是:理性博弈方永远不会采用被严格优超的策略。显然,每个纳什均衡都是可理性化的。

思考:如何理解可理性化概念?

3.3　多维度的博弈类型划分

我们在学习博弈论时往往会遇到各种博弈类型,这里选择一些基本维度对这些博弈类型作一梳理,从而便于读者更好地认识博弈思维。

3.3.1　根据博弈方数量

(1)单人博弈,即只有一个博弈方的博弈。一般来说,博弈是相互作用情形的规范模式,必然涉及两个博弈方,而单人博弈已经退化为一般的最优化问题。因此,单人博弈实际上不属于博弈论研究的目标对象,而往往被称为决策问题(Decision Problem),如个人对风险资产的选择、杨朱亡羊博弈等。但是,讨论单人博弈还是有价值的,因为包括单人博弈可以使博弈理论的结构更加完整。

一般地,我们把"自然"视为一个虚拟博弈方(Pseudo-player),只不过,与一般博弈方不同的是,"自然"作为虚拟博弈方没有自己的支付和目标函数,而它的策略会影响到其他博弈方的选择。这里以较为直观的迷宫游戏为例,其博弈过程的展开型见图3-3:

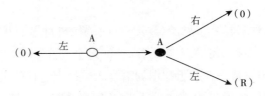

图3-3　迷宫博弈展开型

同时,也存在更复杂的单人博弈。例如,商品运输的途径或方式选择问题,它涉及不同天气和不同运输方式(水路、陆路以及空中)的考虑;再如,旅行者到达一个城市的交通选择问题,它涉及时间和交通拥堵状况的考虑,见图3-4。实际上,这些都体现了人与自然之间的博弈,体现了人与自然的斗争或和合。

(2)两人博弈,即双方各自独立决策,但策略和利益具有相互依存关系的博弈方的决策问题。双人博弈是博弈问题中最常见、研究得最多的博弈类型,也是博弈论入门重点研究的类型。例如,乒乓球或羽毛球之类的对抗性团体赛中,运动员出场顺序的策略选择就是一个博弈,这一点无论是蔡振华还是于永波都深有体会。这里以南郭先生的滥竽充数博弈为例加以说明,其博弈矩阵见图3-5。

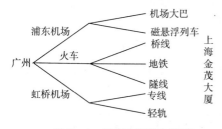

图3-4　城市交通选择博弈

齐王	南郭先生	
	充数	不充数
好合奏	-5,5	5,0
好独奏	0,-5	0,0

图3-5　滥竽充数博弈

(3)多人博弈,即三个或三个以上的博弈方参加的博弈,它往往需要考虑其他两方之间的互动行为。例如,多党制的政府组成过程中,大小政党之间就充满了策略选择,这就是多人博弈。这里以"鹬蚌相争、渔翁得利"为例来表示三人博弈,其博弈矩阵见图3-6:

鹬	蚌	
	钳	不钳(逃)
啄	-5,5,0	5,-5,0
不啄	0,-5,0	0,0,0

渔翁不在场的鹬蚌相争博弈

鹬	蚌	
	钳	不钳(逃)
啄	-10,-10,20	-5,-8,10
不啄	0,-8,8	0,0,0

渔翁在场的鹬蚌相争博弈

图3-6　鹬蚌相争博弈

当然,上述三人博弈也可用扩展型表示,见图3-7:

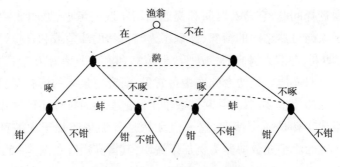

图 3 – 7　鹬蚌相争博弈扩展型

3.3.2　根据策略数量

（1）有限博弈（Finite Game），即一个博弈中每个博弈方的策略数都是有限的。

（2）无限博弈（Infinite Game），即一个博弈中至少有某些博弈方的策略有无限个。

一般来说，博弈思维往往对少数博弈方且有少数博弈策略的情形更为适用，因而，此时每个博弈方可能更关心对手的行为或策略选择，也更容易考虑对手的行为或策略选择。例如，在垄断竞争中，每个厂商的产量对市场价格都会产生很大的影响，从而每个厂商都关注竞争对手的产量，但是，在人数很多时，市场价格就可以被看成是给定的了，厂商也很少关注其他厂商的生产状况。正因如此，本书分析所针对的主要是少数博弈方和少数博弈策略的博弈类型。

3.3.3　根据收益结构

（1）常和博弈（Constant-sum Game）。广义的常和博弈是指在博弈中，无论博弈方采取什么策略，全体博弈方的得失总和为一个常数，即社会总量不变的博弈。常和博弈又可进一步细分为零和博弈（Zero-sum Game）和狭义常和博弈。零和博弈是指一方之所得就是另一方之所失，两者的盈利之和恰好为零。狭义常和博弈则是指在都存在增量的情况下，一方多得利，必然是以另一方少得利为前提，每种结果之下各博弈方的得益之和总是等于一个非零常数。

广义上的"常和博弈"实际上是纯分配性的。就"零和博弈"而言，它相当于再分配，也就是对已经进入私人口袋的金钱再进行博弈分割。而狭义上的"常和博弈"则相当于初次分配，将已经生产出来的既定的金钱进行博弈分配。显然，由于不存在对各方同时具有的帕累托优化，因而任何方案都可能招致某一方的强烈不满和反对，合作均衡也就难以达至。这里用一个经典例子——猜币博弈来加以说明，其博弈矩阵见图 3 – 8。

猜币博弈是"零和博弈"的重要类型,它反映出一方之所得就是另一方之所失,从而难以有稳定的均衡,更难以进行合作博弈的分析。其他如猜谜游戏、足球比赛、桥牌、战争等都可以看成是猜币博弈,在这些博弈中,每一方为了获得更大的收益往往会努力了解和挖掘其他相关者的信息,并采取与对方相对立的策略。

思考:说明猜币博弈的基本含义并构建反映现实例子的博弈矩阵。

在上述"零和博弈"的各个收益中加上一个基数,譬如 5,就成了狭义"常和博弈",这意味着通过猜币的博弈方式来决定外在的 10 单位收益的分配,标准的博弈矩阵就可表示为图 3 – 9。

投币者		投币者	
		正面	反面
	正面	1, –1	–1,1
	反面	–1,1	1, –1

图 3 – 8　猜币的零和博弈

投币者		投币者	
		正面	反面
	正面	6,4	4,6
	反面	4,6	6,4

图 3 – 9　猜币的常和博弈

狭义"常和博弈"同样是没有均衡的,因而广义"常和博弈"一般是难以达致合作解的。当然,零和博弈在人类社会中是很罕见的,否则就不可能有社会分工及其扩展了。

思考:列举一些属于零和博弈的现实生活例子。

(2)变和博弈(Variable-sum Game)。变和博弈是指每种结果之下所有博弈方的得益之和并不总是一个常数,即广义非零和博弈(Non-zero-sum Game)。它又可分为正和博弈与负和博弈。负和博弈是指在博弈过程中会使得社会总福利减少,它实际上是个抢瓷器的过程,如对公共资源的滥用;正和博弈则使得社会总福利增加,因而是一个做大蛋糕的过程,如相互之间的贸易。

"变和博弈"中,由于社会总福利发生了改变,那么就存在帕累托改进的可能,这时通过合作就可以取得更高的收益。这在"正和博弈"中就非常明显,上面的大多数例子都反映了这样的特点。即使在"负和博弈"中,通过合作也可以减少浪费和损失。譬如,两个人发生了矛盾,如果本着合作的精神处理,就可能是"大事化小,小事化了";相反,不合作往往会导致不断升级的争斗和内耗,最终损害所有的人。

关于这一点,可以看一则历史上的卑梁之女的悲剧。《吕氏春秋·先识·察微》中记载:楚之边邑曰卑梁,其处女与吴之边邑处女桑于境上,戏而伤卑梁之处女,卑梁人操其子以让吴人,吴人应之不恭,怒杀而去之。吴人往报之,尽屠其家。卑梁公怒,曰:"吴人焉敢攻吾邑?"举兵反攻之,老弱尽杀之矣。吴王夷昧闻之怒,使人举兵侵楚之边邑,克矣而后去之。吴楚以此大隆。吴公子光又率师与楚人战于鸡父,大败楚人,获其帅潘子臣、小惟之、陈夏齧。又反伐郢,得荆平王之夫人以归,实为鸡父之战。

思考:列举一些属于变和博弈的现实生活例子。

显然,"常和博弈"和"变和博弈"所引发的行为机理是不同的。"常和博弈"在很大程度上是纯分配性的,不同组合的收益变动相当于再分配,从而蕴涵了利益的完全对抗性,从而难以达至合作均衡。霍姆斯特姆的激励不相容定理就表明:如果预算是均衡的,即团队的产出为团队的所有成员所分享,则不存在任何一个分享规则,使非合作博弈的结果达到符合帕累托最优的纳什均衡。显然,此时预算均衡意味着是一个零和博弈,非合作则反映了对个体利益的追逐,而且,团队的联合产出对于代理人的不可观察的行为的偏导不为零。"变和博弈"则可以通过合作而获得更多的合作剩余,从而会引发合作的动机。因此,变和博弈是形成合作博弈的社会基础,是探究如何跳出囚徒困境行为机理的主要对象。

思考:如何理解常和博弈与变和博弈所隐含的策略寓意?

当然,零和博弈和非零和博弈之间还可以相互转化,之所以能相互转化,就在于两者往往是基于不同的视角。例如,从消费剩余角度上说,两个国家之间的贸易体现为非零和博弈,从而自由贸易对两者是有利的;但是,如果从收支平衡角度上说,一国的贸易盈余往往意味着另一国的贸易赤字,为了追求贸易盈余,两国很可能掀起贸易保护主义。

思考:如何理解重商主义的思想与政策? 如何理解当前国际贸易争端?

3.3.4　根据博弈次序

(1)静态博弈(Static Game)。静态博弈指所有博弈方同时选择策略或行动的博弈,或者,尽管博弈方的行动有先后顺序但后行动方不知道先行动方采取什么行动(从而可看做同时选择策略或行动)的博弈。静态博弈也称为"同时行动的博弈"(Simultaneous-move Game)。例如,工程招标和密封拍卖就是典型的静态博弈,因为每一方的出价都是同时进行的,或者不同投标者的投标时间也许不同但互相不知道对方报价。

(2)动态博弈(Dynamic Game)。动态博弈指各博弈方不是同时而是先后、依次进行选择、行动,而且,后选择、行动的博弈方在自己选择行动之前能够看到之前博弈方的选择、行动的博弈。动态博弈往往又被称为序贯博弈(Sequential-move Game)。例如,下棋就是典型的动态博弈,因为每一方的落棋都要考虑对其他方所产生的影响,每一方的出招都依赖于前一方的落棋。

　　历史上,文君与相如私奔就与其父亲卓王孙形成了一个博弈。因为文君和相如私奔后注定要过一段时间苦日子,因此这里称其为"文君当垆"博弈。开始时,文君和卓王孙构成的是静态博弈,卓王孙根据自己的内在偏好发出威胁,如果文君和相如私奔了,他将坚决不进行救济,其博弈矩阵见图 3 – 10。

　　但是,当文君采取抢先行动而与相如私奔后,生活穷困并在街上开了个小店。此时,卓王孙感到丢了面子,在外在"耻辱"的促动下发生了效用变化。在这种情况下,文君和卓王孙之间实际上构成了一个动态博弈,博弈展开型见图 3 – 11。

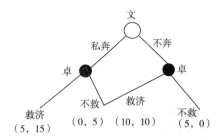

卓王孙	文君	
	私奔	不私奔
救济	0,15	10,10
不救济	5,5	5,0

图 3 – 10　"文君当垆"博弈　　　　　图 3 – 11　"文君当垆"博弈展开型

　　(3)重复博弈(Repeated Game)。重复博弈指同一个博弈反复进行所构成的博弈过程。其中,重复博弈的每次博弈就是"阶段博弈"(Stage Games)或原博弈,它可以是静态博弈,也可以是动态博弈。重复博弈是一种动态博弈,是一种特殊的动态博弈。它与一般动态博弈的主要区别之一就在于,各博弈方在每次博弈中都有相同的得益。

　　当然,重复博弈的均衡结果又与博弈重复的次数和信息的完备性有关,因此,根据重复博弈的重复次数,可以将其分为有限次重复博弈(Finitely Repeated Games)和无限次重复博弈(Infinitely Repeated Games)。其中,由基本博弈的有限次重复构成的重复博弈就称为"有限次重复博弈",而如果一个标准博弈 G 一直重复博弈下去所构成的重复博弈就称为"无限次重复博弈"。

3.3.5　根据信息状态

　　第一,基于得益状况的信息分布,博弈可以分成以下两种基本类型。

　　完全信息博弈(Game with Complete Information)。完全信息博弈是指各博弈方对博弈中的各种情况下的得益完全了解的博弈,即博弈过程中每一博弈方对其他博弈方的特征、策略空间及收益函数有准确的信息,这意味着,博弈方的策略空间及策略组合下的支付是所有博弈方的"共同知识"。

不完全信息博弈（Game with Incomplete Information）。不完全信息博弈是指博弈中至少部分博弈方不完全了解其他博弈方的得益情况，即博弈过程中有一些博弈方对其他博弈方的特征、策略空间及收益函数信息了解得不够准确或者不是对所有博弈方的特征、策略空间及收益函数都有准确的信息。

一般地，在不完全信息博弈中，首先行动的是"自然"（Nature），"自然"决定了博弈方以多大的可能性采取某种行动，由"自然"决定的每个博弈方以多大的可能性采取某种行动的情况只有每个博弈方个人知道，其他博弈方都不知道。相应地，又有确定博弈（Game of Certainty）与不确定博弈（Game of Uncertainty）之分。确定博弈是指不存在由"自然"作出行动的博弈，否则就是不确定的博弈。

关于完全信息博弈和不完全信息博弈的区分，我们可以以"黔之驴"博弈为例加以说明。显然，如果老虎具有充分的信息知道驴子的"踢"只不过是在装腔作势，而驴实际上是一个一无所能的废物，那么，这就构成了一个完全信息博弈，该博弈矩阵见图 3 - 12。

但是，如果老虎的信息是不完全的，它只看到驴子的"踢"，却不知道驴子是装腔作势还是真的勇猛，那么，这就构成了一个不完全信息博弈。后面的知识将说明，此种状况可以写成两个矩阵，或者用一个完全但不完美的动态信息表示。这里，我们用一个简易博弈矩阵表示，见图 3 - 13。

虎		驴	
		踢	不踢
	咬	5,0	10,5
	不咬	0,5	0,10

图 3 - 12　完全信息的"黔之驴"博弈

虎		驴	
		踢	不踢
	咬	$5-\varepsilon,0+\varepsilon$	10,5
	不咬	0,5	0,10

图 3 - 13　不完全信息的"黔之驴"博弈

显然，结合信息结构和博弈次序这两大维度，就可以形成四种基本的博弈类型，这也构成了流行博弈论教材的基本内容，见表 3 - 1。

表 3 - 1　四种基本博弈类型

信息 ＼ 次序	静态	动态
完全信息	完全信息静态博弈（Static Game with Complete Information） 纳什均衡：纳什（1950,1951）	完全信息动态博弈（Dynatic Game with Complete Information） 子博弈精炼纳什均衡：泽尔腾（1965）

续表

信息 ＼ 次序	静态	动态
不完全信息	不完全信息静态均衡（Static Game with Incomplete Information） 贝叶斯纳什均衡：海萨尼（1967~1968）	不完全信息动态博弈（Dynatic Game with Incomplete Information） 精炼贝叶斯纳什均衡：泽尔腾（1975），Kreps & Wilson（1982），Fudenberg & Tirole（1991）

第二，在动态博弈中，我们还可以对信息作进一步的细分，分别探讨有关得益和行为的信息。

完美信息（Game with Perfect Information）。完美信息是指在动态博弈中，博弈方完全了解自己之前的博弈过程，这主要是指所有博弈方的策略选择或行动信息。

不完美信息（Game with Imperfect Information）。不完美信息是指在动态博弈中，后行博弈方并不完全了解自己之前的博弈过程。

显然，基于信息两大维度的结合，我们又可以把动态博弈分为四种基本类型，见表3-2。

表 3 - 2　动态博弈四种基本类型

得益 ＼ 行为	完美信息	不完美信息
完全信息	完全且完美博弈（Game with Complete and Perfect Information）	完全但不完美博弈（Game with Complete but Imperfect Information）
不完全信息	不完全但完美博弈（Game with Incomplete but Perfect Information）	不完全且不完美博弈（Game with Incomplete and Imperfect Information）

3.3.6　根据行为出发点

（1）非合作博弈（Non-coorperative Game）。是从个体的利益最大化出发独立地进行策略选择，强调的是个体理性。

（2）合作博弈（Coorperative Game）。是从博弈方自己的利益出发与其他博弈方谈判达成具有约束性合作契约或形成联盟，从而有利于所有博弈方，强调的是团体理性。典型的合作博弈是寡头企业之间的串谋（Collusion）：企业之间通过公开或暗地里签订协议对各自的价格或产量进行限制，以达到获取更多垄断利润的行为。

一般地，合作博弈和非合作博弈相区别的关键在于是否存在一个具有约束性的协议：合作博弈中存在强制性的威胁、承诺或协定，而非合作博弈中不存在有约束的契约来限制博弈方行为。因此，合作博弈理论主要研究的是，人们达成合作时如何分配合作得到的收益，即收益分配问题；但是，联盟的形成过程却没有得到清楚的说明。相反，非合作博弈则主要研究人们在利益相互影响的局势中如何选择策略使得自己的收益最大，即策略选择问题，因而它特别说明博弈方的顺序、时间和信息结构等。可见，两者所采用的假设和研究对象不同，也使得它们的分析思路和手段不同。

思考：主流博弈论如何区分合作和非合作博弈？

当然，在非合作博弈模型中，也可能并且经常出现合作的结果。例如，纳什就提出了一个根据协议分配收益的解决方案，这个解依赖于两个当事人的讨价还价的相对实力。事实上，人们还进一步将博弈划分为如下几类：无冲突的合作博弈（平等的集体行动）、有冲突的合作博弈（讨价还价的买卖）、无冲突的非合作博弈（情侣博弈）、有冲突的合作博弈（囚徒博弈）。而且，最近对合作博弈和非合作博弈的区分标准有所改变，专注于博弈的结果而不是博弈的前提条件。

其实，合作博弈理论是一门比非合作博弈理论更加灵活的学科，它主要研究博弈各方在博弈开始前可以对在博弈过程中做什么进行谈判的情形。有关合作博弈的文献始于对讨价还价问题解的讨论，其最早可以追溯到泽森（Zeuthen，1930）在《垄断和经济福利问题》一书中进行的类似后来纳什讨价还价解的分析（海萨尼，2002）。诺伊曼和摩根斯坦1944年在《博弈论与经济行为》一书的第二部分主要研究多人博弈中联盟的形成。在讨价还价分析中，他们认为最终的结果将是帕累托有效，并且必须至少分配给每一个讨价还价者与他们拒绝达成协议一样多的支付，而至于"讨价还价集"的确定则关系到"讨价还价技巧"。纳什后来对讨价还价技巧作了一定的修正，提出有关讨价还价问题的解应该满足一系列公理，并且证明满足这些公理只有唯一的解，即纳什讨价还价解。后来，一些学者又将这种分析引申到信息不对称的情形，分析了争论议价模型。鲁宾斯坦等人则用新的鲁宾斯坦讨价还价模型代替了纳什的非合作讨价还价模型。

从某种意义上说，自从纳什引入非强制条件下的均衡点概念后，非合作博弈理论许多年以来就几乎没有取得任何进展。在整个20世纪60～70年代的博弈论发展时期，博弈论专家对合作博弈理论比非合作博弈理论更感兴趣。事实上，如果合作能够带来更大的收益，人们又有什么理由放弃它呢？当时专家提出了一系列的合作博弈解的概念，如 Neumann-Morgenstern（1944）解、Sharply（1953）值、Gillies（1959）和 Schmeidler（1969）核、Aumann-Maschler（1964）谈判解以及其他一些概念。

　　然而,合作博弈的进一步发展却遇到了不少困难。首先,上述解的概念的目的均是规范性的而非描述性的,这种合作解概念多样化的原因之一就在于,特征函数型博弈只是真实博弈局势的不充分描述,对协议如何做出以及协议如何达成均未明确。实际上,以不同的特殊规则控制协议谈判过程将会导致不同的结果(泽尔腾,2000)。其次,合作博弈假定博弈方之间的讨价还价行动总发生在博弈实际进行以前,而不是博弈本身的一部分,从而把它们从对博弈的正式分析中完全排除了;也就是说,合作博弈并不仅是纳什讨价还价意义上的抽象均衡问题,而是如纳什所提出的,应该把讨价还价解定义为由讨价还价问题的整个集合到所有可能的结果组成的集合的一个函数。例如,在鲁宾斯坦的讨价还价模型中,最后的结局取决于双方的耐心,如果不考虑这些细节问题就不能预测由鲁宾斯坦方法而达成的协议。而如今的合作解概念的优点是忽略了与讨价还价结果无关的许多细节,但缺点是把少量重要的细节也省略掉了,这等同于自动放弃了理解博弈的结果如何实际依赖博弈方讨价还价过程的形式的所有尝试(海萨尼,2002)。特别是,迄今为止,人们仍然难以处理不完全信息的讨价还价问题。再次,合作博弈的一系列解概念尽管在理论上各自都很重要,但作为一个整体却不能提供一个分析清楚而且连贯的合作博弈理论。不同的解概念在理论上几乎都不是相互关联的。最后,合作博弈在推理上以及数学表达上也存在诸多困难。

　　相反,非合作博弈的分析却要有效得多,海萨尼(2002)列举了以下四点理由:一是它有非常好的理论统一性,因为它的整个理论是建立于一个具体的解概念,即均衡点的解概念之上的;二是它是一个更完整的理论,因为它力图覆盖任意给定博弈的所有方面,没有将博弈方的讨价还价行动从它的分析中排除掉;三是均衡点的概念以及在其基础上的非合作博弈能够容易地拓展到不完全信息博弈;四是均衡点是少有的几个能同时直接应用于扩展型博弈和标准型博弈的解概念之一,这使得非合作博弈能在一个统一的理论框架中同时处理两种类型的博弈。

　　因此,尽管合作博弈更早引起博弈专家的关注,但20世纪70年代以后,合作博弈理论的发展停滞不前,而非合作博弈研究却得到迅猛发展,理论也更为成熟。事实上,尽管获诺贝尔奖的纳什、泽尔腾、海萨尼等都对合作博弈做了探究,但他们的主要影响也都在非合作博弈方面,因此,现在谈到博弈论也往往是指非合作博弈。正如坎布尔(R. Campbell,1985)在《理性和合作的悖论》一书的引言中所说,"非常简单,这些悖论毫无疑问地抛弃了我们对理性的解释,并且就如囚徒困境的例子所揭示的那样,它说明理性的生灵之间的合作是不可能的。因此,它直接影响着伦理学和政治哲学的基本问题,同时也威胁着整个社会科学的基础。正是这些结果所涉及的范围,解释了这些悖论为什么引起了如此广泛的关注,以及为什么成为哲学讨论的中心。"

思考：非合作博弈为何获得更多的关注？

当然，非合作的纳什均衡点也存在许多问题：首先是多样性问题，几乎每个具有实际意义的博弈都有许多本质上不同的均衡点，纳什均衡无法说明哪个均衡点是博弈事实上的结果；其次是稳定性问题，任意混合策略均衡点从根本上说是不稳定的，因而不适合作为博弈的解；最后是不完美性问题，因为许多博弈的均衡点要求某些或所有博弈方采用非常不理性的策略(海萨尼，2002)。因此，合作博弈还是一直引起某些学者的关注。

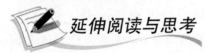 **延伸阅读与思考**

如何理解合作博弈及其实现

主流博弈论根据是否存在强制性协议来界定一个博弈是否属于合作博弈，但这种定义与我们日常生活中的理解往往存在很大的反差，因为人们更关注的是博弈结果。那么，我们究竟该如何来对合作博弈和非合作博弈进行界定呢？这里作一剖析。

1. 主流合作博弈的概念缺陷

合作博弈和非合作博弈的区分是纳什(1951)引入的，他的定义是：合作博弈是其中博弈方能交换信息并且具有强制性协议的博弈，而非合作博弈则是其中博弈方既不能交换信息又不存在强制性协议的博弈。纳什提出的合作博弈有两个基本标准：信息交换和强制力的协议。不过，正如海萨尼指出的，根据两个不同标准的一个二元区分在逻辑上不是令人满意的。如果将一类同时具有性质 A 和性质 B 的事物定义为一种类型，而把一类既不具有性质 A 又不具有性质 B 的事物定义为另一种类型，那么，如何定义那些只具有性质 A 而不具有性质 B 或者只具有性质 B 而不具有性质 A 的事物？因此，目前主流博弈理论家倾向于把合作博弈定义为具有强制性协议的博弈，而将非合作博弈定义为没有强制性协议的博弈；至于信息在博弈方之间的交流则被认为不是根本性的，尽管它也很重要。例如，在囚徒博弈中，只要协议是强制性的，那么(不坦白、不坦白)就是一个双赢的均衡；但是，如果没有一个强制性协议，则博弈方的策略没有比(坦白、坦白)做得更好。这里，即使博弈方可以进行信息交流并协商了一个协议，但只要这个协议不是强制性的，并且因此不可能保持这个协议的话，它的作用就是微乎其微的。

根据是否存在强制性协议作为合作博弈衡量标准的观点，主流博弈理论家得出以下两个结论：一是即使博弈方可以进行信息交流并协商了一个协议，但是，只要这个达成的协议不具有强制约束力，即没有一方能够强制另一方遵守协议，它也是非合作博弈;二是即使博弈方意识到他们之间的相互依赖性而具有合作的倾向,但只要双方各自采取独立的对策,尽管最后的结果与存在某种强制性协议下的结果一样,这种对策也被认为是非合作性的。也就是说,主流博弈理论对合作博弈和非合作博弈的区分主要在于对博弈规则的界定上。

这里存在两大问题。一是如果按照博弈规则界定得出的均衡并非集体共同效用最大化,或者不是双方的帕累托改进,那么,这种博弈是否应该被视为是合作博弈? 毕竟"合作"本意上含有自愿的意思,而自愿又往往要以所有人的利益都得到提高为基础。例如,在囚徒博弈中,协议规定(这种协议是出于非自愿或者在特定条件下"自愿"的)囚徒 1 必须不坦白,以获得囚徒 2 坦白得到尽早出狱的结果。我们不考虑其他因素,就这一互动行为而言,显然其并非集体最优,更不是帕累托最优。二是根据是否存在强制性协议的观点,即使没有强制的协议,但博弈方出于其他原因的考虑或基于特定的行为机理而最终实现了合作的结果,那么,这种博弈还应该被视为是非合作博弈吗? 毕竟这一博弈并不符合纳什对合作博弈均衡的界定。例如,在囚徒博弈中,双方都遵循"为己利他"行为机理(即要想增进自己的利益,至少不能使对方的利益下降),结果就可以形成皆大欢喜的(不坦白、不坦白)。因此,如何界定合作博弈和非合作博弈又是值得进一步探讨的问题。

显然,根据是否存在强制性协议来判断博弈的合作性,与我们日常生活中对合作的理解存在很大的反差。实际上,经济学的理论研究的目的是通过对人类行为以及相应社会经济现象的探究,来寻求社会制度的完善,最终促进社会福利和个体福利的提高,因此,我们在界定一个博弈是否属于合作博弈时,就应该注重于它能否带来最大化的合作收益。其实,现代主流博弈理论的基本假设也是:参与人关心的仅仅是结果,而策略本身没有价值,它们只是手段,结果才是目的。正如泽尔腾和海萨尼等人指出的,合作理应是理论的结果而不是合作的前提,应该以非合作博弈的方式建模描述合作的达成,而且非合作博弈适用于更广阔的社会经济形势,为此也需要丰富与完善非合作博弈理论的分析工具与手段(泽尔腾,2000)。同时,博弈均衡的结果多种多样,可以是防止遭受他人损害的纳什均衡结果,也可以是实现个人最终利益最大化以及帕累托最优的结果。显然,我们可以将后者视为是合作性的,它降低了行动的风险而提高了收益。问题在于:博弈参与者如何才能实现一个最终利益最大化或帕累托改进的结果?

思考:流行的合作博弈概念能否自洽?

2. 主流合作博弈的机理缺陷

一般来说,人类社会实现这种合作结果的方式是多种多样的:可以根据一个强制的协议,也可以基于其他社会信号或者特定的行为机理而采取的集体行动。事实上,如果强制的协议所带来的并不是更大收益,那么,这种协议就不能称为是(实质)合作性的,这不但不值得我们花费精力去探究如何促使它实施的机理,而且还有必要设立一系列制度来瓦解它;相反,不管是从个体角度还是从集体角度出发,只要能够达到全体成员帕累托增进的目的,就是我们需要关注的合作机理。正是由于人们更关心的是博弈的最终结果而不是博弈的规则,因此,我们在判断一个博弈是否是合作性时,应该依据博弈的最终结果:结果是否是理性的。正是基于对博弈结果的考虑,我们有必要对博弈属性重新作一修正:非合作博弈探讨的是个人理性是如何增进自身利益而采取何种行为的;而合作博弈则主要是挖掘达致全体成员帕累托增进的机理及相应的成员行为。

那么,这种结果理性是如何形成的呢?显然,这就涉及行为协调问题。主流博弈论强调附加一个强制性协议。问题是,这种强制性协议的产生机理又如何?一般地,如果强制性协议是源于社会总功利的计算,并主要是建立在行为功利主义的工具理性之上,那么,这种强制性协议很难实现真正的集体理性结果。一是基于计算的工具理性本身往往是短视的,依靠某一外在机构(或权威)来核算往往会犯哈耶克所指出的“致命的自负”问题;二是在非独裁的情况下,每个人的偏好很难计量加总,这就是“阿罗不可能”问题。因此,合作博弈的达成途径和结果还是要基于个人的视角,要对个人的行为机理进行探究。正是基于这一信念,在众多的合作博弈的实验设计中,泽尔腾(2000)等人所展开的实际分析都是将博弈方置于非合作的扩展型博弈中。这样,合作博弈一般就可以定义为:主要是指以个人理性出发的非合作博弈的方式达致个体的或集体的结果理性之博弈。

基于个体理性的分析是否可以以及如何达致合作的结果?这就涉及现实世界中的协作策略,协作策略也就是研究合作博弈的中心议题。其实,促进个体行为之间的互惠合作以及人类社会的和谐发展一直是包括经济学在内的人文社会科学的重要使命,而且,合作现象在长期的人类社会中本来就普遍存在。确实,西方主流经济学也一直在为这种合作性及和谐性提供理论基础,从孟德维尔的“私利即公益”、斯密的“无形的手”、巴斯夏的“经济和谐论”、凯里的“调和主义”直到现代主流经济学的欧拉定理和一般均衡理论等都是朝这方面的努力。然而,尽管现代主流经济学试图通过大量应用数学逻辑、建立各种复杂的数理模型以期说明人类的合作现象以及合作的结果,甚至动用了各种实验、计算机仿真以及功能性磁共振成像技术等,但是,这些理论基本上都是依据“预定协调”原理,而“预定协调”原理根本上是抽象而先验的。由于这些理论都是建立在追求个体利益最大化的理性经济人假说之上,基于这种思维的互动所引向的却是囚徒困境。这意味着主流博弈论的分析结论与现代主流经济学的先验信条是背道而驰的,这充分反映出现代主流经济学所崇尚的个体理性的内在缺陷。

思考:实现合作博弈的协作策略有哪些?

　　总之,主流博弈论并不能成功地揭示人类的合作现象并预测其发展走向。众所周知,互惠合作本来就是文明社会中一个非常简单而普遍的现象,那么,为何现代经济学又把它搞得这么复杂呢? 显然,正如叶航(2005)指出的,"这一问题对当代主流经济理论构成了严重挑战,它是经济学巨人身上的阿喀琉斯之踵。"同样,这个致命之"踵"是如何形成的呢? 从根本上说,就在于它继承了新古典经济学有关工具理性的概念和内涵,从而主流博弈理论从个体理性出发最终获得的是非合作的结果;同时,主流博弈论之所以承袭新古典经济学的工具理性思维,就在于以此为基础的"纳什均衡的理性主义解释在逻辑上和数学上更加严密和漂亮,且在理论分析时使用更加方便,更加容易使人'着迷'"(谢识予,1999)。其实,要实现社会合作的结果理性,主要依赖的不是短视的工具理性而是长期的交往理性,这种交往理性是人类互动中逐渐产生和发展的,体现了人类的社会性。因此,要真正了解人类社会的合作现象,了解合作博弈的理性基础,就需要重新审视人类社会的理性内涵及其行为机理,需要对现代主流经济学的人性假设和分析思维进行反思。

4. 完全信息静态博弈

静态博弈是指所有博弈方同时行动或选择策略的博弈,也称同时决策博弈(Simultaneous – move Game)。当所有博弈方同时或可看做同时选择策略,且各博弈方对博弈中各种情况下的得益(包括策略空间、得益函数等)完全了解的博弈,就是完全信息静态博弈。一般地,静态博弈用策略型来表述,它主要包括以下三大要素:博弈方集合、每个博弈方的策略集合、由策略组合决定的每个博弈方的支付;同时,博弈矩阵是策略型表述的形象化表示,但博弈矩阵只用于表示两人有限策略博弈,而当博弈方多于两个时要画出多个矩阵就很不方便。

4.1 占优策略均衡

4.1.1 占优策略均衡的含义

无论其他博弈方选择什么策略,某博弈方的最优策略是唯一的,其中某个策略所带来的得益始终高于其他策略或至少不低于其他策略,那么,就称这个最优策略为"占优策略"(Dominant Strategy)或"上策"。对某纯策略而言,如果纯策略空间中至少存在一个其他纯策略在盈利向量上的每一个元素都优于该纯策略的盈利向量的相应元素,那么,该策略就是该博弈方的劣策略(Dominated Strategy)。显然,理性的博弈方肯定不会选择劣策略。进一步地,如果一个博弈的某个策略组合中的所有策略都是各博弈方的上策,那么,这个策略组合肯定是所有博弈方都愿意选择的,从而必然是该博弈比较稳定的结果,该策略组合就称为该博弈的一个"占优策略均衡"(Dominant Strategy Equilibrium)或"上策均衡"。

一般地,在一个 n 人对策 $G = \{S_1, S_2, \cdots, S_n; \Pi_1, \Pi_2, \cdots, \Pi_n\}$ 中,假定 s_i^* 和 s_i' 是第 i 个博弈方可行策略,如果对其他博弈方的任意策略选择存在:

$$\Pi_i(s_1, s_2, \cdots, s_{i-1}, s_i^*, s_{i+1}, \cdots, s_n) \geq \Pi_i(s_1, s_2, \cdots, s_{i-1}, s_i', s_{i+1}, \cdots, s_n)$$

那么,就称 s_i^* 是博弈方 i 相对于 s_i' 而言的占优策略,称 s_i' 是相对于 s_i^* 的劣策略。

进一步地,如果存在 $\Pi_i(s_1, s_2, \cdots, s_{i-1}, s_i^*, s_{i+1}, \cdots, s_n) > \Pi_i(s_1, s_2, \cdots, s_{i-1}, s_i', s_{i+1}, \cdots, s_n)$

　　那么,就称 s_i^* 是博弈方 i 相对于 s_i' 而言的严格占优策略(Strictly Dominant Strategy),称 s_i' 是相对于 s_i^* 的严格劣策略(Strictly Dominated Strategy)。

　　如果其中包含了等式成立,那么,就称 s_i^* 是博弈方 i 相对于 s_i' 而言的弱优策略(Weekly Dominant Strategy),而称 s_i' 是相对于 s_i^* 的弱劣策略(Weekly Dominated Strategy)。

　　相应地,我们可以给出占优策略均衡的定义:

　　在对策 $G = \{S_1, S_2, \cdots, S_n; \Pi_1, \Pi_2, \cdots, \Pi_n\}$ 中,如果对所有的博弈方 i, s_i^* 都是他的占优策略,那么,所有博弈方选择的策略组合 $(s_1^*, \cdots, s_n^*)$ 就称为该对策的占优策略均衡。

　　占优策略均衡是博弈分析中最基本的均衡概念之一,占优策略均衡分析是最基本的博弈分析方法。我们可以用几个例子来理解占优策略和占优策略均衡。

　　例1 在囚徒博弈中,每一个博弈方都有一个占优策略。以博弈方 A 为例,他并不知道博弈方 B 如何行动,但是不管如何,选择坦白将是他的占优策略;同样,对博弈方 B 也是如此。因此,(坦白、坦白)就是占优策略均衡,见图 4-1。

		囚徒 B	
		不坦白	坦白
囚徒 A	不坦白	-1, -1	-10, 0
	坦白	0, -10	-5, -5

图 4-1　囚徒博弈

　　囚徒博弈是一类典型博弈的总称,经典的囚徒博弈描述了两个囚徒在面临警察提供的两种激励合约下理性选择的集体后果:基于个体理性形成的最终博弈均衡是大家都不愿要的。

　　例2 在第二价格拍卖中,一个卖主面对多个买主,如果最高竞价者只需支付次高竞价者的竞价数量,那么,每个博弈方的占优策略是以其完全估价进行竞价。即混合策略的最优反应是: $B_1 = V_1$, $B_2 = V_2$;其中,B_i 是竞价者 i 的出价,而 V_i 则是竞价者 i 的估价。

　　具体说明如下:如果竞价者 1 竞价高于其估价,那么,就存在竞价模式 $V_1 < B_2 < B_1$ 的风险,此时,即使他最后取得了标的物,也将无利可图。相反,如果竞价者 1 竞价低于其估价,那么,就存在竞价模式 $B_1 < B_2 < V_1$ 的风险,此时,他就失去了本来可以以稍低于 V_1 的价格获得标的物的机会。而如果竞价者 1 竞价等于其估价,他将不会失去任何东西。同样,对竞价者 2 也是如此。

最后,需要指出,由于占优策略均衡中博弈方的策略选择并不依赖于其他博弈方的策略选择,因而占优策略均衡只要求每个博弈方是理性的,并不要求每个博弈方知道其他博弈方是理性的,即不要求"理性"是共同知识。

4.1.2　重复剔除的占优策略均衡

尽管占优策略均衡是一个非常合理的预测,但在绝大多数博弈中占优策略均衡是不存在的。例如,在智猪博弈(Boxed Pigs Game)中,猪圈中有一大一小两头猪,有一个按钮控制了 20 单位的猪食供应,其中按按钮的成本是 5 单位;如果大猪先到将吃到 16 单位猪食,而小猪只能吃到 4 单位;相反,如果小猪先到将吃到 10 单位猪食,而大猪也只能吃到 10 单位;如同时吃,大猪将吃到 13 单位猪食,而小猪只能吃到 7 单位。该博弈矩阵见图 4 - 2:

显然,小猪的占优策略是等待,而大猪却没有占优策略,它依赖小猪的策略,因而,该博弈无法直接从两者的占优策略中找出占优策略均衡。那么,该博弈是否就不能应用占优策略寻找均衡呢? 还是可以的。实际上,如果博弈是完全信息的,大猪虽然没有自己的占优博弈,但它知道小猪肯定不会选择自己的劣策略;那么,在小猪选择等待的情况下,大猪的最优策略只能是按,这样(按,等待)就是该博弈的均衡解。事实上,这里使用了可理性化策略的知识,大猪实际上面临的博弈矩阵见图 4 - 3。

大猪	小猪	
	按	等待
按	8, 2	5, 10
等待	16, -1	0, 0

图 4 - 2　智猪博弈

大猪	小猪
	等待
按	5, 10
等待	0, 0

图 4 - 3　剔除劣策略的智猪博弈

在上述缩小的博弈矩阵中,大猪也就有了自己的劣策略(等待),在剔除这个策略后,就只有均衡(按,等待)了。这个重复剔除的过程称为累次取优(Iterated Dominance),如果剔除的是严劣策略,就称累次严优(Iterated Strict Dominance)。显然,这里已经用到了"重复剔除严劣策略"(Iterated Elimination of Strictly Dominated Strategies)的思想,它的思路是:首先,找出某个博弈方的劣策略,再把这个劣策略剔除掉,重新构造一个不包含剔除策略的新博弈;然后,剔除这个新的博弈中的某个博弈方的劣策略,如此循环,直到只剩下一个唯一的策略组合。

定义:在对策 $G = \{S_1, S_2, \cdots, S_n; \Pi_1, \Pi_2, \cdots, \Pi_n\}$ 中,如果是经过把(严格)劣策略剔除之后所得到的唯一占优策略,则称该策略组合为原对策的重复剔除的占优策略均衡。

一般地,如果每次剔除的是严劣策略,那么,均衡结果就与剔除的顺序无关。原因是:根据严劣策略的定义,假如某博弈方有一个严劣策略,那么,这个策略的盈利向量的任何子向量都将劣于那个严优于它的纯策略的盈利向量的相应子向量,因此,即使先从其他博弈方角度出发开始累次严优过程,在经过剔除后剩余下来的"缩小了的"博弈中的博弈方也将舍弃这个原先从他那儿开始本应剔除了的严劣策略。

4.1.3　重复剔除的占优策略的思维及问题

重复剔除的占优策略的基本思维:通过假设其他博弈方服从占优,可以使一个博弈方获得一种简单可靠的方法去猜测别人如何行动;相应地,他得自于其他博弈方的非劣策略的某些支付也是不会实现的,因为这些支付只有当其他博弈方违反占优时才会发生。基于这种推理,最初的非劣策略就成为实际上的劣策略。例如,在单行道上机动车不会逆行,因为它可以预测逆行是其他人的劣策略;在这种情况下,自己的最佳选择就是不要逆行,否则就会遭到其他顺行的大多数车辆的阻碍。

思考:当前社会上一些警车为何敢于违反这种占优策略原则?

不过,重复剔除的占优策略存在两大条件:一是如果剔除的策略中包含弱劣策略,均衡结果可能就与剔除的顺序有关。我们将在4.3.1进行分析。二是与占优策略均衡不同,重复剔除的占优均衡不仅要求每个博弈方是理性的,而且要求"理性"是博弈方的共同知识,即不仅要求假定博弈方是理性的,而且还要求所有博弈方知道其他博弈方是理性的,等等;否则,重复剔除的占优均衡就难以达到。例如,在图4-4所示的博弈矩阵中,理性的博弈方甲只有知道理性博弈方乙不会选择劣策略[中]时,他才会选择策略[上];而博弈方乙同样基于甲的理性认识,才会选择[上];最后达致(上,上)均衡。

		乙		
		上	中	下
甲	上	4,3	5,1	6,2
	中	2,1	8,4	3,6
	下	3,0	9,6	2,8

图4-4　重复剔除的占优均衡

基于以上两大条件,重复剔除的占优策略在现实应用时就存在局限:任何个体都是有限理性的,而且,人类理性与特定的文化心理密切相关。重复剔除的占优策略均衡的现实应用局限已经为一系列实验所证明。例如,在"一元面钞的价格悖论"实验中,基于重复剔除的占优策略表明,只要一方出价 70 分就可以终止拍卖,但实验结果却是价格不受控制地飙升。其中一个重要原因就在于,它依赖于理性是共同知识这一前提,否则即使有人叫价 70 分,其他人仍然可能继续往上叫价,结果拍卖一定是无法停下来。

更为典型的例子是"选美比赛"博弈实验。博弈程序:一群受试者在 0 ~ 100 选一个整数,选的数字最接近猜测平均数的 2/3 为赢家,可获得奖品 10 元。显然,由于 67 是 100 的 2/3 的最大平均数,因此,博弈方应该选择比 67 小的数字而取得占优策略;但是,如果博弈方考虑到所有其他博弈方都采取可理性化策略,那么,所有博弈方的选择都会小于 67。给定这个共同知识,由于 44 是 67 的 2/3 的最大平均数,因此,博弈方就应该选择比 44 小的数字而取得占优策略;同样,如果博弈方考虑到所有其他博弈方都采取可理性化策略,那么,所有博弈方的选择都会小于 44。相应地,给定这个共同知识,由于 29 是 44 的 2/3 的最大平均数,因此,博弈方就应该选择比 29 小的数字而取得占优策略;同样,如果博弈方考虑到所有其他博弈方都采取可理性化策略,那么,所有博弈方的选择都会小于 29。以此类推,那么就可以得到唯一的纳什均衡 0。但事实上,这个数成为大家选择的结果几乎是不可能的。在这类博弈中,尽管博弈方需要了解其他博弈方重复推理的步数,但由于人们使用的重复推理步数是有限的,因此,就不需要把别人视为完全理性的,要努力使得自己的推理比其他人多走一步,而不是更多。

4.1.4　占优均衡的稳健性:风险占优和得益占优

占优策略的分析表明,占优策略均衡的形成依赖于博弈方都是理性的这一前提。不过,这种理性假设仅就个人与自然之间的博弈(即单人决策)来说是可行的,而在多人博弈中的决策往往与在单人博弈中的决策存在明显的差异。究其原因,当决策者是单人时,他的唯一不确定性是"自然"的可能行动,而决策者则被假设为对于自然行动的概率具有确定的外生信念;相反,对多人博弈的决策者而言,博弈方对其他博弈方的行动的预期不是外生的,因而博弈中的一些变化将改变所有博弈方的行动。正因为重复剔除的占优策略均衡不仅要求博弈各方采取的都是可理性化策略,并且要求理性是共同知识,因此,占优策略均衡在实际生活中往往未必可行。

显然,如果博弈方的一方行动理性而另一方非理性行动,那么,博弈方的理性行为很可能面临比不理性行为更坏的境遇。这意味着,坚持其他博弈方是理性的这一信念本身就存在风险,对某些支付具有极端性的博弈矩阵尤其如此。在现实生活中,我们往往因风险的缘故而出现"一着不慎铸成千古憾事"的局面。

例3 分析图 4-5 所示的博弈矩阵:按照重复剔除的占优策略均衡,从博弈方 B 出发,r 策略优于 d 策略;在完全信息下,博弈方 A 预测 B 将剔除 d 策略,从而在 R 策略和 D 策略中选择 R 策略,这样,(R,r)是唯一的占优策略均衡。

思考:在图 4-5 所示博弈矩阵中你会选择哪个策略?

基于这种思维的预测很可能会面临很大风险:A 要确信 B 持有绝对值排序的严格偏好倾向,否则就会出现小概率事件。究其原因,r 策略和 d 策略对博弈方 B 来说相差不大,那么,他可能表现出无所谓的态度,或者,B 由于理性的无知而导致操纵策略的手发生了"颤抖";这两种情况的任何一种发生都会使得博弈方 A 遭到巨大损失,其收益将从 55 下降到 -50。显然,(R,r)均衡组合面临着巨大的风险。与此不同,(D,r)的均衡组合却没有这样的风险。为此,海萨尼和泽尔腾(1988)区分了两类占优均衡,称(D,r)是相对于(R,r)的"风险占优均衡"(Risk-dominant Equilibrium),而称(R,r)是相对于(D,r)的"得益占优均衡"。这意味着,得益占优均衡并不一定是风险占优均衡,一个稳健的博弈者可能更倾向于风险占优均衡。

思考:风险占优和得益占优的区别。

一般地,考虑图 4-6 所示的双人博弈 G,其中,$a_{11} > a_{21}$,$b_{11} > b_{12}$,$a_{22} > a_{12}$,$b_{22} > b_{21}$;那么,G 是一个协调博弈且具有纯策略纳什均衡(1,1)和(2,2)。

A		B	
		r	d
	R	55,10	-50,9.5
	D	50,5	45,4.5

图 4-5　风险上策均衡博弈

A		B	
		1	2
	1	a_{11},b_{11}	a_{12},b_{12}
	2	a_{21},b_{21}	a_{22},b_{22}

图 4-6　非对称的协调博弈

在图 4-6 所示博弈中,如果存在 $(a_{11} - a_{21})(b_{11} - b_{12}) \geq (a_{22} - a_{12})(b_{22} - b_{21})$,那么,均衡(1,1)就是风险占优的。如果不等式严格成立,那么,对应的均衡就是严格风险占优。

如果博弈是对称的,其中,$a > d$,$b > c$,那么,该博弈矩阵就可表示为图 4-7。

A		B	
		1	2
	1	a,a	c,d
	2	d,c	b,b

图 4-7　对称的协调博弈

在图4-7所示的博弈矩阵中,如果存在$a-d \geq b-c$,那么,均衡(1,1)就是风险占优的。如果不等式严格成立,那么,对应的均衡就是严格风险占优。

4.2　纳什均衡

4.2.1　占优均衡的局限性

尽管累次严优过程提供了求解博弈均衡的一个主要思路,但是,它还存在另一个主要的缺陷:它往往难以预测更为一般的博弈结果。特别是,对在博弈各方在纯策略空间中并不存在严劣策略的情况下尤其如此。因此,通过重复剔除来寻求占优均衡有两个障碍:一是最后剩下的策略组合是唯一的,如果不唯一,那么该博弈就无法通过重复剔除而得到均衡解;二是相当多的对策并不能通过重复剔除而得到占优策略。即,"占优策略均衡"不是普遍存在的:并非每个博弈方都有这种绝对偏好的上策,而且,常常是所有博弈方都没有上策。

事实上除了因徒博弈例子外,在其他类型的博弈中,我们也往往难以找到类似的占优均衡。例如,在性别之战博弈(Battle of Sexes)、斗鸡博弈等博弈中,都无法找到占优均衡。以图4-8所示的斗鸡博弈为例:南来北往两个人过一座独木桥,每个人都面临两种选择:要么采取强硬态度自己先通过,要么采取懦弱态度礼让对方先过;如果两人都选择强硬,显然就会在桥中间发生顶牛现象。那么,两人将如何选择策略呢? 显然,这种情况是无法简单地获得占优均衡的。

参与者1		参与者2	
		懦弱	强硬
	懦弱	5,5	0,10
	强硬	10,0	-5,-5

图4-8　斗鸡博弈

也就是说,占优策略均衡并不能解决所有的博弈问题,至多只是在分析少数博弈时有效。因此,有必要将博弈的均衡解进一步拓宽,以使更为广泛的博弈问题存在合理解。

在占优分析中之所以没有均衡解,其关键是对博弈方严劣纯策略的定义要求过严,它需要在该博弈方的策略空间中至少存在一个策略(可能是混合的,后面将会谈到),在给定其他博弈方的每一可能策略时均在盈利上优于它。但是,更为常见的是,在一般经济博弈中,某博弈方的任意两个纯策略 A 和 B,在其他博弈方采取不同策略的情况下,两者的优劣次序不同。尤其是,在这些情况下,每一个博弈方最佳的策略是根据对方的行动相机抉择,即每个博弈方应采取的策略必定是他对于其他博弈方策略的预测的最佳反应。因此,后来的学者就从严格占优策略转向相对占优策略(Relatively Dominated Strategy),这种相对性是相对于其他博弈方的具体策略选择而言的。博弈问题的根本特征是博弈方的最优策略是随其他博弈方的策略的变化而变化的。其中,纳什对最小最大分析进行了拓展,要求每个博弈方的策略是针对他所预言的对手策略的支付最大化反应,从而引入了更为宽泛的纳什均衡概念。

4.2.2　纳什均衡

纳什均衡概念是纳什 1950 年在《n 人博弈中的均衡点》中提出来的,反映了完全信息静态博弈解的一般概念:在给定其他人都遵守这个协议的情况下,没有人有积极性不遵守这个协议,即单独改变对自己没有好处,因而这个协议是可以自动实施(Self-enforcing)的。显然,与重复剔除的占优策略均衡一样,纳什均衡不仅要求所有博弈方都是理性的,而且,要求每个博弈方都了解所有其他博弈方都是理性的,从而理性就是共同知识。

定义:在对策 $G = \{S_1, S_2, \cdots, S_n; \Pi_1, \Pi_2, \cdots, \Pi_n\}$ 中,对一个策略组合$(s_1^*, \cdots, s_n^*)$而言,如果对每一个博弈方 i,在其他博弈方不改变策略的条件下,s_i^* 是博弈方 i 的最优策略,即对任意一个可行的策略 s_i',都有 $\Pi_i(s_1^*, \cdots, s_{i-1}^*, s_i^*, s_{i+1}^*, \cdots, s_n^*)$ $\geq \Pi_i(s_1^*, \cdots, s_{i-1}^*, s_i', s_{i+1}^*, \cdots, s_n^*)$,则称$(s_1^*, \cdots, s_{i-1}^*, s_i^*, s_{i+1}^*, \cdots, s_n^*)$是策略 G 的一个纳什均衡。

当然,博弈方的策略有纯策略和混合策略之分,这里首先介绍的是存在纯策略的情况。

为了理解纳什均衡概念,我们以朝核问题为例。在朝核问题中,美朝的博弈矩阵反映了如下情况:在朝鲜开发核武器的情况下,美国的最佳策略是打击,以防微杜渐;在朝鲜关闭核反应堆的情况下,美国的最佳策略也是打击,以免夜长梦多。而在美国选择打击的情况下,朝鲜最佳的策略是开发核武器,以避免"人为刀俎,我为鱼肉";而在美国选择容忍的情况下,朝鲜的最佳策略也是开发核武器,以壮大自身抗衡的力量。这样,博弈矩阵就可表示为图 4-9,该博弈的纳什均衡也就是(打击,开发)。

美国		朝鲜	
		开发	关闭
	打击	−10, −100	10, −∞
	容忍	−∞, 10	0, 0

图 4 - 9　朝鲜核武博弈

　　显然,如果随着相互较劲的升级,必然会造成两败俱伤,甚至引起一场世界危机。这个案例使我们回想起20世纪60年代美苏之间爆发的古巴导弹危机,当时的核战争也一触即发,最后双方作了一定的妥协才得以化解。因此,我们可以预见,朝美双方都可能为避免这样的境遇而寻求第三方的周旋,我们也相信最终将在中国等的调解下,双方达成妥协。

　　由于纳什均衡是从个体理性出发的,因而纳什均衡点有时又被称为非合作均衡(Non-cooperation Equilibrium)或者策略均衡(Strategic Equilibrium)。但显然,上述纳什均衡分析也带来了一个困惑:亚当·斯密认为,在自由市场经济中从利己目的出发的个体行为将会导向社会福利的最大化,但纳什均衡却发现,从利己目的出发的行为结果往往是损人不利己。正因如此,在某种意义上,纳什均衡提出的悖论动摇了现代西方主流经济学的基石。

4.2.3　严格均衡

　　纳什均衡也遇到一些理论逻辑问题。例如,在图4-10所示博弈中,(D,A)是纳什均衡。问题是,当博弈方2选择策略A时,博弈方1为何要选择D呢?因为他在D和C之间是无差异的。而且,值得注意的是,如果剔除弱劣策略,那么,我们将得到(C,B)是纳什均衡,而(D,A)帕累托优于(C,B)。

1		2	
		A	B
	C	5, 0	3, 1
	D	5, 3	1, 2

图 4 - 10　不稳定的纳什均衡博弈

　　显然,上述问题就给预测的稳健性带来了挑战。为此,1973年海萨尼引进了严格均衡概念。

　　定义:在策略型博弈 G = {S₁,S₂,…,Sₙ;Π₁,Π₂,…,Πₙ}中,如果每一博弈方关于其他博弈方的策略具有唯一的最佳反应,这样的纳什均衡就是严格的,即对一个策略组合$(s_1^*, \cdots, s_n^*)$而言,如果对每一个博弈方i,在其他博弈方不改变策略的条件下,s_i^*是博弈方i的最优策略,即对任意一个可行的策略s_i',都有$\Pi_i(s_1^*, \cdots, s_{i-1}^*, s_i^*, s_{i+1}^*, \cdots, s_n^*) > \Pi_i(s_1^*, \cdots, s_{i-1}^*, s_i', s_{i+1}^*, \cdots, s_n^*)$,则称$(s_1^*, \cdots, s_{i-1}^*, s_i^*, s_{i+1}^*, \cdots, s_n^*)$是策略$G$的严格均衡。

显然,严格均衡仅是将纳什均衡定义中的不等式的等号除去,因而又称严格纳什均衡(Strict Nash Equilibrium)。由于纳什定义本身并不要求各博弈方的策略是唯一的最佳反应对策,而严格纳什均衡中各博弈方的策略都是对其他博弈方策略的唯一最佳反应,任何理性的博弈方都有坚持该策略的积极性;因此,严格均衡是比一般的纳什均衡更强的均衡。即严格均衡必定是纯策略的纳什均衡,反之则不成立。另外,由于混合策略意味着博弈方的策略选择是随机的,因而混合纳什均衡不可能是严格纳什均衡。

严格均衡的引入具有这样的好处,一方面,严格均衡排除了一般纳什均衡中不明确的情况,从而使得我们对博弈结果更有信心,在分析和预测的结果上也更有用;另一方面,即使在博弈的性质或设定发生些微改变的情况下,如博弈方的得益函数受到微小扰动,只要该扰动不至于破坏均衡定义式中的不等式关系,严格均衡的策略组合就依然不变。可见,严格均衡比纳什均衡更加稳定,严格均衡定义的"唯一反应"为寻求博弈解提供了极大的方便。

然而,严格均衡也具有自身的不足,因为它并不是对所有的博弈问题都存在。一方面,严格均衡意味着必然是纯策略均衡,但现实中更多的可能是混合博弈,这也是为什么社会中大多数的博弈者都在不断进行策略转换的原因,如投币博弈;另一方面,纯策略均衡也并不一定是严格的。因此,即使有稳定性更好和预测博弈更有把握的严格均衡概念,人们更易接受的还是纳什均衡的概念,因为它提供了一个"相容"预测:如果所有博弈方都预测某个纳什均衡将会发生,那么就没有一个博弈方有兴趣去故意违背它。

4.2.4 强均衡和防勾结纳什均衡

纳什均衡的另一个问题是,它着眼于博弈中的个人博弈方,而没有考虑部分博弈方相勾结或形成联盟的可能性。为此,奥曼(Aumann, 1959)提出了强均衡(Strong Equilibrium)的概念,强均衡要求:在其他博弈方的策略选择给定的条件下,不存在博弈方集合的任意一个子集所构成的联盟能够通过联合偏离当前的策略选择而增进联盟中所有成员的支付。由于这一要求适用于所有博弈方的全联盟,因而强均衡必须是帕累托有效的。显然,这种条件太强了。为此,本海姆等(Bernheim, Peleg & Whinston, 1987)把强均衡的概念条件作了进一步放宽,从而提出了防勾结均衡(Coalition-proof Nash Equilibrium)。防勾结均衡的基本思想如下:一个均衡策略组合不仅要求博弈方在这个策略组合下没有单独偏离的激励,即给定策略是一种纳什均衡,而且,也要求他们没有组建联盟集体偏离的激励,否则偏离的博弈方中任何一个能够再次偏离。

　　这里,我们可以用如下一个提防勾结的模型加以说明,如图 4 – 11 所示博弈矩阵。该博弈存在两个纳什均衡(R,r,A)和(D,d,B),而且,(R,r,A)优于(D,d,B)。显然,如果根据帕累托有效的要求,(R,r,A)应该是较为现实的纳什均衡结果。但是,现实中却不一定会出现(R,r,A),这是因为存在博弈方之间进行勾结的可能性。显然,在(R,r,A)情况下,这意味着博弈方丙取策略 A;而在丙取策略 A 的条件下,博弈方甲和乙的帕累托优势均衡是(D,d)。因此,此时博弈方甲和乙就可能勾结起来,采取(D,d)策略而实现两者的最大利益,从而损害了丙的收益。

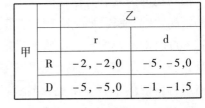

甲	乙	
	r	d
R	0,0,10	– 5, – 5,0
D	– 5, – 5,0	1,1, – 5

丙(A)

甲	乙	
	r	d
R	– 2, – 2,0	– 5, – 5,0
D	– 5, – 5,0	– 1, – 1,5

丙(B)

图 4 – 11　防勾结博弈

　　可见,尽管纳什均衡强调,在博弈方单独偏离的情况下不会带来任何好处,但是,部分博弈方集体偏离却可能产生更大的收益,从而产生博弈方相互勾结的激励。那么,在这种情况下,哪种均衡更为可行和实际呢? 显然,在图 4 – 11 所示博弈中,纯策略纳什均衡(R,r,A)不是防勾结纳什均衡。因为在博弈方丙不改变策略选择的情况下,甲和乙可以通过共谋而集体偏离原先的策略组合,并获得更高的收益。当然,在这种情况下,丙为了提防甲和乙可能的损害自己的勾结行为,从而将采取 B 策略,结果达致了(D,d,B)均衡。显然,这种均衡可以有效地防止其他人的勾结,因为在这种策略组合下,任何勾结的偏离都只会导致收益的下降,因而,这个策略组合被称为防勾结纳什均衡。

　　显然,在图 4 – 11 所示博弈中,具有帕累托效率的(R,r,A)不是防勾结纳什均衡,而不具帕累托效率的(D,d,B)则是防勾结纳什均衡,(D,d,B)比(R,r,A)具有更大的稳定性,更可能成为博弈的均衡结果。不过,(D,d,B)也不是强均衡,因为存在着集体偏离到(R,r,A)而增进所有博弈方收入的可能。显然,在这个博弈中,不存在强均衡,而只存在防勾结均衡。由此可见,防勾结纳什均衡是纳什均衡,但不是帕累托上策均衡,从而也不是强均衡。一般地,强均衡与防勾结纳什均衡的区别在于:强均衡必定是帕累托有效的,而防勾结纳什均衡则不一定是帕累托有效的。因此,防勾结纳什均衡是强均衡的弱化。

思考:强均衡和防勾结均衡有何差异?

提防勾结模型表明,即使双方实行互惠合作,但如果互惠仅仅限于小团体内部,也可能造成整个社会的低效率状态。例如,在黑手党和三 K 党内部都有非常丰厚的社会资本,相互之间遵循中高强度的互惠性规范,但它对广大社会来说却是有害的,因此,社会的良性发展就要求将互惠关系扩展开来,形成普遍的共惠。实践也证明,在一个充满互相争斗的小集团,门阀、宗派主义盛行的社会里,对内拉帮结派,对外则充满了不信任,低效率也是常态。这实际上解释了具有强烈家族主义的社会发展中的低效率问题。

思考:如何理解家族主义企业的低效率?

4.2.5　纳什均衡和占优均衡的比较

从图 4 - 9 所示的朝鲜核武博弈中,实际上我们已经发现(打击,开发)是两者的占优均衡,同时也是纳什均衡。那么,纳什均衡和占优均衡之间究竟存在何种关系呢?

从定义上看,(严格)占优均衡是指无论对手选择何种策略,均衡状态时的策略都是博弈方的最好选择;纳什均衡则是指在对手不改变当前策略的条件下,均衡状态时的策略是博弈方的最好选择。显然,如果一个策略组合不是纳什均衡,那么,至少有一个博弈方会认为,在大家都遵守目前策略选择的情况下,他可以通过改变策略而获得额外收益;因此,这个策略组合也必然不是占优均衡。可见,纳什均衡包含了占优均衡,反之却不成立。

一般地,占优均衡和纳什均衡之间存在如下关系:

(1)每个占优决策均衡是重复剔除的占优策略均衡,它们也一定是纳什均衡,但是,并非每个纳什均衡都是重复剔除的占优策略均衡,更不一定是占优策略均衡,如囚徒博弈中,(坦白,坦白)是累次占优解,也必然是纳什均衡解;而在斗鸡博弈中,(懦弱,强硬)是纳什均衡解,但并不是累次占优解。

(2)由于纳什均衡使得每一个博弈方在给定对手策略时作出最佳反应,那么,这个反应策略绝不会是严劣策略(而且,任意混合纳什均衡必定仅有非严劣策略被置于正概率),但是,对于弱劣策略未必如此,因为纳什均衡的定义允许等号成立的可能。例如,在图 4 - 10 所示博弈中,D 就是博弈方 1 的弱劣策略。

(3)纳什均衡一定不会被重复剔除严劣策略所剔除,但是,重复剔除弱劣策略可能剔除掉纳什均衡。如图 4-10 所示博弈中，纳什均衡是(D,A)，但显然，对博弈方 1 来说，D 是相对于 C 的弱劣策略。

(4)纳什均衡一定是在重复剔除严劣策略过程中没有被剔除掉的策略组合，但是，没有被剔除的策略组合不一定是纳什均衡，除非它是唯一的。即在重复剔除过程中，如果最后剩下的策略组合是唯一的，那么它一定是纳什均衡。

(5)由于重复剔除严劣策略过程并不经常会只剩下唯一的策略组合，而博弈方的纳什均衡策略绝不会在重复剔除严劣策略的过程中被剔除掉，因此，纳什均衡是比重复剔除严劣策略更强的解的概念。

(6)如果有限博弈只有唯一纯策略纳什均衡，那么，该均衡也一定是占优均衡或累次剔除占优均衡。

思考:如何理解占优均衡和纳什均衡之间的差异?

相应地，我们可以得出以下两个命题：

命题 1:在对策 $G = \{S_1, S_2, \cdots, S_n; \Pi_1, \Pi_2, \cdots, \Pi_n\}$ 中，如果策略组合 $(s_1^*, \cdots, s_n^*)$ 是策略 G 的一个纳什均衡，那么它在严格占优策略的重复剔除过程中就不会被剔除掉。

命题 2:在对策 $G = \{S_1, S_2, \cdots, S_n; \Pi_1, \Pi_2, \cdots, \Pi_n\}$ 中，如果策略组合 $(s_1^*, \cdots, s_n^*)$ 是重复剔除的严格占优策略均衡，那么它一定是一个纳什均衡。

证明:运用反证法

证明命题 1:

假定策略组合 $(s_1^*, \cdots, s_n^*)$ 是策略 G 的一个纳什均衡，而 s_i^* 是策略剔除过程中被剔除掉的策略，即博弈方 i 不可能选择 s_i^*，因此，存在一个可行策略 s_i'，有：

$$\Pi_i(s_1, \cdots, s_{i-1}, s_i^*, s_{i+1} \cdots, s_n) < \Pi_i(s_1, \cdots, s_{i-1}, s_i', s_{i+1}, \cdots, s_n)$$

由于对其他博弈方的任意策略都成立，因而有：

$$\Pi_i(s_1^*, \cdots, s_{i-1}^*, s_i^*, s_{i+1}^*, \cdots, s_n^*) < \Pi_i(s_1^*, \cdots, s_{i-1}^*, s_i', s_{i+1}^*, \cdots, s_n^*)$$

这与纳什均衡定义矛盾。

证明命题 2:

假设 $(s_1^*, \cdots, s_n^*)$ 是重复剔除后的唯一占优策略均衡，如果不是纳什均衡，那么，至少存在一个博弈方 i 认为在他人不改变策略的条件下，他可选择另外的策略 s_i'，则有：

$$\Pi_i(s_1^*, \cdots, s_{i-1}^*, s_i^*, s_{i+1}^*, \cdots, s_n^*) < \Pi_i(s_1^*, \cdots, s_{i-1}^*, s_i', s_{i+1}^*, \cdots, s_n^*)$$

这意味着博弈方选择策略 s_i^* 应该被剔除掉，这与条件矛盾。

4.3　策略型博弈的纳什均衡解求法

当博弈方的策略空间很大时,根据定义来检查每个策略组合是否是纳什均衡是困难的,因此,我们常常采用几种比较形象直观的方法。

4.3.1　有限策略空间的纳什均衡

(1)画线法。画线法是指通过在每一博弈方针对对方每一策略的最大可能得益下划线,每个得益数字下都划有短线的组合就是该博弈的解。而如果得益矩阵中不存在所有数字下都划有短线的得益数组,就意味着该博弈不可能有确定(或稳定)的解。这就需要用到进一步的混合策略分析。

画线法的分析主要适用于静态博弈,如图 4 - 12 所示囚徒博弈:

囚徒 1		囚徒 2	
		不坦白	坦白
	不坦白	- 1, - 1	- 10,0
	坦白	0, - 10	- 5, - 5

图 4 - 12　画线法求解囚徒博弈纳什均衡解

另外,纳什均衡也有强弱之分,而上述定义给出的是弱纳什均衡定义。强纳什均衡是指,如果给定其他博弈方的策略,每个博弈方的最优选择是唯一的,强纳什均衡对博弈支付矩阵的小小变化并不敏感;而在弱纳什均衡下,有些博弈方可能在均衡策略和非均衡策略之间是无差异的,如图 4 - 13 所示博弈矩阵:

甲		乙		
		上	中	下
	上	4,10	3,8	3,10
	中	2,10	2,8	2,9
	下	2,10	2,8	2,12

图 4 - 13　弱纳什均衡博弈

显然,上述博弈存在两个均衡,但没有一个均衡是强纳什均衡。

(2)箭头法。箭头法是指通过反映博弈方选择倾向的箭头寻找稳定性的策略组合求解博弈的方法。思路：对博弈中的每个策略组合，判断各博弈方能否通过单独改变自己的策略而改善自己的得益，如能，则从所考察的策略组合的得益引一箭头到改变策略后的策略组合对应的得益；如果不存在任何指离它的得益的箭头而只有指向该处的箭头，它就是博弈的稳定策略组合。

例如，性别战描述了一对恋人或夫妻之间的矛盾，尽管他们都是自利的，但如果需要的话，又都会牺牲自己的喜好来满足对方。显然，在性别战博弈中，任一纳什均衡都是帕累托有效的，每一方的最大化策略都是与对方保持一致。相反，在囚徒博弈中，唯一的纳什均衡（坦白、坦白）却不是帕累托有效，它劣于（不坦白、不坦白）。同时，在性别博弈中，谁先行动对收益的分配是至关重要的。例如，图 4－14 所示性别博弈矩阵，如果男方先买了足球票，那么，他这一行为将会迫使女方也选择看足球。

		丈夫	
		足球	歌舞
妻子	足球	2,4 ←	0,0 ↓
	歌舞	↑ 1,1 →	4,2

图 4－14　箭头法求解性别博弈均衡

再如，在图 4－15 所示时尚博弈中，两位明星参加同一个活动，其中小荷是时尚领导者，总希望穿一些与众不同的服饰以引起众人注目；小泓则是时尚追随者，喜欢穿与小荷颜色相同的服饰以与之相媲美。而且，两者的颜色反差越大，小荷的效用越大；而两者的颜色越接近，小泓的效用越大。现假设，她们可选择的服饰的颜色都是红、黄、绿；这样，就可以得到两人的博弈矩阵，并用箭头法标示均衡。

		小荷		
		红	黄	绿
小泓	红	2,0 →	1,1 →	0,2
	黄	↑ 1,1 ←	↓ 2,0 →	↓ 1,1
	绿	↑ 0,2 ←	↑ 1,1 ←	↓ 2,0

图 4－15　箭头法求解时尚博弈均衡

（3）严格劣策略反复消去法。严格劣策略反复消去法（Repeatedly Elimination of Strict Dominated Strategies）是指把某博弈方的严格下策反复去掉，在剩下的较小空间中进行分析,直到唯一的一个策略组合幸存下来,它就是博弈的解。例如,在图 4-16 所示的博弈矩阵中,按照甲下、乙下、甲中、乙中的顺序剔除后,我们就得到(上、上)均衡。

		乙		
		上	中	下
甲	上	7,7	6,6	7,6
	中	5,7	5,8	8,5
	下	6,6	5,8	4,8

图 4-16　可应用严格劣策略消去法的博弈

当然,有两点值得注意:一是重复剔除占优策略均衡只有在重复剔除劣策略最终只剩下唯一一个点时才出现;二是我们剔除的是严格劣策略,如果剔除的是弱劣策略,就有可能将部分纳什均衡剔除掉,并引起混乱。

例如,将图 4-16 所示博弈矩阵作适当变化而形成图 4-17 所示博弈矩阵,显然,按照乙中、甲中、乙上、甲下剔除,可以得到(上,下)均衡;而如果按照甲下、乙下、甲中、乙中剔除,可以得到(上,上)均衡。根据划线法可知,两种均衡都是纳什均衡。

		乙		
		上	中	下
甲	上	7,7	6,5	6,7
	中	5,8	5,7	5,6
	下	5,7	6,5	5,8

图 4-17　不可应用反复剔除劣策略的博弈

4.3.2　无限策略空间的博弈求解

上述 2×2 博弈中的画线法等很容易推广到两人有限策略空间的博弈中去,只不过在每次划线时要比较多个盈利的大小。但是,如果策略空间是无限的,那么,画线法等就无法适用了。究其原因,对无限策略空间的博弈而言,根本就无法画出博弈矩阵。事实上,我们上面考虑的策略空间都是离散的,现在假设两个博弈方的纯策略空间是一元变量的连续区间,那么,在这种情况下,如何求博弈的解呢?

要解决这一问题,我们还是从纳什均衡的定义着手。实际上,纳什均衡就是各博弈方的一组互为最佳反应对策的策略:每个博弈方针对对方的每种策略找出一最佳反应策略,在双方的无数反应策略中的交叉点就构成了纳什均衡。一般地,我们将每个博弈方对其他博弈方所有策略的最佳反应构成的函数称为"反应函数"(Reaction Functions)。

(1)完全竞争的古诺均衡。我们以古诺(Cournot)模型为例:在古诺模型中,每个厂商依据竞争对手既定产量选择最优的产量。我们假设:在一个有 n 个竞争厂商的同质产品市场,市场反需求函数为 $p(X)$;$X = \sum_{i=1}^{n} x_i$,x_i 是单个厂商的产量;厂商的成本函数为 $c_i(x_i)$。因此,在策略组合 $x = (x_1, x_2, \cdots, x_n)$ 下厂商的利润函数为:
$\pi_i(x) = x_i p(X) - c_i(x_i)$

最大化有:$\dfrac{\partial \pi_i(x)}{\partial x_i} = p(X) + x_i p'(X) - c'_i(x_i) = 0$

$$\frac{\partial^2 \pi_i(x)}{\partial x_i^2} = 2p'(X) + x_i p''(X) - c_i''(x_1) \leqslant 0$$

由于 $X = \sum_{j \neq i} x_j + x_i$,因此,$\dfrac{\partial \pi_i(x)}{\partial x_i} = p(X) + x_i p'(X) - c_i'(x_i) = 0$ 可视为 $\sum_{j \neq i} x_j$ $= X - x_i$ 与 x_i 的隐函数,可以表示为 $x_i = R_i(X - x_i)$。这表明,任何厂商的最优产量都是其竞争对手的产量函数,因而称为反应函数。联立反应函数求解,就得出纳什均衡的产量。

实际上,我们也可以将博弈的策略组合用平面上的点来表示,平面上的每一点都反映了两人博弈的结局。博弈方 1 的策略空间用 X≥0 表示,博弈方 2 的策略空间用 y≥0 表示。显然,从博弈方 2 出发,博弈方 1 每一个策略 X 的选择,博弈方 2 的最佳反应策略 Y 都随之变动,在平面上将这些点连起来得到的曲线实质上就反映了博弈方 2 关于博弈方 1 所选策略的最佳反应,我们称之为反应曲线。类似地,也可以得到博弈方 1 相对于博弈方 2 的反应曲线。一般地,两条曲线在平面上会有交点,交点表明两个博弈方都对对方的策略作出了最佳反应,也就是纳什均衡。

在古诺模型中,上述的反应函数描绘成几何图形就是反应曲线。而且,一般地,曲线是向下倾斜的,即有:
$$\frac{dx_i}{d(X - x_i)} = \frac{dR_i(X - x_i)}{d(X - x_i)} < 0;$$

证明如下:隐反应函数 $f_i(X - x_i) = \dfrac{\partial \pi_i(x)}{\partial x_i} = 0$ 对 $(X - x_i)$ 微分,就得:

$$f_i'(X - x_i) = \frac{\partial \pi_i(x_i, X - x_i)}{\partial x_i} \Big/ \partial(X - x_i) = \frac{\partial^2 \pi_i}{\partial x_i^2} \frac{\partial x_i}{\partial(X - x_i)} + \frac{\partial^2 \pi_i(x)}{\partial x_i \partial(X - x_i)} = 0$$

$$\Rightarrow \frac{\partial^2 \pi_i}{\partial x_i^2} R'_i(X - x_i) + \frac{\partial^2 \pi_i(x)}{\partial x_i \partial(X - x_i)} = 0 \Rightarrow R'_i(X - x_i) = \frac{\partial^2 \pi_i(x)}{\partial x_i \partial(X - x_i)} \Big/ \frac{\partial^2 \pi_i}{\partial x_i^2}$$

一般地，$\frac{\partial^2 \pi_i(x)}{\partial x_i \partial(X - x_i)} < 0$，这是因为，如果其他条件不变，整个市场其他厂商的

产量增加，将引起市场价格下降，这会导致该厂商边际收益下降。另外，$\frac{\partial^2 \pi_i(x)}{\partial x_i^2} \leq 0$，因

此，有：

$$R_i'(X - x_i) < 0$$

因此，在双寡头模型中，古诺厂商的反应函数 $x_1 = R_1(x_2)$ 和 $x_2 = R_2(x_1)$ 的反应曲线表示可见图 4 – 18。

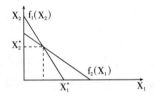

图 4 – 18　古诺厂商的反应函数

显然，由于反应曲线向下倾斜，因此，厂商之间存在策略替代关系，而两条反应曲线的交点就是古诺—纳什均衡点。

实际上，上述博弈也可看成是无限剔除劣策略的过程，因为每一个博弈方所选择的产量都是对其对手在前一阶段选择产量的最优反应，因此，这就表现出无穷迭代的过程：$q_1^t = r_1(q_2^{t-1}) = r_1(r_2(q_1^{t-2})) = \cdots = r_1(r_2(r_1 \cdots (r_2(q_1^0)) \cdots))$。

（2）差异产品的古诺模型。在双寡头模型中，如果存在产品差异，但又能相互替代，那么，它们面对的产品反需求函数分别为：

$$p_1(x_1, x_2) = \alpha_1 - \beta_1 x_1 - \gamma x_2$$
$$p_2(x_1, x_2) = \alpha_2 - \beta_2 x_2 - \gamma x_1$$

$\alpha, \beta, \gamma > 0$，共用一个 γ，表示交叉价格效应对两个厂商都是一样的。

因此，厂商的利润函数为：$\pi_i(x_1, x_2) = x_i p_i(x_1, x_2) - c_i(x_i)$

一阶条件为：$\frac{\partial \pi_i}{\partial x_i} = p_i + x_i \frac{\partial p_i}{\partial x_i} - c'_i(x_1) = 0$

代入需求函数，可求出：$x_i = A_i - B_i x_j, i = 1, 2; j \neq i$

其中，$A_i = \frac{\alpha_i - c_i}{2\beta_i} > 0, B_i = \frac{\gamma}{2\beta_i} > 0$

可见，两条反应曲线是向下倾斜的，两条反应曲线的交点决定两厂商的产量：

$$x_i^c = \frac{A_i - A_j B_i}{1 - B_i B_j}, i = 1,2 ; j \neq i$$

(3)完全竞争的伯特兰均衡。伯特兰(Bertrand)模型的前提条件是每个厂商采取的是价格竞争。现假设:存在 n 个市场同质产品的厂商,总需求函数为 $X = X(p)$,各厂商的向量为 $P = (p_1, p_2, \cdots, p_n)$,因此,厂商 i 面对一个不连续的需求函数:

$$x_i(p) = \begin{cases} X(p_i), & p_i < q_i \\ X(p_i)/k & p_i = q_i \\ 0 & p_i > q_i \end{cases} \quad ,\text{其中},q_i = \min\{p_j | j \neq i\},k \text{ 是定价为 } q_i \text{ 的厂商个数}$$

显然,如果厂商定的价格比其他所有对手都低,将获得全部市场;若与其他厂商共同制定市场最低价,将共同分享市场;而如高于其中一家厂商的价格,它的需求量就为零。

第一,各厂商具有相同的边际成本 c,那么纳什均衡就是 $p_i^* = c(i = 1,2,\cdots,n)$,这也是伯特兰—纳什均衡。因为,对市场上任一高于边际成本的价格 p',任一厂商都可以以稍低于 p' 的价格获得整个市场;而对市场上任一高于边际成本的价格 p'',都会使每个厂商亏损。

第二,考虑存在成本差异,假设 $c_1 < c_2 \leqslant \cdots \leqslant c_n$,那么,根据厂商 1 的垄断价格(即在没有其他竞争对手的情况下将制定的独占价格)p_1^m,纳什均衡将有所不同。

如果 $p_1^m \geqslant c_2$,则纳什均衡为:$p_1^* = c_2$,即以产量 $X(c_2)$ 占领整个市场,而其他厂商产量为零。因为,当 $p_1' < c_2$ 时,这时其他厂商无法参与竞争,因此厂商 1 可以提高价格以增加利润;如果 $p_1' > c_2$,则至少厂商 2 会加入竞争,两个厂商都有独占整个市场的动机,从而使价格下降到 c_2。

如果 $p_1^m \leqslant c_2$,则其他厂商无法与厂商 1 竞争,厂商 1 将制定一个利润最大化的价格 p_1^m。

(4)差异产品的伯特兰均衡。假设在双寡头模型中,存在产品差异,又能相互替代,那么,它们面对的产品反需求函数分别为:

$x_1(p_1, p_2) = a_1 - b_1 p_1 - \delta p_2$

$x_2(p_1, p_2) = a_2 - b_2 p_2 - \delta p_1$,其中,$a \, b \, \delta > 0$

因此,利润函数为:$\pi_i(p_1, p_2) = p_i x_i(p_1, p_2) - c_i(x_i)$

一阶条件为:$\dfrac{\partial \pi_i}{\partial p_i} = x_i(p_1, p_2) + p_i \dfrac{\partial x_i}{\partial p_i} - c_i' \dfrac{dx_i}{dp_i} = 0, c_i'$ 为边际成本。

代入需求函数,可求出反应函数:$p_i = E_i + F_i x_j, i = 1,2 ; j \neq i$

其中,$E_i = \dfrac{a_i + b_i c_i'}{2b_i} > 0, F_i = \dfrac{\delta}{2b_i} > 0$

可见,反应曲线是向上倾斜的,这意味着伯特兰竞争厂商是策略互补关系。两条反应曲线的交点决定两厂商的定价: $p_i^c = \dfrac{E_i + E_j F_i}{1 - F_i F_j}, i = 1, 2; j \neq i$

可以证明,在这种情况下寡头厂商得到的利润低于古诺均衡中的利润,因此,它的竞争更为激烈。

(5)具有生产能力约束的 Edgeworth 模型。上面我们在讨论伯特兰模型时有一个基本假设,就是厂商具有无限市场能力,但显然,这是不现实的。因此,Edgeworth 对此作了修正。假设:同质产品的对称双寡头,市场需求函数为 $X(p)$。两寡头的最大产量上限为 $\hat{x}$:在产量限制内,边际成本为常数 c;超过产量 $\hat{x}$,则边际成本为无穷大。

显然,如果 $\hat{x} > X(c)$,意味着厂商可以将价格降至边际成本水平,并且自己的生产能力足以满足该价格下的整个市场需求,其结果与伯特兰模型一致。因此,有意义的只是 $\hat{x} < X(c)$,即如果厂商按自己的边际成本定价,则都不能单独满足全部市场需求。

因此,我们再假设有:

1)如果 $p_i = p_j$,则 $x_i(p_i) = X(p_i)/2$,即如果两个厂商定价相同,则平分市场需求;

2)如果 $p_i < p_j$,则定价低者 i 销售出其上限额 $\hat{x}_i$,定价高者获得市场的剩余需求,因此,厂商 j 面临的需求函数为:

$$x_j(p_j) = \begin{cases} X(p_j) - \hat{x} & X(p_j) > \hat{x} \\ 0 & X(p_j) \leq \hat{x} \end{cases} \qquad j \neq i$$

这个假设称为有效配属原则(Efficien Rationing Rule),即使得消费者剩余最大化。

厂商 j 面对的需求函数可表示为图 4 – 19。

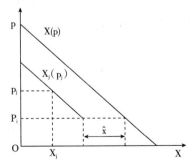

图 4 – 19　Edgeworth 模型中厂商的需求函数

在 $\hat{x} < X(c)$ 的条件下,厂商一般不会以边际成本定价。如就厂商1而言,如果厂商2的 $p_2 = c$,则厂商1高于 c 定价: $p_1 > c = p_2$;则面对的需求函数为: $x_1(p_1) = X(p_1) - \hat{x}$

利润为: $\pi_1(p_1) = (p_1 - c)(X(p_1) - \hat{x}) > 0 = \pi_1(c)$

因此,如果厂商2定价 $p_2 = c$,则厂商1定价必然高于 c。

同时,如果 $p_1 > c$,那么厂商2稍稍提高价格,只要 $p_2 < p_1$,就可以在较高价格下卖出同样多的产品,因此,厂商2也不会以 c 定价。

由于在均衡时厂商都不会低于边际成本定价,所以,均衡价格必然高于边际成本,厂商的均衡利润也必然大于零。

4.4　纳什均衡的效率

前面指出,非合作博弈引发的一个重要现象是囚徒困境,它是一个典型的博弈均衡结果。显然,囚徒困境就意味着不是帕累托有效,更意味着不是社会福利最大化。本节从数学上加以证明,并由此介绍几个相关的经济学定理。

4.4.1　纳什均衡与帕累托最优关系

根据纳什均衡的概念,假设 $a^N = (a_1^N, \cdots, a_{i-1}^N, a_i^N, a_{i+1}^N, \cdots, a_n^N)$ 是纳什均衡,那么,对所有的 $i = 1, 2, \cdots, n$,就有: $u^i(a_1^N, \cdots, a_{i-1}^N, a_i^N, a_{i+1}^N, \cdots, a_n^N) \geqslant u^i(a_1^N, \cdots, a_{i-1}^N, a_i, a_{i+1}^N, \cdots, a_n^N)$,对于所有的 $a_i \in A_i$。此时,在给定可微的条件下,纳什均衡 $(a_1^N, \cdots, a_i^N, \cdots, a_n^N)$ 可由同时求解以下 n 个方程得到。

$\dfrac{\partial u_i}{\partial a_i} = 0$,对所有 $i = 1, 2, \cdots, n$ 都成立。

而在帕累托最优中,不可能不损害其他博弈方而使某个博弈方得到改善。尤其是,社会福利最优化要求 $\sum\limits_{j=1}^{n} w_i u_j$ 达到最大,其中, w_j 是大于等于零的常数,且必然存在某些大于零的常数。因此,有:

$\sum\limits_{j=1}^{n} w_j \dfrac{\partial u_j}{\partial a_i} = 0$,对所有 $i = 1, 2, \cdots, n$ 都成立。

由于在帕累托最优状态下,任何博弈方增加自身利益的行为 a_i 都将导致其他博弈方效用下降,即

$\dfrac{\partial u_i}{\partial a_i}|a^* \geqslant 0$,且 $\dfrac{\partial u_j}{\partial a_i}|a^* < 0$ 对所有 $j \neq i, j, i = 1, 2, \cdots, n$ 都成立。

那么,显然在帕累托最优状态下,必然有: $\dfrac{\partial u_i}{\partial a_i}>0$。

可见,纳什均衡和社会福利最优要求的两组等式无法同时满足,即纳什均衡并非社会福利最优。在帕累托最优状态下,由 $\dfrac{\partial u_i}{\partial a_i}>0$ 显然可得出,每个博弈方单独行动都是对自己有利的。

4.4.2　霍姆斯特姆的激励不相容定理

纳什均衡用于实际分析的一个典型例子是团队生产,在团队生产中,每个成员独立地选择努力水平,创造出一个共同的产出,而每个人对产出的边际贡献因依赖于其他成员的努力水平而不可独立观察。因此,阿尔钦和德姆塞茨(Alchian 和 Demsetz,1972)认为,团队中必然存在偷懒行为,这需要引入一个监督者,同时,为了使监督者有监督激励,他就应该被赋予剩余索取权。霍姆斯特姆(Holmstrom,1982)也提出了激励不相容原理:如果预算是均衡的,即团队的产出为团队的所有成员所分享,那么,就不存在任何一个分享规则,使非合作博弈的结果达到符合帕累托最优的纳什均衡,为此,他强调,委托人的作用就是为了打破预算平衡,使激励机制发挥作用。说明如下:

假设团队有 n 个成员,成员 i 选择不可观测的行动 $e_i \in E_i(0,\infty)$,其个人成本 $C_i(e_i)$ 是严格递增的可微凸函数,满足 $C_i(0)=0$。用 $e_{-i}=(e_1,\cdots,e_{i-1},e_{i+1},\cdots,e_n)$ 表示除 i 外其他成员的行动向量,$e=(e_i,e_{-i})$ 就表示所有成员的行动向量。

这 n 个成员的行动决定一个共同产出为 $x=x(e)$,$x(e)$ 是严格递增的可微凸函数,满足 $x(0)=0$;总产出在 n 个成员之间分配。令 $b_i(x)$ 是成员 i 获得的份额,假设成员是风险中性的以及初始财富为零,因此,效用函数为:$u_i(b_i,e_i)=b_i(x)-c_i(e_i)$

那么,在预算平衡的情况下,对团队而言,有:$\sum\limits_{i=1}^{n} b_i(x)=x,\forall x$

对 x 微分就有:$\sum\limits_{i=1}^{n} b_i(x)'=1$

个体 i 独立地选择 e_i 最大化自己的效用函数:$u_i(b_i,e_i)=b_i(x(e))-c_i(e_i)$

一阶条件为:$b_i'(x)x_i'(e)=c_i'(e_i),i=1,2,\cdots,n$

而根据帕累托最优条件:$e^* = \max\limits_a (x(e)-\sum\limits_{i=1}^{n} C_i(e_i))$

一阶条件有:$x_i'=c_i'(e_i),i=1,2,\cdots,n$

显然,这意味着,帕累托最优的纳什均衡要求 $b_i'(x)=1$。这与预算平衡相矛盾。

可见,满足预算约束的纳什均衡努力水平要小于帕累托最优努力水平。究其原因,在平衡预算约束下,每个成员只能得到自己边际产出的 $b'_i < 1$ 份,因此就可能存在搭便车的现象。

4.4.3 卡特尔模型的解说

团队生产的一个变体是现实生活中的卡特尔,这种联盟也是囚徒困境经常发生的场所。实际上,一个卡特尔要想成功必须满足以下四个基本要求:①它必须控制整个实际产量和潜在产量的很大份额,不能面对局外人的实质性竞争;②可获得的替代物必须是有限的,即对其产品的需求价格的弹性必须相当地低;③对卡特尔产品的需求必须是相对稳定的,否则,卡特尔就不得不经常变更协议内容,从而增加管理和维持卡特尔的难度;④生产者必须愿意和能够保留足够数量的产品以影响市场。此外,影响卡特尔成功的还有其他一些因素:一是就产业集中度而言,行业或市场内的企业数目较小,这有利于卡特尔联盟内部的沟通和协调;二是就市场进入而言,进入门槛相当高,从而可以有效阻止潜在进入者的竞争;三是就产品的性质而言,一般来说,产品同质程度越高,形成卡特尔而获取超额利润的动力就越大;四是就企业成本结构而言,一般来说,企业之间的成本结构越相似,就越愿意形成卡特尔;五是就顾客结构而言,数量众多的、分散的顾客有助于卡特尔的形成和维持。

显然,这些要求非常高,因而卡特尔常常是不稳定的。事实上,卡特尔中的某些成员总是想以索取比卡特尔规定的价格稍微低一些的价格方式获取来更大的销售量,特别是那些占总产量百分比较小的成员因面临的是一条高弹性的需求而尤其如此。但是,如果有较多的成员这么做的话,那么整个卡特尔必然解体。这可以通过以下分析加以说明。

卡特尔就像一个垄断组织,其目标函数为:

$$\max_{x_1,\cdots,x_n} \pi = (x_1 + \cdots + x_n)p(x_1 + \cdots + x_n) - [c_1(x_1) + \cdots + c_n(x_n)]$$

一阶条件: $\dfrac{\partial \pi}{\partial x_i} = p(X) + X\dfrac{\partial p(X)}{\partial x_i} - MC_i(x_i) = 0$

显然, $p(X) + X\dfrac{\partial p(X)}{\partial x_i} = p(X) + X\dfrac{\partial p(X)}{\partial X}$,右边为卡特尔组织的边际收益。因此,有: $MR(X) = MC_i(x_i)$,即成员的边际成本等于卡特尔组织的边际收益。

而在古诺模型下,每个厂商单独决定自己的产量时,最大化自己收益的边际成本为:

$$MC_i^N(x_i) = p(X) + x_i\dfrac{\partial p(X)}{\partial x_i}$$

显然，$p(X) + x_i \dfrac{\partial p(X)}{\partial x_i} > p(X) + X \dfrac{\partial p(X)}{\partial x_i}$；也就有 $MC_i^N(x_i) > MC_i(x_i)$

可见，在古诺模型下的边际成本要大于卡特尔下的边际成本，这也就意味着，在古诺模型下的产量要大于卡特尔下的产量。因此，厂商就有扩大产量的动机，从而可能使卡特尔解体。

4.5　混合策略的纳什均衡

前面主要介绍了纯策略的纳什均衡解，本节进一步介绍不存在纯策略纳什均衡解的情况，这是纳什均衡概念的第一次扩展。

4.5.1　单纯策略和混合策略

根据上面的定义来说明纳什均衡，就会发现并不是所有的对策都具有符合上述定义的纳什均衡。例如，投币博弈中，一方之所得就是另一方之所失，从而没有纯策略的纳什均衡。同样，其他如猜谜游戏、足球比赛、桥牌、战争等都是如此。同时，一些博弈也具有多个纳什均衡，从而也不能确定各博弈方的具体行为，如性别之战、斗鸡博弈等。

这里以地下赌博为例作一说明。譬如，在中国台湾 2012 年领导人选举前，某地下赌庄发起一个赌博活动，顾客在店内下赌注，是马英九还是蔡英文会胜出，博弈矩阵见图 4-20。显然，在该赌博博弈中，博弈方选任何策略都不能保证有利的结果。

店主		顾客	
		马英九	蔡英文
	马英九	-1,1　←	1,-1
	蔡英文	↓1,-1	↑ -1,1

图 4-20　选举赌博博弈

一般地，要使得任何有限博弈都存在纳什均衡这一命题，就必须有个前提条件：允许博弈方选择混合策略，即博弈方以一定的概率选择某种策略。设想在多次反复博弈中，博弈方的最终收益状况可以从平均得益上表现出来。一般地，如果一个策略规定博弈方在每一个给定的信息情况下只选择一种特定的行动，就称该策略为纯策略；相反，如果一个策略规定博弈方在每一个给定的信息情况下以某种概率分布随机地选择不同的行动，就称为混合策略。

图 4－20 所示赌博博弈实际上是猜币博弈的一种变形。猜币博弈是一种重要的博弈类型，它的一种流行变形是监察博弈，这可用于武器控制、犯罪预防、税收审查和工人激励等。我们可以设想一个代理人为一个委托人工作，代理人的努力成本为 e，而为委托人提供的努力产出为 y；委托人的监督成本为 i，而如果没有发现偷懒，委托人将支付代理人的工资为 w；其中，$y > w > e > i > 0$。那么，两人同时行动的博弈矩阵就可表示为图 4－21。

委托人	代理人	
	偷懒	努力
监督	$-i, 0$	$y-w-i, w-e$
不监督	$-w, w$	$y-w, w-e$

图 4－21　监察博弈

事实上，任何存在偶数个纯策略纳什均衡的博弈，也必然存在一个混合策略纳什均衡，这是博弈论中的奇数定理所揭示的。Wilson（1971）证明，几乎所有有限博弈的 Nash 均衡的数目都有限，并且这个有限数目一定是一个奇数。

我们给出混合策略均衡的数学定义：

在一个 n 人对策 $G = \{S_1, S_2, \cdots, S_n; \Pi_1, \Pi_2, \cdots, \Pi_n\}$ 中，博弈方 i 策略空间 S_i 中的任一元素 s_i^j 就称为 i 的一个纯策略（Pure Strategy）；而在 S_i 上的一个概率分布函数 $\sigma_i = (\sigma_{i1}, \sigma_{i2}, \cdots, \sigma_{ik})$ 就代表了一个混合策略（Mixed Strategy）：博弈方 i 以概率 σ_{ik} 选择单纯策略 s_{ik}，而 $\sum_{k=1}^{K} \sigma_{ik} = 1, i = 1, 2, \cdots, n$。

显然，混合策略的引进使得博弈方有了无穷多个策略。实际上，纯策略是混合策略的一个特例，因为任一单纯策略 s_i 都可理解为博弈方 i 以概率 1 选 s_i，而以概率 0 选取其他所有单纯策略。在猜币博弈中，投币者采取混合策略，以 P 的概率投正面，那么，投币者的一个混合策略为概率分布（P，1－P）。此时，混合策略（0，1）就表示投币者的一个纯策略：只出背面；而混合策略（1，0）则表示投币者只出正面的混合策略。

一般地，对混合策略有三种不同的理解：一是博弈方以一定的概率分布在自己的策略空间中随机选择；二是海萨尼将混合纳什均衡看做是博弈方有少量的不完全信息的结果；三是在纳什均衡的大群体模型中，混合策略被理解为一个群体中不同的个体或部分采用不同的纯策略。后两种理解将在以后再作介绍。

4.5.2　混合策略的得益函数

首先考虑两人对策的情况,假设 J 表示 S_1 中包含纯策略的数目,K 表示 S_2 中包含纯策略的数目,即 $S_1 = (s_{11}, s_{12}, \cdots, s_{1J})$,$S_2 = (s_{21}, s_{22}, \cdots, s_{2K})$,我们用 s_{1j} 和 s_{2k} 分别表示 S_1、S_2 中任意一个纯策略。假设,博弈方 1 推测博弈方 2 将以 $(\sigma_{21}, \sigma_{22}, \cdots, \sigma_{2k})$ 的概率选择策略 $(s_{21}, s_{22}, \cdots, s_{2K})$,那么,博弈方 1 选择纯策略 s_{1j} 的期望收益为:$\sum_{k=1}^{K} \sigma_{2k} u_1(s_{1j}, s_{2k})$;因此,博弈方 1 选择混合策略 $\sigma_1(\sigma_{11}, \sigma_{12}, \cdots, \sigma_{1j})$ 的期望收益为:

$$v_1(\sigma_1, \sigma_2) = \sum_{j=1}^{J} \sigma_{1j} \left[\sum_{k=1}^{K} \sigma_{2k} u_1(s_{1j}, s_{2k}) \right] = \sum_{j=1}^{J} \sum_{k=1}^{K} \sigma_{1j} \sigma_{2k} u_1(s_{1j}, s_{2k})$$

同样,博弈方 2 推测博弈方 1 将以 $(\sigma_{11}, \sigma_{12}, \cdots, \sigma_{1j})$ 的概率选择策略 $(s_{11}, s_{12}, \cdots, s_{1J})$,则博弈方 2 选择混合策略 $\sigma_2(\sigma_{21}, \sigma_{22}, \cdots, \sigma_{2K})$ 的期望收益为:

$$v_2(\sigma_1, \sigma_2) = \sum_{k=1}^{k} \sigma_{2K} \left[\sum_{j=1}^{J} \sigma_{1j} u_2(s_{1j}, s_{2k}) \right] = \sum_{j=1}^{J} \sum_{k=1}^{K} \sigma_{1j} \sigma_{2k} u_2(s_{1j}, s_{2k})$$

因此,混合策略的得益函数的一般定义就为:

在一个 n 人对策 $G = \{S_1, S_2, \cdots, S_n; U_1, U_2, \cdots, U_n\}$ 中,假定每个博弈方 i 的 K 个纯策略 $S_i = (s_{i1}, s_{i2}, \cdots, s_{ik})$ 的相应混合策略为 $\sigma_i = (\sigma_{i1}, \sigma_{i2}, \cdots, \sigma_{ik})$,则博弈方 i 混合策略下的得益函数为:

$$v_i(\sigma) = \sum_{k_1=1}^{K} \cdots \sum_{k_n=1}^{K} \prod_{l=1}^{n} \sigma_{lk_l} u_i(s_{1k_1}, \cdots, s_{nk_n})$$

这样,一个混合策略就可表示为:$G_M = \{S_1, S_2, \cdots, S_n; \sigma_1, \sigma_2, \cdots, \sigma_n; v_1, v_2, \cdots, v_n\}$

4.5.3　混合策略的纳什均衡概念

上面的分析表明,引入混合策略后,博弈方的目标就变为最大化自己的期望效用。例如,在猜币博弈中,投币者如果采取混合策略,那么,他要努力使得猜币者无论采取什么策略,至少不能让猜币者赢钱。我们假设猜币是一个重复博弈,投币者采取混合策略,以 P 的概率投正面;那么,猜币者猜正面的期望收益为:$P + (-1)(1-P) = 2P - 1$;而猜币者猜反面的期望收益为:$(-1)P + (1-P) = 1 - 2P$。要使得猜币者的期望收益都不会大于零,那么博弈方的混合策略只能是 $(0.5, 0.5)$。

再如,在监察博弈中,我们用 p 和 q 分别表示委托人监察和代理人偷懒的概率。显然,为了使代理人在偷懒和努力工作之间无差异,就必须使从偷懒中获得的收益(e)等于收入的期望损失(pw);而为了使委托人在监察和不监察之间无差异,就必须使监察成本(i)等于期望工资节省(qw)。因此,就有:$p = e/w$,$q = i/w$。

可见,在上面区别了纯策略和混合策略的概念,并且通过引入期望效用来界定混合策略的得益函数以后,我们就可以重新、更全面地定义纳什均衡概念。一般地,混合纳什均衡是指使期望效用函数最大化的混合策略。

定义:假定一个 n 人纯策略 $G = \{S_1, S_2, \cdots, S_n; U_1, U_2, \cdots, U_n\}$,其相应的混合策略为 $G_M = \{S_1, S_2, \cdots, S_n; \sigma_1, \sigma_2, \cdots, \sigma_n; v_1, v_2, \cdots, v_n\}$。对于每一个混合策略组合 $\sigma^* = (\sigma_1^*, \sigma_2^*, \cdots, \sigma_n^*)$ 而言,如果对所有的博弈方 i,都有下式成立:

$$v_i(\sigma_1^* \cdots, \sigma_{i-1}^*, \sigma_i^*, \sigma_{i+1}^*, \cdots, \sigma_n^*) \geqslant v_i(\sigma_1^*, \cdots, \sigma_{i-1}^*, \sigma_i, \sigma_{i+1}^*, \cdots, \sigma_n^*)$$

其中,$\sigma_i = (\sigma_{i1}, \cdots, \sigma_{ik})$ 是博弈方 i 的任意一个混合策略,则称 $\sigma^* = (\sigma_1^*, \sigma_2^*, \cdots, \sigma_k^*)$ 为混合策略 G_M 的一个纳什均衡。

显然,如果一个博弈方在纳什均衡中使用了非退化的混合策略(赋予多于一个的纯策略以正概率),那么,他对于赋予正概率的所有的纯策略将是无差异的。否则,他会改变这些纯策略的概率分布,从原来的混合策略蜕化为纯策略均衡。

4.6　混合策略的纳什均衡求解

了解了混合策略的纳什均衡解的概念和得益函数的表示,我们就可以进一步对混合策略的纳什均衡求解。这里,以泽尔腾提供的小偷与门卫博弈为例进行说明,该博弈矩阵见图 4 - 22。

小偷		门卫	
		睡觉 p	不睡觉(1 - p)
	偷 q	10, - 5　→	- 15,0
	不偷(1 - q)	0,5　←	0,0

图 4 - 22　门卫和小偷博弈

假设门卫睡觉的概率为 p,不睡觉的概率为 1 - p;而小偷进行盗窃的概率为 q,不进行盗窃的概率为 1 - q。该博弈的解可以用两种方法进行。

4.6.1　混合策略纳什均衡的两种解法

一般地,对混合策略的纳什均衡,我们有两种基本的求解方法,分别介绍如下。

(1)支付的最大化方法。根据混合策略纳什均衡的定义,我们可以采取期望支付最大化方法。

在上述门卫—小偷博弈中,门卫追求期望收益最大化:

$$\max_{p}\{p[-5q+5(1-q)]+[(1-p)[0\cdot q+0(1-q)]]\}$$

通过一阶条件,可以求得:$q=0.5$。

同样,对小偷来说,追求期望收益最大化有:

$$\max_{q}\{q[10p-15(1-p)]+[(1-q)[0\cdot p+0(1-p)]]\}$$

同样,可得:$p=0.6$

显然,只要小偷按照$(0.5,0.5)$的概率行事,那么,门卫无论是睡觉还是不睡觉,所得的期望收益都是无差别的;同样,只要门卫按照$(0.6,0.4)$的概率行事,那么,小偷无论是进行盗窃还是不进行盗窃,所得的期望收益也是无差别的。这意味着,谁都无法通过改变自己的混合策略(概率分布)而改善自己的期望收益,因此达到了均衡。

(2)支付等值法。一般地,如果纳什均衡中博弈方 i 的均衡策略是由单纯策略 $S_i=(s_{i1},s_{i2},\cdots,s_{ik})$ 组成的混合策略,那么当其他博弈方使用他们的均衡策略时,博弈方 i 简单地选择 $(s_{i1},s_{i2},\cdots,s_{ik})$ 中的任何一个单纯策略所得的支付都一样。否则,博弈方如果选择某一策略 s_{ik} 得到更高的支付的话,那么他在其均衡策略中增大选 s_{ik} 的概率也将得到更高的支付,这与均衡策略定义矛盾。进一步,既然博弈方 i 简单地选择 $(s_{i1},s_{i2},\cdots,s_{ik})$ 中的任何单纯策略所得的支付都一样,那么他任意地选择这 k 个单纯策略的概率所组成的混合策略所带来的支付也不会有任何差别。根据这种思维,我们可以采取支付等值法。

在小偷选择混合策略$(q,1-q)$的情况下,

门卫选择纯策略睡觉的期望效用是:$v_G(1,q)=-5\times q+5\times(1-q)=5-10q$

门卫选择纯策略不睡觉的期望效用是:$v_G(0,q)=0\times q+0\times(1-q)=0$

显然,如果一个混合策略是门卫的最优策略选择,就意味着门卫选择睡觉和不睡觉是无差异的,此时,$q=0.5$;而如果 $q<0.5$,门卫将选择睡觉;$q>0.5$,门卫将选择不睡觉。

同样,在门卫选择混合策略$(p,1-p)$的情况下,

小偷选择纯策略偷的期望效用是:$v_s(1,p)=10\times p+(-15)\times(1-p)=25p-15$

小偷选择纯策略不偷的期望效用是:$v_s(0,p)=0\times p+0\times(1-p)=0$

显然,如果一个混合策略是萧条的最优策略选择,就意味着小偷选择进行盗窃和不进行盗窃是无差异的,此时,$p=0.6$;而如果 $p>0.6$,小偷将选择进行盗窃;$p<0.6$,小偷将选择不进行盗窃。

启示: 在利益替代的博弈中的一个原则是:由于一方总是可以通过单独改变自己的策略而反输为赢,因此,各博弈方都会努力不让对方了解自己的策略,从而形成一个均衡的混合策略。但是,在诸如性别之战等博弈中,双方的收益存在互补

性,因而此类博弈的基本原则是努力披露自己的信息。

当然,在这一博弈中,门卫的目的是使小偷不进行盗窃,那么,他就可以选择小于 0.6 的睡觉概率。在某种意义上,门卫选择小于 0.6 的睡觉概率以确保小偷不进行盗窃,这体现了社会正义的要求;而门卫选择等于 0.6 的睡觉概率以致小偷在进行盗窃与不进行盗窃之间徘徊,这体现了门卫个人利益的要求;同时,如果门卫选择大于 0.6 的睡觉概率,小偷就会总是选择进行盗窃,这在很大程度上与社会负外部性有关。在很大程度上,正是由于对社会负外部性的忽视,造成了当前相关职能部门的责任缺失。

思考:目的选择与个体行为之间存在何种差异?经济学强调的效率原则内含了怎样的问题?

4.6.2　混合策略的反应对应

反应函数是博弈方一方对另一方的每种可能的决策内容的最佳反应决策所构成的函数。由于在混合策略中各博弈方的决策内容为一些概率分布,因而,反应函数实际上就是一方对另一方的概率分布函数。相对于纯策略中的反应函数,这里用反应对应(Reaction Correspondence)表示。因此,上述混合策略均衡就可以用几何图形表示。

实际上,这里有:

$$对门卫而言:p = \begin{cases} 1, & if\ q < 0.5 \\ [1,0], & if\ q = 0.5 \\ 0, & if\ q > 0.5 \end{cases}$$

$$对小偷而言:q = \begin{cases} 0, & if\ p < 0.6 \\ [1,0], & if\ p = 0.6 \\ 1, & if\ p > 0.6 \end{cases}$$

画出的反应图见图 4 – 23:两条曲线分别是门卫和小偷的反应曲线,两条反应曲线的交叉点就是纳什均衡点。

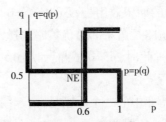

图 4 – 23　门卫和小偷的反应曲线

4.6.3　混合策略与严格下策反复消去法

在累次占优剔除过程中,是比较纯策略的盈利向量;在纯策略空间推广到混合策略空间以后,一个纯策略如果是严劣的话,就应该与混合策略空间的任意策略作比较。问题是,在纯策略之间无优劣之分时,是否可考虑混合策略的优劣,或者混合策略有无严劣之说,以及是否可能存在一个纯策略不劣于任何其他纯策略却劣于某些混合策略,从而被剔除?

定义:一般地,在一个 n 人对策 $G = \{S_1, S_2, \cdots, S_n; \Pi_1, \Pi_2, \cdots, \Pi_n\}$ 中,$(s_1, s_2, \cdots, s_n)$ 是纯策略组合,而 $(\sigma_1 \cdots, \sigma_n)$ 代表了一个混合策略组合,如果存在混合策略组合 σ_i^*,使得:

$$\Pi_i(s_1, \cdots, s_{i-1}, \sigma_i^*, s_{i+1}, \cdots, s_n) \geq \Pi_i(s_1, \cdots, s_{i-1}, s_i, s_{i+1}, \cdots, s_n)$$

那么,纯策略 s_i 就是博弈方 i 相对于混合策略 σ_i^* 的劣策略。

如果上述不等式严格成立,即 $\Pi_i(s_1, \cdots, s_{i-1}, \sigma_i^*, s_{i+1}, \cdots, s_n) > \Pi_i(s_1, \cdots, s_{i-1}, s_i, s_{i+1}, \cdots, s_n)$,那么,就称纯策略 s_i 就是博弈方 i 相对于混合策略 σ_i^* 的严劣纯策略。

在包括混合策略的情况下,关于严格下策反复消去法的结论仍然成立,任何博弈方都不会采用任何的严格下策(纯策略或混合策略),严格下策反复消去法也不会消去任何纳什均衡。我们以图 4-24 所示的博弈矩阵为例。

		乙	
		L	R
甲	U	3,1	0,2
	M	0,2	3,3
	D	1,3	1,1

图 4-24　无纯策略严格下策的博弈

显然,图 4-24 所示博弈没有任何严格下策;但是,不管乙选择何策略,如果甲以概率 (0.5,0.5,0) 随机选择 U、M、D,那么它的期望得益为:

$$0.5 \times q \times 3 + 0.5(1-q) \times 0 + 0.5 \times q \times 0 + 0.5 \times (1-q) \times 3 = 1.5$$

1.5 大于甲采取纯策略 D 时的确定性得益 1,因此,策略 D 就是相对于混合策略 (0.5,0.5,0) 的严格下策。那么,把有混合策略时的严格下策 D 从博弈方甲的策略空间中去掉,该博弈矩阵就转化为图 4-25。显然,此时就可以容易看出 L 是博弈方乙的严格下策,可以从去掉 L 后剩下的两个策略组合中确定博弈方的均衡组合为(M,R)。

甲		乙	
		L	R
	U	3,1	0,2
	M	0,2	3,3

图 4-25　消去严格下策的博弈矩阵

　　显然,上面的分析表明,即使一个纯策略不劣于任何其他纯策略,但也可能劣于一个混合策略。一般地,只要存在严劣纯策略,那么任何赋予该严劣纯策略以正概率的混合策略一定也是劣策略。究其原因,将该点上的正概率添加到优于严劣纯策略的另一个纯策略而得到的新的混合策略,其期望收益一定会增加。

　　当然,混合策略也往往可能是劣策略。即使仅对非劣的纯策略赋予正概率,一个混合策略也可能是严劣的。例如,在图 4-26 所示的博弈矩阵中,无论博弈方乙如何行动,甲分别以 1/2 的概率采用策略 U 和 M 所提供的收益为 1/2,严格劣于 D 策略。

甲		乙	
		L	R
	U	2,1	-1,2
	M	-1,2	2,1
	D	1,3	1,1

图 4-26　存在混合策略严格下策的博弈

4.7　纳什均衡的存在性

　　上面,我们已经给出了一系列的均衡概念:占优决策均衡(DSE)、重复剔除的占优均衡(IEDE)、纯策略纳什均衡(PNE)和混合策略纳什均衡(MNE)。显然,前面的均衡概念依次是后面均衡概念的特例,混合策略的纳什均衡的含义最为广泛。一般地,我们将上述四个均衡概念统称为纳什均衡。引入混合策略的纳什均衡目的就在于使纳什均衡概念能够应用于更多的博弈。

4.7.1　纳什均衡的存在性定理

　　是不是所有的博弈都存在一个纳什均衡呢? 不一定,那些没有混合策略的博弈以及某个行为人具有无限数目纯策略的博弈就缺少纳什均衡(魏里希,2000)。例如,写数字比大小博弈:两人在规定时间内各写一个数字,大者获胜。不过,纳什(1950)给出博弈方及其每个博弈方的策略都是有限的条件下的均衡存在性定理,他证明,任何有限博弈都存在至少一个纳什均衡。这里的有限博弈是指有有限个博弈方且每个博弈方有有限个纯策略。

纳什均衡存在性定理如下:

(1)有限策略型博弈的纳什均衡存在性定理(纳什,1950):在有限对策中至少存在一个纯的或者混合的纳什均衡。

(2)无限连续策略型博弈的纳什均衡存在性定理 1(Debru,1952;Glicksberg,1952;Fan,1952):假定一个 n 人纯策略 $G = \{S_1, S_2, \cdots, S_n; U_1, U_2, \cdots, U_n\}$,如果所有博弈方的策略空间 S_i 都是欧氏空间上的非空、有界、闭凸集,而得益函数 $u_i(s)$ 是 s_i 上的连续(拟)凹函数,则该对策存在一个纯策略纳什均衡。

(3)无限连续策略型博弈的纳什均衡存在性定理 2(Glicksberg,1952):假定一个 n 人纯策略 $G = \{S_1, S_2, \cdots, S_n; U_1, U_2, \cdots, U_n\}$,如果所有博弈方的策略空间 S_i 都是欧氏空间上的非空、有界、闭凸集,而得益函数 $u_i(s)$ 是 s_i 上的连续函数,则该对策存在一个混合策略纳什均衡。

一般来说,如果每个博弈方的策略空间都是非空、有界、闭凸集,而所有的得益函数又是连续函数,则该对策存在一个(纯的或混合的)纳什均衡。

进一步,如果博弈的信息是完美的,也就是说,所有的信息集都是单节点,那么就存在另一个存在性定理。

定理(Zermelo,1913;Kuhn,1953):有限完美信息博弈存在纯策略的纳什均衡。

当然,这里重要的假设是有限博弈和完美信息。如果是无限期的博弈(或者是某一节点后有无限个后续节点,或者是一条路径有无限多个节点),那么就可能因为不存在次终节点等原因而难以进行后向逆推;如果是不完美信息,那么后行动者就无法确定对前行动者的信念。

4.7.2 纳什均衡的存在性证明

纳什均衡的存在性证明(这里不作详细展开):要用到 Kakutani(角谷)不动点定理,而 Kakutani 不动点定理是 Brouwer 不动点定理在对应映射上的扩展;Brouwer 不动点定理能够直观地表述,因此,我们首先理解 Brouwer 不动点定理。

Brouwer 不动点定理:假设 S 是 n 维空间的一个非空、有界凸集;$f: S \rightarrow S$ 是 S 到它自身的一个连续映射,则 S 中至少存在一个不动点 X^* 是自我映射,即 $X^* = f(X^*)$。

Brouwer 不动点定理的证明是非常困难的,我们这里简单地从二维空间理解:

设 $S = [0,1]$,在$[0,1]$闭区间;$f(x)$是区间$[0,1]$上的连续函数,其值域也在$[0,1]$之中。我们定义 $g(x) = f(x) - x$,显然,$g(x)$是 S 上的连续函数。由于$0 \leqslant x \leqslant 1$,$0 \leqslant f(x) \leqslant 1$;因此,$g(0) = f(0) \geqslant 0$,$g(1) = f(1) - 1 \leqslant 0$。根据中值定理:在$[0,1]$之间必然存在一点 X^*,使得 $g(X^*) = 0$,即 $f(x^*) = x^*$。见图 4 – 27。

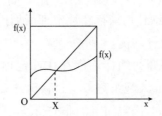

图 4 – 27　连续函数的空间对应

角谷(Kakutani,1941)不动点定理是 Brouwer 不动点定理在对应上的扩展,函数是集合上点与点之间的联系规则,而对应(Correspondence)是点与子集之间的联系规则,即给定 X 上的一个点 x,如果 $f(x)$给出唯一的一个点 $y \in Y$,$f(x)$称为从 X 到 Y 的函数;如果 $f(x)$给出一个点集 $y(x) \in Y$,$f(x)$称为从 X 到 Y 的对应。

我们以古诺模型为例,在两厂商的动态博弈中,双方的均衡产量都是对方过去产量的函数,即 $x_1^t = R_1(x_2^{t-1})$ 和 $x_2^{t-1} = R_2(x_1^{t-2})$。当 t 越来越大时,如果 x_1^t 和 x_2^t 收敛,那么,在极限处就有:$x_1^* = R_1(x_2^*)$ 和 $x_2^* = R_2(x_1^*)$。这两者实际上也就可以写成:$x_1^* = R_1(x_2^*) = R_1(R_2(x_1^*)) = f(x_1^*)$ 和 $x_2^* = g(x_2^*)$,即两者都可以写成自身的函数,f 和 g 是二元向量到自身的一个映射,x^* 就是映射 f 或 g 的不动点,这个不动点也就是博弈的纳什均衡。

4.7.3　纳什均衡的唯一性

尽管纳什均衡的存在性定理肯定了纳什均衡的存在,但是,博弈论中真正棘手的不是博弈是否存在,而是一个博弈可能有多个均衡。在诸如多重均衡的条件下,纳什均衡的存在性并不意味着均衡解一定会出现。如性别博弈,尽管预期出现的是(足球、足球)或(歌舞、歌舞),但实际出现的可能是(足球、歌舞)。而且,即使结果是一个纳什均衡,也不能确定是哪一个纳什均衡;也就是说,当一个博弈有多个纳什均衡时,博弈论并没有一个一般理论证明纳什均衡结果一定会出现。因此,许多学者开始质疑纳什均衡是否是一般博弈的正解概念,这就涉及对"合理的"纳什均衡和"不合理"的纳什均衡的区分问题。

泽尔腾首先论证了一般的扩展型博弈中某些纳什均衡比其他纳什均衡更为合理。例如,在图4-28所示的博弈矩阵中,如果双方同时行动,那么(U,L)和(D,R)都是纳什均衡。

但是,如果存在动态过程,那么,该动态博弈的展开式就可以表示为图4-29,在该博弈中,(D,R)就比(U,L)更为合理,(D,R)是唯一的纳什均衡。泽尔腾的精炼分析涉及"威慑"的可信性问题,它要用到动态博弈中的后向归纳分析,我们将在第5章作详细介绍。

	L	R
U	2,2	2,2
D	0,0	3,1

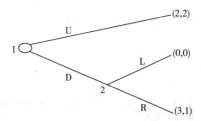

图4-28　同时行动博弈　　　　　　　图4-29　先后行动博弈

事实上,博弈分析最基本的目的之一是预测,这包括特定博弈中的博弈方究竟会采取什么行动,博弈将有怎样的结果,因此,探讨纳什均衡的确定性比存在性更重要。但迄今为止,主流博弈论往往基于数理逻辑来精炼纳什均衡,从而无法取得明显突破。凯莫勒(2006)写道:"随着理论工作者们使用这些博弈来解释诸如教育投资、保修单、罢工等现象,他们很快发现这些博弈具有多重均衡。一些均衡虽然看起来明显不现实,但它们在数学意义上却和已建立的均衡概念一致(甚至如序贯均衡)。回顾一下就很容易发现,诸如纳什均衡等概念实在过于数学化也过于脆弱,以致很难用它们挑选出比较可能的均衡来。这就需要对已建立的概念进行精炼以破译'不合理'的含义","在20世纪80年代,许多理论学者都致力于对精炼的研究。提出这些观点的论文充满了对直觉和合理性的讨论,但缺乏数据支撑。很奇怪的是,这些颇具数学天赋的理论学者们可以花费数年时间讨论在不同博弈中那些行为是最合理的,却从没有试图将人们置于这些博弈中,将'合理的'定义为多数人的行为"。

4.8　多重纳什均衡的确定

尽管纳什均衡是如何进行博弈的一致预测,但它并不一定能对所有博弈的结果都作出准确的预测。一是纳什均衡的一致预测性质本身并不保证各博弈方的预测是相同的,因为不同人的理性是不一致的;二是许多博弈也难以基于纳什均衡进行准确预测,因为在实际生活中许多博弈有多个纳什均衡。因此,如何在多重均衡中确定现实中实际出现的均衡就成为博弈论研究和发展的重点,也正是基于这方面的研究,2005 年谢林和奥曼获得了诺贝尔经济学奖。那么,如何确定多重纳什均衡的现实解呢? 弗登博格和泰勒尔(Fudenberg & Tirole,1991)则指出,"当存在多个纳什均衡时,说某个纳什均衡一定会被采用,必须有某种能够导致每个博弈方都预期同一个纳什均衡出现的机制或者程序。"事实上,在现实世界中存在一系列的机制来引导博弈均衡,一些学者也做了归纳总结,主要包括,一是谢林(Schelling,1960)提出了聚点均衡(Focal Point)问题,即利用社会文化习惯、博弈方过去博弈的历史等信息;二是 Farrell 等提出的博弈方在博弈开始之前进行的"廉价洽商"(Cheap Talk);三是奥曼(Aummann,1974)提出的相关均衡概念(Correlated Equilibrium)。这些机理的详细说明将在后面再展开,这里先作简要的归纳和总结。

4.8.1 风险占优均衡和得益占优均衡

在多重纳什均衡中,我们首先可以区分不同均衡的性质,而不同的环境下,不同类型均衡出现的可能性是不同的。例如,在图 4 – 30 所示的博弈矩阵中,存在两个纯策略纳什均衡(1,1)和(2,2),但显然均衡(1,1)的收益较差而意味着协调失败,因为存在(2,2)对双方都更优的选择。如果 B 选择 1,则 A 从行动 1 转到行动 2,边际收益为 – 800;而如果 B 选择 2,则 A 转到行动 2 所得的边际收益为 200。这是库珀(2001)所称的策略的互补性(Strategic Complementarity)。

A		B	
		1	2
	1	800,800	800,0
	2	0,800	1000,1000

图 4 – 30 双重均衡博弈

问题是,尽管图 4 – 30 所示博弈具有互补性,但这种互补性并不一定能得到充分利用和发挥。在该博弈矩阵中,均衡(2,2)的策略组合显然表现出较大的风险性,因为万一对方没有采取 2 策略,就可能一无所获,而选择 1 策略则可以保证有 800 的收益,而且,只要 B 对 A 是否会选择行动 2 的信心概率小于 0.8,那么 B 选择 1 将是更有利的。特别是在机会主义盛行以及偏好相对效用的社会中,一方对另一方是否会选择行动 2 就可能深抱怀疑,因此,(1,1)反而是更常见的结果。我们将(1,1)策略组合称为风险占优均衡,而将(2,2)策略组合称为得益占优均衡。

库珀(Cooper et al,1992)等人的实验表明,结果往往是由风险占优决定的:在最后11个阶段中,97%的结果出现了(1,1)均衡,而没有观察到(2,2)均衡。显然,这反映了现实中协调的低效率。那么,为什么会出现这种现象呢?一般地,在一个崇尚竞争和控制的社会中,社会成员将热衷于追求所谓的相对效用社会,此时(1,1)结果将会更容易出现。正因如此,在判断最后出现的均衡结果时,我们要关注一个社会或群体的文化伦理特质,因为不同的文化伦理特质会影响未来的不确定性,从而影响博弈方对风险的估量。

思考:博弈结果在不同群体中是否会有所不同呢?例如分别在女性群体或男性群体中作上述实验,分别在不同国家或地区作上述实验。

为了更好地说明两类占优,我们可以进一步剖析协调博弈(Coordination Game),在该博弈中,博弈方需要在几个纳什均衡中协调以选取一个。例如,性别战博弈就是协调博弈的一个变形,该博弈的博弈方对几个纯策略均衡的排序是相同的。同样,分级协调(Ranked Coordination)是协调博弈的一种类型,该博弈的几个纳什均衡可以按帕累托原则分级。一般地,在分级协调博弈中,优于其他纳什均衡的帕累托上策均衡(Pareto - dominant Equilibrium)将成为所有博弈方的选项。例如,在图4-31所示的分级协调博弈中,(1,1)就是可预见的博弈均衡。

	B	
	1	2
A		
1	9,9	6,6
2	6,6	7,7

图4-31　分级协调博弈I

	B	
	1	2
A		
1	9,9	0,8
2	8,0	7,7

图4-32　分级协调博弈II

然而,我们也不能总是以帕累托有效均衡来预测实际结果,因为还存在着一种"危险的协调"博弈。例如,图4-32所示的博弈矩阵,尽管它与分级协调有着相同的均衡,但在偏离均衡时的支付则大相径庭,人们可能更愿意选择没有风险的非帕累托有效的均衡。

事实上,图4-32所示博弈有三个均衡(1,1)、(2,2)以及一个收益更低的混合均衡,而均衡(1,1)帕累托优于其他均衡。但是,如果考虑到风险问题,策略2却是最差情况中较好的支付,它又被称为最大最小策略(Maxmin Strategy),因而(2,2)均衡往往更为现实。分析如下:

首先,假设博弈方在博弈之前没有信息交流,那么,尽管均衡(1,1)具有帕累托有效的特性,但均衡(2,2)似乎要更安全些。事实上,对博弈方A而言,只要他判断博弈方B采取2的概率大于1/8,他就会选择2策略;进一步,如果博弈方B相信博弈方A采取2的概率大于1/8,那么也将采取2。

其次,即使博弈方之间存在信息交流,均衡(1,1)也并非一定具有充分说服力。奥曼(Aumann,1990)认为,即使博弈方会面并保证采取策略(1,1),博弈方A也不应相信博弈方B的表面保证。究其原因,无论博弈方B自己如何行动,博弈方A采取策略1都会使博弈方B获益,因此,无论博弈方B计划如何行动,他都将告诉博弈方A他将采取策略1。也就是说,博弈方的保证并不一定是可信的。

思考:区别协调博弈的类型和分级协调的类型,并针对不同类型构建现实生活中的例子。

总之,在博弈解的确定过程中,解的稳定性对合理预期具有重要的意义。在现代博弈理论研究中,稳健性也成为精炼均衡的要求之一。正因如此,现代学者也在努力从各个角度为解的稳定性提供解释,而且已逐渐偏离了传统经济学的研究范畴,开始借鉴其他学科。

4.8.2 聚点均衡(Focal Points Equilibrium)

谢林(Schelling,1960)曾经做过以下实验,并从中发现一条惊奇的规律:

(1)在互不交流的情况下,让两个人同时选择硬币的正面或反面,如果选择相同则可赢得一笔奖金。结果,36个人要正面,6个人要反面。

(2)让两个互不相识的学生选择在纽约某地相见,结果大多数学生选择了纽约中央火车站。

(3)在上述实验中要求他们选择约见时间,结果几乎所有人都选择了中午12点。

(4)让互不沟通的学生将100美元分成两份,如果相等则获得这100美元,如果不等则一无所获,结果42个学生中有36人将之分成两份50美元。

(5)写一个正数,如果所写的数字相同则赢得奖品,结果有2/5的人通过选择数字1而获得成功。

(6)相似地,指定一笔钱,如果指定的钱数量相同则赢得该数量的奖金,结果有12个人选择1000000美元,而只有3个人选择的数字不是10的幂数。

谢林的这些实验表明,人们的日常行为往往有惊人的一致性,为此,他提出了聚点均衡(Focus Point Equilibrium)概念;聚点均衡说明博弈方能够在大家长期以来形成的共识之上形成均衡,而这种信息被策略型矩阵省略掉了。所谓的聚点均衡,实际上是指基于社会习俗和惯例而自发采取的行为所达致的一种均衡。例如,工人的努力水平和企业主支付的工资之间、夫妻俩周末在足球和芭蕾之间的选择等,都是聚点均衡的典型例子。显然,聚点性取决于博弈方的文化素养和以往经验。聚点均衡也对现代主流经济学思维提出了反思:按照主流经济学的理论,理性的经济人会敏锐地把握信息和时机而灵活地调整策略,而不会固守某种一成不变的规则。那么,固守规则果真是非理性的吗? 例如,在现代企业中,经理人员的努力水平是如何决定的,是基于所谓的激励机制吗? 他们的行为会随时根据合同状况或信息状况而所有调整吗? 显然,聚点均衡给出了否定的答案。正是由于谢林的《冲突的策略》一书提出聚点均衡概念而对多重均衡进行了精炼,以致这部没有任何数学方程的著作成了博弈论的经典之作。为了说明聚点均衡的现实应用,这里可以进一步分析几个例子。

例4 就代理人的道德风险而言。尽管西方学术界强调信息不对称下的隐藏行动的道德风险,从而所谓基于委托—代理的激励理论风靡全球,但是,现实中的努力水平决定并不仅是个人的事,而更重要的因素是工作团队长期形成的规范。例如,20世纪30年代梅奥领导的霍桑实验就证实了这一点,他们发现,工人中间存在着某种与公司按编制建立的正式组织不同的非正式组织,这种非正式组织支配着工人的努力程度:对工作不得太用力气,否则就被视为是"工资率破坏者";也不得过分降低工作效率,否则就会被视为"诈骗者"。正因如此,经营者的努力习惯往往由同类团队标准决定,而企业中新进的经营者仅仅是根据这一传统习惯来确定自己的努力程度,他根据周围或社会业已存在的标准不断地调整自己的努力程度。

图4-33反映了新的经营者调整自己努力的过程:R_0是新经营者的初始努力水平,如果他观察到的习惯努力水平较高,他就会提高自己的努力水平,直到与习惯水平 R' 一致;如果他观察到的习惯努力水平较低,他就会降低自己的努力水平,直到与习惯水平 R_1 一致。

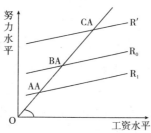

图4-33 经营者劳动努力程度的调整

例5 就情侣博弈而言。在图4-34所示博弈矩阵中,双方只有一起活动,才会达到各自效用的最大化,但是,显然存在着两种均衡组合的可能性,究竟会在哪一点形成聚点均衡呢? 一般地,这与特定的形势有关。例如,在初恋时期,男孩为了赢得女孩的芳心,看到有芭蕾演出就买票邀女孩一起看;或者女孩特别喜欢某一个男孩,而特地买了周末的足球票邀请男孩观看。而成了"老夫老妻"以后,妻子可能更愿意牺牲自己的喜好而陪先生看球赛。当然,更一般的情况是,他们可能形成一个惯例,如交叉轮流去看足球和芭蕾,或者一方在对方"喜庆日"而更加偏重于双方的爱好。显然,在实际生活中,只有形成这样的稳定规则,夫妻之间的关系才会融洽,才会有真正的相濡以沫、白头偕老。

		男孩	
		芭蕾	足球
女孩	芭蕾	10,5	0,0
	足球	0,0	5,10

图4-34 情侣博弈

4.8.3 相关均衡

前向归纳推理认为,博弈的各方可以从其他博弈方过去偏离理性的事例中了解并预测他们在未来偏离理性的可能情况。当然,博弈方当前的偏离行为可能不仅与其自身的过去行为有关,而且也可能与其他人的行为有关,后者就是相关均衡问题。相关均衡是奥曼(Aumann,1974)首先提出的概念,其基本思想是,博弈方通过一个大家都能观测到的共同信号来选择行动,从而实现行为的均衡。而且,奥曼还证明,如果每个博弈方根据所收到的不同但相关的信号而采取行动,那么,每个人就可以得到更高的预期支付。随后,梅森(Myerson,1986)作了进一步发展,并发展出了机制设计理论,从而将相关均衡转化成为一种实现某种有利均衡的制度安排,即相关均衡是指通过"相关装置"而使博弈方获得更多的信息,从而协调博弈各方的行动。

其实,这种"相关装置"在现实生活中非常普遍,如交通信号灯就是不同方向车辆行走的"相关装置",法律规章就是人们日常行为的"相关装置",上课铃声就是学生作息的"相关装置"。同样,在上述聚点均衡中,天气状况显然是影响人们会见的地点选择的重要因素,从而天气也成为一个相关装置。相关均衡的一个重要变体就是外部制定(External Assignment),它反映出,如果存在一个外界仲裁者推荐的均衡,那么博弈方就会自我驱使地使用这一组策略。

现代家庭的两人世界中时常会面临一个重要的抉择:美餐之后谁去洗碗? 如果

夫妻双方都去洗碗,则丧失了分工效益;如果夫妻都不去洗碗,就会导致厨房环境恶劣,这是夫妻双方更不愿看到的;而最佳的策略选择则是轮流洗碗。因此,该博弈矩阵可见图4-35。

妻子		丈夫	
		洗碗	不洗
	洗碗	5,5	0,10
	不洗	10,0	-5,-5

图4-35　夫妻双方洗碗博弈

那如何决定洗碗次序呢? 这往往可以有这样几方面的考虑。首先,可以遵循一般的社会惯例:如果遇到一方的特殊日子,那么,就应该由另一方操劳,如"三八妇女节"就应该丈夫洗碗;但这样的节日毕竟太少了,因而它构成不了普遍规则。其次,可以设立一个简单的一般规则:如分单双日来决定谁洗碗,这在一定程度上也是有效的;但并不是所有日子夫妻都在一起吃饭,因而这种规则必然会引起某一方的抱怨。最后,我们可以确立一条就事论事的规则,从而达成一致。例如,一个简单的规则翻书:翻书页码的个位数字小者或大者洗碗,这就是相关均衡的含义。

为了进一步解释相关均衡,我们再以图4-36所示博弈矩阵作一说明。根据画线法,该博弈矩阵的唯一纳什均衡是(D,r,A),收益为(2,2,2)。但显然,这不是一个理想状态。为了获得更高的收益,现设计一个信号装置以使博弈方相关地选择自己的策略。这个信号装置借助于投币来进行,它提供的信息是:如果是正面,则甲取R,乙取r;如果是反面,则甲取D,乙取d;丙则总是取B。这样,借助于这样的信息装置,甲、乙、丙就可以达成(R,r,B)和(D,d,B)均衡,从而优化各自的效用。

甲		乙			乙			乙	
		r	d		r	d		r	d
	R	0,2,6	0,0,0		4,4,4	0,0,0		0,2,0	0,0,0
	D	2,2,2	2,0,0		4,4,0	4,4,4		2,2,0	2,0,6

丙(A)　　　　　　　　丙(B)　　　　　　　　丙(C)

图4-36　三人相关均衡博弈

现实生活中的相关均衡例子也很多。早期战争中就存在"兵对兵、将对将"的对抗惯例,而且往往是将领之间先行决斗,落败者一方的士兵就投降胜利者一方,将领之间胜败就是一个"相关装置"。一个众所周知的事例就是《特洛伊·木马屠城》这部经典影片的开头所展示的：先是由守城的特洛伊军队和攻城的希腊军队各自推选出一名勇士进行决斗，败者一方将选择投降或撤退。再如，在地面战争中，号角和旗帜往往非常重要，因为它起到了体现双方力量消长的"相关装置"功能；诸葛亮曾使用旗帜的策略，楚汉相争中刘邦使用的"四面楚歌"策略则是利用"乡音"这一"相关装置"；而电影《集结号》中则因为"相关装置"的失灵而导致全军覆没。同样，在17世纪英国的斯图亚特王朝的詹姆斯二世时期，英国存在辉格党和托利党两个主要政党，詹姆斯二世先是与托利党相勾结削弱辉格党的政治影响力，随后又将矛头转向了托利党。最终导致两个原本利益不相容的政党开始协调合作，将詹姆斯二世赶下台并扶植了新国王威廉。为了防止国王侵权的事件再次发生，两党还达成协议，将它们所不能容许的国王对自由权的侵害行为在《权利宣言》中加以列举，宣布一旦发现国王未经议会同意擅自终止法律或者征税以及拘捕臣民等，两党就联合起来共同废除国王。这实际上体现了相关均衡的精神，国王的行为成为两大政党之间博弈的信号。

相关均衡也是社会协调的重要机理。如企业组织中管理者的指挥就是一种协调活动，它有助于引导团队生产者之间行动的协调和分工；龙舟比赛中擂鼓也是设立的一种信号，它有助于协调每位队员的行动一致；在战争中则通过旌旗、金鼓等来统一指挥、统一行动，孙武在《孙子兵法·军事》中指出："夫金鼓旌旗者，所以一人之耳目也。人既专一，则勇者不得独进，怯者不得独退，此用众之法也。"在市场经济中，这种博弈信号则体现为各种市场信号的创造：某一著名公司具有的高品牌价值的商品，在市场上往往以高价交易；毕业于著名学府的学生，企业则愿意以高薪聘用，等等。由于社会上信息的不确定和不对称性，几乎所有的交易都参照其他的信号。而且，对这种相关均衡的分析也用在经济分析上，如新太阳黑子说，这是因为太阳黑子的随机出现通过相关均衡或博弈方之间的赌注造成宏观经济的变化。

思考：请列举现实生活中呈现的相关均衡例子，并思考这些相关均衡是如何形成的。

4.8.4 社会制约机制

上面分析了社会惯例对解决社会协调的作用，但很多情况下，它们并不一定是自我维持的，而可能存在某种外在权威，因此，在很多情况下，均衡的结果也受到第三方的制约。事实上，在囚徒博弈或者寡头博弈中，如果存在一个外在的权威实施有约束力的合同，就可以解决问题。我们再来看下面的交通现象，现假设有两辆在一条道路上相向行驶的车 C 和 D 同时到达一个十字路口 A,此时 C 要左转而 D 要直行,那么,如何解决它们之间的矛盾呢? 见图 4 - 37。

实际上,上述问题可以写成图 4 - 38 所示的博弈矩阵形式。

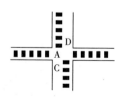

司机 D		司机 C	
		等待	前行
	等待	- 3, - 3	- 2,7
	前行	5,0	- 4, - 4

图 4 - 37　十字路口的行车矛盾　　　　图 4 - 38　十字路口的交通博弈

显然,帕累托最优的状态发生在矩阵的非对角线上,并且需要存在一定的协调机制。如何进行协调呢? 按照目前流行的产权学派的理论,应该建立一个市场以出售使用路口的权利,并且需要存在一个站在路口中间的拍卖者,快速地从两个司机那里接受出价,然后再将优先使用权卖给出价较高者(显然,这里的价格将设在 5 ~ 7,并且向左转的车将得到使用路口的优先权)。然而,在现实中,这是非常罕见的情形,即使出现,这种机制也可能是既繁琐又高成本的。因此,这里就出现了另外的方法:颁布一个交通规则,并且强迫每个人都在被允许开车上街之前学习它。谢林(2005)写道:"发明教条信号的人一定有化繁为简的天赋。他认识到在两条街道的交叉处,因为人们互相影响而会出现混乱和时间损耗;也许出于个人的经验,他发现行人的自律和相互礼让无法解决这一通行问题,在这里,即使那些很礼貌的人也会因为相互等待而耽搁时间。而一旦人们对自己过马路的时间判断错误,就会引起碰撞事故";"交通信号提醒我们,尽管计划管理往往与控制联系在一起,协调通常才是关键因素"。

思考:既然已经存在了交通信号灯,但为什么很多地方还依然要安排执勤警察?

当然,推而广之,人类社会的健康发展也离不开这种社会制度的安排设计。以文明的演化博弈为例。尽管文明的发展是习俗演进的产物,符合某种社会进化论的观点;但是,我们却不能简单地将达尔文的"弱肉强食"法则从自然界搬到人类社会。究其原因,文明考虑的是人类长期的、整体的利益,而在竞争中获得暂时优胜的文明并非一定是最优秀的。问题是,当前占世界主要地位的发达国家大多崇尚浮士德精神,其基本特征就是以军事实力为基础实行殖民扩张;那么,在这种浮士德文明的指导下,世界文明演化的博弈矩阵就可表示为图 4 - 39。

	发展中国家	
	扩张对抗	和谐合作
发达国家 扩张对抗	5,0	12, −5
和谐合作	0,8	10,5

图 4 −39　文明演化博弈

　　为此,整个国际社会就要制定一些规则来防止某些纳什均衡的出现,通过适当的国际联合对那些实行扩张对抗主义的国家实施惩罚。我们假设:存在一个联合国对对抗方处以 5 的惩罚,而补助损失方 5 的收益。那么,上述博弈矩阵变为图 4 −40所示形式。

	发展中国家	
	扩张对抗	和谐合作
发达国家 扩张对抗	0, −5	7,0
和谐合作	5,3	10,5

图 4 −40　国际社会制约下的文明演化博弈

　　显然,通过引入社会制约机制,博弈的均衡结果就会发生变化,从而实现(合作,合作)均衡。因此,我们说,博弈均衡结果往往与社会制约机制有关。

延伸阅读与思考

习俗在多重博弈均衡中的作用

　　主流博弈论往往热衷于使用纯数学逻辑来分析理性行动并由此确定纳什均衡的确定性和现实性,但实际上,纯粹数理逻辑根本不可能确定多个均衡中哪个会出现。正如谢林(Schelling,1960)所说,"恰如人们无法靠纯粹的正规推演来证明某个笑话必定是好笑的一样,人们同样不可能在没有实证证据的情况下推断在一个策略非零和博弈中参与者如何认知"。相反,要获得纳什均衡的确定性,就必须借助于其他条件来消去一些不可取的纳什均衡。一般地,多重博弈均衡的现实结局往往要依赖更多的信息,如信息的沟通、社会的习惯、共同的背景、法律规章的约束、外部选择的存在等,这就涉及现实生活中互动的人们之间的协调机制问题。我们这里重点剖析习俗对多重纳什均衡的影响。

1. 历史经验分析

我们可以以简单的道路行驶规则为基础展开分析,随机行驶的博弈结构如图 4 - 41 所示。显然,只要人们沿着相同的边侧(左侧或右侧)行驶,就能保障道路通畅。这种均衡一般会有多重性,如上面的"右侧通行"和"左侧通行"一样具有约束力,中国内地和香港即存在两种不同的规则。一般来说,究竟以哪侧为行驶规则则主要由习惯或法规决定,即这些规则原本是基于习惯。一旦这种制度开始形成,就会有强大的自我发展生命力,从而很难改变。

	左侧	右侧
左侧	5,5	2,2
右侧	2,2	5,5

图 4 - 41　无规则的道路博弈

当然,如果在一种强大力量的冲击下,也可能使一种惯例被另一种惯例所取代。例如,就交通规则而言,在法国大革命之前,法国及欧洲其他许多地区的马车按习俗是靠左行驶的,而行人面对行驶而来的马车是靠右的,故靠左走就与特权阶级相联系,而靠右走则被认为更为"民主",因此,法国大革命之后,这一惯例因象征性原因就被改变了,后来,随着拿破仑军队的扩展而移植到他占领的一些国家,并形成了自西向东的扩散:如西班牙就较早地实行靠右行驶的规则,"一战"后与之接壤的葡萄牙开始实行靠右行驶的规则,奥地利也自西向东地一个省一个省地转变一直持续到 1938 年德奥合并,同时期的匈牙利和捷克斯洛伐克也开始了被迫转变,到 1967 年瑞典成为欧洲大陆上最后一个靠左行驶改为靠右行驶的国家。①

思考:请再举例说明现代经济学的论断虚构与历史真实。

再如,美国铁路的轨道标准宽度轮距为何是 4 英尺 8.5 英寸。原因是:英国的载货和载客的马车被做成 5 英尺,也就是两匹马的宽度,而有轨电车的制造者使用了和马车制造者相同的工具和标尺,5 英尺减去 4 英寸轨道宽度,再加上由于一些细小的技术细节原因而留出了半英寸,就成了电车轨道宽度。同时,英国的铁路是由电车制造者建造的,他们使用了其最熟悉的宽度;而当英国的移民制造了美国的铁路时,就照旧使用了他们熟悉的英式铁轨。由于美国火箭也必须用火车从犹他州运到发射地,因而航天飞机的火箭也一样是两匹马的宽度。当然,俄罗斯却有意

---

①显然,这里反映了新古典经济学解释上的荒唐性。根据新古典经济学基于收益—成本的静态分析和解释:一种说法是:早先的骑士是佩刀的,靠左行驶是为了便于在与敌人相遇时快速攻击;而后来随着枪支取代了刀,于是就开始靠右行驶了,因为这样更有利于拔枪射击。问题是:这种分析如何解释目前两类交通规则依然在很多国家或地区并行呢?另一种说法是:以前驾马车去集市必须右手握鞭,而靠左行驶会伤及过路人。问题是,现在开车不再去集市且不用鞭子了,但为何就不能靠左行驶了呢?

选择了与众不同的轨宽,这在很大程度上是为了使入侵变得困难,或者是为了传递它们没有侵略意图的信号;同样,阎锡山20世纪30年代在山西也用了与众不同的轨宽,也主要是为了防止中央军和日军的入侵。

由此可见,一个外生冲击(如法国大革命)产生了系列的动态反应,而且这种反应是持续的和自我强化的。究其原因在于,权力强制引入一种制度后,往往会产生制度本身的自我约束性,而且,在权力的强制力消失以后,仍可能作为稳定的制度继续运作。事实上,即使那些并不是最有效的制度与习惯,也可能仅仅因为历史上曾由于采用的集团处于支配地位,而渗透到了新加入的人群之中。例如,作为国际商业用语的英语,就并不见得是最完善、方便和有效的语言,但由于早期英国以及随后美国的强大而得到推广,今后也可能成为长期的世界通用语言,即使在说英语的国家衰落以后也是如此。这也就是习惯或制度的自我强化效应。Jefferson就写道:一个人如果允许自己说一次谎,那么他在第二次和第三次说谎的时候就会发现比先前容易得多,并且最终养成说谎的习惯(G. S. 贝克尔,2000)。

2. 行为实验证据

关于习俗对博弈均衡的影响已经为大量的行为实验所证实。例如,在图4-42所示“分水岭”博弈中:参与者从1至14选择号码,而其得益依赖于所有人可能选择的中位数。例如,参与人选择2,而中位数是5,则其得益为65;如果中位数为9,那么其得益为-52。这个实验可以做多轮,而每轮过后,你都知道中位数是几,然后计算从中的得益并进行下一次选择。显然,这一博弈结构具有这样的属性:当你认为其他多数人会选择较小数字时,你也应该选择较小数字;当你认为其他多数人会选择较大数字时,你也应该选择较大数字;而当你认为其他多数人的行为具有不确定性时,可以选择6或者7以规避风险。

同时,这一博弈结构具有这样的属性:如果你猜测中位数略低于7时,你的最佳反应是选择一个比该中位数略小的号码。例如,如果你认为中位数是7,你的最佳选择是5。这样,对该中位数的反应就会将中位数拉得更低直至到达3,而3成为一个均衡的最优反应点。相应地,如果你猜测中位数为8或以上时,你的最佳反应是选择一个比该中位数略大的号码。譬如,如果你认为中位数是9,你的最佳选择是10或11。这样,对该中位数的反应就会将中位数拉得更高直至到达12,而12成为另一个均衡的最优反应点。因此,这个博弈是一个协调博弈,它存在两个纳什均衡:其中7以下的中位数是一个收敛于均衡3的“吸引域”;高于8的中位数是一个收敛于均衡12的“吸引域”,从而被称为“分水岭”博弈。Huyck等人(Huyck、Battalio和Cook,1997)将试验对象分为10组,每组作了15次实验,实验证实了两位分离均衡的存在,结果见图4-43。

选择	中位选择													
	1	2	3	4	5	6	7	8	9	10	11	12	13	14
1	45	49	52	55	56	55	46	−59	−88	−105	−117	−127	−135	−142
2	48	53	58	62	65	66	61	−27	−52	−67	−77	−86	−92	−98
3	48	54	60	66	70	74	72	1	−20	−32	−41	−48	−53	−58
4	43	51	58	65	71	77	80	26	8	−2	−9	−14	−19	−22
5	35	44	52	60	69	77	83	46	32	25	19	15	12	10
6	23	33	42	52	62	72	82	62	53	47	43	41	39	38
7	7	18	28	40	51	64	78	75	69	66	64	63	62	62
8	−13	−1	11	23	37	51	69	83	81	80	80	80	81	82
9	−37	−24	−11	3	18	35	57	88	89	91	92	94	96	98
10	−65	−51	−37	−21	−4	15	40	89	94	100	105	110	114	119
11	−97	−82	−66	−49	−31	−9	20	85	94	100	105	110	114	119
12	−133	−117	−100	−82	−61	−37	−5	78	91	99	106	112	118	123
13	−173	−15	−137	−118	−96	−69	−33	67	83	94	103	110	117	123
14	−217	−198	−179	−158	−134	−105	−65	52	72	85	95	104	112	120

图 4 – 42　"分水岭"实验中的支付（以美元计）

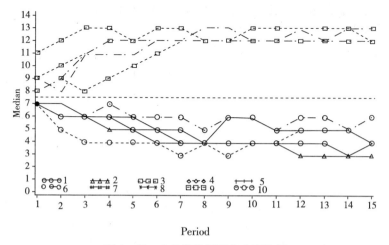

图 4 – 43　中位数选择两位分离均衡

那么,该协调博弈的均衡如何确定呢?显然,纯粹从逻辑上根本无法预测究竟会发生哪种均衡。但是,该实验有两个重要发现:①即使收敛于低收益的参与者只能得到一半的收益,他们也不总是收敛于高收益均衡;②历史性的趋势足够强大,造成了结果对"初始敏感性条件"的依赖。例如,参与者发现,如果他们当中有两三个人认为7是他们的幸运号并在第一轮选择7时,结果就会卷入到3的均衡;相反,一两个中国参与者则往往会给改组带来更高的收益,因为8是中国人的吉祥数,从而引向了12的均衡。显然,社会习惯风俗、参与者特性、信息交流等都可能对最后的均衡产生影响,所以,谢林说,用纯理论来预测参与者在博弈中如何行为就像试图不把笑话讲出来就证明它是可笑的一样。

总之,人类的行为大多是习惯的产物,传统的制度分析无论是凡勃伦的"集中意识"(Focus Awareness)的习惯,还是康芒斯的"习俗"以及诺思的"规则"都认为,只有通过习惯,边际效用才能在现实生活中近似成立。

奈特则从成本比较的角度认为,由于纯粹的个人决定是有成本的,因此,个人总是把他所作出的许多日常决定惯例化,即他往往会采用或选定一种支配他行为的"规则"以处理许多个别的选择。究其原因,这种方法减少了个人决策的成本,因为除非某种现行的行为规则会以某种方式而被打破、被修正,否则便不需要有意识的努力和投入。事实上,谢林(2006)在对"冲突的战略"进行系统的讨论后也得出这样几点结论:①结果导向的数学结构分析方法不应成为博弈论的主导研究方法;②研究过程中,我们不应当将问题过于抽象化,改变博弈场景具体变量的数量都会改变博弈的特性;③当沟通方式具有某种优势,博弈双方对彼此价值观或战略选择缺乏了解,经验因素往往成为混合博弈研究的关键因素。

5. 完全且完美信息动态博弈

在动态博弈(Dynamic Game)中,博弈方的行动有先后顺序,并且后行动者在自己行动之前可以观测到先行动者的行动。一般地,如果各博弈方不仅完全了解其他博弈方的得益情况,而且完全了解自己之前的整个博弈过程,我们就称该博弈为完全且完美信息动态博弈,即完全且完美信息动态博弈具有以下特点:①行动是顺序发生的;②下一步行动之前,所有以前的行动都可以被观察到;③每一可能的行动组合下博弈方的收益都是共同知识。

5.1 完全且完美信息动态博弈的新问题

在纳什均衡中,博弈方在选择策略时,把其他博弈方的策略当做是给定的,而不考虑自己的选择对其他博弈方的影响。这种假设在研究静态博弈时是成立的,因为所有博弈方都是同时行动的。但在动态博弈中,这种假设却不成立,因为这里存在着信息的不对称问题:前面的行动给其他博弈方传递了相关的私人信息,后者就会根据前者的选择而调整策略。考虑到这一点,先行动者在进行行动时就必须考虑其行为对其他人的行动可能产生的影响,即在动态博弈中,每一博弈方都要根据在决策时所掌握的全部信息来作出自己的最优策略。

5.1.1 展开型博弈的行动和策略

在静态博弈中"策略"和"行为"之间没有什么区别,因为一个策略就是一种行为。但在动态博弈中,我们关心的博弈的结果不是取决于博弈方每个阶段的行为,而是取决于他们整个博弈观察中的行为;相应地,我们主要讨论各博弈方在每次轮到行为时,针对每种结果可能出现的情况如何选择完整的行动计划,这些行动计划就被称为博弈方的"策略"。也就是说,动态博弈中,博弈方的策略是指在针对其前面阶段所有可能的进行过程,他将会选择的行动。因此,在动态博弈中,"策略"和"行为"之间一般不再等价,除非所有博弈方都只有一次行为并且只有一种确定性选择。事实上,在动态博弈中,不同的策略可以使博弈方发生相同的行动。例如,1936 年德国决定是否要对莱茵省再度军事化,当时法国采取不动武的策略,而德国则决定再度军事化,结果埋下了几年后爆发第二次世界大战的"祸根"。显然,如果法国采取这样的策略:如德国不重新军事化则不动武,否则就动武;这样的结果便是,法国仍然不动武,而德国则不会对莱茵省重新军事化。同样,1962 年的古巴导弹危机也是如此,肯尼迪采取了苏联不在古巴布置导弹就不动武,否则就动武的策略,迫使赫鲁晓夫撤回了导弹,最终结果是美国没有动武;相反,如果当时肯尼迪采取了听之任之的策略,结果美苏之间也不会动武,但苏联会在古巴布置导弹,这对美国将构成长期威胁。

一般地,我们将博弈方 i 的信息集 h_i 的集合表示为 H_i,博弈方 i 基于信息集 h_i 的行动全体记为 $A(h_i)$;那么,博弈方 i 的所有可选择的行动的集合表示为 $A_i = U_{h_i \in H_i} A(h_i)$,博弈方 i 的一个纯策略就是从 H_i 到 A_i 的一个映射 $s_i : H_i \to A_i$,且对所有的 $h_i \in H_i$,$s_i(h_i) \in A(h_i)$。显然,由于从同一信息集出发,i 可以取 $A(h_i)$ 中的不同行动,因此 $s_i(h_i)$ 有不同行动,即有不同的纯策略 s_i,所有这些 s_i 的全体构成了博弈方 i 的纯策略空间 S_i。进一步地,根据 s_i 与 S_i 的定义,每一纯策略都是从信息集到行动集的映射,因而就可以把纯策略空间 S_i 写成每一信息集 h_i 下的行动空间 $A(h_i)$ 的笛卡儿乘积形式:

$$S_i = \mathop{\times}_{h_i \in H_i} A(h_i)$$

例如,在图 5-1 所示的完全信息进入博弈中,博弈方 2 的纯策略有 2 个:{进、不进}},而博弈方 1 的纯策略有 4 个:{(打击、打击)(打击、容忍)(容忍、打击)(容忍、容忍)},博弈方 3 的纯策略则有 16 个:{(进、进、进、进)(进、不进、进、进)(进、进、不进、进)(进、进、进、不进)(不进、进、进、进)(进、不进、不进、进)(进、不进、进、不进)(进、进、不进、不进)(不进、不进、进、进)(不进、进、不进、进)(不进、进、进、不进)(进、不进、不进、不进)(不进、不进、进、进)(不进、进、不进、进)(不进、不进、进、不进)(不进、不进、不进、不进)}。

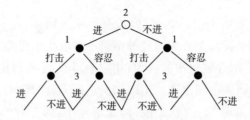

图 5-1 完全信息进入博弈

5.1.2 可信性问题

由于后行动者可以观察到先行动者的行为,并根据对象的行动而作"相机选择"(Contingent Play),那么,博弈方是否会遵循自己预先设定的、在各个博弈阶段针对各种情况的相应行为选择的计划？因为他们事前所制定的策略并没有强制力。因此,这就引出了动态博弈的一个中心问题:可信性(Credibility)。例如,后行动者可以"承诺"采取对先行者有利的行动,也可"威胁"先行动者以使先行动者不得不采取对后行动者有利的策略,关键在于,这里的"承诺"和"威胁"是否可信。可信性问题最重要的意义在于它对纳什均衡在动态分析博弈中的有效性提出了质疑,因为静态博弈下定义的纳什均衡在动态博弈中往往会出现允许不可置信威胁的存在这一问题。

关于动态博弈中的可信性问题,我们可以分析图5-2所示斗鸡进入博弈。从静态博弈的思路来看,该进入博弈存在两个均衡(进入,默许),(不进入,斗争);显然,静态博弈中的这两个均衡,是无法预测哪个均衡会实际发生的。但是,从动态博弈的角度看,这两个均衡的可能性就明显了,因为博弈不是同时进行的,如进入者确实已经进入了,那么,在位者的最优选择只能是默许而非斗争;因此,在位者发出的"斗争"信号就是一个不可置信的威胁。

进入者		在位者	
		默许	斗争
	进入	5,8	-2,2
	不进入	0,20	0,20

图5-2 有关进入的斗鸡博弈

因此,动态博弈中的一个中心问题就是可信性问题,有些纳什均衡之所以不具现实性,就在于它们包含了不可置信的威胁策略。不过,如果博弈方能在博弈之前采取某些措施改变自己的行动空间或得益函数,那么原来不可置信的威胁就可能变得可置信,博弈均衡也会相应改变。一般地,我们将改变博弈结果的措施称为"承诺行动"。作出这种行动承诺的途径很多:一方面,博弈方可以通过限制自己的选择集而改变对手的最优选择,如破釜沉舟就是典型例子;另一方面,博弈方也可以通过其他监督惩罚措施等,如违约保证金就是一种有效承诺。例如,在后面图5-10所示的瓜农博弈中,如果瓜农B与某市场批发商签订了一个供货合约,违约则要赔偿;那么,在这种情况下,B的(种植,种植)就不再是一个不可置信的威胁。置信威胁也是信息经济学中的一个重要概念,通过置信威胁的设定而取得成功的例子在现实生活中也是非常普遍的。

这里从几则中国历史故事中加以理解。

例1 《吕氏春秋·离俗·贵信》记载:齐桓公伐鲁,鲁人不敢轻战,去(鲁)国五十里而封之,鲁请比关内侯以听,桓公许之。曹刿谓鲁庄公曰:"君宁死而又死乎?其宁生而又生乎?"庄公曰:"何谓也?"曹刿曰:"听臣之言,国必扩大,身必安乐,是生而又生,不听臣之言,国必灭亡,身比危辱,是死而又死矣。"庄公曰:"请从。"于是明日将盟,庄公与曹刿皆怀剑至于坛上,庄公左搏桓公,右抽剑以自承,曰:"鲁国去境数百里,今去境五十里,亦无生矣。钧其死也,戮于君前。"管仲、鲍叔进,曹刿按剑当两阶之间曰:"且二君将改图,毋或进者。"庄公曰:"封于汶则可,不则请死。"管仲曰:"以地卫君,非以君卫地,君其许之。"乃遂封于汶南,与之盟。归而欲勿予。管仲曰:"不可,人特劫君而不盟,君不知,不可谓智;临难而不能勿听,不可谓勇;许之而不予,不可谓信。不智不勇不信,有此三者,不可以立功名。予之,虽亡地而得信。以四百里之地见信于天下,君犹得也。"为此,《吕氏春秋》的作者评论齐桓公时就说:"拂九合之而合,一匡之而听,从此生矣。"

例2 我们再来看《吕氏春秋·离俗·为欲》中记载的一个历史故事:晋文公伐原,与士期七日,七日原不下,命去之。(谍出)言曰:"原将下矣。"师吏皆待之。公曰:"信,国之宝也。得原失宝,吾不为也。"遂去之。明年复伐之,与士期必得原然后反,原人闻之,以文公之信为至矣,乃归文公。后卫人闻,曰:"有君如彼其信也,客无从乎!"乃归文公。显然,这则历史故事表明,晋文公"攻原得卫",孔子就闻而记之曰:"攻原得卫者,信也。"事实上,晋文公和齐桓公之所以能够成为春秋时期最伟大的两个霸主,"无他,微诚信耳"。与此不同,白起为秦国的一统天下立下了赫赫战功,但实际上,白起的背信行为增加秦国统一事业的难度,延缓了统一的进程。东晋的何晏就评论说:"白起之降赵卒,诈而坑其四十万,岂徒酷暴之谓呼?后也难以重得其志矣。向使众人豫知降之必死,则张虚拳,犹可畏也。况于四十完披坚执锐哉?天下见降秦之将,头颅依山,骸积成丘,则后日之战,死当死耳,何众肯服?何城肯下乎?……设使赵兵复合,马服复生,则后日之战,必非前日之对也。况今皆使天下为后日乎?其所以终不敢复加兵于邯郸者,非但忧平原之补缝,患诸侯之救至也,徒讳之而不言耳。"

思考:儒家重视"诚信"有何道理?

显然,这些事例告诉我们,平时工作、学习也应该学习羊续悬鱼、子罕辞宝以及奥德修斯拒塞壬的故事,从而能够坚定自己的意志,克服一些目前的困难。

思考:请举历史上的一些例子加以理解。

实际上,上面的分析体现了动态博弈的一个特点:只有那些具有可信威胁的均衡才是稳定和合理的。为此,泽尔腾通过对动态博弈的分析完善了纳什均衡的概念,提出"子博弈精炼纳什均衡"。它要求博弈方的决策在任何时点上都是最优的,从而将纳什均衡中包含的不可置信的威胁剔除,缩小了纳什均衡的数目。同时,提出运用"后向归纳法"(Backward Induction)来分析"威胁"或"承诺"是可置信的还是不可置信的,从而使得博弈均衡得到进一步的精炼。

5.1.3　多阶段可观察行为博弈

动态博弈各博弈方的选择行为有先后次序,一个动态博弈至少有两个阶段,因此,动态博弈有时也称为"多阶段博弈"(Multistage Games)。相应地,动态博弈的一个重要的应用类型是多阶段可观察行为博弈,这也被称为"几乎完美信息的博弈"。其特点如下:

(1)在每一阶段 K,每一博弈方在选择行动时都知道此前所有的行为情况,包括自然的行为以及过去各个阶段所有博弈方的行为。

(2)在任一给定的阶段中,每一个博弈方最多只能行动一次。

(3)阶段 K 的信息集不会提供有关这一阶段的任何信息。也就是说,在多阶段博弈中,所有过去行为在阶段 K 开始的时候都是共同知识,每一方都根据过去的历史确定自己的策略;每个博弈方在不知道其他任何博弈方在该阶段的行动时选择自己的行动,即在每一 K 阶段,所有的博弈方"同时行动"。

我们将每一个博弈方在 K 阶段选择行动之前所了解的有关以前阶段的所有行动而获得的信息集记为 h^K,即 h^K 为 K 阶段的历史;用 $A_i(h^K)$ 表示博弈方 i 在 K 阶段可供选择的行动集合。显然,博弈方的纯策略就是,对每一个阶段 K 和每一个历史 h^K 确定的一个行动 $a_i \in A_i(h^K)$ 的映照 s_i。这种定义与展开型博弈中纯策略的定义一致,因而这种多阶段可观察行为博弈也属于展开型博弈。尽管这一类博弈较为特殊,但它在现实中也很普遍,如斯塔克伯格定价就是如此。目前相关的博弈论文献也不少,如迪克西特的进入威胁模型、鲁宾斯坦恩—斯塔尔的讨价还价模型等。

当然,有时这种多阶段可观察行为博弈在用扩展型表示时可能遇到困难,因为可能存在两个表示同一博弈的展开型,其中一个是多阶段的,而另一个不是。

例如,在图 5-3 所示博弈树中,由于博弈方 2 的信息集不是单节的,因而它实际上属于第一阶段而非第二阶段。这意味着,这个扩展型实际上不是一个多阶段博弈。但是,博弈方 2 确实又获得关于博弈方 1 先前行动的部分信息:知道博弈方 2 没有采取行动 C,因而博弈方 2 的信息集又不完全属于第一阶段。

为此,有学者用图 5-4 所示的一个两阶段的扩展型来表示:第一阶段中博弈方 1 在 C 和 ~C 之间进行选择,一旦他选定了 ~C,则两个博弈方进入了同时行动的静态博弈,即第二阶段。

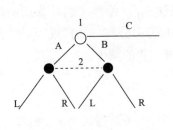

图 5-3　一阶段的扩展型

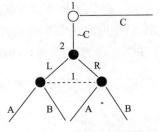

图 5-4　两阶段的扩展型

5.2　博弈展开型的博弈树表述

5.2.1　博弈树的基本要点

在动态博弈中,行动有先后顺序,而后行动者在行动之前至少能够观察到先行者的一部分行动,因此,策略型表示往往难以有效描述此行为过程。一般地,我们用另一种表述形式——扩展型——来描述这类序贯进行的博弈,它比标准型增加了行动时点和行动时的信息。也就是说,在扩展型表述中,策略对应于博弈方的相机行动规则,即什么情况下选择什么行动,而不是简单的、与环境无关的行动选择。因此,扩展型就主要包含以下要素:博弈方集合、博弈方的行动顺序、博弈方的行动空间、博弈方的信息集、博弈方的得益函数以及外生事件(即自然 N 选择)的概率分布。

博弈树是博弈扩展型的一种形象化表述,它能有效地向人们展示博弈方的行动、选择这些行动的次序、作出决策时博弈方所拥有的信息量以及不同行动组合下的支付水平。尽管博弈矩阵只用于两个人有限策略博弈,但博弈树却可以方便地表示任何有限博弈方有限策略博弈。它的表示式可以是自上而下的,也可以是自左而右的。博弈树由节点(Node)、枝(Branch)和信息集(Information Set)组成。

(1)节点。节点包括决策节(Decision Node)和终点节(Terminal Node)。决策节表示博弈方采取行动的时点,终点节是博弈行动路径的终点,表示博弈的结束。决策节包括空心圆点和实心圆点:之前没有其他任何节的称为初始节(Starting Node),它表示整个动态博弈的出发点,常用空心圆○表示;而中间节我们用实心圆●表示。由于在终点节没有任何博弈方的行动,一般地常常将圆点省略。但因为博弈方在博弈的终点时各有所获,因而往往在终点节处标出各博弈方的盈利向量。

(2)枝。枝是从一个决策节到它的直接后续节的连线,用箭头表示,代表博弈方可能的行动选择,即枝不仅完整地描述了每一个决策节博弈方的行动空间,而且给出了从一个决策节到下一个决策节的路径。

（3）信息集。信息集是博弈方认为博弈可能达到的节的集合。引入信息集的目的是描述当一个博弈方要作出决策时所拥有的信息,因为博弈方可能并不知道"之前"发生的所有事情。博弈树上的所有决策节分成不同的信息集,每一个信息集是决策节集合的一个子集,该子集包括所有满足下列条件的决策节:①每一个决策节都是同一博弈方的决策节;②该博弈方知道进入该集合的某个决策节,但不知道自己究竟处于哪一个决策节。

一个信息集可能包含多个决策节,也可能只包含一个决策节。只包含一个决策节的信息集称为单节信息集。在博弈中,如果一个博弈方作出行动时知道自己所处博弈树的具体节点,那么他就是具有完美信息的;否则,就是不完美信息。即如果博弈树的所有信息集都是单节的,该博弈就是完美信息博弈。完美信息博弈意味着博弈中没有任何两个博弈方同时行动,并且所有后行动者能确切地知道前行动者的行动。

不完美信息意味着,不同的节点具有相同的信息集,我们一般用方框表示两个节点在同一信息集上,或者用虚线将具有相同信息集的节点连接起来。这也就是说,在所有虚线连接的点上,行动者虽然意识到自己行动,但并不清楚自己处在信息集的哪一点,这相当于博弈方同时行动的博弈(完全信息是指盈利函数和纯策略空间均为博弈各方的共同知识,因而完全信息可以是完美的,也可以是不完美的)。

一般地,博弈树具有如下几个特征:一是每一个节至多有一个其他节直接位于它的前面;二是在博弈树中没有一条路径可以使决策节与自身连接;三是博弈树必须有唯一的初始节(如果发生两个以上的初始节,我们往往将它们分解为若干的博弈树,或者利用"自然"构成一个这几个初始节的原始初始节)。

显然,上述几个规定就排除了图 5 - 5 所示的几种博弈树形状:

图 5 - 5　不正确的博弈树形式

5.2.2　不同信息结构下的博弈树

（1）完美信息的动态博弈树。完美信息博弈是一个特例,在此类博弈中所有的信息集都是单节的,因而每时点博弈方采取一个行动,并知道其以前所有的行动。我们以市场产业竞争中的先来后到博弈策略为例:假设博弈方 1 是先来者(即在位者),那么博弈方 2 和博弈方 3 是否进入市场就形成了一种博弈。因为博弈方2 和博弈方 3 进入后,就会分享博弈方 1 的利润,从而可能引发博弈方 1 的打击。

在面对博弈方 1 各种可能的反应下,我们假设博弈方 2 比博弈方 3 先行动:博弈方 2 选择是否进入的策略后,博弈方 1 选择打击还是容忍的策略,随后博弈方 3 确定自己是否进入。博弈树如图 5-6 所示。

显然,图 5-6 所示博弈树的 7 个决策节被分割成 7 个信息集,其中 1 个是属于博弈方 2 的初始节,2 个是属于博弈方 1,4 个是属于博弈方 3。如果每个信息节只包含一个决策节,就意味着,所有博弈方在决策时都准确地知道自己所处的节点。

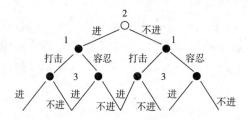

图 5-6　完全信息的进入博弈

(2)不完美信息的动态博弈树。图 5-6 所示博弈中,博弈方 3 并不知道博弈方 1 采取的策略选择,那么博弈方 3 的信息集就由 4 个变成了 2 个,每个信息集就包含两个决策节,因此,上面就用虚线将属于同一信息集的两个决策节连接起来,如图 5-7 所示。

另外,假如博弈方 3 知道博弈方 1 的行动,但并不知道博弈方 2 的行动,那么他的信息集就成为另一种情况,如图 5-8 所示。

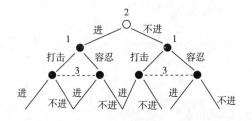

图 5-7　不完全信息的进入博弈

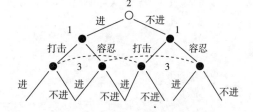

图 5-8　不完全信息的进入博弈

5.3　扩展型和策略型的相互转化

分析了扩展型动态博弈中行为与策略的区分,我们现在可以进一步把扩展型博弈及其均衡与策略型模型联系起来。一般地,对同一个纯策略而言,在扩展型的解释中,博弈方 i 保持"等待"的状态直到知道了某信息集后才决定如何采取行动;

而在策略式的表述中,他可以预先制订一个完全的相机抉择的行动计划。可参考前面对动态博弈中的策略和行动的区分。

5.3.1　策略型博弈表述为扩展型形式

引入了信息集的不同表示后,扩展型表述也可用于表示博弈方同时行动的静态博弈。此时,博弈树可以从任何一个博弈方的决策节开始,因为没有人在决策时知道其他博弈方的策略,因而每个博弈方只有一个信息集。例如,囚徒博弈的展开式就可表示为图 5 – 9 所示两种。

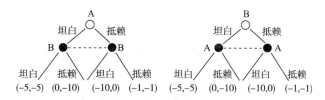

图 5 – 9　囚徒博弈的扩展型

可见,完全但不完美信息的动态博弈本质上是与静态博弈相同的。

5.3.2　完美信息扩展型博弈的策略型表述

同样,引入博弈的扩展型表述后,我们也可以用扩展型表述博弈的纳什均衡。纯策略在扩展型表述的博弈中,博弈方是相机行事,即"等待"博弈达到自己的信息集(包含一个和多个决策节)后再决定如何行动;而在策略型表述的博弈中,博弈方似乎在博弈开始之前就制订了一个完全的相机行动计划,即"如果……发生,我将选择……"。我们以两瓜农为某同一市场种植相同的水果为例:来年某市场的水果面临较好需求前景,这是共同知识,并且,瓜农 A 先决策,而瓜农 B 在观察瓜农 A 的选择后再决策。那么,完美信息博弈的扩展型如图 5 – 10 所示。

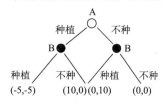

图 5 – 10　完全信息瓜农博弈的扩展型

下面我们构造这个博弈的策略型表述:A 只有一个信息集,有两个可选择的行动,因而 A 的策略空间(即行动空间)为 S_A =(种植,不种);B 有两个信息集,每个信息集上有两个可选择的行动,因而 B 的策略空间(即行动空间)有以下四个:

①不论A种植还是不种,B都种植;②A种植B就种植,A不种B就不种;③A种植则B不种,A不种则B种植;④不论A种植还是不种,B都不种。即B的四个纯策略为:(种植,种植)、(种植,不种)、(不种,种植)、(不种,不种)。因此,上述展开型瓜农博弈的策略式就可表述为如图5-11所示:

		瓜农 B			
		(种植,种植)	(种植,不种)	(不种,种植)	(不种,不种)
瓜农 A	种植	-5, -5	-5, -5	10,0	10,0
	不种	0,10	0,0	0,10	0,0

图5-11 完全信息瓜农博弈的策略型

从图5-11所示策略型表述中,我们可以看到该博弈有三个纯策略纳什均衡:(种植,{不种,种植})、(种植,{不种,不种})、(不种,{种植,种植}),即前两个均衡的结果是(种植,不种),后一个均衡的结果是(不种,种植)。

从上面的分析中,我们可以得出以下两点结论:

(1)如果一个扩展型博弈有有限个信息集,每个信息集上博弈方有有限个行动选择,这个博弈就是有限博弈;如果一个扩展型博弈是有限博弈,那么,对应的策略型博弈也是有限博弈。

(2)展开型博弈中的纯策略是由信息集与行动节定义的,但策略和行动并不是等同的事情,不同的策略可以使博弈方发生相同的行动,如上述(种植,{不种,种植})、(种植,{不种,不种})均导致瓜农B采取相同的(不种)行动,但最后的结局是不同的。

5.3.3 不完美信息扩展型博弈的策略型表述

在不完美信息下,瓜农B并不清楚瓜农A的行为,此时,瓜农之间的博弈展开型可表示为图5-12。

显然,A只有一个信息集,有两个可选择的行动,因而A的策略空间(即行动空间)为S_A=(种植,不种);而B也只有一个信息集,因而也只有两个可选择的行动,其策略空间(即行动空间)为S_B=(种植,不种)。这样,不完美信息动态博弈的策略型就直接表示为图5-13。

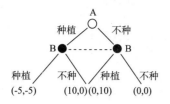

图 5 – 12　不完全信息瓜农博弈的展开型

瓜农 A		瓜农 B	
		种植	不种
	种植	−5，−5	10,0
	不种	0,10	0,10

图 5 – 13　不完全信息瓜农博弈的策略型

5.4　子博弈精炼纳什均衡

　　由于策略型表述可以用来表述任何复杂的扩展型博弈,因而纳什均衡的概念适用于所有的博弈,而不仅仅是博弈方同时行动的静态博弈。但是,正如前面指出的,纳什均衡并不一定能够对博弈中的博弈方的行为作出非常合理的预测:一是因为一个博弈可能有多个甚至是无穷的纳什均衡;二是更为重要的因素在于以前的纳什均衡往往假定每个博弈方在选择自己的最优策略时假定其他博弈方的策略选择是给定的,而没有考虑自身的选择对其他人的影响。因此,纳什均衡很难说明动态博弈的策略选择。正是纳什均衡这个缺陷促使一些学者不断精炼纳什均衡概念,以得到更为合理的博弈解。泽尔腾的"子博弈精炼纳什均衡"有效地把动态博弈中的"合理纳什均衡"和"不合理纳什均衡"分开,这里首先是引入子博弈的概念。

5.4.1　子博弈概念

　　要了解子博弈精炼纳什均衡,首先必须了解什么是"子博弈"(Subgame)。一般地,在动态博弈中,如果所有以前的行动是"共同知识",即每个人都知道过去发生了什么,并且,每个人都知道每个人都知道过去发生了什么……,那么,给定历史,从每一个行动选择开始到博弈结束又构成一个博弈,称为"子博弈"。例如,在两人下棋游戏中,从任何一着棋开始到结束的过程称为"残局","残局"也就自成子博弈。

　　定义:在一个扩展型对策中,如果一个对策由它的一个决策节及其所有后续节构成,并满足下面的条件:①起始节是一个单结的信息结构,②子对策保留了原博弈的所有结构,那么,我们就称它为原博弈的一个子博弈。

　　只有满足上述条件,才能保证子博弈对应于原博弈可能出现的情况,而如果不满足这两个条件,博弈方在原博弈中不知道的信息在子博弈中就可能变成知道的信息,从而子博弈得出的结论对原博弈就没有意义。显然,一个完美信息博弈的每一个决策节都可以开始一个子博弈;并且,习惯上将任何一个博弈都称为它自身的子博弈。一般地,将每一个博弈称为它自身的平凡子博弈,而将博弈的非平凡子博弈称为真子博弈。

　　条件①说明如果一个信息集包含两个以上决策节,就没有任何一个决策节可以作为子博弈的初始节,从而对信息集形成了分割。显然,在图 5 - 14 所示进入博弈模型中,存在两个子博弈,而最内圈框图中并不构成子博弈,因为它们包含的信息是残缺的。

　　条件②说明子博弈必须继承原博弈的信息集和支付向量,即包含了某决策节之下所有的决策节和终点节。

　　条件①和条件②共同说明子博弈不能切割原博弈的信息集。如在图 5 - 15 所示进入博弈中,博弈方 1 的两个信息集都是单节的,但由于博弈方 3 的一个信息集包含三个决策节,博弈方 1 的信息集不能开始一个子博弈;否则,博弈方 3 的信息集将被切割。

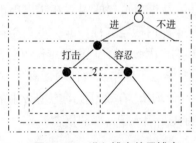

图 5 - 14　进入博弈的子博弈

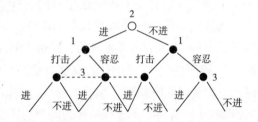

图 5 - 15　复杂信息的进入博弈

5.4.2　子博弈完美均衡

　　静态博弈中的纳什均衡要求博弈方在给定别人的策略不变的前提下实现自己收益的最大化,但它没有考虑博弈方策略之间的互动关系,因此,这个条件对动态博弈来说就太弱了。本节开始就指出,引用静态博弈中的纳什均衡概念得出的一些均衡往往存在不可信的承诺和威胁,即这些均衡解在现实中可能没有合理存在的理由。因此,我们在动态博弈中引入子博弈概念后,就可以更充分地讨论动态博弈均衡问题。

　　例如,图 5 - 11 所示瓜农博弈,有三个纯策略纳什均衡:(种植,{不种,种植})、(种植,{不种,不种})、(不种,{种植,种植})。这三个均衡中,哪一个更为合理呢? 首先,考虑策略组合(不种,{种植,种植})。这个策略组合构成纳什均衡的原因是瓜农 B 威胁瓜农 A 不论如何他都将种植,而瓜农 A 相信了瓜农 B 的威胁而采取最优选择不种;但事实上,瓜农 B 这个威胁是不可信的,因为只要瓜农 A 选择种植,瓜农 B 的最优选择是不种,因而这个纳什均衡是不合理的。其次,考虑纳什均衡(种植,{不种,不种})。尽管这个结果(瓜农 A 种植,瓜农 B 不种)是合理的,但均衡策略本身并不合理,因为如果瓜农 A 选择不种,瓜农 B 的最优策略是种植,因而(不种,不种)并不是瓜农 B 的合理策略。可见,只有(种植,{不种,种植})才是一个合理的均衡。

我们再来看图 5-16 所示进入博弈。显然,如果给定甲采取 U 策略,那么,乙采取 L 是最优的;而如果给定乙采取 L 策略,那么,甲采取 U 是最优的。因此,(U,L)是一个纳什均衡。同样,如果给定甲采取 D 策略,那么,乙采取 R 是最优的;而如果给定乙采取 R 策略,那么,甲采取 D 是最优的。因此,(D,R)是一个纳什均衡。

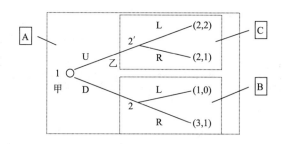

图 5-16　进入博弈的扩展型

问题是,甲有先行动的权利,一旦甲选择了 D 策略,那么,乙最佳策略就只能是 R。实际上,在图 5-16 所示博弈中,(U,L)均衡发生的前提是,乙始终选择 L 策略;而问题在于,如果甲选择了 D 策略后,乙改选 R 可以带来更多的利益。因此,即使乙向甲发出威胁:无论如何他一定选 L;但从理性角度上说,这种威胁也是不可信的。因此,只有(D,R)是真正可能发生的纳什均衡,我们称为子博弈完美均衡或子博弈精炼纳什均衡,即要求均衡策略的行为规则在每一个信息集上都是最优的。

有了子博弈概念,我们就可以给出子博弈完美(精炼纳什)均衡(Subgame Perfect Nash Equilibrim)的正式定义:

在对策 $G = \{S_1, S_2, \cdots, S_n; U_1, U_2, \cdots, U_n\}$ 中,如果 $s^* = (s_1^*, \cdots, s_n^*)$ 是策略 G 的一个纳什均衡,并且对所有可能的子博弈而言,s^* 中相应的策略组合仍是一个纳什均衡,则称 $s^* = (s_1^*, \cdots, s_n^*)$ 为一个子博弈完美均衡。

一般地,当且仅当所有博弈方的策略所构成的策略组合在所有子博弈中都构成纳什均衡,那么,就称该纳什均衡为子博弈精炼纳什均衡。如果整个博弈是唯一的子博弈,那么,纳什均衡与子博弈精炼纳什均衡是相同的;如果还有其他子博弈,则说明有些纳什均衡并不是子博弈精炼纳什均衡。由于子博弈精炼纳什均衡要求该行为下的策略选择所形成的均衡必须在所有子博弈中都是纳什均衡,这就排除了其中存在不可信行为选择的可能性,从而使留下的均衡策略在动态博弈分析中具有真正的稳定性。

例如,在图5-16所示进入博弈中,存在三个策略型纳什均衡{U,(L,L)}、{D,(R,R)}、{D,(UL,DR)},该博弈的策略型转化见图5-17所示博弈矩阵。显然,该进入博弈存在三个子博弈,分别为:从节1开始的子博弈A,从节2开始的子博弈B,从节2′开始的子博弈C。但显然,策略组合{U,(L,L)}只能在子博弈A和C上达到纳什均衡,而在子博弈B上则不行;同样,策略组合{D,(R,R)}只能在子博弈A和B上达到纳什均衡,而在子博弈C上则不行。但是,策略组合{D,(UL,DR)}在所有的子博弈上都是纳什均衡,因而是子博弈完美均衡。

甲		乙			
		(R,R)	(L,L)	(UR,DL)	(UL,DR)
	U	2,1	2,2	2,1	2,2
	D	3,1	1,0	1,0	3,1

图5-17 进入博弈的策略型

显然,子博弈精炼纳什均衡与纳什均衡之间存在这样的关系:由于任何博弈都有它自身的一个适当子博弈,因而子博弈精炼纳什均衡首先必然是一个纳什均衡;但是,纳什均衡并不一定是精炼纳什均衡,只有那些不包含不可置信威胁的纳什均衡才是精炼纳什均衡。子博弈精炼纳什均衡与纳什均衡的根本不同之处就在于,子博弈精炼纳什均衡能够排除均衡策略中不可信的威胁或承诺,排除"不合理"的纳什均衡,只留下真正稳定的纳什均衡,即子博弈精炼纳什均衡。

博弈论中常常使用序贯理性(Sequential Rationality),指不论过去发生了什么,博弈方应该在博弈的每一个时点上最优化自己的决策,即一个博弈方在博弈的每一点上都重新优化自己的选择,并且把自己在将来会重新优化其选择这一点纳入到考虑之中。而子博弈精炼纳什均衡之所以是一个很好的均衡概念,其原因之一正是它体现了序贯理性的思想,并且也符合颤抖的手均衡。事实上,在图5-16所示博弈的三个策略型纳什均衡{U,(L,L)}、{D,(R,R)}、{D,(UL,DR)}中,一旦博弈方甲的行动发生颤抖,那么,{U,(L,L)}、{D,(R,R)}就不再是均衡了,而完美纳什均衡就是要剔除这些不稳定的弱纳什均衡。

当然,颤抖的手均衡与序贯均衡还是存在一些差异,我们以图5-18所示扩展型博弈为例加以说明。在该博弈中,有三个弱纳什均衡:(U,R)、(U,L)、(D,L),

其中,(U,L)、(D,L)是子博弈纳什均衡;究其原因,当博弈方 1 选择策略 D 时,博弈方 2 的最佳策略不是 R,因而(U,R)不满足在以 2 为起始节的子博弈均衡。但是,(D,L)也不符合颤抖的手均衡要求。究其原因,此时如果博弈方 2 以一个非常小的概率因颤抖而选择了 R,那么,博弈方 1 应该选择 U 而不是 D;同样,博弈方 2 也应该选择 L 而不是 R,因为博弈方 1 也可能以一个非常小的概率因颤抖而选择了 D,此时对博弈方 2 而言 L 比 R 更好。

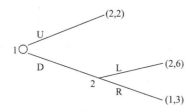

图 5 - 18　颤抖手均衡与序贯均衡不一致的博弈

5.5　离散型动态博弈的后向归纳法

扩展型有限博弈对应的是策略型有限博弈,根据纳什均衡存在性定理,这个有限博弈存在一个混合策略纳什均衡。特别地,Zermelo(1913)和 Kuhn(1953)定理说明,一个有限完美信息博弈有一个纯策略纳什均衡。为了说明这一定理,则要用到后向博弈法。在有限博弈中,博弈树上一定存在一个最后的决策节的集合(即直接后续终点节的倒数第二个节),在该决策节上行动的博弈方选择该子博弈中的一个最大化自己支付的行动(如果该决策节上的最优行动多于一个,那么,允许博弈方选择其中任何一个;如果最后一个决策者有多个决策节,那么,每一个决策节开始的子博弈都有一个纳什均衡);给定该博弈方的选择,倒数第二个决策节上的博弈方将选择一个可行的行动以最大化自己的支付;如此推导,直到初始节,就可以得到一个路径,该路径给出每一个博弈方的一个特定的策略,所有这些策略就构成了纳什均衡。

5.5.1　完美信息动态博弈的后向归纳法

后向归纳法的基本思路是:动态博弈中博弈行为是顺序发生的,先行动方在前面阶段选择行为时必然会先考虑后行动方在后面阶段中将会怎样选择行为,而只有在博弈的最后一个阶段选择时,因不再有后续阶段牵制的博弈方而能直接作出明确选择;同时,当后面阶段博弈方的选择确定以后,前一阶段博弈方的行为也就容易确定。因此,对于有限次阶段的博弈,求子博弈完美均衡的标准方法是后向归纳法:从动态博弈的最后一个阶段往前推理,每次确定一个阶段博弈方的最优行动,然后再由此确定前一个阶段博弈方的最优行动(先行动者以后行动者的最优选择为前提确定自己的最优选择)。逆推归纳到某个阶段,那么这个阶段及以后的博弈结果就可以肯定下来,该阶段的选择节点等于一个结束终端。

例如,在图5-19所示借款投资博弈中,借款人1向贷款人2借款进行投资,并承诺返本付息。如果借款人1违背承诺,那么贷款人2就有提出诉讼的选择。因此,这里就存在如下扩展型借贷博弈:根据最后一个子博弈,贷款人2显然会选择诉讼,得收益组合(1,2);在此前提下,借款人1的最优选择是守诺,得收益组合(2,2);因此,开始贷款人2就会选择贷款,从而最终的子博弈完美均衡是(贷,守诺),其得益为(2,2)。

显然,后向归纳法(Backward Induction)具有这样两个特征:一是后向归纳法可以把不可信的威胁从预测中剔除出去,由此得出的纳什均衡满足子博弈精炼纳什均衡的要求,也是求解有限完美信息博弈的子博弈精炼纳什均衡的最简便方法。究其原因,在后向归纳法的分析中,后退到每一个决策单节时,总是为在该节有行动的博弈方选取盈利最大的行动。二是求解子博弈精炼纳什均衡的过程实际上是重复剔除劣策略方法在扩展型博弈中的应用:从最后一个决策节开始往回推导,每一步剔除该决策节上博弈方的劣选择,正因如此,在均衡路径上,每一个博弈方在每一个信息集上的选择都是占优选择。因此,后向归纳解不但是纳什均衡,而且也是子博弈纳什均衡。

例如,图5-16所示进入博弈写成图5-20所示策略型博弈,显然,静态的策略型博弈有两个均衡(U,L)、(D,R);但只有(D,R)才是子博弈精炼纳什均衡,这是通过后向归纳法得到的。

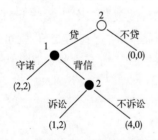

图5-19　借款投资博弈

		在位者1	
		L	R
进入者2	U	2,2	2,1
	D	1,0	3,1

图5-20　静态进入博弈

5.5.2　不完美信息动态博弈的后向归纳法

一般地,后向归纳法不适用于无限博弈和不完美信息博弈。一方面,无限博弈是指一个决策节有无穷多个后续节,或者一个路径包含无穷多个决策节;另一方面,不完美信息博弈的信息集不是单节的,因而往往无法定义最优选择。但是,根据后向选择法的逻辑,我们仍然可以凭此找出不完美信息博弈的均衡解。

事实上,在多阶段博弈中,如果最后一个阶段所有博弈方都有占优策略,那么,就可以用占优策略代替最后阶段的策略;然后,再考虑倒数第二阶段,如此等等。但是,即使博弈的最后阶段没有占优策略,后向选择的逻辑也有助于找出精炼均衡:用纳什均衡支付向量代替子博弈,然后考虑这个简化博弈的纳什均衡。

例如,在图 5-21 所示展开型博弈中,博弈方 2 的最后一个信息集没有任何一个选择优于其他选择,因而直接的归纳法不适用。但是,根据后向归纳法的逻辑:博弈方 1 第二信息集开始的子博弈有唯一的混合策略纳什均衡,期望支付为(0,0);由于博弈方 2 知道博弈方 1 是理性的,并且不会比博弈方 1 做得更好,因而博弈方 2 在第一信息集上应该选择 L;如此推断,博弈方 1 在第一信息集上就应该选择 D。

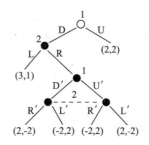

图 5-21　不完美信息子博弈的动态博弈

5.5.3　子博弈多重均衡的后向归纳法

上面归纳推理的逻辑是:用子博弈的纳什均衡的盈利来替代博弈树中该子博弈,从而缩小了博弈树。如果某子博弈存在多重纳什均衡,那么又以哪个纳什均衡来代替子博弈呢? 在这种情况下,关键要判断多重均衡中的哪一种是更可能出现的,用那个最可能出现的纳什均衡支付向量来代替子博弈。

例如,图 5-22 所示展开型博弈中,最后阶段的子博弈有两个纯策略纳什均衡解和一个混合策略纳什均衡解,而结局究竟如何则取决于博弈方 1 和博弈方 3 进行的协调博弈。

实际上,发生在博弈方 1 和博弈方 3 之间的子博弈可以用图 5-23 的策略型博弈表示。

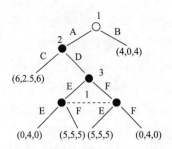

图 5 -22　多重均衡子博弈的展开型

		3	
1		E	F
	E	0,0	5,5
	F	5,5	0,0

图 5 -23　子博弈的策略型

显然,该协调博弈有(E,F)、(F,E)两个纯策略纳什均衡和一个混合均衡策略纳什均衡(1/2,1/2)、(1/2,1/2)。具体结果讨论如下:首先,如果博弈方1和博弈方3之间缺乏信息沟通和行为协调,那么就会实现混合策略均衡,博弈方的期望收益就为(2.5,3,2.5)。此时,博弈方2选择D策略是最佳反应,相应地,博弈方1最佳策略就是B。其次,如果博弈方1和博弈方3协调成功,那么就会实现纯策略纳什均衡,从而可用得益组合(5,2,5)取代子博弈;此时,博弈方2的最佳策略是C,而博弈方1开始应该选择策略A。显然,在这种情况下,博弈方2究竟如何行为,就需要观察博弈方1和博弈方3之间的互动关系。

5.6　连续型博弈的后向归纳法

上面的讨论主要集中在选择为离散的策略和行动,确实,后向归纳法一般是适用于有限完美信息博弈,而当行动空间具有连续性时就往往无法用博弈树表示,上述针对离散型博弈的方法一般就难以适用。但是,一些特殊的博弈也可用类似的后向归纳法进行分析,因为事实上行动空间为连续性的情况也可用展开型表示。

5.6.1　连续性博弈求解的一般思路

实际上,完全且完美信息动态博弈过程可以表示如下:

(1)博弈方1从可行集 A_1 中选择一个行动 a_1;

(2)博弈方2观察到 a_1 后从可行集 A_2 中选择一个行动 a_2;

(3)两人的收益分别为 $u_1(a_1,a_2)$ 和 $u_2(a_1,a_2)$。在连续性的动态博弈中,博弈方2的选择行动空间 A_2 实际上是博弈方1的行动的函数,因而其行动空间可以表示为 $A_2(a_1)$。

那么,根据后向归纳法,当第二阶段博弈方2行动时,他面临的决策可表示为: $\max_{a_2 \in A_2} u_2(a_1,a_2)$;在此条件下,博弈方2有最优反应 $R_2(a_1)$。根据可理性化策略假设,博弈方1可以预测博弈方2的反应,从而他在第一阶段要解决的问题就是: $\max_{a_1 \in A_1}$

$u_1(a_1, R_2(a_1))$

这样,博弈方就有最优解集合$(a_1^*, R_2(a_1^*))$。下面我们分析两个寡头垄断企业的策略模型。

5.6.2 斯塔克伯格双头垄断模型

区别于古诺模型中的企业同时行动,斯塔克伯格(Stackelberg)于 1934 年提出了一个双头垄断的动态模型:市场中某个支配型的寡头率先行动,另一个从属性厂商再行动,从而构成一个子博弈完美均衡。

斯塔克伯格模型假设博弈的策略为产量制定,假设:厂商 1 是斯塔克伯格领头人,先决定其产量 X_1;厂商 2 通过观察厂商 1 选择的产出水平再决定其产量 X_2;市场反需求函数为:$p = p(X)$,$p'(X) < 0$

运用后向归纳法,我们首先计算厂商 2 对厂商 1 行动的最优反应。

显然,厂商 2 的目标函数应该为:

$$\max_{x_2}\left[x_2 p(x_1 + x_2) - c_2(x_2)\right]$$

一阶条件:$p(X) + p'(X)x_2 - c'_2(x_2) = 0$

从而可以解出显函数形式的反应函数:$X_2 = \varphi(X_1)$

由于厂商 1 也能够预测到厂商 2 的最优反应,那么他就会将厂商 2 的反应函数引入到自己的目标函数中,有:$\max_{x_1}\left[x_1 p(x_1 + \varphi(x_1) - c_1(x_1)\right]$

一阶条件:$p(X) + p'(X)x_1\left[1 + \varphi'(x_1)\right] - c'_1(x_1) = 0$

联立上述两个方程就可以得到斯塔克伯格均衡。

在图 5 - 24 中,厂商 1 在作出产量决策时,可以正确预见到厂商 2 的反应曲线 R_2,因此,厂商 1 只能在 R_2 上选择一个最有利的点,即 $E_s(X_1^s, X_2^s)$,这时与厂商 1 的最高等利润曲线相切(图中曲线越向下代表的利润水平越高。等利润曲线越高,意味着对应的厂商 2 的产量越大,显然,在这种情况下,导致市场价格越低,从而厂商 1 的利润越低)。一旦厂商 1 选择了 X_1^s,那么,厂商 2 随后选择 $X_2^s = \varphi(X_1^s)$,市场达到均衡。

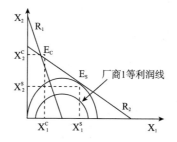

图 5 - 24 斯塔克伯格厂商均衡

与古诺均衡相比较,在两个均衡中,厂商2的反应曲线都是一致的,但古诺均衡是 E_c,而斯塔克伯格均衡是 E_S。这意味着,领先行动使得厂商1获得了更多的产出和利润,而厂商2的产出水平和利润比同时决策的纳什均衡时更低,这就是先行者优势,厂商1可以通过增加其自身的产出水平来降低厂商2的产出水平。

思考:在图5-24中,厂商1采取产量 X_1^s 时,可以实现利润最大化,为什么?

那么,为什么厂商2不能选择纳什均衡时的产量 X_2^c 呢?当然,厂商2也许会发出威胁厂商自己一定会选择 X_2^c,但这是不可信的。因为它的这一策略不是在厂商1可能选择的任何产出下的一个最优反应,显然,当厂商1采取产量 X_1^s 时,厂商2的最佳反应只能是产出产量 X_2^s。

5.6.3 价格领导模型

同样,相对于贝特兰模型中对价格制定的同时行动,我们也可以推广到序贯行动的分析:假设市场中某个寡头率先宣布自己的价格,另一个厂商再确定自己的价格。如果是完全替代的同质产品,那么,跟随者接受领先者的定价为市场价格,从而构成一个子博弈完美均衡。

假设:厂商1先决定其价格 p_1,厂商2再决定其价格 p_2;厂商面对的市场需求函数为:$x_i = x_i(p_1, p_2)$。

显然,厂商2的目标函数为:$\max\limits_{p_2}[p_2 x_2(p_1, p_2) - c_2(x_2(p_1, p_2))]$

一阶条件:$x_2(p_1, p_2) + [p_2 - c'_2(x_2(p_1, p_2))]\dfrac{\partial x_2}{\partial p_2} = 0$

从而可以解出厂商2的反应函数:$p_2 = \psi(p_1)$。将之再引入到厂商1的目标函数中,有:

$\max\limits_{p_1}[p_1 x_1(p_1, \psi(p_1)) - c_1(x_1(p_1, \psi(p_1)))]$

解这个函数的一阶条件,并联立上述两个方程就可以得到均衡价格。

5.7 后向归纳法的缺陷

尽管后向归纳法广受重视,但是它也存在不少弱点,如只能分析足够简单的、有明确终端的并且经过严格设定和表达的有限博弈。特别是,它要求非常高的博弈理性:

(1)如同重复剔除的占优均衡要求"所有博弈方是理性的"是共同知识一样,用后向归纳法求解均衡也要求"所有博弈方是理性的"是共同知识。

(2)要求所有的博弈方必须有高度的理性意识和理性能力,不允许犯错误。

（3）要求所有博弈方对理性有相同的形态,否则双方之间的信任和理性的共同知识的基础就会受到破坏。

显然,如果博弈是由很多阶段组成的,且共同知识和高度理性的要求往往难以满足,那么,从后向归纳法得到的均衡往往就存在问题。

5.7.1　多阶段博弈中的风险与有限理性

我们首先分析一下后向归纳法对高度的计算理性的要求,回顾一下前面的风险占优博弈。显然,在图 5-25 所示的博弈矩阵中,均衡的策略是(R,r)和(D,d),且(R,r)是比(D,d)更优的均衡策略。但是,对博弈方 B 来说,策略 d 是弱劣策略。当 A 取策略 R 时,r 是 B 的较优策略;而当 A 取策略 D 时,策略 r 和 d 对 B 来说是无差异的,因而他可能采取无所谓的态度。特别是在缺乏利他主义传统,甚至是盛行损人不利己的追求相对主义的社会环境中,B 更倾向于采取策略 d,从而使得博弈达致(D,d)均衡。库珀(Cooper 等,1992)等人的实验表明,结果往往是由风险占优决定的。

A		B	
		r	d
	R	10,12	-10,10
	D	5,6	2,6

图 5-25　风险占优的策略型博弈

一般地,风险占优均衡反映了博弈中的稳健性问题,这个问题在动态博弈中也有体现。在动态博弈中,如果博弈阶段增多或博弈时间延长,人们的决策难免会出现差错,也就是说,人们在博弈给出中可能并不是完全理性的,那么根据后向归纳法得出的均衡就蕴涵了缺陷。可见,后向归纳法本身也存在一个稳健性问题,这后来被泽尔腾发展成为颤抖的手。

我们看图 5-26 所示的扩展型博弈,该博弈是一个完美信息博弈,根据后向归纳法,所有的博弈方都将选择 R。但是,如果 n 很大,那么这个结论可能就不那么令人信服。例如,对博弈方 1 而言,他获得 2 单位的支付的条件是所有其他 $n-1$ 个博弈方都选择 R;如果其中有一人没有选择 R,那么他的最优选择是 D。我们假设,每个人取 R 的概率 P 是独立的,那么实现(2,…,2)均衡的概率仅为 P^{n-1};显然,随着 n 的变大,即使 P 也是非常大,实现后向归纳法均衡的概率也是非常小的。

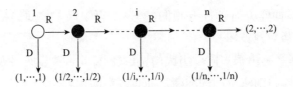

图 5－26　风险占优的扩展型博弈

我们日常生活中进行的传口令游戏或画画游戏中,尽管每个人都理性地模仿前者的声音或形体,但传到最后一位时往往与开始有"虎犬"之别。谚语中所谓的豕亥鲁鱼、①三人成虎、曾母投杼、凿井得人等也反映了这些道理。在信息传递中呈现出信息耗散现象,这也是计划经济的主要弱点。

5.7.2　蜈蚣博弈:后向归纳与现实冲突

上面的分析说明,尽管从理论逻辑上说,运用后向归纳法最后得出的均衡途径或策略组合是子博弈精炼纳什均衡,但是,当博弈阶段很长时,这种归纳推理往往蕴涵了很大的风险。而且,即使博弈链并不很长,但这种后向推理的结果往往与我们直觉差异很大,基于这种过程理性得出的结果也往往并不是结果理性的。最早对此问题进行反思的是罗森塞尔(Rosenthal,1981),他提出了一个经典的博弈案例——蜈蚣博弈(Centipede Game)。

在图 5－27 所示蜈蚣博弈中,根据后向归纳推理:从最后一阶段博弈方 2 开始,在追求利益最大化的个人理性支配下,将选择 d 策略;而博弈方 1 由于了解到这一点,因此,它在前一阶段将采取 D 策略;……这样类推,两者的策略必然会收敛到最初的博弈方采取 D 策略的节点上,从而两者得到的收益为(1,1)。但显然,这种结果几乎是所有的可能结果中最差的一种。因此,这个博弈模型就典型地反映了纯粹从个人理性出发所遇到的困境问题。

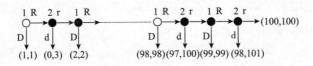

图 5－27　蜈蚣博弈

不过,凭直觉,在这个蜈蚣博弈中,两个人将不会在开始的纳什均衡处就结束。

---

①晋葛洪《抱朴子·遐览》:谚曰:"书三写,鱼成鲁,虚成虎。"《吕氏春秋·察传》:有读史记者曰:"晋师三豕涉河。"子夏曰:"非也,是己亥也。夫己与三相近,豕与亥相似。"

针对后向归纳法的这些缺陷,宾默尔等学者认为,合理的博弈理论不应该在理论给定为 0 的概率的事件发生时就排除行动选择,因为理论并没有给博弈方提供在这些事件发生的条件下如何建立它们的预测途径。

解决这一预测途径有两种思路:一种是弗登博格、克瑞普斯和莱文(Fudenberg、Kreps 和 Levine,1988)等提供的,他们将偏离行为解释为是由于有关“得益函数”信息的不确定性造成的,即实际得益函数不同于原来认为的得益函数,从而博弈方在观测到未曾预料到的行为时应该修正有关得益函数的信息,但是,这种方法回避了在零概率事件发生时如何形成信念的困难。因此,弗登博格、克瑞普斯和莱文后来进一步上升为一种方法论,认为任何博弈理论应该在某种意义上是“完备”的,即给任何可能的博弈行动赋予严格的正概率。另一种思路是泽尔腾(1975)提供的,他将偏离行为解释为博弈方在博弈过程中犯的错误,即均衡的“颤抖”。他还认为,如果博弈方在每个信息集上犯错误的概率是独立的(博弈方不会犯系统性错误),那么不论过去的行为与后向归纳法预测的如何不同,博弈方应该继续使用后向归纳法预测从现在开始的子博弈中的行为。

5.7.3　前向归纳和后向归纳的不一致

传统纳什均衡的博弈分析假设博弈方是具有完全理性的共同知识的人,这也就是宾默尔所称的海萨尼教义:即使个人的行为在过去曾表现出非理性的,甚至是愚蠢的倾向,但仍要假定他未来的行为将是理性的并且是聪明的,最多如泽尔腾引入一个颤抖的手对偏差进行细小的纠正和修补,基于这种的逻辑假设,后向归纳推理便成了纳什均衡博弈中的一个基本工具。但是,这种分析显然存在着不一致性:如果过去是不理性的,我们又有什么理由能说将来一定是理性的呢?

正因如此,前向归纳推理法(Forward Induction)重新引起了人们的兴趣,它认为,未来的行为与过去的理性行为一致,而且博弈方都能够认识到这一点;人们可以从他们过去偏离理性中了解到他们在未来可能偏离理性的情况,从博弈方先前的行为导出他后来期望发生的事情。显然,这种行为机理似乎更符合实际,我们在判断一个人的行为时往往都是看他以前的行为习惯,所谓“看小知老”也就是这个道理。甚至我们可以从他的周边环境来判断他的行为方式,诸如“有其父必有其子”也就是这个道理。而且,这种思维方式也与 Kohlberg 和 Mertens(1986)提出的自励均衡理论具有相通性,这种自励均衡理论认为,在每一次偶然性事件发生时,博弈方能够而且总是竭尽全力去参与他们将会做的事。

为此,根据上述博弈思路,一些学者提出了与后向归纳法相对应的前向归纳法,其基本思路是:在博弈的前一阶段偏离子博弈精炼纳什均衡和颤抖的手均衡路径的行为完全可能是有意识的,并且符合理性经济人原则的行为。因此,一旦发生这种情况,博弈方应该及时反思,考虑前阶段行为的理性特性。

例如,在图5-28所示的博弈中,博弈方有两个阶段的博弈,在第一阶段他可以选择待在家看书或外出去听音乐会;如果他决定看书,则博弈结束,但如果决定去听音乐会,他与博弈方2发生博弈,是听古典音乐还是现代音乐。显然,听现代音乐是严格劣于在家看书的,因而一旦博弈方1没有选择在家看书;那么,博弈方2就应预期博弈方1一定会选择听古典音乐,因而自己的最佳选择也是古典音乐。

图5-28 两阶段性别博弈

图5-28所示博弈的扩展型可以表示为图5-29所示的策略型,在该博弈中,显然,对博弈方1来说,听现代音乐会是严格劣于看书的,因而会被剔除。在这种情况下,对博弈方2来说,听现代音乐会是弱劣于听古典音乐会的,因而会被剔除。最后,对博弈方1来说,听古典音乐会就是最优的,(古典、古典)是一个均衡。但是,如果根据后向归纳法,在最后一个子博弈中,混合策略是{(4/5古典,1/5现代),(1/5古典,4/5现代)},其支付得益为(4/5,4/5),因而该博弈的均衡为博弈方1直接选择看书。

1		2	
		古典	现代
	看书	2,2	2,2
	古典	4,1	0,0
	现代	0,0	1,4

图5-29 两阶段性别博弈的策略型

上面的分析表明,在多次博弈中实际上可以存在两种分析逻辑,但不幸的是,这两种分析逻辑所达到的结论并不总是一致的。

关于这一点,我们可以用图5-30所示的展开型博弈来加以说明。在该博弈矩阵中,基于前向归纳法可得到这样的推理:由于每个人都是理性的,而且前面的行为反映了今后的行为,因此,博弈方2将博弈方1选择A视为1在今后不选择R

的信号,这样就首先排除了 AR 的可能;结果便是博弈方 1 选择 AL,而博弈方 2 选择 d,从而实现(2,2)得益组合。与此不同,基于后向归纳法的推理逻辑则排除的策略组合依次是 al、AL、d、AR,最后的均衡结果是博弈方直接选择策略 D,从而得到(2,0)得益组合。

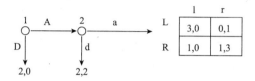

图 5－30　多阶段博弈

思考:后向归纳推理和前向归纳推理有何差异?

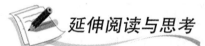延伸阅读与思考

人们是否采用后向归纳推理

　　非合作博弈的分析中一个基本的分析法就是归纳法,表现在动态的博弈过程中就是后向归纳推理法。事实上,主流博弈论的动态博弈分析使用了重复多次乃至无限次的后向归纳推理。问题是,人们在现实生活中在多大程度上会使用后向归纳推理呢?

　　1. 行为实验的否证

　　我们先看一个实验经济学的经典案例——蜈蚣博弈实验。在图 5－31 所示的五阶段蜈蚣博弈中,根据主流博弈论的后向归纳理性思维,唯一的纳什均衡是(40,10),即博弈一旦开始就会马上结束。但是,1992 年加州理工大学的 Mckelvey 和 Palfrey(1992)以上述参数所做的系列研究实验却得出了与这种后向归纳法很不一样的结果。他们的做法是:每一次实验各用 10 个参与者作为 1 和 2 两组,每一个实验者参加 10 次。实验结果是:实验者并不马上在第一阶段取走较多的钱而结束游戏,多数是在第二阶段和第三阶段结束。当然,实验还表明,当实验参加者越有经验时(参加过更多次的实验),游戏结束得越快。见图 5－31 所示。

　　这些实验显然表明,很多人类行为并不遵循后向归纳的理性逻辑;同时,那些接受了经济人思维熏陶而采取策略的人往往得到更糟的结果,其行为显得更不理性。当然,在现实生活中,由于大多数人的行为都会受到社会的、文化的、制度的各种因素的影响,其行为逻辑往往都不是基于后向理性,从而在一定程度上都能够跳出这种极端非理性的行为模式。例如,一些犯罪活动的受害人就常常愿意花费巨大的时间和精力成本来确保犯罪者被逮捕并判以重刑,被抛弃的情人往往也愿意

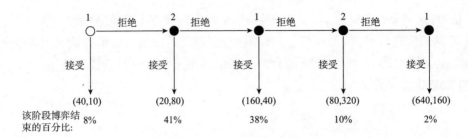

图 5 – 31　五阶段蜈蚣博弈

支付巨大的个人代价来进行报复。显然,这些行为都与基于后向归纳的理性思维并不相符。根据后向归纳理性,犯罪者不可能再来伤害自己了,对前情人进行报复对自己也不会带来实际效用,因而既然过去的都成了沉淀成本,那么也就不必再进行追溯或报复。

为了说明人们的日常行为与后向归纳推理之间的差异,分析 4.1.3 提到的"选美博弈"。根据后向归纳法,由于 67 是 100 的 2/3 的最大平均数,因而第一个层次的后向归纳应该把选择数的范围缩小到[0,67];而由于 44 是 67 的 2/3 的最大平均数,因而第二个层次的后向归纳应该把选择数的范围缩小到[0,44];而由于 29 是 44 的 2/3 的最大平均数,因而第三个层次的后向归纳应该把选择数的范围缩小到[0,29];而在第四个层次,最大数为 20,以此类推,那么就可以得到唯一的纳什均衡 0。同样,按照另一种思维也是如此:假设人们的选择是随机的,那么,在[0,100]中选择的中位数或平均数就是 50,因而 33 就成为最佳选择;但如果给定他人都选择 33 的情况下,22 又成为更佳的选择……这样循环下去,最后的结果还是 0。那么,实际结果又是如何呢? Nagel(1995)对此作了研究,她使用 14 ~ 16 岁的德国学生作为受试者,发现选择的平均数是 35 左右,其中,许多试验对象要么选择 33(从中位数 50 开始的一步推理),或者选择 22(二步推理);按照 Nagel 的估计,44%的人使用第一个层次的后向归纳,39%的人使用两个层次的后向归纳,少于 3%的人使用多于两个层次的后向归纳,而 13%的人不使用后向归纳。Ho、Camerer 和 Weight(1998)所作的相似实验也发现,几乎很少人会在第一轮就选择零均衡;事实上,他们也不应该选择零,否则就聪明"过头"了,即这个实验反映出,赢者并不需要完全理性,完全理性者也不一定会成为赢者;而赢的关键是要比对方多想一步,而这又需要有对方的信息。

大量的行为实验表明,绝大多数人进行重复推理的步数不超过三级,以至于心理语言学家 H. 克拉克取笑说,对三级或更多级重复推理的掌握"只需一杯上好的雪利酒就可以被忘却"。这就对后向归纳推理提出了以下挑战:一是后向归纳推理是从动态博弈的最后阶段开始对每种可能路径进行比较,这对博弈者的理性提出了很高的要求,博弈者不能有哪怕是丝毫的对理性偏离的行为,博弈者必须有能力比较判断的选择路径数量;二是后向归纳推理要求博弈的结构,包括次序、规则和得益情况等都是博弈方的共同知识,显然,博弈方越多,后向归纳推理的链条越长,共同知识的要求就越难满足。

2. 互动理性的解释

图 5 - 27 所示的蜈蚣博弈实际上表明了基于信任的互动理性在博弈中的存在。对博弈方 1 来说,1 单位的收益相对于潜在的可能收益是微不足道的,他只有通过增进博弈方 2 的收益的途径才可能增进自己的收益。博弈方 1 要获得更大的收益,就应该信任博弈方 2,因为博弈方 1 有两种策略,而其中一种可能使博弈方 1 丧失他本可稳拿的 1 单位收益。而对博弈方 2 而言,3 单位的收益也是不多的,他可以获得更多的收益,关键在于增进博弈方 1 的收益,同时相信博弈方 1 也会考虑到自己的利益。……以此类推,每一方都了解要想扩大自己的利益,就应该增进对方的利益。从而就形成了合作均衡,最终的收益为(100,100),达到双方的共同最大化。这也就是"为己利他"行为机理的思路。

在很大程度上,"为己利他"行为机理源于人的社会性。正是基于这种社会性,人们不再只是关注个人利益的最大化,而且关注收益分配的公平正义。相应地,也就产生大量的"强互惠"现象:具有亲社会性的个体往往愿意乐于与那些守信者进行合作而惩罚那些背信者。这种"强互惠"行为是相对于那种基于互惠利他主义或直接互惠主义相对应的"弱互惠"而言的,"弱互惠"行为主要是源于自利个体之间的重复行为所形成的均衡。显然,由于"强互惠"行为需要承担一定的私人成本,而收益却由所有人分享,因此,"强互惠"行为并不符合主流经济学的理性选择理论。不过,这种行为却与"为己利他"行为机理相通:如果自己不想他人背叛,那么自己也首先不应该背叛他人;如果希望别人惩罚对自己背信的人,那么也首先应该惩罚那些对他人背信的人。

关于基于人的社会性以及"强互惠"机制在博弈中的作用,我们可以继续分析一些公共品投资博弈实验。设置一个公共账户,4 个匿名的受试者可以把任意数量的筹码投资于该公共账户,每一轮结束后,受试者都能得到公共账户中筹码总数的 40%,一共进行 6 轮。博弈开始时每个人都有 20 个筹码,这样,如果每个人都将自己的筹码全部投入公共账户,那么,第 1 轮后每个人能得到 32 个筹码,第 2 轮后则可以得到 51.2(即 $4 \times 32 \times 40\%$)个筹码,以此类推,全部 6 轮后将得到 210 个筹码。但是,假如存在一个从不向公共账户投资的"搭便车"者,则第 1 轮后,他将得到 44(即 $20 + 3 \times 20 \times 40\%$)个筹码,其他每个人得到 24(即 $3 \times 20 \times 40\%$)个筹码,6 轮过后,"搭便车"者将得到 258 个筹码,其他每人大约只有 60 个筹码。显然,根据主流博弈论的后向推理思维,每个人都不向公共账户投资是纳什均衡,但实验却表明,只有很少人符合这一推断。

例如,Fehr 和 Schmidt(1999)的实验就显示,最初几轮中,投资的平均水平为40%～60%,随着轮次的增加,投资额有所降低,最后一轮有73%的个体拒绝投资,剩下的投资水平也大幅度下降。显然,这个实验反映出以下两点:一是理性分析的理论结论并没有在实验中出现;二是越接近结束,行为就越与理性人假设相符。当然,实验结束后的调查表明,之所以在博弈尾声的投资率大幅度下降,大部分人声称这样做是处于愤怒,而通过减少投资来报复那些"搭便车"者。后来 Fehr 等人设计了一个允许对"搭便车"者进行惩罚的实验,受试者可以支付一定的成本来罚没某个人的筹码。在这种情况下,惩罚可以增加公共福利却要个人支付成本,这就可能产生第二种意义上的"搭便车":人人都希望别人来实施惩罚而自己坐享其成。但是,实验结果却显示,惩罚行为非常普遍,而且整个投资水平也明显提高。也就是说,现实世界中每个人或多或少地都希望通过互惠合作来最大化自身收益,甚至为此愿意花费成本来对那些机会主义行为进行惩罚。显然,这反映出了人类行为和动物行为之间的差异。

可见,现实社会中的人类行为并不会严格遵循后向归纳推理,而是受各种社会性因素的影响。例如,基于后向归纳思维逻辑,现代主流经济学构设了交替世代模型并得出了如下结论:如果假设社会知道在个人生命的最后阶段中没人会合作,则年老者的自私行为是隐含协定的一部分;相反,如果年轻人失去合作,则记录被破坏,所有人之后均进行短视的最优化,因而年轻人将倾向于合作。然而,在日常生活中明显的事实是,年老者的合作倾向似乎更强烈,至少总体上不比年轻人弱,谢林(2006)就指出了这一现象;而且,这也为大量的行为实验所证实,如 List(2004)所作的囚徒博弈实验就表明,年龄大的受试者就比年龄小的受试者的合作率更高。那么,如何解释这类现象呢? 其实,这正反映出社会性对人类行为的影响,人们采取的行为并不完全是基于计算理性,相反行为本身体现了其社会性程度。显然,年老者与他人或社会的互动时间比年轻人更长,其受社会合作要求熏陶的时间也更长,从而行为中内含了更浓厚的社会伦理之因素,因而一般来说也更倾向于合作。

6. 重复博弈

在动态博弈中可以通过承诺或可置信威胁来强化博弈方之间的关系,从而最终获得合作的结果。其中,重复博弈是动态博弈的一个重要类型,通过特定的策略选择也有助于由冲突到合作的转化。瑞典皇家科学院在授予罗伯特·奥曼诺贝尔经济学奖时就说,奥曼第一次对重复博弈进行了全面正式分析,而"重复博弈的理论促进了我们对合作先决条件的理解,阐明了包括商业协会、犯罪组织在内的许多机构进行磋商和国际贸易协定的理由"。本章来探讨重复博弈的解的特征。

6.1 多阶段博弈的信息结构

在讨论重复博弈之前,我们有必要首先了解一下多阶段博弈的信息结构。

6.1.1 开环结构和闭环结构

一般地,在多阶段博弈中存在两种基本的信息结构:开环结构(Open - loop)和闭环结构(Close - loop)。开环结构是指,博弈方除了自己的行动和日程之外看不到任何历史,或者在博弈的一开始博弈方必须选择仅依赖于日程时间的行动日程表。这类博弈的策略的特点在于:它们只是日程时间的函数。这类博弈的策略就称为开环策略,以开环策略构成的均衡就被称为开环均衡。

图 6-1 所示的猜拳博弈就具有开环策略的特征。在多阶段的猜拳博弈中,博弈方往往可以在事前就确定自己的出拳顺序(a_1, a_2, a_3),这就是博弈方选择的行动日程表。事实上,在两阶段博弈中,其混合策略为:{(1/3, 1/3, 1/3)、(1/3, 1/3, 1/3)、(1/3, 1/3, 1/3)、(1/3, 1/3, 1/3)},这就是开环均衡。

		乙		
		石头	剪刀	布
甲	石头	0,0	1,-1	-1,1
	剪刀	-1,1	0,0	1,-1
	布	1,-1	-1,1	0,0

图 6-1 猜拳博弈

但是,更为常见的是,博弈人在选择自己的行动时需要根据自己所看到的历史,尤其是对手在此前采取的行动而作出决策,这类博弈的信息结构就是闭环信息结构。此类博弈的策略不仅依赖于日程时间,还依赖于其他的变量。因此,这类博弈的策略就称为闭环策略(或称反馈策略),以闭环策略构成的均衡就被称为闭环均衡。事实上,在绝大多数的博弈中,人们都努力使用闭环策略。

我们以图6-2所示的田忌赛马博弈为例,由于田忌的各类等级的马都不如齐威王,因此,田忌要取得胜利就必须有针对性地根据齐威王的出局再选择自己的策略,其最佳策略为(上,下)、(中,上)、(下,中)。这样,尽管田忌输了第一局,却赢得了第二、第三局,从而取得总比赛的胜利。在某种意义上,田忌赛马博弈也可以成为团体竞技性比赛的一类博弈总称,该博弈最终结果往往取决于教练临场的策略选择;同时,为了取得策略的优势,每一博弈方又会对自己的策略进行保密。

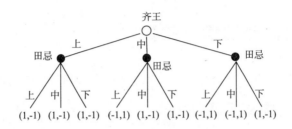

图6-2　田忌赛马博弈

闭环均衡通常是指,博弈方可以观察到对手在每一个周期结束时的行动,并对此作出反应的博弈中的子博弈完美均衡。如果一个展开型博弈既有开环策略,也有闭环策略,那么,子博弈完美均衡通常不会是开环的。因为子博弈完美均衡要求博弈方对于随机的行动以及对于未料到的偏离作出最佳反应,而开环策略则要求无论对手在过去的行为是否偏离,采取同样的行动是最优的办法。

如图5-17所示的进入博弈中,后行动者总是观察先行动者的行为再行动,因此(3,1)就是闭环均衡。当然,后行动者也可以运用开环策略,不管先行动者的行动如何,他都选择策略L,从而试图迫使先行动者采取策略U,但显然,这是一个空头威胁。

思考:如何认识开环博弈和闭环博弈?

6.1.2　重复博弈的信息结构

重复博弈是多阶段博弈的一种,也是目前研究最为彻底的一种类型。它是指一个生成博弈的简单反复,而博弈方在各阶段的策略变量及支付结构都完全相同。

例如,大学生上课教室占座或自习图书馆占座就是重复博弈。具体说,重复博弈存在以下三个特征:

(1)阶段博弈之间没有"物质上"的联系,即前一阶段的博弈不改变后一阶段的博弈结构(一般的序贯博弈则涉及物质上的联系);

(2)所有博弈方都观测到博弈过去的历史;

(3)博弈方的总支付是所有阶段博弈的贴现值之和或加权平均值。

一般而言,重复博弈的原博弈可以是静态博弈,也可以是动态博弈,但大多数的重复博弈是由静态博弈构成的。同时,重复博弈又可分为有限次重复博弈和无限次重复博弈。有限次重复博弈是指由基本博弈 G 有限次重复构成的重复博弈;无限次重复博弈是指基本博弈 G 一直重复下去的重复博弈。

有限次重复博弈定义:给定一个标准博弈G,重复进行 T 次 G,并且每次重复 G 前,所有以前博弈的结果都能为各博弈方观察到,这样的博弈过程就称为"G 的 T 次重复博弈",记为 G(T),每一博弈方从 G(T)中获得的收益是各阶段收益的简单相加。其中,G 称为 G(T)的"原博弈"或"阶段博弈",G(T)中的每次重复则称为G(T)的一个"阶段"。

有限次重复博弈的总收益是每次阶段博弈收益的简单相加,但是,对无限次重复博弈来说,用无限次阶段博弈收益的简单相加来衡量就没有多大意义了。例如,在图 6-3 所示的博弈矩阵中,每一阶段博弈得到的收益 2 显然要优于每一阶段博弈得到的收益 1,但是,两者无限次重复博弈的收益总和却都是无穷大,从而无法比较。

A		B	
		r	d
	R	1,1	3,0
	D	0,3	2,2

图 6-3　重复博弈的原博弈

因此,要对无限次重复博弈的博弈策略及其收益进行区分,就要考虑未来收益的贴现。

定义:给定贴现因子 ζ,无限的收益序列为 $u_1,u_2,\cdots,u_t$;其现值为:

$$\sum_{t=1}^{\infty} \zeta^{t-1} u_t。$$

因此,**无限次重复博弈定义:**给定一个标准博弈 G,如果将 G 无限次地重复进行下去,且博弈方的贴现因子都为 ζ,在每次重复 G 的阶段 t,以前 t-1 次阶段的博弈结果各博弈方都能观察到,这样的博弈过程就称为"G 的无限次重复博弈",记为 $G(\propto,\zeta)$,每个博弈方在 $G(\propto,\zeta)$ 中的收益都是该博弈方在无限次的阶段博弈中所得收益的现值。其中,G 称为 $G(\propto,\zeta)$ 的"原博弈"或"阶段博弈",$G(\propto,\zeta)$ 中的每次重复则称为 $G(\propto,\zeta)$ 的一个"阶段"。

显然,重复博弈具有开放结构和封闭结构的双重特征:一方面,重复博弈每一阶段的信息结构不受对方以前行为的影响,因而博弈方的策略具有开放策略的性质;另一方面,由于所有博弈方都观测到博弈过去的历史,因而博弈方可以针对其他人的行为采取相应的行动以引导对方今后的行动。

与重复博弈相对应的是随机博弈,随机博弈是一种具有随机结构的重复博弈。它是指在任一特定时期内实际进行的博弈都按照在某个子博弈集合上的一种已知的概率分布来描述。或者说,重复博弈是一种退化的随机博弈,其子博弈集合中只有一个元素。

思考:现实生活的人类行为具有何种特点?是重复的还是随机的?

实际上,重复博弈是一种最简单的动态博弈,可以通过在重复博弈中增加随机因素或随时间改变博弈结果而将这种博弈进行一般化。我们只要假设,每个博弈方的效用不仅依赖于所有人的行动,还与某个随机变量的结果有关,那么,重复博弈就转变为随机博弈。而且,即使不增加随机因素,只要博弈结构随时间而改变,那么,博弈中任何时期获得的效用就不仅与当期的行动有关,也与以前的行动有关。不过,与离散的重复博弈不同,这类博弈通常采取连续时间的模型,因而又称可微博弈。通过将对手过去的行动作为自己现期行动的决定因素,博弈方就可以实现比静态纳什均衡更满意的均衡结果。

6.1.3　重复博弈的均衡求解

重复博弈的得益与一次性博弈是不同的。事实上,如果是根据当前阶段得益进行选择,那么,就把重复博弈割裂成了一个个独立的基本博弈,重复博弈就失去了研究价值。这意味着,重复博弈中博弈方不能只考虑本阶段的得益,而必须考虑整个重复博弈过程得益的总体情况,要把重复博弈当做一个完整的过程和整体来进行分析。同时,当博弈只进行一次时,每个博弈方都只关心一次性的支付;但如果博弈是重复多次的,博弈方就可能为了长远利益而牺牲眼前的利益,从而选择不同的均衡策略。

显然,如果重复博弈中的博弈方仅考虑到当前阶段博弈中的短期利益,那么,其行为就可能会引起其他博弈方在后面阶段博弈中的对抗、报复或恶性竞争;相反,如果博弈方做出一种合作的姿态,则可能使其他博弈方在今后阶段采取合作的态度。这意味着,重复博弈中的博弈方不能只关注某一次重复的结果或得益,而且要关注每次阶段博弈之间的相互影响和制约。同时,这也意味着,可信性在重复博弈中是非常重要的,而子博弈完美性仍是判断均衡是否稳定可靠的重要依据。

事实上,由于重复博弈是动态博弈,因而也有阶段子博弈的概念。重复博弈的子博弈就是从某个阶段开始,包括此后所有阶段的重复博弈部分。显然,重复博弈的子博弈要么仍然是重复博弈,只是重复的次数较少,要么就是初始博弈。

重复博弈的子博弈定义:在有限次重复博弈 $G(T)$ 中,由第 $t+1$ 阶段开始的一个子博弈为 G 进行 $T-t$ 次的重复博弈。在无限次重复博弈 $G(\infty,\zeta)$ 中,由第 $t+1$ 阶段开始每个子博弈都等同于初始博弈 $G(\infty,\zeta)$。

重复博弈的子博弈是初始博弈的一部分,它不仅意味着博弈到此为止的进行过程已成为所有博弈方的共同知识,而且还包括了初始博弈在这一点之后进行的所有信息。因此,不能将重复博弈的第 t 阶段本身视为整个博弈的一个子博弈,因为只单独分析第 t 阶段的博弈就等于把该阶段看成了最后一个阶段了,这不符合重复博弈的分析要求。正是借助于子博弈的概念以及与子博弈有关的概念和结论(如子博弈精炼纳什均衡概念),以后向归纳法为核心的子博弈精炼纳什均衡分析及相关结论就可以推广到重复博弈中。

思考:如何理解后向归纳法在重复博弈中的应用?

重复博弈在实际生活中大量存在,因为绝大多数交易都发生在具有私人关系的个体之间,绝大多数交易在人们一生都会重复很多次。因此,研究重复博弈下的策略均衡就非常重要。事实上,在囚徒博弈中,博弈方之间明明存在帕累托改进的途径,却被拒绝了;但如果博弈是重复进行的,那么,结果是否还会如此呢? 一般认为,影响重复博弈结果的主要因素是博弈的重复次数和信息的完备性。

思考:举例并分析我们身边的有限次和无限次重复博弈。

6.2　有限次重复博弈

比较常见的是基本博弈重复两次或者其他有限次数的重复博弈,因而这里首先考察博弈重复的次数有限的情况。

6.2.1　次数较少的重复博弈的一般解

(1)具有唯一纯策略纳什均衡的博弈。考虑一个社会福利水平决定的救济博弈:政府希望以高福利来帮助那些没有工作的流浪汉(包括物质补贴和教育培训),但前提是流浪汉必须积极寻找工作。这里面临的一个困境是:一方面,如果政府提供高水平的救济金,流浪汉就会降低寻找工作的积极性,因为闲暇是收入的替代;而如果没有政府的帮助,流浪汉因更加难以找到工作而寻找工作之心更加消极,因为即使积极寻找也找不到。另一方面,如果流浪汉积极寻找工作,却由于没有政府所提供的帮助而导致仍然找不到工作,政府的效用降低;如果流浪汉寻找工作是消极的,而政府却提供了高福利,那么政府的效用将更低。塔洛克(Tullock)称之为撒玛利亚人悖论(Samaritan's Dilemma),①或直接翻译为乐善好施悖论,并将之归功于布坎南。

思考:父母如何帮助那些具有弱势的儿女?也请再举一些现实中的对应例子。

根据上面双方效用函数的分析,我们可以给出图6-4所示的博弈矩阵:

政府提供救济		流浪汉寻找工作	
		积极	消极
	高	10,10	-5,15
	低	-5,0	0,5

图6-4　福利水平博弈

我们先考察一个两阶段的重复博弈。根据后向归纳推理,可以找出第二阶段的纳什均衡(低,消极);然后给定这个结果,再后推到第一阶段,从而也可以得出(低,消极)均衡。实际上,只要把第二阶段的盈利函数加到第一阶段,就可形成图6-5所示的博弈矩阵(δ是贴现因子):

政府提供救济		流浪汉寻找工作	
		积极	消极
	高	$10+0\delta,10+5\delta$	$-5+0\delta,15+5\delta$
	低	$-5+0\delta,0+5\delta$	$0+0\delta,5+5\delta$

图6-5　叠加的福利水平博弈

因此,该两阶段重复博弈的唯一纳什均衡就是{(低,消极),(低,消极)}。利用该方法,我们很容易将博弈阶段扩展到更多的阶段,甚至是任意的有限次重复博弈。实际上,只要利用后向归纳法将每一阶段的纳什均衡盈利"糅合"到第一阶段

①源于《圣经·路加福音》第十章第25~37节耶稣基督讲的寓言:一个犹太人被强盗打劫,受了重伤,躺在路边。曾经有犹太人的祭司和利未人路过,但不闻不问;唯有一个撒玛利亚人路过,不顾隔阂,动了慈心照应他,在需要离开时自己出钱把犹太人送进旅店。因此,耶稣做了一个好撒玛利亚人的著名比喻。

博弈的盈利矩阵,就可以得到一个新的"一次性博弈",其纳什均衡解就是重复博弈的子博弈完美均衡解。

(2)具有唯一混合策略纳什均衡的博弈。上面的分析是针对原博弈具有唯一纯策略纳什均衡的情况,其实,对具有唯一混合策略纳什均衡的博弈而言,也是如此。我们以海关进口的关检博弈为例:海关一般是采取抽检的方式,根据自己的信息判断决定是否检查,而走私团伙根据自己对海关是否关检的信息判断决定是走私还是如实申报关税。该博弈矩阵见图 6-6:

海关		走私团伙	
		不走私	走私
	检查	-1,1	1, -1
	不检查	1, -1	-1,1

图 6-6　关检博弈

在一次性博弈中,上述博弈具有唯一混合均衡$\{(1/2,1/2),(1/2,1/2)\}$,相应的盈利为 0,这也是重复博弈的第二阶段的纳什均衡。然后,将第二阶段的盈利函数加到第一阶段,形成的新博弈矩阵与原矩阵相同,因而同样也可以得到混合均衡$\{(1/2,1/2),(1/2,1/2)\}$。如此类推,那么,我们也就可以得到多次重复博弈的子博弈完美均衡。

定理:如果阶段博弈 G 有唯一的纳什均衡,则对任意有限的 T,重复博弈 G(T)有唯一的子博弈精炼解,即 G 的纳什均衡结果在每一阶段重复进行。

(3)具有多重纳什均衡的博弈。在多重纳什均衡的博弈中,寻找重复博弈的均衡解往往会比较困难。因为根据后向归纳法难以确定最后一个阶段博弈的均衡解,退到倒数第二个博弈也遇到相同的问题。不过,如果存在可以利用的其他共同信息,多重均衡博弈中实际可能的均衡是可以确定的。我们以求爱博弈为例加以说明。

第一,一次性博弈的恋爱困境。假设,一个多情男子真诚地思慕一个怀春女子,而怀春女子也非常希望获得纯洁的爱情,那么,他们是否可以相互行动结合呢?这里我们做如下两点假设:一是信息沟通机制不畅,因而社会信息具有很强的偏在性;二是物质主义盛行,每人都在努力通过隐藏信息而获得最大化收益。这样,怀春男女决定如何采取行动往往会遇到以下困境:一是由于功利主义盛行,多情男子不知道怀春女子是否重视爱情,并相信他的真诚而愿意接受他的求婚,从而难以决定是否表达爱慕之意;二是由于世道轻浮,怀春女子不能确定多情男子是否真诚,是否能够给她真正的幸福,从而也难以决定是否接受他的求婚。那么,在这种情况下,最终又会出现怎样的后果呢?

一般地,博弈均衡往往取决于收益支付结构,因此,我们对双方的收益支付结构作进一步的假设,如下:①如果男子求婚而女方接受,那么他们将获得永恒的幸福;②如果因为缺乏有效的沟通信息,男方不求婚而女方也不接受,那么他们将错过这段美满的婚姻,这对在这种浮华社会风气中期待真正爱情的双方来说,都因没有争取这一机会而产生了损失;③如果男方求婚而女方不接受,双方除了错过真正的爱情外,此时,对女方来说,因主动错过这个机会而损失的机会成本加大(心理效用意义上的机会成本,如以后可能懊悔不堪,这在日常生活中是非常常见的),而对男子来说,因面子和自尊心受到了损害而损失更大;④如果女方期待并接受男子的求婚,但男子却没有勇气求婚,从而也错过了真正的爱情,此时,对男方来说,因主动错过这个机会而损失的机会成本加大,而对女方来说,由于期望的热情被浪费而损失更大(如产生忧郁之情)。因此,他们面临的处境就可以用图6-7所示矩阵表示:

淑洁者女		真诚者男	
		求婚	不求婚
	接受	10,10	-15,-10
	不接受	-10,-15	-5,-5

图6-7 求婚博弈

显然,如果婚姻市场是一次性的,结婚之后就不允许离婚,这比较接近古代社会;那么,在信息不完全的情况下,这种一次性静态博弈将会出现混合策略均衡$\{(1/3,2/3),(1/3,2/3)\}$,其收益为$(-20/3,-20/3)$。显然,这个结果甚至比(不求婚,不接受)的结果还要糟糕。因此,在不能离婚的一次性婚姻市场中,希望追求真爱的男女往往无法结合。特别是,如果世风并不太好,即世风浮华是一个共同知识,那么,(不求婚,不接受)很可能就是一个现实的纳什均衡。

实际上,据此可以分析当今社会的"高知剩女"现象。一方面,重视性和贞操的传统儒家文化还影响深远,不会在试错中寻找最终的真爱;另一方面,西方功利主义的传入,使社会日益浮华,越来越多的男士在求偶时考虑的不是今后的责任而是暂时的愉悦。结果,"男荒"、"女剩"现象就大量的出现,这在中国内地、中国台湾、中国香港以及其他一些地区非常普遍。尤其是那些受到高等教育的女孩,往往对真正的爱情更抱憧憬,对不确定也更为担心,从而出现大量的"高知剩女"。

思考："剩女"现象如何产生？需要何种条件？

第二，较少次数的重复博弈情形。当然，在现代社会中，婚姻并不是绝对一次性的，而是一个自由且可重复的博弈过程。不过，这种自由又是相对的，因为婚姻的开始和结束面临很多成本，如离婚的物质成本、社会心理成本等，从而又是一个有限次重复博弈的过程。因此，我们这里较为现实地考虑只允许结婚、离婚两次的婚姻市场情况，第二次博弈中形成的结果将是他们永远的结局。这种假设是基于各种成本的考量，如社会舆论对频繁离婚具有严重的歧视；也可以假设是一国的法律规定，如中东和非洲一些国家和地区对女性离婚有很多限制。

那么，在二次重复博弈中，又会出现怎样的结局呢？显然，运用后向归纳法可知，在第二回合的博弈中，由于纳什均衡是（不求婚，不接受），那么，将每个博弈方在第二回合的盈利加到第一回合就是将两阶段的盈利加总。考虑到折扣因子，我们可以得到图 6 - 8 所示的得益矩阵。显然，这种博弈矩阵具有初始矩阵相类似的结构，结果也是确定的（不求婚，不接受），希望追求真爱的男女依然鲜能结合。

		真诚者男	
		求婚	不求婚
淑洁者女	接受	$10 + (-5)\delta, 10 + (-5)\delta$	$-15 + (-5)\delta, -10 + (-5)\delta$
	不接受	$-10 + (-5)\delta, -15 + (-5)\delta$	$-5 + (-5)\delta, -5 + (-5)\delta$

图 6 - 8　叠加的求婚博弈

上述二次重复博弈与当前较为传统的国家的情况更接近。尽管妇女离婚已经开始被接受，但多次离婚仍然会受到社会的各种鄙视。正因如此，中国女性在面对结婚时仍然非常慎重，以致婚姻市场要比西方社会显得更为萎缩，社会上也出现更多无法获得结合的男女。尤其是依然存在重男轻女陋习的社会，对女性的贞操依然看得比较重，因此，女性在婚姻市场上所面临的决策成本更大。这导致"女剩"现象往往更为严重。从某种意义上说，女性在婚姻市场上所拥有的实际博弈机会要比男性少得多，女性往往也更不愿轻易离婚。有俗言就称："一次离婚，可能是对方的错，但二次或更多次离婚，那么就必然是女性的错"。而且，对那些高知女性更是如此，因为高知女性不仅面临着社会舆论的压力，而且离婚后能够遇到并选择更高层次男性的概率更少。正因如此，高知女性在婚姻抉择时往往更为慎重，以致"高知剩女"现象也更为突出。

思考：女性为何往往更不愿离婚？高知女性的剩女现象为何更为突出？

当然，上述分析有两个基本假设：一是世俗浮华，很多人对待婚姻的态度都是功利主义的。例如,在都铎王朝时期,亨利八世的长女伊丽莎白一世在恶劣的国内外政治环境中以少女之资继位,面临着很多各怀领土野心的求婚者,如西班牙国王腓力二世、法国国王的弟弟奥尔良公爵、俄罗斯的伊凡雷帝等。正是在这种环境中,伊丽莎白一世终生未嫁,并公开与西班牙决裂,打赢了无敌舰队之役,从而为后来英国的霸权奠定了基础。当然,由于她没有子嗣,继位的是外甥詹姆斯一世,从此开始英国的斯图亚特王朝。二是性关系还很保守,尤其是对女性的贞操看得比较重。因此,女性在面临婚姻抉择时就会更为慎重,更不能轻易确定男性求婚的真诚心。

6.2.2 使用有效策略的子博弈完美均衡

上面的分析表明,在少数回合的重复博弈中,子博弈完美均衡也就是原博弈的纳什均衡。但是,在重复博弈中,由于长期利益对短期行为的制约作用,使得有一些在一次性博弈中不可行的威胁或诺言在重复博弈中会变为可信,从而使博弈的均衡结果出现更多的可能性。因此,在某些情况下,即使没有有用的共同知识,博弈方也可以应用某种策略来达成有效均衡。

定理:如果阶段博弈 $G = \{S_1, S_2, \cdots, S_n; \Pi_1, \Pi_2, \cdots, \Pi_n\}$ 是具有多重纳什均衡的完全信息静态博弈,那么,可能(但不必)存在重复博弈 $G(T)$ 的子博弈完美均衡结局,其中对任意 $t > T$,在 t 阶段的结局并不是 G 的纳什均衡。

(1)使用纯策略对策的情况。上面的分析表明,在互动次数较少且信息不对称的婚姻市场中,男女双方很可能会错失一段美满的姻缘,其中的关键在于,每一方都试图最大化自身利益而无法提供树立他人信心的保证。那么,如何避免这种囚徒困境呢? 谢林提出一个基本策略就是承诺。问题是,婚姻市场中如何引入承诺策略来达成有效的婚姻契约呢? 显然,基于经济人互动而形成的婚姻市场面临的一个重要问题是:当事人在决定是否求婚或是否接受时往往面临很大的决策成本,一旦决定就难以更改。因此,引入的承诺策略就是要缓解这一困境,缓解即时决定是否结婚所潜含的风险和成本。为此,人类社会逐渐摸索出了一种有效策略,这就是一种相亲或订婚制度,这种制度是直接的婚姻结合,不过,如果双方在未来一段时间表现出良好意向的话,不久以后的正式婚姻也就顺理成章。在某种意义上,相亲和订婚制度就是在解决婚姻困境中的有效策略选择。

一般地,我们可以设定一个如图 6 - 9 所示的相亲博弈,它只存在一个纯策略均衡(虚伪,拒绝),但显然,这个均衡结果是不令人满意的,导致了"男荒女剩"现象。那么,如果避免这种不利结果而实现(真诚,接受)均衡呢?

相亲者女		提亲者男	
		虚伪	真诚
	拒绝	0,0	−10,−10
	接受	−10,20	15,15

图 6−9　相亲博弈

　　假设,在上述博弈的基础上博弈双方都加入一个新的策略:在初次相亲而有了意向之后,男女双方不是决定是否缔结婚姻关系,而是由男方向女方提供一定的聘礼;或者,男女双方把是否行聘礼也当做一项策略选项,而真诚的人往往更愿意支付或接受这样的聘礼。因此,图 6−9 所示博弈矩阵就可以转换成图 6−10 所示的博弈矩阵:

女		男		
		虚伪	真诚	聘礼
	拒绝	0,0	−10,−10	0,0
	接受	−10,20	15,15	0,0
	接受聘礼	0,0	0,0	10,10

图 6−10　加入聘礼的相亲博弈

　　现在,男女双方就采取这样的博弈策略:如果博弈者预期在第一阶段的结局为(真诚,接受)时,那么,在第二阶段的结局将会是(聘礼,接受聘礼)。而如果第一阶段出现(真诚,接受)以外的任何 8 种结局之一,那么第二阶段的预期结局是(虚伪,拒绝)。这种预期可以看成是谈判的结果或者策略的运用。如果第一阶段出现(真诚,接受),第二阶段(聘礼,接受聘礼)是一种奖励;而出现非(真诚,接受),则第二阶段(虚伪,拒绝)就是一种惩罚。

　　基于上述预期,两阶段的重复博弈就是:{(真诚,接受)、(聘礼,接受聘礼)}和{(x,y)、(虚伪,拒绝)};其中,(x,y)≠(真诚,接受)。

　　分析如下:根据上述思路可以将两阶段"糅合"成一次博弈,其中在(真诚,接受)单元上加上(10,10),而在其余 8 个单元中各加上(0,0)。这样,新的盈利矩阵就表示为图 6−11。

		男		
		虚伪	真诚	聘礼
女	拒绝	0,0	−10, −10	0,0
	接受	−10,20	$15 + 10\delta, 15 + 10\delta$	0,0
	接受聘礼	0,0	0,0	10,10

图 6−11　二阶段相亲博弈的糅合模型

显然,只要贴现因子 $\delta > \frac{1}{2}$,这个新的一次博弈就有了三个纯策略纳什均衡 {(虚伪,拒绝)、(真诚,接受)、(聘礼,接受聘礼)},它们分别对应于原重复博弈的子博弈完美均衡。但是,(虚伪,拒绝)对应于{(虚伪,拒绝)、(虚伪,拒绝)},因为除了第一阶段的结果是(真诚,接受)外,在其他任何情况下,第二阶段的结果都是(虚伪,拒绝);同样,(聘礼,接受聘礼)对应于{(聘礼,接受聘礼)、(聘礼,接受聘礼)}。这两个策略剖面中的各个阶段结局都是阶段博弈的纳什均衡;但是(真诚,接受)纳什均衡却与前两个存在质的差别。(真诚,接受)对应于{(真诚,接受)、(聘礼,接受聘礼)},是两阶段重复博弈的子博弈完美均衡,是第一阶段可以达到原阶段博弈中有效的非纳什均衡。

上面子博弈完美均衡的形成在于谈判达成的协议对现时行为的影响,其关键是承诺是可信的。如博弈方的策略是在第一阶段采取有效但非纳什均衡的(真诚,接受),那么承诺第二阶段的奖励是(聘礼,接受聘礼),因为(聘礼,接受聘礼)明显优于(虚伪,拒绝),因此,这种承诺是可信的。

思考:试用博弈思维来分析不同社会下的婚姻制度。

同样,我们也可以根据上述思路分析经济不景气下的银行挤兑博弈。假设:如果两个博弈方都提款将各自获得本金的一半;如果只有一个人提款将获得全部本金,而不提者一无所获;如果都不提,将给予银行时间收回更多的贷款,两者平分。我们可以设想加入一个新的策略——提取一半,这样,博弈矩阵就可表示为图 6−12。

		储户 1		
		提款	不提	提半
储户 2	提款	5,5	10,0	6,5
	不提	0,10	9,9	5,9.5
	提半	5,6	9.5,5	7,7

图 6−12　挤兑博弈

假设博弈方预期在第一阶段的结局为(不提,不提)时,第二阶段的结局将会是(提半,提半)。而如果第一阶段出现(不提,不提)以外的任何 8 个结局之一,那么第二阶段的预期结局是(提款,提款)。这种预期可以看成是谈判的结果或者策略的运用:如果第一阶段出现(不提,不提),第二阶段(提半,提半)是一种奖励;而出现非(不提,不提),则第二阶段(提款,提款)是一种惩罚。

基于上述预期,在假设贴现因子为 1 的情况下,该两阶段的重复博弈就是:{(不提,不提),(提半,提半)}和{(x,y),(提款,提款)};其中,(x,y)≠(不提,不提)。

分析如下:根据上述思路,实际上就可以将两阶段"糅合"成一次博弈,其中在(不提,不提)单元上加上(7,7),而在其余 8 个单元中各加上(5,5)。这样,新的盈利矩阵就表示为图 6－13。

		储户 1		
		提款	不提	提半
储户 2	提款	10,10	15,5	11,10
	不提	5,15	16,16	10,14.5
	提半	10,11	14.5,10	12,12

图 6－13　挤兑博弈糅合模型

显然,这个新的一次博弈就有了三个纯策略纳什均衡{(提款,提款),(不提,不提),(提半,提半)},它们分别对应于原重复博弈的子博弈完美均衡。但是,(提款,提款)对应于{(提款,提款),(提款,提款)},因为除了第一阶段的结果是(不提,不提)外,在其他任何情况下,第二阶段的结果都是(提款,提款);同样,(提半,提半)对应于{(提半,提半),(提款,提款)}。这两个策略剖面中的各个阶段结局都是阶段博弈的纳什均衡;但是(不提,不提)纳什均衡却与前两个存在质的差别。(不提,不提)对应于{(不提,不提),(提半,提半)},是两阶段重复博弈的子博弈完美均衡,是第一阶段可以达到原阶段博弈中有效的非纳什均衡。

上面子博弈完美均衡的形成在于谈判达成的协议对现时行为的影响,其关键是承诺是可信的。如博弈方的策略是在第一阶段采取有效但非纳什均衡的(不提,不提),那么承诺第二阶段的奖励是(提半,提半),因为(提半,提半)明显优于(提款,提款),因此这种承诺是可信的。不过,这里有两点需要解释:

第一,既然在事先达成协议或作出了承诺和威胁,为什么不用奖励承诺(不提,不提),而用(提半,提半)呢? 这是因为(不提,不提)在第二阶段不是一个有效均衡,在不存在第三阶段可以进行惩罚的情况下,承诺者为了极大化自己的盈利,在第二阶段都有可能偏离(不提,不提),因而(不提,不提)不是一个可信的威胁。

第二,既然在第二阶段(提半,提半)都是相对于(提款,提款)更好的选择,那为什么要用(提款,提款)相威胁呢? 事实上,如果第二阶段千篇一律地采用(提半,提半)策略的话,那么第二阶段的结果就对第一阶段策略构成不了任何承诺和威胁;于是,在第一阶段,博弈方都会偏离(不提,不提)。

当然,上面引入的策略是提半,实际上,我们加入的策略也可有其他类型。例如,在更多回合的博弈中,限于对方合作的精神,第二轮会加大合作倾向,从而承诺再存入钱,从而帮助银行渡过危机,最终将获得本息。因此,其博弈矩阵就可表示为图6-14,它同样可借助上述思路进行类似分析。

		储户1		
		提款	不提	存入
储户2	提款	5,5	10,0	15,-5
	不提	0,10	9,9	11,9
	存入	-5,15	9,11	20,20

图6-14 挤兑博弈的其他形式

(2)使用混合策略的情况。上面分析的是一种具有纯策略均衡的情况,类似地,我们也可以用它来分析存在混合策略均衡的情形。

例如,在图6-15所示的博弈矩阵中,它有三个均衡:(O,M)、(P,L)和混合均衡(3/7O,4/7P)、(3/7L,4/7M);分别收益为(4,3)、(3,4)、(12/7,12/7)。显然,有效益的(5,5)并不是均衡结果。

		1		
		L	M	N
2	O	0,0	3,4	6,0
	P	4,3	0,0	0,0
	Q	0,6	0,0	5,5

图6-15 使用混合策略的一阶段博弈

但是,如果时间贴现因子 $\delta > \dfrac{7}{9}$,那么,采取下列策略组合,在第一阶段选择(N,Q)就是一个子博弈完美均衡:当第一阶段结果是(N,Q),在第二阶段就选择(P,L);当第一阶段结果不是(N,Q),在第二阶段就选择(3/7O,4/7P)、(3/7L,

4/7M)。其糅合模型见图 6－16。

		1		
		L	M	N
2	O	$0+\delta\frac{12}{7},0+\delta\frac{12}{7}$	$3+\delta\frac{12}{7},4+\delta\frac{12}{7}$	$6+\delta\frac{12}{7},0+\delta\frac{12}{7}$
	P	$4+\delta\frac{12}{7},3+\delta\frac{12}{7}$	$0+\delta\frac{12}{7},0+\delta\frac{12}{7}$	$0+\delta\frac{12}{7},0+\delta\frac{12}{7}$
	Q	$0+\delta\frac{12}{7},6+\delta\frac{12}{7}$	$0+\delta\frac{12}{7},0+\delta\frac{12}{7}$	$5+4\delta,5+3\delta$

图 6－16　使用混合策略的二阶段糅合模型

　　基于同样的思维,我们也可以对前面的相亲博弈进行分析,只不过现在假设:在婚姻自由的现代社会,互相具有好感的男女双方都可以主动提亲。因此,提亲博弈的博弈矩阵就可表示成图 6－17。显然,在一次性博弈中,该博弈有三个均衡:(不提亲,提亲)、(提亲,不提亲)和一个混合均衡(两人都以 $\frac{5}{13}$ 和 $\frac{8}{13}$ 的概率分别选择提亲和不提亲);收益分别为(5,10)、(10,5)和 $(\frac{800}{169},\frac{800}{169})$。显然,有效益的(8,8)并不是均衡结果。

		男		
		不提亲	提亲	结合
女	不提亲	0,0	10,5	20,－10
	提亲	5,10	8,8	15,－5
	结合	－10,20	－5,15	10,10

图 6－17　提亲博弈

　　现在引入另一个策略,如果双方都主动提亲,那么,下一步自然的结果便是相互同意结成婚姻关系。因此,博弈双方就可以采取这样的策略,从而促使在第一阶段选择的(提亲,提亲)形成一个子博弈完美均衡:如果第一阶段结果是(提亲,提亲),在第二阶段就选择(结合,结合);如果第一阶段结果不是(提亲,提亲),在第二阶段就都以 $\frac{5}{13}$ 和 $\frac{8}{13}$ 的概率选择(提亲,不提亲)。将两个阶段的博弈结果糅合在一起,就形成图 6－18 所示博弈矩阵,显然,只要 $8+10\delta>10+\frac{800\delta}{169}$,即贴现因子

$\delta > \dfrac{169}{445}$，就会形成稳定的(提亲,提亲)均衡。

		男		
		不提亲	提亲	结合
女	不提亲	$0 + \dfrac{800\delta}{169}, 0 + \dfrac{800\delta}{169}$	$10 + \dfrac{800\delta}{169}, 5 + \dfrac{800\delta}{169}$	$20 + \dfrac{800\delta}{169}, -10 + \dfrac{800\delta}{169}$
	提亲	$5 + \dfrac{800\delta}{169}, 10 + \dfrac{800\delta}{169}$	$8 + 10\delta, 8 + 10\delta$	$15 + \dfrac{800\delta}{169}, -5 + \dfrac{800\delta}{169}$
	结合	$-10 + \dfrac{800\delta}{169}, 20 + \dfrac{800\delta}{169}$	$-5 + \dfrac{800\delta}{169}, 15 + \dfrac{800\delta}{169}$	$10 + \dfrac{800\delta}{169}, 10 + \dfrac{800\delta}{169}$

图 6 – 18　二阶段提亲博弈的糅合模型

　　以上分析表明,即使在次数较少的重复博弈中,只要运用适当的有效策略也可以实现具有帕累托性质的均衡。在婚姻市场中就是引入相亲或提亲这种策略,而一般地,相亲或提亲习俗在传统社会中往往又是由媒婆来"穿针引线"的。正是存在一种称为媒婆的中介,原本相互陌生的个体或家庭之间开始接触,并在媒婆的安排下进行相亲或提亲,最终成就了男女之间的一段姻缘,因此下面就媒婆的角色和作用再作更进一步的剖析。

　　思考:订婚仪式在传统社会有何功能?

6.2.3　次数较多的重复博弈

　　事实上,在次数较少的博弈中,原博弈的均衡将是重复博弈的解;但是,这种情况往往与我们的现实相悖。如果婚姻市场是无限次自由交易的,尽管淑洁之女可能遇到玩世不恭之男,或者真诚之男遭遇的是轻浮之女,并由此造成短暂的损害,但只要离合是自由的,他们就将寻找(求爱,接受)的均衡,因为这一均衡将为他们今后带来永恒的幸福。因此,随着博弈次数的增多,达成(求爱,接受)均衡的概率越大。一般地,在一个无数次的重复博弈中,每个人都可以找到自由的最优结果。那么,为什么博弈次数的增加有助于合作的形成呢? 这种结果符合子博弈完美的后向归纳思维吗? 对此进行深入探讨的就是泽尔腾 1978 年提出的著名的连锁店悖论(Chain-store Paradox),本节继续就此做一介绍。

　　(1)连锁店悖论。尽管重复博弈要求每一期彼此博弈的博弈方是相同的,但实际上,我们也可以分析博弈方不固定的重复博弈,即多阶段博弈。泽尔腾考察的连锁店悖论就是:连锁店在 20 个城市里都有分店,现在这个连锁店试图阻止竞争对手进入这 20 个市场。一般地,如果竞争者只进入一个市场的话,在位者将不会选择打压;但是,因为现在有 20 个市场,在位者就可能为阻止竞争者进入其他 19 个市场而选择打压。因此,多次重复博弈的结果和一次性博弈的均衡结果就会存在差异。这里,我们以发生在同一人与其他不同人之间重复进行的同一交易为例来分析连锁店悖论。假设:市场交易者在不了解其他人在 t 阶段决策的情况下进行 t 阶段的决策,但是,决策一旦作出就立即为对方所知。同时,根据现代主流经济学的"经济人"假设,市场交易者都是追逐私利的机会主义者。这样,博弈矩阵图式可表示为图 6 - 19:

研究对象 A	其他市场交易者	
	机会主义	非机会主义(合作)
合作(非机会主义)	1,3	2,2
报复(退出或机会主义)	0,0	3,1

图 6 - 19　市场多次交易博弈

显然,如果在一次性的交易中,在其他市场交易者采取机会主义的交易行为下,A 都只能采取合作的态度以达到均衡;否则,如果退出而不参与交易的话,将得不到任何收益,这也是纳什均衡解。但是,在多次或重复的交易中,A 是否会一直坚持合作的行为呢? 泽尔腾认为,有见识的博弈方预期不会服从上述博弈理论的建议,因为,如果一直采取合作态度的话,则 A 将永远只能获得较小的收益;而如果进行报复的话,则虽然会招致一次性损失,但却可能带来长期的收益。顺着这种思路,在这种扩展型博弈中,就会出现博弈理论推理和可信的人类行为之间的不一致,这也就是泽尔腾提出"连锁店悖论"问题的核心。

在合作和报复两种选择中,A 究竟采取什么策略呢? 一般认为,从短期来看,选择"合作"策略会好些;但从长期来看,A 可能会选择"报复",即退出,花费一定的代价来阻止对方在今后的交易中或今后其他交易人的机会主义行为。弗登博格(2001)认为,如果博弈方有耐心,无论他最喜欢哪种策略,他自己都会公开作出承诺以便他可以树立自己的信誉,最终获得信誉效益。关于这一博弈中的适当行为机理,主要存在以下四种不同的理论:一是在有限次的重复博弈中的反向推理的归纳理论;二是基于针锋相对的威慑理论;三是基于主观效用的善意理论;四是三层次决策理论。

(2)后向归纳法。后向归纳法也是有限次重复博弈经常用到的分析方法,其基本假设仍然是：个体采取合作仅是为了诱使他人在以后阶段也使用合作策略。我们现在假设，A 在未来的一段时期内将面临着 100 次相同交易人和（或）不同交易人的交易。显然，在阶段 100 时，由于今后再没有接触的机会，因此，其他交易人将选择机会主义，这时，A 的最优选择是"合作"。因为"报复"策略只能是丧失这一次交易的收益，而由于阶段 100 之后将不再有新的交易，"报复"策略也不能有长远的收益，因而 A 也不存在为以后考虑而选择"报复"的理性。因此，阶段 100 中的策略选择与之前各阶段的策略选择无关。

同样，在阶段 99 时，由于此时的策略选择对阶段 100 的策略选择没有影响，因而阶段 99 的博弈可以视为"最后"阶段博弈。此时，如果交易人选择机会主义的话，A 的最优策略还是合作。由此逆推，直到阶段 K 时，之后的各阶段 K + 1,…,100，交易人都选择机会主义行为，A 也将一直采取合作的态度。阶段 K 时的博弈选择对阶段 K + 1 以后的收益不发生影响，因此，在阶段 K，交易人采取机会主义行为，A 仍会选择合作策略。

以此类推，在从 1 到 100 的所有阶段的交易中，交易人都采取机会主义的态度，而 A 选择合作的策略。在所有的交易中，A 得到的总收益是 100。

（3）威慑理论。如果 A 不遵循上述的后向推理的话，他就可以获得更大的收益。因为，A 凭直觉感到，除了最后少数几个阶段的策略不受其前的博弈策略影响外，大多数阶段的策略选择受其前博弈策略的影响。这样，A 除了在最后几个阶段 100、99 等无条件选择合作策略外，在其他阶段则采取针锋相对的策略：如果对方采取机会主义的态度，他将选择退出策略；如果对方采取非机会主义的合作态度，他也将选择合作策略。（当然，如果 A 一直选择机会主义策略的话，根据后向归纳理论，博弈方的最佳选择是全部非机会主义的合作策略。但是，考虑到我们选择 A 为研究对象，他只是市场中的一个普通的典型个体。如果他采取这样的态度，其他人同样可以采用针锋相对的威慑策略。这种分析与我们针对 A 的分析是一致的。）

这时，如果其他交易人相信并接受了 A 的这一威胁，那么他们的最佳策略是非机会主义的合作策略。而只是在最后几个阶段——我们假设 100、99、98 三个阶段——才采取机会主义的行为。这样，A 将获得 197 单位收益。即使在前面 97 次交易中，交易人对 A 的威胁存在不同层次的信任。在 97 次交易中，即使有 48 次因交易人的机会主义行为而交易没有实现，A 也可以获得 101 的总收益。而实际上，更可信的情况是，起初有几次交易——例如共 10 次——因交易人的机会主义行为而受到了 A 退出的惩罚，此后其他交易人得到教训而采取合作态度，这样 A 一共可获得 177 个单位收益。

进一步地,在阶段 98、99、100,交易人的机会主义倾向也有可能被 A 的威慑所阻止,这样可以进一步增大 A 的收益。

因此,泽尔腾指出,从逻辑上讲,归纳推理无可避免地适用于博弈的各个阶段,但威慑理论的现实说服力却强得多。泽尔腾(2000)说:"直到现在我没有遇到过声称会根据归纳理论行动的人。我的经验表明,受过数学训练的人会认识到归纳理论的逻辑正确性,然而他们却并不以此来指导实际行动。"

(4)善意理论。上面的威慑理论的分析表明,它存在逻辑上解释的困难:上述威慑理论博弈链中,为什么在阶段 98 是不相信威慑的,但在阶段 97 时却转而相信了呢? 一些学者在分析超博弈(即由相同博弈方集合重复进行的同一种标准型博弈模型而形成的扩展博弈。这个超博弈中被重复的原始博弈也被称为这一超博弈的原博弈)时,提出了善意理论。

善意理论假设,效用支付可以分为两部分之和:一是"初级"效用,它线性依赖于现金支付;二是"次级"效用,它取决于博弈一方对对方的社会关系的判断,该社会关系属性由超博弈以往历史和决策影响初级效用的方式决定。一般假设,次级效用反映了以下两种倾向:Ⅰ. 友好的气氛比不友好的气氛更为偏好;Ⅱ. 博弈一方不希望被认为他在辜负对方信任的意义上是"自私的"。

我们还是以上面的市场交易博弈为例,针对倾向Ⅰ,在双方都选择合作时的每个阶段各得到次级效用 a(常数 a 反映了这种倾向的强弱)。针对倾向Ⅱ,如果博弈方 A 选择合作,而博弈方 B 选择机会主义,则博弈方 B 辜负了 A 的信任,从而 B 得到负次级效用 -b,反之亦然;但是如果双方都选择机会主义,则根本就没有信任,因而也均没有辜负信任。我们还假定负效用 b 的强度与此前相互持续合作的阶段长短正相关,记为 $-b_h$,h 反映了此前相互持续合作阶段的长短,即如果在阶段 t - h - 1 时,至少有一人辜负了对方的信任,而此后直到阶段 t - h 双方都相互合作,而在阶段 t 时,B 辜负了 A 的信任。

这样,在善意理论的假设下,原初效用之上加上次级效用,原初的博弈效用矩阵就发生了改变,如图 6 - 20 所示。

交易者 A		交易者 B	
		机会主义	非机会主义(合作)
	机会主义	0,0	$3 - b_h$,1
	非机会主义(合作)	1,$3 - b_h$	2 + a,2 + a

图 6 - 20　多重交易的标准矩阵

显然,如果 $a + b_h \geq 1$,那么,相互合作就是纯策略均衡。设 $\hat{h}$ 是使 $a + b_h \geq 1$ 成立的最小整数,如果 $\hat{h}$ 足够小,则希望合作的一方就可以对不合作一方实施一阶段惩罚,然后再返回合作策略。可见,引入次级效用,善意理论就可以提供为什么人们不接受归纳推理的理性理由。

(5)三层次决策理论。尽管善意理论对人们的合作博弈提供了逻辑说明,但仍存在一些问题。首先,合作的倾向程度与 $\hat{h}$ 有关,如果 $\hat{h}$ 足够长的话,合作的倾向就会遭到削弱。其次,在实际社会中,博弈的次数往往是不可知的,而善意理论也没有排除合作在最后阶段破裂的可能性,那么在不确定的博弈阶段中,究竟在何时会开始机会主义策略就难以说明。最后,一些学者指出,在上述博弈中,如果 A 采取威慑理论,但仍有不少交易者采取机会主义态度,那么 A 就会很愤怒,而作为一个愤怒者会从报复中得到正的次级效用,从而在以后的行为中也会采取机会主义行为,而不返回到合作策略上去。为此,泽尔腾提出了三层次决策理论。

三层次决策理论认为,一种决策可以在习惯层次、想象层次和推理层次三种不同层次上形成。在习惯层次上,决策的作出并没有经过有意的努力,而是基于以往同类问题的经验。在想象层次上,决策者由习惯性决策为主导,试图想象不同替代选择如何影响未来事件的可能过程,而选择其中看上去比其他选择更好的选项。推理层次则是借助于想象和习惯层次的启示,在明确假定的基础上,有意识地以理性方式分析形势。

博弈者的策略选择也包括以下两方面:预决策和最终决策。由于高层次的决策需要借助于低层次的帮助,因此,就只存在以下三种决策形势:①只有习惯层次被激发;②习惯层次和想象层次两者被激发;③所有三种层次都被激发。对三种决策形势的选择被称为"预决策"。在预决策进行之后,被激发的层次开始运作。而这时每个单一层次都会产生一种选择,即层次决策。对层次决策的取舍的决定就被称为"最终决策"。

预决策和最终决策都是在习惯层次上运作的学习过程的结果,选择一种层次而不是另一种层次会受到以往类似决策的后果的影响。就最终决策来说,如果最终决策倾向于推理层次,而产生了成功的结果,那么就会强化未来类似决策形势中以推理层次为最终决策的倾向;如果失败则削弱这种倾向。其他层次决策也是如此。而同时,如果一种倾向特定层次的最终决策得到成功,则预决策激发这一层次及更低层次的概率就会增加,失败经历则使这一概率降低。

由于推理过程比想象过程成本高,而想象过程又比习惯过程成本高,因而预决策就起到了分配决策时间和努力的作用。至于为什么最终决策有时并不选择被激发的最高层次产生的层次决策,其简单的原因是,更高层次并不一定总能提供更好的决策,如由于决策形势的不确定性,推理过程往往可能存在逻辑和计算上的失误等,而习惯过程或想象过程可能看上去更为成功,因此会削弱理性选择的动力(当然,高层次上的决策投入也有助于经验的积累)。

　　一般来说,对不同选择可能后果的想象能揭示策略局势在习惯层次上不易识别的重要结构性细节,因而想象层次倾向于产生比习惯层次更好的决策。这样,在博弈过程中,通过想象层次,博弈者将自己置于对方的地位进行思考,以形成其对自身行为的期望。另外,即使博弈者对博弈局势进行严格的分析,也常常会发现推理层次难以导致任何明确的结论,更何况决策局势往往并没有良好的结构以允许严格的分析。这样,推理层次也往往需要想象层次的帮助以构造模型。因此,最终决策中往往有强烈的想象层次倾向。

　　可见,根据三层次决策理论,对阶段数少的博弈,归纳理论可以通过对形势的想象而获得,而对于阶段数多的博弈,想象就只能被限制在几个阶段中,特别是博弈的最后几个阶段(当然有的想象可能出现在开始几个阶段)。这样,也就弥补了基于次级效用之上的善意理论的缺陷。

　　思考:我们平时是如何决策的? 基于习惯的行为理性吗?

6.3　无限次重复博弈

　　有限次重复博弈的分析已经表明,如果 G 具有多重纳什均衡,就可能存在这样的子博弈完美均衡,对于任意 t > T,在 t 阶段的结局并不一定是 G 的纳什均衡。而在无限次重复博弈中,即使阶段博弈 G 有唯一的纳什均衡,无限次重复博弈也可能存在这样的子博弈完美均衡,其中没有一个阶段结局是 G 的纳什均衡。例如,两个囚徒(不坦白,不坦白)将总是无限次重复博弈的子博弈完美均衡,尽管它是阶段博弈的有限但非均衡结局。那么,如何实现无限次重复博弈的子博弈完美均衡呢?这就涉及无限次重复博弈的机制。

　　一般地,有限次重复博弈与无限次重复博弈之间的区别就在于:在有限次重复博弈中,所有博弈方都可以明确无误地了解重复的次数,都可以准确地预测到最后一个阶段博弈,并在最后阶段博弈中选择自己的占优策略而不会导致其他博弈方的报复;但是,在无限次重复博弈中,博弈方无法运用后向归纳法进行分析,而是要考虑其他展示承诺和威胁以影响现时行为的策略,每个阶段博弈都要考虑自己的不合作行为可能引起的报复。

6.3.1　冷酷策略和针锋相对策略

　　在无限次重复博弈中,一个博弈方的策略行为会受到对方的影响,这意味着,博弈双方存在相互制约,即你如果损害了他人,就有可能在将来受到他人的报复;同样,你如果施恩于他人,也有可能会得到回报。

一般来说,在无限次重复博弈中主要有以下两种机理:一是"针锋相对策略"(Tit-for-tat Strategy),即一个博弈方在眼前的博弈中采取的是另一个博弈方在上一轮博弈中所用的那种策略。如果所有的博弈方都采取这种策略,并且一开始就使用合作策略,那么,在每一轮博弈中都将会出现合作的结果。二是"冷酷策略"(Grim Strategy),即只要其他博弈方采取合作策略,那么,每个博弈方都采取这一策略,并且,随之对其他博弈方在转向合作策略之前的一系列博弈中实施非合作策略的背叛行为进行惩罚。例如,在囚徒博弈中,采取冷酷策略的囚徒将选择不坦白,直到有一方选择了坦白,以后就将永远选择坦白。在某种意义上,冷酷策略体现了"胡萝卜加大棒"(Carrot-and-stick)政策,冷酷策略组合就构成了一个纳什均衡。

思考:针锋相对策略和冷酷策略有何区别? 举现实中的应用例子。

显然,在这两个策略中,如果所有博弈方一开始就相互合作,那么,这种结果就会贯穿整个博弈过程;相反,一旦其中某个博弈方在某一阶段采取背叛策略,那么,该博弈方在以后的博弈阶段也将采取不合作策略。因此,这两种策略往往被形象地称为"触发策略"(Triggers Strategies)。艾克斯罗德(1996)的计算机模拟实验证实了这两种策略的有效性:最有效的策略是针锋相对策略,而次佳的是冷酷策略。当然,这两种策略获胜基于总分现值,而不是每个单场值。

我们以上述的重复市场交易情形为例对冷酷策略展开讨论:其中,$U_a < U_d < U_h$,δ 是体现跨时贴现率的贴现因子($0 < \delta < 1$),贴现因子越小表示贴现率越大,如图 6-21 所示。

1	2	
	合作	机会主义
合作	U_d,U_d	U_l,U_h
机会主义	U_h,U_l	U_a,U_a

图 6-21 冷酷策略博弈

假设博弈方 1 宣布,当对方选择合作策略时,他也选择合作策略;而一旦对方选择机会主义策略,他将在以后永远选择机会主义策略。这时,博弈方 2 选择合作策略所得的总效用现值为:

$$S_1 = U_d(1 + \delta + \delta^2 + \cdots + \delta^T) = U_d(1 - \delta^{T+1})/(1 - \delta);$$ 当 $T \to \infty$ 时,$S_1 = U_d/(1 - \delta)$

相反,如果博弈方 2 在第一阶段选择机会主义策略,则他得到的总效用现值为:

$S_2 = U_h + \delta(1 + \delta + \delta^2 + \cdots + \delta^{T-1})U_a = U_h + \delta U_a/(1-\delta)$

显然,当 $\delta > (U_h - U_d)/(U_h - U_a)$,这时 $S_1 > S_2$,相互合作将是最优策略。

同时,根据 $U_a < U_d < U_h$,因此有: $(U_h - U_d)/(U_h - U_a) < 1$ 。

可见,在跨时贴现率不是很大的情况下,这意味着 $\delta \to 1$,那么就有: $S_1 > S_2$,这时就可以得到相互合作的收益,这也就是子博弈完美均衡。

一般地,随着贴现因子大小的变化,可能会有许多其他的完美均衡。特别是在合适的贴现率下,对于生成博弈纳什均衡的可行帕累托改进的结果,都可以通过无穷次重复该生成博弈而达到。也就是说,在无限次重复博弈中,如果博弈方有足够的耐心(即 δ 足够大),那么,任何满足个人理性的任何可行支付向量都可以通过一个特定的子博弈精炼均衡得到,这就是民间定理(Fork Theorem)的基本含义。

6.3.2　树立声誉的条件和问题

在长期互动中,要取得合作的结果,关键是要树立可信的威胁或承诺。谢林(2009)强调,"对于一个关系、许诺或威胁,以及谈判地位来说,承诺要求放弃一些选择或机会,对自我进行约束",一方面,"承诺通过改变一个合作者、敌对者,甚至是陌生人对自己行为或反应的预期而发生作用";另一方面,"当人们在试图控制自己的行为时,只有当它们像对待别人一样,要求自己承诺遵守某种节制方案或行为表现时,它们对自己行为的控制才能常常取得成功"。从长期看,声誉体现了一个社会的伦理和风气,反映了一个人的习惯和秉性;而短期上看,树立声誉则是个体为实现其利益最大化而有意识的投资。

我们借用一个简单模型加以说明:假设产品的价格为 p,如果是优质品则其成本为 C_e ,而劣质品的成本为 C_w ;相应地,优质品的利润为 $P - C_e$,劣质品的利润为 $P - C_w$ 。并且假设:市场交易是长期和重复的博弈过程,买主采取冷酷触发策略,一旦受骗,今后就不再与劣质品卖主交易,而优质品卖主则可以享受长期交易的好处。这样,劣质品卖主所能得到的收益为: $P - C_w$ 。

优质品卖主所能得到的收益为: $(P - C_e) + \zeta(P - C_e) + \zeta^2(P - C_e) + \zeta^3(P - C_e) + \cdots = (P - C_e)/(1-\zeta)$ 。

式中,ζ 是贴现因子。

显然,只要 $(P - C_e)/(1-\zeta) > P - C_w$,即 $P > (C_e - C_w)(1-\zeta)/\zeta + C_e$,厂商就不会生产劣质品。也就是说,只要 $P > (C_e - C_w)(1-\zeta)/\zeta + C_e$,市场上基于冷酷触发策略的诚实交易就是子博弈精炼纳什均衡。

　　进一步地,如果 $\zeta \to 1$,即有 $P > C_e$,诚实交易的合作就是子博弈完美均衡。这意味着,如果博弈无穷次且每个人有足够的耐心,在任何短期的机会主义行为的所得都是微不足道的,博弈方有积极性为自己建立一个乐于合作的声誉,同时也有积极性惩罚对方的机会主义行为。

　　有以下两点要加以说明:

　　第一,单纯靠短期的市场收益得失来保证的声誉机制有其自身的局限。这两种策略的有效性往往依赖于这样两个条件:一是相关人之间的关系是持久而确定的,二是相关人之间的关系是透明的。但是,当卖主面对不同的买主时,买主往往就难以使用这两种策略来制约卖主,而卖主则可以使用机会主义获胜。同时,即使发生在相同博弈方之间的重复博弈而言,这些策略的有效性也存在问题:①它是建立在利益比较的基础上,一旦违诺带来的收益超过了守诺所能带来的收益,那么,这种协议也就不再能自动执行了。②如果信息不完全会导致声誉策略缺乏效率,触发策略的结果就很有可能是:各博弈方一开始就选择机会主义,因而社会上泛滥假冒伪劣产品交易也是一个子博弈精炼纳什均衡。即基于工具理性的互动而实现的社会合作依赖于以下两个条件:一是互动双方是无限重复进行的,从而使得目前的行动对今后的收益产生影响;二是市场信息是充分的,从而使得每个交易者的特征在一次性交易后就为市场所有人所知。问题就在于,这两个条件往往是市场不能满足的,因此,"借助经济人模型无法让这种自我约束具有可信性(鲍曼,2003)。"

　　当然,一些旨在树立声誉的诚实交易商也会主动披露信息,这就导致广告的出现。信息经济学认为,广告对高质量商品生产者比低质量商品生产者更有价值,因为高质量商品的生产者更希望能够进行长期交易,而低质量商品的生产者则希望和不得不从事一次性交易。特别是,如果消费者购买的商品属于经验性商品,消费者在使用后就能了解该商品的质量,那么,低质量商品做广告就只获得一次性的交易,这样的广告就是不经济的。但是在市场不完善的社会中,企业主动披露信息也不一定是可信的,相反,很多企业往往试图通过虚假广告而不是通过提升质量来获取超额利润,从而使得企业从"华山之巅"一下子就跌入"万丈深渊"。

　　思考:如何理解广告的质量信号作用? 国内企业的广告为何往往失败?

　　第二,使用"冷酷策略"和"以牙还牙"策略的主要目的并不是惩罚,而是在互动中树立某种声誉,从而向其他人宣布并提高自己威胁的可信度。正是这种声誉导致协议产生自动执行效应,促进了合作。在很大程度上,声誉作为一种特殊的资本,可以带来长远的回报。当然,声誉也具有这样的特性:它的确立需要投入很高的成本,但破坏却非常容易;而且,声誉一旦丧失,就可能丧失今后交易的机会,从而损失惨重。正因如此,声誉建立起来之后,就必须花成本来极力维护它。关于这一点,我们从安然公司、安达信公司以及雷曼兄弟、巴林银行等的倒闭中可见一斑。

　　思考:为何当前国内的老字号企业不很景气? 出了什么问题?

　　那么,良好的声誉有什么特征呢? 人们往往把基于"以眼还眼、以牙还牙"的互惠原则称为"道德铁律",这是互惠原则的最低层次,主要适应于霍布斯的野蛮丛林中的复仇法中,它通过"以牙还牙"的报复方式以结束无休止的战争;但是,随着社会的进步,强迫执行这种法则就很不受欢迎了,即促使人们进行互惠合作的机制或方式就需要提升。一般地,有这样几个阶段或层次:首先,把基于有限复仇的"铁律"上升到"箔律",即要求像别人应受的那样对待别人,这是要求关注对方行为的动机;其次,进一步上升到"银律",即要求"己所不欲、勿施于人",这是"金律"的消极形式;最后,是从消极形式上升到积极形式的"金律",即要求"己所欲、施予人"。显然,只有在最高层次"金律"互惠法则之下,才可能产生积极的善的需求,从而尽可能地缓和机会主义,形成持久、稳定的互惠协作关系。

6.4　民间定理

　　无限次重复博弈的一个重要概念就是民间(Fork)定理,这个定理早在 20 世纪 50 年代就为博弈论专家所知,但没有人发表过,后来弗里德曼将之扩展到了子博弈纳什精炼均衡。

6.4.1　早期民间定理

　　为了更好地解释民间定理,我们首先说明符合个人理性的可行性问题。事实上,无论其他博弈方行为如何,一博弈方在某个博弈中自己采取某种特定的策略,能够最低限度保证得到的收益称为"保证得益"。民间定理则表明:在多次重复博弈中,所有不小于保证得益的可实现得益,都至少可以通过一个子博弈精炼纳什均衡的极限的平均得益来实现。

　　这里,我们可以定义博弈方 i 的保留效用,也称最小最大值(Minimax)为:$v_i = \min_{s_{-i}}[\max_{s_i} g_i(s_i, s_{-i})]$。它的意思是,当博弈方 i 的对手选择任何 s_{-i} 时,只要博弈方 i 正确地预见 s_{-i} 并对它作出最佳反应就能得到收益的下限。[1] 实际上,我们可令 a^i_{-i} 为博弈方 i 的收益取最小值时他的对手的策略,那么,我们就称 a^i_{-i} 是针对博弈

---

　　[1]相应地,最大最小策略是指违规者 i 在面临其他博弈方选择使 i 的支付尽可能低时,i 使自己的支付最大化的策略。

方 i 的最小最大组合；并令 a_i^i 是博弈方 i 的一个策略，那么就有：$v_i = g_i(a_i^i, a_{-i}^i)$。

最小最大值说明，无论贴现因子有多大，博弈方 i 在任何静态和任何重复博弈的纳什均衡中都至少可以得到收益 $\underline{v}_i$。它也称为保留效用，是指其他博弈方试图给博弈方 i 最大惩罚时博弈方 i 保证自己得到的最大支付。

民间定理 1：对每个满足条件"$v_i > \underline{v}_i$ 对所有博弈方 i 成立"的收益向量 v，存在 $\delta^* < 1$，使得对所有的 $\delta \in (\delta^*, 1)$ 存在纳什均衡 $G(\delta^*)$，有收益 v。

例如，在图 6-22 所示博弈矩阵中，假设博弈方 2 以概率 p 取 L 策略，那么，博弈方 1 分布在 U、M 和 D 的收益分别为：$v_U(p) = -3p+1$，$v_M(p) = 3p-2$，$v_D(p) = 0$。也就是说，博弈方 1 至少可以得到收益 0；同时，我们选择一个 p 来最小化 v_U 和 v_M 中的最大值，以确定博弈方 1 的最小最大值是否是 0。$v_U(p) + v_M(p) = (-3p+1) + (3p-2) = -1$，这意味着，设定一定的 p 可以使得 $v_U(p)$ 和 $v_M(p)$ 都小于 0。例如，当 $p = 1/2$ 时，$v_U = v_M = -1/2$。可见，博弈方 1 的最小最大值为 0。

类似地，将博弈方 2 在 L 和 R 上的收益表示为博弈方 1 选择 U 和 M 的概率 q_U 和 q_M，就有：$v_L = 1 + q_U - 3q_M$，$v_R = 1 + q_M - 3q_U$。此时，$v_L + v_R = 2 - 2(q_U + q_M) > 0$。这意味着，$v_L$ 和 v_R 必然有一个不小于 0。显然，博弈方 2 在策略组合 (1/2, 1/2, 0) 时达到最小最大收益 0。

因此，上述博弈中最小最大收益的可行收益集可用图 6-23 的阴影区域表示。

		2	
		L	R
1	U	-2, 2	1, -2
	M	1, -2	-2, 2
	D	0, 1	0, 1

图 6-22　博弈矩阵

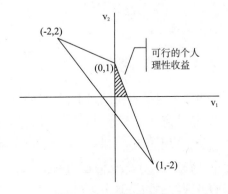

图 6-23　可行收益集

当然，需要指出，上述定理证明是基于冷酷策略：一次背离将引发今后永久的惩罚，从而一个选择背离的博弈方将在之后各期得到最小最大收益。但问题是，如果惩罚的成本很大，如在古诺模型中，这种最小最大策略可能要求生产的产品多到使得价格降到对手的成本以下，这也可能在自己的成本以下。因此，这种高昂的代价就可能出现以下问题：博弈方 i 是否对对手将采取的冷酷惩罚有所畏惧，不进行原本有利可图的一次性背离。显然，这里的关键是，证明民间定理的策略不是子博弈完美均衡。

6.4.2　"纳什威胁"民间定理

上述民间定理的一个问题是:民间定理的结论是否适用于完美均衡的收益? 弗里德曼对此作了回答,他证明了一个更弱的结果,有时也被称为"纳什威胁"无名氏定理。

民间定理 2(Frideman):假设 G 是一个有 n 个博弈方的完全信息静态博弈,e $(e_1,e_2,\cdots,e_n)$ 是博弈 G 的一个纳什均衡 A 的支付向量,v $(v_1,v_2,\cdots,v_n)$ 表示 G 任意可行支付向量。如果对任意博弈方有 $v_i \geqslant e_i$,那么,一定存在一个贴现因子 $\delta^* < 1$,使得对所有的 $\delta \geqslant \delta^*$,v $= v(v_1,v_2,\cdots,v_n)$ 是无限次重复博弈 G(∞,δ) 的一个特定的子博弈精炼纳什均衡结果。

上述民间定理含义是:不管纳什均衡 A 是混合策略均衡还是纯策略均衡,由 A 决定的支付向量e$(e_1,e_2,\cdots,e_n)$是达到任何精炼均衡结果 v$(v_1,v_2,\cdots,v_n)$的惩罚点(即纳什威胁点)。如在图 6 - 20 所示博弈中,其中一个纳什均衡(机会主义,机会主义)下所得的支付是 U_a,如果 δ 接近 1;那么,只要重复博弈中博弈方的可行的平均单期支付不小于(U_a,U_a),这样的支付就是一个可能的均衡支付。

我们可用图 6 - 24 表示,其中,过(U_a,U_a)两条垂直线围成的可行集部分(即虚线填满部分)就是可能的均衡支付。

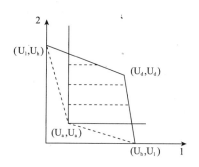

图 6 - 24　无穷重复博弈中可能的均衡支付

"纳什威胁"民间定理说明,有耐心的古诺双寡头可能"隐性共谋",各自生产垄断产出的一半,而一旦出现任何背离就转到以后采用古诺均衡直到永远。可见,根据弗里德曼的定理,在多次的重复博弈中,帕累托最优结果可以成为均衡解,静态纳什均衡也可以成为均衡解,这主要取决于博弈方对长远利益的认知和追求的意志力;而且,介于静态纳什均衡和帕累托最优之间的任何一种结果都有可能成为均衡结果,这种范围广阔的均衡集合为均衡的预测带来了巨大的困难。显然,"纳什威胁"民间定理只是用 e 取代早期民间定理中的 v_i,而且,一般有 $e \geqslant v_i$;因此,弗里德曼定理的结论要弱于早期民间定理的结论,除非博弈中有静态均衡使所有博弈方得到他们的最小最大值。

思考:这里说"介于静态纳什均衡和帕累托最优之间的任何一种结果都有可能成为均衡结果",它是否真正解决了问题? 现实社会中最可能出现的均衡又是如何? 它是如何决定的?

6.4.3   无限博弈状态的 ε - 纳什均衡

上面的分析说明,在无限状态展开型博弈中,当相当长的时期 t 后,博弈方对准则的偏离对目前的策略均衡的影响是微不足道的,因此,人们有理由期望在这种情况下,"相同博弈"的有限和无限状态的均衡将是紧密关联的。然而,并不是所有的无限状态的均衡都是相对应了有限博弈均衡的极限。如在上述市场交易的囚徒博弈中,只要贴现率 $\zeta > (C_e - C_w)/(P - C_w)$,"诚实的合作交易"就是无限博弈的子博弈完美均衡;但是,"机会主义"却是有限博弈的均衡;因此,无限交易博弈中至少有一个均衡不是有限博弈的极限。

针对上述问题,拉德纳在 1980 年指出,放宽博弈方不折不扣最大化自己盈利的假设:如果偏离某个策略组合带来的利益足够小的话,博弈方也不会有改变策略的积极性,这种策略组合也具有稳定性;那么,"合作"就可以修改为有限囚徒困境的均衡。

定义:对一个策略组合 σ^*,如果对所有博弈方 i 和所有策略 σ_i,存在某个小正数 $\varepsilon > 0$,并使得:$\Pi_i(\sigma_i^*, \sigma_{-i}^*) \geqslant \Pi_i(\sigma_i, \sigma_{-i}^*) - \varepsilon$ 成立,那么,就称 σ^* 是一个 ε - 纳什均衡。

也就是说,如果没有一个博弈方可以在任何子博弈中通过偏离而使自己的获益增多 ε,那么,这样的策略组合就是 ε 完美均衡。

ε - 纳什均衡概念表明,博弈方并不一定精确地最大化他们的收益,如果偏离某个策略组合带来的利益足够小的话,博弈方常常缺乏改变策略的积极性,即理性的个人对盈利的计算不可能绝对精确,而由于不确定性的原因,理性的博弈方会甘愿忍受微小的"亏本"。因此,这种策略也具有稳定性。但是,由于 ε - 纳什均衡的界定和识别都不很方便,在分析和预测博弈结果时也难以得出与纳什均衡分析一样的明确结论,因而这个概念并没有多大价值。

但是,引入 ε - 纳什均衡概念后,我们就可以进一步对无限状态博弈和有限状态博弈的联系进行分析。事实上,对于无限博弈 G^∞,我们可以在某有限时期 T 进行截断,从而构造 T 周期的有限截断博弈 G^T。显然,对于相当大的 T,T 以后的策略对整个盈利只有微不足道的影响;这样,G^∞ 的均衡就可以利用 G^T 的策略的极限来表达。在囚徒博弈中,构造截断博弈 G^T,在 T 周期之后的所有博弈回合,双方均背叛;而在 T 周期的有限囚徒博弈中,一致(背叛,背叛)显然是唯一的子博弈完美均衡。而在博弈 G^T,如果每一博弈方的对手的策略是合作的,直到发生背叛为止,且此后一直采取背叛行为;那么,他的最佳反应无疑是合作直到 T 周期之前,且在 T 周期背叛并一直背叛下去。也就是说,在博弈 G^T 内,有限 T 个周期内均采取合作态度其实是一个 ε - 完美均衡。

ε - 纳什均衡也可用来解释最后通牒博弈(Ultimatun Game)。在这个博弈中,要求博弈方 1 首先出价与博弈方 2 就一定份额的收益进行分配,如果博弈方 2 接受了博弈方 1 的出价,博弈方 1 可以得到出价的份额,而博弈 2 方得到剩余的;但如果博弈方 2 拒绝了博弈方 1 的出价,两者都一无所获。显然,根据后向归纳法,理想的结果是,博弈方 1 将获得几乎所有的份额,而只留下很少的 ε 给博弈方 2。然而大量的实验却表明,通常是对半分配的,博弈方 2 往往会拒绝非零分配。根据 ε - 纳什均衡理论,博弈方 2 威胁将拒绝微量 ε 的份额,这个威胁是可信的,因为这对博弈方 2 来说仅仅损失 ε,而博弈方 1 将损失几乎整个份额,因此博弈方 1 必须慎重考虑博弈方 2 的威胁。当然,这种解释也存在问题,博弈方 1 为何要给予对半的分配,而不是 30%,或者 20%,甚至更低。这显然与文化等有关。

延伸阅读与思考

如何理解现实世界中的合作现象

主流博弈理论认为,无穷次重复博弈将会导向互动双方之间的合作,而这种合作又主要由以下两种机理来保证:针锋相对策略和冷酷策略。但是,在现实生活中,固定双方之间发生非常大量的直接互动的情况是不多见的,那么在这种情况下,促进合作的机制又何在呢? 举个例子:一般认为,经理市场的竞争会对经理施加有效的压力,如果一个经理业绩不佳,那么在经理市场上,其人力资本就会贬值,在未来谋职时就会遇上很多麻烦。因此,如果从动态而不是从静态的观点看问题,即使不考虑直接报酬的激励作用,代理费用也不会很大。因为按照现代主流经济学的理解,经理人员之所以会努力工作,就在于经理市场无形中起到了监督和记录经理人员过去的业绩的作用,考虑到长久的声誉,经理人员不得不对自己的行为有所约束。问题在于,声誉市场是如何起到监督约束的作用呢? 因为如果交易互动不是发生在固定个人之间,那么,声誉的自动执行功能显然是值得怀疑的。事实上,参与交易的 x 可能对 y 实行了机会主义,但他并不一定对 z 也会实行机会主义;

那么,z在与x进行明显有利可图的交易时,为何要通过断绝交易而惩罚x曾经对y所犯下的机会主义行为呢? 显然,由于对x的惩罚也往往意味着z自身收益的损失,这是不符合"经济人"的行为逻辑的。

为了说明人类社会中普遍存在的互惠合作现象,举例如下:现代社会的消费信贷很发达,以至"今日用明日的钱"已经成为生活常态,那么,是什么机制保证了借款者在"明日"会履行契约还钱呢? 现代经济学认为,声誉在其中充当了自我实施机制,因为每位借款者都明白,如果他这次不还款,那么就失去了信誉,下次也就难以再获得信贷了。那么,为什么那些没有被欠账的贷款者也不愿对之提供信贷呢?为此,美国马萨诸塞州桑塔费学派的金迪斯和鲍尔斯(2005)等用"强互惠"(Strong Reciprocity)行为机理取代主流经济学中的经济人假设来加以解释。根据这种"强互惠"理论,强互惠主义者倾向于通过维持或提高他的合作水平来对其他人的合作作出回应,并惩罚他人的不合作行为,即使这种惩罚行为也可能损害自身的收益;而且,当"强互惠主义"者来到一个新的社会环境时,他也倾向于采取合作态度,从而使得这种"强互惠"行为得以不断扩展而形成广泛的市场互利合作主义。

关于现实中大量合作现象和利他行为背后的逻辑和机理,这里可以通过系列情形分解剖析。

(1)客户a依靠无抵押的信用方式向银行A获得了贷款却不还款,因而银行A决定对客户a采取冷酷策略的惩罚;这样,两者之间从此失去了交易关系:银行A不愿再贷款给客户a,客户a也不再向银行A申请贷款。显然,如果市场中只有A这一家银行,那么,客户a没有其他选择而所有的贷款行为都只能发生在与银行A的互动中;这样,客户a和银行A之间发生的就是多次乃至无穷次的博弈,此时,银行A就可以运用胡萝卜加大棒式的针锋相对策略或者冷酷策略来"迫使"客户a遵守契约,从而可以形成合作均衡,这也正是现代主流经济学所分析的情形。其交易关系可见图6-25。

$$A \longrightarrow a$$

图6-25 单个委托人与单个代理人的互动

然而,在现实的人类社会中,客户a所能获得贷款的银行并非A这一家,以至客户a和银行A之间的交易往往是少数性的,那么,他们之间的互动行为又是如何达到合作均衡的呢?

(2)我们假设市场中还有另一家银行B,那么,客户a在得不到银行A贷款的情况下,就会转向银行B申请贷款。显然,如果社会交易之间的联系是割裂的,那么客户a和银行B之间就会重复客户a和银行A之间的那种博弈关系,这在某种意义上也是一种开环结构的重复博弈。在行为功利主义原则的思维下,只要与客户 a 的交易有利可图,银行 B 显然不会因为银行 A 与客户 a 之间的契约状况而对客户 a 进行惩罚。特别是在客户 a 能够保证银行 B 获利的情况下更是如此,如客户 a 此时向银行 B 申请的是抵押贷款,尽管这种抵押品很可能与银行 A 的贷款有关。这样,客户 a 对银行 A 所实行的机会主义行为就没有得到惩罚,这会导致客户 a 的不合作策略获得优胜。其交易关系可见图 6 – 26。

图 6 – 26　两个委托人与单个代理人的互动

此时银行 B 果真应该为获得这笔交易利益而置银行 A 对客户 a 的惩罚呼吁于不顾吗? 这就与银行 B 的功利主义行为是否会引发其他连锁反应有关,与银行 A 是否也会采取类似手段而损害银行 B 的利益有关。

(3)我们假设市场上还有另一客户 b,他原先与银行 B 发生交易后也出现了违约行为,此时他同样采取转向银行 A 申请贷款的策略。那么,基于类似的行为功利主义原则,银行 A 也应该采取类似于银行 B 的行为策略,这样使得客户 b 的机会主义行为也没有得到惩罚,从而反过来又损害了银行 B 的利益。显然,正是基于行为功利主义原则,两个银行的"经济人"行为最终反而损害了自身,并鼓励了社会上的机会主义行为,从而导致社会无法形成有效合作。在某种意义上讲,原本处于割裂状态的银行 A 和银行 B 就通过客户 a 和客户 b 这些媒介而联系了起来,并且,它们基于行为功利主义的短视行为实际上产生了相互的机会主义,从而损害了双方及自身。显然,作为理性的行为者,就应该预见到这一点,在这种情况下,当曾经实施机会主义行为的客户 a 来向银行 B 申请贷款时,银行 B 应该加以拒绝,尽管这种策略可能损害自身的暂时利益。其交易关系可见图 6 – 27。

图 6 – 27　两个委托人与两个代理人的互动

如果存在更多的银行,它们都采取类似于银行 B 的行为,那么银行 B 的最佳行为就是采取有利于其他银行的惩罚措施,即间接惩罚可以促使银行 B 更乐于采取"强互惠"的合作行为,对那些甚至与己无关的机会主义行为实行惩罚。

(4)上面考虑的还是简单情形——银行 A 永远作为委托人,而客户 a 永远作为代理人。但在真实的人类社会中,处在不同时空下的行为主体所扮演的角色是多样的,因而往往可能同时兼有委托人和代理人的角色,如银行和企业间的交叉持股。例如,客户a相对于银行A而言是代理人,但在另一场合a也可能借钱给a',从而又成为了委托人。在这种情况下,如果a对于银行A违约,没有归还贷款,那么,同样也存在a'对于a违约的可能性。如果对a有违约行为的a'再转向银行A进行抵押贷款,此时,银行A就可以采取不惩罚a'的方式(即贷款给a')。这样,就变相地鼓励了a'对a的违约行为,从而间接地使得a为其对银行A的违约付出了代价。显然,尽管银行A和客户a仅发生一次性交易,但通过a'这一桥梁实际上也发生了更广泛的联系。其交易关系可见图6-28。

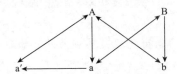

图6-28 兼具委托人和代理人角色的互动

推而广之,如果这种间接媒介足够多(现实中正是如此),客户a和银行A实际上发生的就是多次重复博弈,这时针锋相对策略或者冷酷策略就可以发挥效用了。

(5)最后,需要指出,上面分析的仍是相对简化的情形,仅说明了少量市场参与者博弈的情形。但在现实社会中,存在着大量的互为委托人和代理人的客户和银行,它们之间通过借贷网络而联系在一起。正因如此,现实生活中的每个成员在采取行为前就不得不考虑其他利益相关者的感受,既不会轻易地损害其他利益相关者的利益,也更愿意对那些明显的机会主义行为进行惩罚,尽管似乎从中并没有得到多少直接的利益甚至还会损害当前的利益。正因为任何成员的机会主义行为实际上都会损害所有成员的利益,并最终反过来损害自身利益,因此,人类社会中就会出现大量的强互惠现象,存在普遍性的合作关系。与此相适应,也就出现了社会共同治理的治理机制,它不是基于孤立的委托—代理的单向治理,而是依赖于一套共同的社会规范或行业规范,一个人的机会主义行为将受到其他所有成员的处罚。

一般地,社会共同治理模式可以用图6-29来加以表示,图中箭头表示利益的流向,如从A指向a就表示由于a对A实行机会主义而导致利益从A流向a;这里可将A看成是传统意义上的委托人,将a看成是传统意义上的代理人。同时,单向箭头表示利益的单向流动,而双向箭头表示互利行为。基于传统的狭义理解,交易仅是指直接交易,因而A与a之间发生的交易似乎是一次性的或少量性的,其交易关系为:A↔a;但是,如果考虑到B和b等作为媒介的存在,那么A与a之间就会存在诸多的间接联系:A↔b↔B↔a。此外,考虑到a作为潜在的委托人角色,那么,也同样存在 A↔a′↔a 的联系;进一步地,如果考虑社会任何主体所充当的角色是多重的话,那么就构成了社会中数不清的社会联系,用图 6 - 29 中的虚线表示。

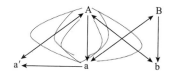

图 6 - 29　社会共同治理的互动示意

　　显然,上面的分析表明,本来貌似偶然性联系的个体性互动实质上暗含了普遍性的社会性互动。这样,通过社会共同治理机制,就可以有效避免双边治理中因博弈次数较少而导致惩罚机制失效的问题。艾克斯罗德所设计的计算机对策游戏并不在固定的两个博弈方之间开展;相反,每个人是以自己的策略参与到群体的互动中,这就构成了类似上述的社会网络。在社会网络中,任何参与方都与其他参与方发生无数的直接或间接的联系,从而更容易形成合作的结果。当然,这种合作的关键在于信息披露,这也是克莱因强调自动实施协议的基础,克莱因(1999)说,"市场上过去的行为提供了有关这类交易者性质的有价值的信息。交易者将解除与违约者的关系而完全拒绝与过去违约的人打交道,因为他们从这些违约交易者那里知道了很多东西,或者因为他们不解除这关系将会导致市场上另外的交易者从他那里得到这些不利的信息"。

　　可见,基于社会网络联系,我们就比较容易理解为什么人们往往愿意对那些曾有过机会主义行为的人进行惩罚,尽管这种惩罚往往需要花费一定的个人成本;同时,也就比较容易理解个体之间的自律行为和合作取向,容易理解促进合作的团体规范的形成。正是在这种网络化联系中,原本看似孤立的行为就成了重复性的互动,此时每个人的行为也就更容易受到奖励或惩罚;这种网络化联系更接近于罗尔斯所言的无知之幕,从而更容易形成一些人们一致同意的规则,而这进一步有助于稳定个体的形成。其实,尽管主流博弈论倾向于用无限次重复博弈来解释自利者之间的合作现象,但正如金迪斯和鲍尔斯(Bowles 和 Gintis,2003)等指出的,民间定理主要适用于两人互动的情形,而在 n 人的团体中就显得不适用了。一是因为随着人数的增加,偶然的或有意识的背信数目就会增加,这样,"颤抖"就会急剧地增加惩罚背信者的成本;二是因为在一个由异质个体组成的大集体中,大部分进行合作的利润往往会随着人数的增加而下降;三是因为在这种情况下,就需要建立一系列合作和激励机制,如共同保险、信息分享以及有利于群体的社会规范的维持,等等。为此,金迪斯和鲍尔斯等人结合人的特殊性而提出了"强互惠"机制,它反映出,现实社会中的个体往往愿意承担某种私人成本来惩罚那些曾实施不公正行为的人。

7. 完全但不完美信息动态博弈

前面我们讨论了完全信息博弈,下面我们开始接触不完全信息博弈。首先,我们简要介绍完全但不完美信息的动态博弈;其次,我们再转而探究不完全信息的静态博弈,因为完全但不完美信息动态博弈是理解不完全信息静态博弈的求解的基本思路。前面分析的是每个信息集只包括单一决策节的状况,如果一个信息集包括两个以上的决策节,那么这种博弈就是不完美博弈,这种类型是对完全信息动态博弈的修正和发展。

7.1 不完美信息博弈的概述

如果在博弈过程中的任何时点每个博弈方都能观察并记忆之前各博弈方所选择的行动,就称为完美信息(Perfect Information);否则,就称为不完美信息(Inperfect Information)。如果各博弈方都只有一次策略选择,而所有后选择的博弈方全都完全不能看到之前所有其他博弈方的策略选择,那么,这类博弈可以当做静态博弈看待,因为此时各博弈方在信息方面的机会是相同的。相反,如果各博弈方完全了解其他博弈方的得益情况,但只有部分博弈方不能完全了解自己之前的整个博弈过程,或者各博弈方之间对博弈进程信息的了解有差异,或者各博弈方尽管有多次策略选择,却无法观察到前面博弈进程的任何信息,那么,这种博弈就不是静态博弈,而是动态博弈,是没有关于博弈进程完美信息的动态博弈,我们称其为完全但不完美信息动态博弈。

7.1.1 扩展型表示

完全但不完美信息动态博弈的本质特征在于:博弈方之间的信息具有不对称性。这种信息不对称在现实世界中十分常见,博弈方保密、信息传递不畅都会导致信息不对称。

例如,在旧车市场中,人们购买一辆旧车在使用后往往有划算或不划算的感觉,其原因就在于,他作为买方在旧车交易中所掌握的关于车的信息太少。

思考:市场竞争中的信息不对称是如何产生的?

例如,考试时监考老师怀疑一个学生正在作弊,他可以采取处理和不处理两种方式;同时,学生可以采取主动承认和隐瞒两种策略。当然,学生是否采取主动承认的策略取决于老师的特征:如果老师比较温和,此时老师也许就不会追查,此时刻意隐瞒也许是最好的。而且,如果老师决定不处理,显然,刻意隐瞒将是最优的。不过,如果老师是严厉的,在学生不主动承认错误的情况下,更倾向于一查到底。这里,我们假设学生了解老师的类型,那么,他究竟采取什么策略在很大程度上取决于他对不同类型的老师可能采取策略的概率的判断。因此,这个完全但不完美信息的动态博弈可用图 7-1 表示。

当然,我们也可以换一种思维,假设老师决定处理是已知的,但由于不同老师所采取的处理方式有差异,有的比较温和,有的比较严厉。如果老师是严厉的,那么,作弊者很可能会被查出来;而如果老师是温和的,那么学生不承认作弊也可能获得通过。这样,这个完全但不完美信息的动态博弈就可表示为图 7-2。

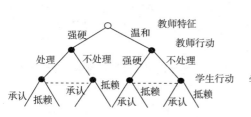

图 7-1　完全但不完美信息的作弊博弈 I　　**图 7-2　完全但不完美信息的作弊博弈 II**

同时,我们可以把上述扩展型动态转化成策略型矩阵,见图 7-3。显然,该博弈有两个纯策略纳什均衡(强硬,承认)和(温和,隐瞒)。那么,学生如何正确地选择策略呢? 这取决于各种策略所带来的期望收益。

现假设,老师采取强硬方式处理的概率为 P,而采取温和方式处理的概率为 1-P。那么,

学生选择承认的效用期望是: $-3P+(-3)(1-P)=-3$

学生选择隐瞒的效用期望是: $-10P+(-1)(1-P)=-1-9P$

根据期望支付收益等值法,那么就有: $3=-1-9P$,即 $P=2/9$

当学生判断 $P>2/9$ 时,他将采取主动承认策略;而当学生判断 $P<2/9$ 时,他将采取刻意隐瞒策略。当然,在完全但不完美信息的动态博弈中,这个概率判断并不是先验的,而是后行动者基于先行动者的行动信息以及该行动所依赖的条件概率所做出的。在这里,学生判断老师采取强硬方式的概率,主要依据老师采取处理或不处理的行动。

我们再来看《三国演义》中诸葛亮摆空城计的案例,当时蜀汉由于马谡街亭失

守,司马懿引15万大军压城,而此时诸葛亮只有两千余人留守城池。面对着诸葛亮弹琴挥扇之状,司马懿有两种选择:一是大规模攻城,二是撤退。这两种策略的选择取决于对城内蜀军兵力的预测。如果诸葛亮仅是故作镇定,那么选择攻城收益巨大,但如果诸葛亮布有伏兵,司马懿也可能损失惨重。

其完全但不完美信息的动态博弈展开型可以表示为图7-4,在该博弈中,司马懿的策略取决于对诸葛亮部署的估计,这又涉及司马懿对诸葛亮历来行为方式的判断。显然,在历史故事中,诸葛亮正是利用司马懿对自己"谨慎"的"成见"而冒险设下空城计,结果得以死里逃生。

教师		学生	
		承认	隐瞒
	不处理	0,5	0,5
	强硬方式处理	5,-3	1,-10
	温和方式处理	5,-3	1,-1

图7-3 作弊博弈的策略型

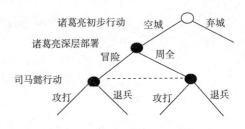

图7-4 完全但不完美信息的空城计动态博弈

7.1.2 均衡精炼思路

前面指出,对于一个动态博弈来说,可信性始终是一个中心问题,理想的均衡必须能够排除任何不可信的威胁。一般地,在完全且完美信息动态博弈中,子博弈精炼纳什均衡保证了这一点。但是,在完全但不完美信息动态博弈中,由于存在节点信息集,一些重要的选择及其后续阶段不构成子博弈,因此,只依靠子博弈完美性难以完全排除不可信的威胁或承诺,无法保证均衡策略中所有选择的可信性,无法检验后续阶段的策略是否是一个纳什均衡。

例如,在图7-5所示博弈中,唯一的子博弈就是平凡子博弈,而且,纳什均衡(L,A)和(R,B)都是子博弈完美均衡。但显然,纳什均衡(L,A)是不合理的,因为,无论博弈方2对博弈方1的行动是M还是R形成何种信念,他只要有机会就会选择B。

既然子博弈纳什均衡无法剔除(L,A),那么,我们又如何剔除它呢?这就有赖于精炼贝叶斯—纳什均衡。

假设:博弈方2认为博弈方1选择M和R的概率分别为q和1-q,在此信念下,博弈方2选择A的预期收益是$2q+2(1-q)=2$,选择B的预期收益是$4q+6(1-q)=6-2q$。由于$6-2q>2$,因而博弈方2一定会选择B。给定博弈方2会

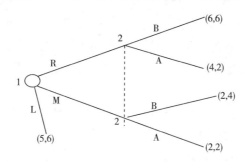

图 7-5 只有平凡子博弈的动态博弈

选择 B,博弈方 1 就会选择 R。显然,当博弈方 2 观察到博弈方 1 没有选择 L 时,就会推断博弈方 1 一定会选择 R,即 q = 0。所以,此博弈的均衡就是{R,B;q = 0}。

7.2 精炼贝叶斯均衡初步

上面给出了探索完全但不完美信息动态博弈解的基本思路,当然,我们仅是考察后行动者对先行动者的行为判断,并赋予一定的概念。然而,这个概率是否合理? 这就需要考虑行动者的期望收益。一般地,如果考虑所有博弈方的期望收益,那么这个均衡就是精炼贝叶斯均衡(Perfect Bayesian Equilibrium)。精炼贝叶斯均衡是在静态贝叶斯均衡(即贝叶斯—纳什均衡,Bayesian-Nash Equilibrium)上发展起来的,但限于逻辑上从不完美信息动态博弈到不完全信息静态博弈进行介绍的方便,我们先将精炼贝叶斯均衡提出来作一简要介绍。

7.2.1 精炼贝叶斯均衡条件

一般地,形成精炼贝叶斯均衡需要有如下几个条件:

(1)在各个信息集,轮到选择的博弈方必须具有一个关于博弈达到该信息集中各节点的概率判断(信念)。对非单节点的信息集,判断之一就是博弈达到该信息集中每个节点的可能性概率。对单节点的信息集,则可理解为判断到达该节点的概率为1。

(2)给定各博弈方的信念,他们的策略必须是序贯理性的,即在各个信息集,给定轮到选择的博弈方的判断和其他博弈方的后续策略,该博弈方的策略选择及他自己在以后阶段的后续策略必须使自己的期望收益最大。

(3)在均衡路径上的信息处,博弈方的信念由贝叶斯法则和各博弈方的均衡策略决定。

(4)在不处于均衡路径上的信息处,判断由贝叶斯法则和各博弈方在此处可能有的均衡策略决定。

其中,贝叶斯方法是概率统计中的一种分析方法,它是指根据所观察到的现象的有关特征,并对有关特征的概率分布的主观判断(即先验概率)进行修正的标准方法。

当一个策略组合及相应的判断满足上述四个条件时,就称为一个精炼贝叶斯均衡。之所以称这种均衡为精炼贝叶斯均衡,首先是因为第二个条件对序贯理性的要求与子博弈精炼纳什均衡的子博弈完美性完全相似,因此也称序贯均衡;同时,第三个条件和第四个条件规定"推断"的形成必须符合贝叶斯法则。显然,子博弈精炼纳什均衡是精炼贝叶斯均衡在完全且完美信息动态博弈中的特例,即在完全且完美信息动态博弈中精炼贝叶斯均衡就是子博弈精炼纳什均衡。进一步地,精炼贝叶斯均衡在静态博弈中就是纳什均衡。

7.2.2 后验概率判断

我们以二手车(柠檬)市场为例加以说明。一般地,人们在买了二手车以后,就会有划算、不划算等种种不同的感觉。因此,我们可以把二手车交易写成博弈问题:①先是卖方拥有对其自己车好和坏的信息;②车主在一定价格下决定卖还是不卖;③买方决定是买还是不买。

不完全信息的柠檬市场博弈见图7-6,在该不完全信息的动态博弈中,买方了解卖方在各种类型情况下的得益函数,并且在卖方选择卖策略后采取行动,但他并不知道卖方的车是什么类型:是高质量还是低质量。目的是期望收益最大化的买方在考虑是否买的时候,必须利用一切信息来判断卖方决定卖车时车质量好和坏的条件概率 $p(g|s)$、$p(b|s)$。

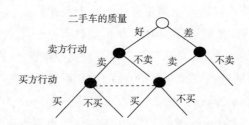

图7-6　不完全信息的柠檬市场博弈

那么,买方如何判断车的质量呢?一般地,车质量好坏的概率可以由二手车市场的先验概率分布以及卖主的行动进行判断。因此,买方会作以下两点考虑:首先,运用经验性的知识和数据判断总体上二手车质量的好坏概率 $p(g)$、$p(b)$;其次,考虑卖方在车好坏两种情况下各自选择卖还是不卖的概率 $p(s|g)$、$p(s|b)$。

因此,根据贝叶斯法则,车质量好坏的条件概率就有:

$$p(g|s) = \frac{p(g) \cdot p(s|g)}{p(s)} = \frac{p(g) \cdot p(s|g)}{p(g)p(s|g) + p(b)p(s|b)}$$

一座城市有两家出租车公司,其中一家的出租车是绿色,另一家的出租车是蓝色;同时,绿色出租车占85%,蓝色占15%。一天晚上一辆出租车肇事后逃逸,一位目击证人辨认出那辆肇事车为蓝色,而警察在对出事地点和证人证词进行测试后得出结论,目击证人当时能够正确辨认两者颜色的概率是80%,错误概率是20%。那么,肇事出租车是蓝色的概率究竟多大呢?

根据贝叶斯法则:

prob(肇事车蓝色/辨认是蓝色)

$$= \frac{\text{prob}(辨认是蓝色/肇事车蓝色) \times \text{prob}(肇事车蓝色)}{\text{prob}(辨认是蓝色)}$$

prob(辨认是蓝色)

= prob(辨认是蓝色/肇事车蓝色) × prob(肇事车蓝色) + prob(辨认是蓝色/肇事车绿色) × prob(肇事车绿色)

$= 0.8 \times 0.15 + 0.2 \times 0.85 = 0.29$

所以有:prob(肇事车蓝色/辨认是蓝色) $= \frac{0.8 \times 0.15}{0.29} = \frac{196}{197} = 0.414$

7.2.3　精炼贝叶斯均衡的深化理解

为深化理解精炼贝叶斯均衡的几个条件,我们通过分析图7-7所示的完全但不完美信息动态博弈来作具体说明,在不完美信息下,博弈方2只有两种策略选择L和R。

相应地,图7-7所示博弈展开型可转化成图7-8所示博弈策略型,该博弈数存在两个单纯的纳什均衡(M,R)和(U,L)。

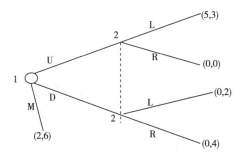

		2	
		L	R
1	U	5,3	0,0
	D	0,2	0,4
	M	2,6	2,6

图7-7　完全但不完美信息动态博弈展开型 I　　图7-8　完全但不完美信息动态博弈策略型

　　显然,由于除了原博弈以外,该博弈没有任何其他真子博弈,即子博弈完美的要求自然且平凡地得到满足,因此,图7-8所示策略型博弈下的纳什均衡(M,R)和(U,L)也就是子博弈完美均衡。但是,从直觉上看,(M,R)并不是图7-7所示展开型博弈的一个均衡,因为它依赖一个不可信的威胁:博弈方2一直取R。实际上,给定博弈方1的选择U,L是博弈方2更好的选择。为了解决这一矛盾,就需要引进精炼贝叶斯均衡。

　　实际上,我们可以根据上面贝叶斯完美均衡条件进行分析:

　　根据条件1,由于博弈方2无法了解博弈方1的选择,因此就无法确定自己的选择。这时,他在这个多节点信息集就需要有个判断作为决策的基础,从而也是均衡的基础。如果博弈方1选择U的可能性大,他就选择L策略;如果博弈方1选择D的可能性大,他就选择R策略。

　　根据条件2的序贯理性要求,我们可以在博弈方不完美的信息集上赋予一个概率分布作为信念。这样,图7-7所示扩展型博弈就可以重新表示成图7-9,此时,博弈方2取L的期望收益为:$3p+2(1-p)=2-p$;博弈方2取R的期望收益为:$0p+4(1-p)=4-4p$。显然,只要$2-p>4-4p$,即$p>2/3$。根据条件2,博弈方2就不会取R。因此,在博弈方1不选M而U出现的概率较大时,博弈方2只选择R的威胁是不可信的,因为他选L所得的期望效用更大。在这种情况下,博弈方1一开始就会选择U。

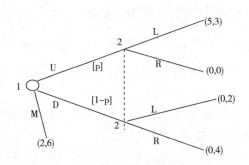

图7-9　完全但不完美信息动态博弈展开型Ⅱ

　　根据条件3,博弈方2在两个节点信息集处的判断是根据贝叶斯法则和双方的均衡策略做出。在本例中,博弈方2的判断与博弈方1的选择直接相关,因而不存在条件概率问题,贝叶斯法则自动成立。而由于博弈方2的判断必须与自己和博弈方1的均衡策略相一致,而博弈方1唯一的均衡策略为U,因此他判断博弈方1选U的概率$p=1$。(当然,如果该模型存在另外一个混合策略,博弈方以概率q_1选U,以概率q_2选D,以概率$1-q_1-q_2$选M;那么,博弈方2的信念$P=q_1/(q_1+q_2)$)。

关于条件 4,由于不存在任何人的一个信息集不在该均衡途径上,也就不存在非均衡路径信息集上具有行动的博弈方的"可能的均衡策略",因而条件 4 自然得到满足。

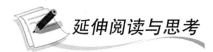

延伸阅读与思考

重新审视合作博弈均衡与联合理性

一般地,基于后验概率的精炼贝叶斯均衡是更为精微的后向归纳法的推理结果,但后验概率的确定本身却依赖于对行动者的类型及其行为特征的观察;同时,正文中的分析表明,如果博弈方采用前向推理法,往往就会带来很不一样的结果。那么,精炼贝叶斯均衡合理吗? 这就需要重新审视主流博弈论的基本理性概念。事实上,无论是纳什均衡,还是子博弈精炼纳什均衡或者精炼贝叶斯—纳什均衡,都是基于个体理性出发,每个博弈方都基于避免风险的最大最小化原则选择策略和展开行动,反映的几乎都是非合作结果。然而,这种分析的理性基础是否合理呢? 一般地,博弈均衡意味着博弈方的策略和行为是自我支持的,同时,博弈方自我支持的行为理性与其他博弈方的行为密切相关,这也是主流博弈论强调的可理性化问题;这也意味着,博弈均衡状态下,每一博弈方的行为理性不再仅局限于个体,而是联合理性,博弈解必须是联合自我支持的。然而,如何理解这种理性问题呢?

显然,主流博弈论的联合理性要求:博弈方在考虑其他博弈方可理性化策略选择的条件下最大化自己效用;但是,这种行为所达致的结果往往又是非合作的,这难以解释现实中广泛存在的合作行为。现实生活中出现的困境比主流博弈理论所推导出的要少得多,因而,博弈机理的研究贵在能够解释为什么绝大多数情况下人们是倾向合作以及如何形成合作。相应地,奥曼基于多年努力提炼了"什么是理性"的概念,他认为,如果一个博弈者的行为在既定信息下能够最大化其效用,那么,该行为就是理性的。显然,主流博弈论的联合理性往往陷入囚徒困境,从而也就无法最大化博弈方的效用。这意味着,主流博弈论所理解的联合理性是有缺陷的。既然如此,我们应该如何理解博弈中的理性和联合理性呢? 这就需要从对自我支持的内涵进行反思着手。

1. 主流博弈论的联合理性问题

主流博弈论的博弈均衡一般都是指纳什均衡,这一观点在理想博弈中以最优反应的形式解释自我支持。一般地,纳什均衡包含以下两种含义:一是客观纳什均衡,它是以支付增长的形式表述的,即当且仅当单个行为人策略改变不会对该行为人产生支付增量;二是主观纳什均衡,它是以行为人偏好的形式表述的一种动机防止的结局,即当且仅当给定结局中,没有行为人更偏好于他单方面改变策略所能达到的任何结局。在博弈分析中,理想化使得支付增加和动机相吻合,从而使得理想博弈中的客观纳什均衡与主观纳什均衡一致。

然而,传统纳什均衡的解释并不能在所有的博弈中都得到满足,如猜币博弈就是如此。虽然纳什、海萨尼等引入的随机化或者混合策略保证了有限博弈中纳什均衡的存在性,但是,那些没有混合策略的博弈以及某个行为人具有无限数目纯策略的博弈仍然存在缺少纳什均衡的问题。其实,每个理想博弈都应有解,而解的达成就意味着均衡的存在。这说明,纳什均衡并不能反映所有博弈模型均衡的情况。

同时,一些事实上的均衡却并非是纳什意义上的均衡,如在图7-10所示的效用矩阵中,显然,(R,r)是唯一的纳什均衡,如果博弈各方采用没有动机改换的策略,就会达致这一组均衡策略组合。但事实上,另外的任何策略对双方来说都是优超的,因而(R,r)策略组合是没有吸引力的,从直觉上看它也不是一个解。

		B		
		r	d	m
A	R	0,0	0,0	0,0
	D	0,0	10,5	5,10
	M	0,0	5,10	10,5

图7-10 无吸引力的纳什均衡

为了说明更广泛的博弈类型的解的存在性问题,魏里希发展了一种比纳什均衡更弱的均衡概念,以允许所有的理想博弈中都存在均衡,并对现实中的解进行分析、说明。

2.理解策略改换的充分性

魏里希(2000)认为,之所以会造成主流博弈理论和现实的断层,关键在于以最大化效用为标准的自我支持条件太高。事实上,纳什均衡仅是建立在动机防止之上,而动机防止性原则在一些博弈模型中的解释力是有缺陷的。究其原因,作为动机相对性的结果,可能会出现:博弈方A假如从策略R改换到策略D,则他会得益;但反过来,如果他再从策略D改换到策略R,也会得益。在这种情况下,从策略R改换到策略D的动机就可以被改换策略本身所破坏,因而这种改换策略的动机也就削弱了。这意味着,并不是所有的策略改换动机都有改换的充分理由,产生了改换动机的策略也并不一定是自我击败的。

因此,动机防止性不是理性决策的必要条件,而更为可取的自我支持含义应为不存在改换策略的充分理由,而不必是不存在改换策略的动机。事实上,正如已经阐明的,并非任何改换策略的动机均是可实行改换的充分理由,一种动机可能是不充分的,如果予以追求可能反受其害,或者对它的追求会引发其他行为人的反应而破坏这一动机。这样,自我支持策略就应该是:没有开始被追求动机终止路径的策略。在这种新的自我支持的概念下,所有的博弈都必然存在一种联合自我支持策略组合的均衡。

我们可以看图 7-11 所示的三人博弈模型:如果丙采取固定策略 A 的话,我们可以得到一个纳什均衡(R,r,A),但是,如果丙相信甲和乙将选择策略 R 和 r,此时丙就有动机将策略从 A 改换到 B。这就是主流博弈论的博弈思维。问题在于,如果丙选择策略 B 的话,甲和乙也将改换策略,此时的纳什均衡是(D,d,B)。显然,在这种情况下,丙就没有将策略从 B 改换到策略 A 的动机。因此,根据主流博弈思维,丙从策略 A 改换到策略 B 的动机是充分的,但这种改换的结果却是更差。这表明,遵循改换的充分动机的结果并不总是有更高的收益。

甲		乙	
		r	d
	R	10,10,10	0,10,10
	D	0,10,10	10,0,0

丙(A)

甲		乙	
		r	d
	R	10,0,20	0,10,0
	D	0,10,0	10,10,0

丙(B)

图 7-11　没有充分改换理由的三人博弈

上述对自我支持的新含义实际上就是当一个人打算改变他的策略时,就必须考虑到他的行为是否会引起对方的策略转换,从而最终得到的收益将如何变化。如在囚徒博弈中,从策略组合(不坦白,不坦白)出发,如果一方将改变策略而选择坦白时,他就要考虑到他的行为是否会引起对方也转向坦白,而最终导致更差的(坦白,坦白)均衡。如果基于这样的考虑,他就没有改换策略的充分理由,从而(不坦白,不坦白)组合也是博弈均衡。这也就是"为己利他"行为机理的思路:一个人在采取行动时,要考虑不使对方的处境恶化,否则对方必然也会改变策略,反而对自己不利。萨格登(2008)解释说,如果联合是脆弱的,行动者会想到,如果他们背叛了,其他人也会背叛,因此,这种考虑反而促使他们都不敢轻易背叛。

总之,在互动的人类社会中,一个人要想获得利益的最大化,并不单纯是单个人的孤立决策事件,而是与相互影响的其他人密不可分。博弈中就非常强调互动理性(Interactive Rationality),只有建立在互动理性基础上的均衡才是稳定的,这是一切博弈均衡的基础。当然,互动理性的达致并不能完全基于个人角度的考虑,而更重要的是要纳入互动方角度的考虑。从个人角度出发,貌似合乎过程理性,却往往并非能达致最佳的结果理性。然而,尽管主流博弈论所涉及的是人与人间的关系并开始关注联合理性,但是,它还是承袭了新古典经济学的思维,把理性视为个体主义和先验主义的,研究互动理性时也往往局限于以己方的绝对利益为出发点,这就形成了非合作博弈这一主流研究思潮。事实上,这种分析思维忽视了互动理性的根本要点,即在追求自己的利益的同时,必须要考虑到对方的利益。换句话说,自己利益的最大化实现,是以同时必须增进对方的利益为前提的。只有基于这种考虑的理性,才是真正的互动理性,这也是自我支持的真正内涵。

8. 不完全信息静态博弈

如果每个博弈方对其他博弈方的特征和得益函数都有准确的了解,就称为完全信息(Complete Information);否则,就是不完全信息(Incomplete Information)。前面分析的博弈都包含了一个基本假设:所有博弈方都知道博弈的结构、博弈的规则和博弈的得益函数,因而称为完全信息博弈;在不完全信息博弈中,至少有一个博弈方不知道其他博弈方的得益函数。

8.1 静态贝叶斯博弈的一般表述

得益函数的信息不充分与博弈进程的信息不充分是有差异的,相应地,不完全信息博弈与不完美信息博弈也就属于不同的博弈类型,有不同的表示和分析方法。不过,不完全信息与不完美信息也有很强的内在联系,可以通过一定的方式统一起来,因此,不完全信息博弈和不完美信息博弈也可以用相同的方法进行研究。

8.1.1 静态贝叶斯博弈概念

在完全信息博弈中,博弈方的得益状况是博弈方之间的共同知识,而在不完全信息博弈中,至少有一个博弈方不完全清楚其他某些博弈方的得益函数。显然,不完全信息博弈具有如下特征:

(1)各博弈方虽然知道自己的得益函数,却无法了解其他博弈方的得益函数;

(2)一般地,尽管一些博弈方不能确定其他博弈方在一定策略组合下的得益,却知道其他博弈方的得益有哪些可能的结果,而具体哪种可能的结果会出现则取决于博弈方属于哪种"类型";

(3)每个博弈方知道自己的类型,但至少有某些博弈方不清楚其他博弈方的具体类型,而只能对别人的类型的分布有一个先验的估计。

不完全信息博弈又称贝叶斯博弈,它包括不完全信息静态博弈和不完全信息动态博弈;相应地,不完全信息静态博弈又称为静态贝叶斯博弈。一般地,不完全信息静态博弈与完全信息静态博弈的不同之处在于:博弈方 i 的行动空间往往依赖于他的类型 θ_i,即行动空间是类型依存的。

思考:如何理解贝叶斯博弈、静态贝叶斯博弈之间的关系?

定义:n 人静态贝叶斯博弈的策略型可表示为:$G = \{S_1, S_2, \cdots, S_n; \theta_1, \theta_2, \cdots, \theta_n; p_1, p_2, \cdots, p_n; \Pi_1, \Pi_2, \cdots, \Pi_n\}$;其中,$S_i$ 为博弈方 i 的策略空间,θ_i 为博弈方 i 的类型空间;$p_i(\theta_{-i}|\theta_i)$ 为博弈方 i 在给定自己的类型 θ_i 的条件下关于其他 $(n-1)$ 个博弈方可能类型的信念;博弈方 i 的得益 $\Pi_i = \Pi_i(s_1, s_2, \cdots, s_n; \theta_1, \theta_2, \cdots, \theta_n)$ 是策略组合 $(s_1, s_2, \cdots, s_n)$ 和类型 $(\theta_1, \theta_2, \cdots, \theta_n)$ 的函数。

显然,在现实世界中我们面临更多的是这种不完全信息博弈。典型的不完全信息静态博弈如拍卖和招投标。在密封投标拍卖(Sealed-bid Auction)中,每一个投标者对标的物都有自己的估价,却不知道任何其他投标者的估价;同时,各投标者的报价放在密封的信封里上交,并在统一的时间里公证开标。在这种密封拍卖中,中标投标者的利益除了取决于标价以外,还取决于他对拍卖标的物的估价,但估价是私人信息,各投标者对其他投标者中标的实际得益无法确知,只能自己判断。

显然,信息的不完全使得对博弈的分析变得复杂,因为信息不完全的博弈方必须预测其他博弈方的类型。例如,在进入博弈中,假设在位者具有两种生产成本状况,但进入者并不知情,而在位者知道进入者的成本函数。这样,该不完全信息的进入博弈就可表示成图 8-1 所示两个策略型博弈矩阵。

进入者		在位者	
		默许	斗争
	进入	5,8	-2,2
	不进入	0,20	0,20

在位者高成本

进入者		在位者	
		默许	斗争
	进入	5,8	-2,10
	不进入	0,20	0,20

在位者低成本

图 8-1　不完全信息的进入博弈

显然,在给定进入者选择进入的情况下,高成本在位者的占优策略是默许,而低成本在位者的占优策略是斗争。那么,面对在位者不同的占优策略选择,进入者如何选择自己的行动呢? 即这种情况下,如何求解这个博弈解呢? 在 1967 年以前,一般认为这样的不完全信息博弈是无法分析的,因为当一个博弈方并不知道在与谁博弈时,博弈的规则是没有意义的。而该博弈的求解则涉及海萨尼提出的"海萨尼转换"(Harsany Transformation),它指通过引入第三者——自然——而将对得益的不了解转化为对类型的不了解。

8.1.2　海萨尼转换

海萨尼转换的基本思路如下:

(1)引进一个假想的博弈方"自然"作为首先行动者 0,"自然"在所有后果之间是无差异的,它为其他每个博弈方抽取它们的类型,构成向量 $\theta = (\theta_1, \theta_2, \cdots, \theta_n)$;

(2)"自然"让每个博弈方知道自己的类型,但不知道其他博弈方的类型,类型向量的分布函数则是共同知识;

(3)除"自然"以外,其他博弈方同时从各自策略空间中选择策略 $s = (s_1, s_2, \cdots, s_n)$;

(4)除"自然"以外,其他博弈方各自取得收益 $\Pi_i = \Pi_i(s_1, s_2, \cdots, s_n; \theta_i)$。

当然,在对博弈做了海萨尼转换后,仍然存在对类型的判断问题,但是,此时对类型的判断在形式上就变成了对博弈进程——自然选择——的判断,其概率分布仍然与类型的概率分布相同。显然,海萨尼转换实际上将不完全信息的静态博弈转化为完全但不完美信息动态博弈,从而可以使用标准的分析技术进行分析。这里的不完美信息是指,"自然"做出了它的选择,但其他博弈方并不知道它的具体选择是什么,而仅知道各种选择的概率分布。从此,海萨尼转换成为处理不完全信息博弈的标准方法。

思考:海萨尼转换是如何将不完全信息的静态博弈转化为完全但不完美信息动态博弈进行分析的?

例1 我们首先考虑一个货运中的单人博弈:水路比较便宜,而陆路比较昂贵;但货运方式还与天气有关,只有在天气晴朗的情况下,通过水路用船运输才不会造成额外的损失,而即使天气是风雨交加的,对陆路的汽车运输的影响不大,因此,货主实际上面临图8-2所示的博弈矩阵。

在这种情况下,货主如何确定运输方式呢? 根据海萨尼转换,我们引入"自然"作为博弈的另一方,它决定天气的状况。在这种情况下,货主就会通过种种方式来获取"自然"的行为信息,从而形成一个基本的天气状况的判断。我们假设,他形成的天气晴朗的概率为P,这样,他面临的不完全信息的静态博弈就可以转化为完全但不完美信息的动态博弈。这里,该博弈的展开型就表示为图8-3。

运输方式		天气状况	
		晴朗	风雨
运输方式	水路	10	2
	陆路	6	4

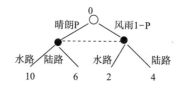

图8-2　单人运输博弈　　　　图8-3　海萨尼转换的单人运输博弈

例2 图 8-1 所示的不完全信息静态进入博弈也可以转换成完全但不完美的动态进入博弈:"自然"首先决定在位者的成本类型,并让在位者准确知道自己的类型,而进入者的信息仅是成本类型的概率分布。该动态博弈的展开型可表示成图 8-4。

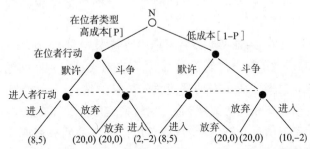

图 8-4 转化成完全但不完美信息的动态博弈的不完全信息静态进入博弈

例3 在企业主与职业经理人关系中,假设经理人可划分为两种类型:高能力型和低能力型。企业主根据经理人的能力状况和努力程度支付工资,但企业主对经理人相关的能力信息是不完全的。于是,支付工资的博弈就可以用图 8-5 所示的博弈树进行描述,其中,"自然"用字母 N 表示,博弈方 1 表示经理人,博弈方 2 表示企业主,以[P]表示高能力,其中的 P 为经理人具有高能力的概率;[1-P]表示低能力概率,也即存在 1-P 的概率所聘用的经理人属于低能力。"低"、"高"分别表示"低努力程度"与"高努力程度"。假设,企业主和经理人之间是同时博弈,那么,该博弈树见图 8-5。

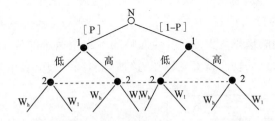

图 8-5 转化成完全但不完美信息的动态博弈的不完全信息雇佣—支付博弈

例4 再以《三国演义》中赤壁之战后期曹操败走华容道的故事为例,假设当时曹操败走有两条必经之路,而诸葛亮为了集中兵力阻击魏军,决定在其中一条路上放些烟雾,以误导魏军的退路选择。此时,当魏军看到其中一条路上烟雾腾腾,而另一条路上静谧异常,曹操要选择从哪条路径撤退;诸葛亮则必须猜测曹操的决定,从而决定在哪条路上进行埋伏。故事的结局是,诸葛亮利用其聪慧判断了曹操的策略,从而成功地实施了阻击。该博弈树见图 8-6。

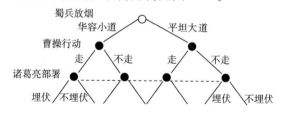

图 8-6　不完全信息的华容道博弈

8.2　贝叶斯均衡

　　根据海萨尼转换,海萨尼进一步定义了"贝叶斯(纳什)均衡",贝叶斯(纳什)均衡则是完全信息(静态)博弈中的纳什均衡概念在不完全信息(静态)博弈上的自然扩展。

　　思考:如何理解贝叶斯均衡、贝叶斯—纳什均衡以及纳什均衡之间的关系?

8.2.1　贝叶斯法则

　　在不完全信息博弈中,由于每个博弈方仅知道其他博弈方的类型的概率,却不知道其真实类型,从而也就不可能准确地知道其他博弈方的实际策略选择,而只能预测其他博弈方的选择如何依赖于其各自的类型。因此,他决策的目标就是在给定自己类型和别人的类型依从策略的情况下,最大化自己的期望效用。

　　例5 在图 8-4 所示的进入博弈中,假设进入者知道在位者高成本的概率为 p,那么,他选择进入的收益就是:$5p + (-2)(1-p) = 7p - 2$;而他选择不进入的收益为 0。显然,只要 $p > 2/7$,进入得到的期望收益就大于不进入的期望收益,那么,贝叶斯—纳什均衡就是:进入者选择进入,而高成本在位者选择默许,低成本在位者选择斗争。

　　这意味着,在 n 人静态贝叶斯博弈 $G = \{S_1, S_2, \cdots, S_n; \theta_1, \theta_2, \cdots, \theta_n; p_1, p_2, \cdots, p_n; \Pi_1, \Pi_2, \cdots, \Pi_n\}$ 中,博弈方 i 的盈利函数 Π_i 不仅依赖策略空间 $(s_1, s_2, \cdots, s_n)$,还依赖类型 $(\theta_1, \theta_2, \cdots, \theta_n)$。因此,为求期望盈利,就首先要计算信念 $p_i(\theta_{-i} | \theta_i)$。

　　一般地,自然按照一个先验的分布函数 $p(\theta_1, \theta_2, \cdots, \theta_n)$ 来选择各个博弈方的类型 $(\theta_1, \theta_2, \cdots, \theta_n)$,这是一个共同知识。用 $\theta_{-i} = (\theta_1, \cdots, \theta_{i-1}, \theta_{i+1}, \cdots, \theta_n)$ 表示除 i 之外的所有博弈方的类型组合,博弈方 i 根据自己的类型 θ_i 就可以利用贝叶斯法则计算出信念 $p_i(\theta_{-i} | \theta_i)$。这是一个条件概率,即给定博弈方 i 属于类型 θ_i 的条件下,其他博弈方属于 θ_{-i} 的概率:

$$p_i(\theta_{-i}|\theta_i) = \frac{p(\theta_{-i}, \theta_i)}{p(\theta_i)} = \frac{p(\theta_{-i}, \theta_i)}{\sum_{\theta_{-i} \in \Theta_{-i}} p(\theta_{-i}, \theta_i)}$$

$p_i(\theta_i)$ 是边缘概率。

如果博弈方的类型是随机独立的,那么信念 $p_i(\theta_{-i}|\theta_i)$ 将不依赖 θ_i,即为 $p_i(\theta_{-i})$。

$$p_i(\theta_{-i}) = p_i(\theta_1, \cdots, \theta_{i-1}, \theta_{i+1}, \cdots, \theta_n) = \sum_{\theta_i \in \Theta_i} p(\theta_1, \cdots, \theta_{i-1}, \theta_i, \theta_{i+1}, \cdots, \theta_n)$$

博弈方 i 的一个策略是类型 θ_i 的函数 $s_i(\theta_i)$,即对类型空间 Θ_i 中的每一个类型 θ_i,$s_i(\theta_i)$ 确定了在自然抽取类型 θ_i 时博弈方 i 从可行集 S_i 所选择的行动。因此,当所有博弈方采取了策略空间 $S = \{S_1(\theta_1), \cdots, S_n(\theta_n)\}$ 时,θ_i 类型的博弈方 i 的条件期望效用(Condition Expected Utility,CEU)为:

$$EU_i(s, \theta_i) = \sum_{\theta_{-i} \in \Theta_{-i}} U_i(s_1(\theta_1), \cdots, s_{i-1}(\theta_{i-1}), s_i(\theta_i), s_{i+1}(\theta_{i+i}), \cdots, s_n(\theta_n);$$

$$\theta_1, \cdots, \theta_{i-1}, \theta_i, \theta_{i+i}, \cdots, \theta_n) p_i(\theta_{-i}|\theta_i)$$

$$= \sum_{\theta_{-i} \in \Theta_{-i}} U_i(s_{-i}(\theta_{-i}), s_i(\theta_i); \theta_i, \theta_{-i}) p_i(\theta_{-i}|\theta_i)$$

8.2.2 贝叶斯均衡概念

根据贝叶斯法则,我们就可以定义贝叶斯均衡概念,其中心思想是,每一个博弈方的策略行动必须是其他博弈方策略行动的最佳反应。

纯策略贝叶斯均衡定义:在静态贝叶斯博弈 $G = \{S_1, S_2, \cdots, S_n; \theta_1, \theta_2, \cdots, \theta_n; p_1, p_2, \cdots, p_n; U_1, U_2, \cdots, U_n\}$ 中,当且仅当,对每一个博弈方 i 和类型集 Θ_i 中的每一个类型 θ_i,以及博弈方 i 的每一个其他策略 $s_i'(\theta_i)$,存在:$EU_i(s^*, \theta_i) \geqslant EU_i(s_1^*$ $(\theta_1), \cdots, s_{i-1}^*(\theta_{i-1}), s_i'(\theta_i), s_{i+1}^*(\theta_{i+i}), \cdots, s_n^*(\theta_n); \theta_1, \cdots, \theta_{i-1}, \theta_i, \theta_{i+i}, \cdots,$ $\theta_n)$;那么,$S^* = \{s_1^*(\theta_1), \cdots, s_n^*(\theta_n)\}$ 就是一个纯策略的贝叶斯均衡(也称贝叶斯—纳什均衡)。

其含义是:无论博弈方属于何种类型,每个博弈方都在其他博弈方不改变当前策略的情况下达到了它的最大期望效用。

一般地,一个静态贝叶斯博弈,如果 n 为有限,$S_1, S_2, \cdots, S_n$ 以及 $\theta_1, \theta_2, \cdots, \theta_n$ 均为有限集合,那么,就称为有限静态贝叶斯博弈。有限静态贝叶斯博弈必定存在至少一个贝叶斯均衡,尽管也许它是一个混合策略,其证明类似于完全信息有限博弈中混合策略纳什均衡的存在性证明。

从贝叶斯均衡定义出发,我们可以分析图 8-5 所示的企业主与经理人间的工资博弈,其动态展示型博弈树可转换为图 8-7 所示的博弈矩阵。

		经理人			
企业主		高能力(类型 θ_1)		低能力(类型 θ_2)	
		高努力	低努力	高努力	低努力
	高工资	20,20	5,15	5,15	0,20
	低工资	35,5	10,10	20,0	5,5

图 8-7　企业主与经理人间的工资博弈

左边的博弈矩阵是单边博弈,高能力的经理人有一个强力偏好(高工资,高努力),他之所以会选择低努力,主要是为了维护自己的利益而不是攫取更多的利益;相反,企业主之所以选择低工资,目的在于攫取更多的利益,但结果却是一无所获。因此,在这个博弈中,厂商只要从不损害顾客利益处着想,就可以实现(高质量,购买)的帕累托有效结果,对自己也有利。右边的博弈则是双边博弈,博弈方的支付是对称的,从而很难实现帕累托有效结果。

显然,对高能力的经理人来说,高努力工作是一个战略策略,因为他稍许努力可以带来更高的产量;但如果是低工资,他宁愿付出低努力。对低能力的经理人来说,低努力工作是一个战略策略,因为他无论怎样努力也难以进一步提高产量。这时,企业主做决策之前不得不考虑经理人的类型。我们可以进一步假设,经理人高能力和低能力的概率都是 50%。那么,当企业主选择支付高工资,他能获得的期望效用为:$(20+0)/2=10$,而当选择支付低工资,他能获得的期望效用为:$(10+5)/2=7.5$。因此,企业主的最佳选择是支付高工资。

8.3　不完全信息静态博弈的解

在了解了贝叶斯均衡概念后,就要进一步探究贝叶斯均衡的求解方法,这里借助几个例子来分析。

8.3.1　不完全信息的古诺博弈

在不完全信息古诺模型中,我们假设厂商 1 的成本函数是共同知识,而厂商 2 的成本函数只有自己知道;假设需求函数的逆函数为 $P=a-x_1-x_2$,每个企业都有不变的单位成本。因此,企业 i 的利润函数为:$R_i(x_1,x_2)=[(a-x_1-x_2)-C_i]x_i$; $i=1,2$。

假设,厂商 2 的成本函数具有两种可能性(高,低),其中高成本 C_H 的概率为 θ,而低成本 C_L 的概率为 $(1-\theta)$,而这为厂商 1 所知。显然,厂商 2 在高成本时会选择低产量,在低成本时会选择高产量;而厂商 1 在做自己的产量决策时也会考虑到厂商 2 的这种行为。

那么,高成本的厂商 2 的最佳产量 $x_2^*(C_H)$ 满足: $\max\limits_{x_2}[a - x_1^* - x_2 - C_H]x_2$;

低成本的厂商 2 的最佳产量 $x_2^*(C_L)$ 满足: $\max\limits_{x_2}[a - x_1^* - x_2 - C_L]x_2$

而厂商 1 的最佳产量 x_1^* 满足: $\max\limits_{x_1}\{\theta[a - x_1 - x_2^*(C_H) - C_1]x_1 + (1 - \theta)[a - x_1 - x_2^*(C_L) - C_1]x_1\}$

上述三个方程的最大化一阶条件为:

$$x_2^*(C_H) = \frac{a - x_1^* - C_H}{2}; x_2^*(C_L) = \frac{a - x_1^* - C_L}{2}$$

$$x_1^*(C_1) = \frac{1}{2}\{\theta[a - x_2^*(C_H) - C_1] + (1 - \theta)[a - x_2^*(C_L) - C_1]\}$$

解这三个方程的联立方程组,就有:

$$x_2^*(C_H) = \frac{a - 2C_H + C_1}{3} + \frac{1 - \theta}{6}(C_H - C_L)$$

$$x_2^*(C_L) = \frac{a - 2C_L + C_1}{3} - \frac{\theta}{6}(C_H - C_L)$$

$$x_1^*(C_1) = \frac{a - 2C_1 + \theta C_H + (1 - \theta)C_L}{3}$$

这就是不完全信息下古诺模型的贝叶斯均衡。

如果 $C_H = C_L = C_2$,那么,上述均衡也就是完全信息的古诺竞争的纳什均衡解。在完全信息下,有: $x_i^*(C_i) = \frac{a - 2C_i + C_j}{3}$

因此,在不完全信息下,高成本厂商的产量 $x_2^*(C_H)$ 要高于完全信息下的 $\frac{a - 2C_H + C_1}{3}$,而低成本厂商的产量 $x_2^*(C_L)$ 要低于完全信息下的 $\frac{a - 2C_L + C_1}{3}$。事实上,有: $\frac{a - 2C_H + C_1}{3} < x_2^*(C_H) < x_2^*(C_L) < \frac{a - 2C_L + C_1}{3}$

同时,在不完全信息下,均衡解发生了变化,此时有: $x_2^*(C_L) - x_2^*(C_H) = (C_H - C_L)/2 > 0$。这表明产量与边际成本呈反向关系。

思考:如何理解完全信息和不完全信息下古诺竞争的结果差异?

8.3.2 一次性价格封闭标价拍卖

不完全信息静态博弈的一个常见例子是一次性价格密封报价拍卖:每一报价方知道自己对所售商品的估价,但不知道任何其他报价方对商品的估价;各方的报价放在密封的信封里上交,从而博弈方的行动可以被看做是同时的。假设,两个竞价者 1 和 2 对拍卖物的估价分别是 V_1 和 V_2,估价相互独立并是在 $[0,1]$ 上的标准分布,那么,两者($i=1,2$)用价格 P 拍得的得益为 $V_i - P$;每个竞价者仅知道自己的估价和另一竞价方估价的概率,而无法确切地知道其他竞价者的估价。我们考虑无耗散的情况:报价高者获得货物,而其他人不必有所损失,而如果两个报价相等,则通过抛货币确定归属。

该博弈模型为:行动空间——博弈方 i 传递一个非负的标价 p_i,$p_i \in A_i = [0, +\infty]$;类型空间——博弈方 i 的类型是他对货物的估价 v_i,$v_i = [0,1]$;信念——估价独立,因而博弈方 i 相信 v_i 均衡地分布于 $[0,1]$ 上。因此,竞价者的盈利函数可表示为:

$$u_i = u_i(p_1,p_2,v_1,v_2) = \begin{cases} v_i - p_i, & \text{当 } p_i > p_j \\ (v_i - p_i)/2, & \text{当 } p_i = p_j \\ 0, & \text{当 } p_i < p_j \end{cases}$$

根据贝叶斯均衡,两个竞价者的策略都是关于对方的最佳反应,因此,对于每一个竞价方 i 的每一个类型 $v_i \in [0,1]$,出价 $p_i(v_i)$ 都必须满足:

$$\max_{p_i}\left[(v_i - p_i)P\{p_i > p_j\} + \frac{1}{2}(v_i - p_i)P\{p_i = p_j\}\right]$$

一般地,由于报价 p_i 是两者对拍卖品估价 v_i 的非减函数,为简单起见,我们假设 $p_i(v_i)$ 是线性函数,

即 $p_i(v_i) = a_i + c_i v_i$,$i = 1,2$;其中,$c_i \geq 0$;

那么,竞价方 i 的最佳报价 p_i 应满足:

$$\max_{p_i}\left[(v_i - p_i)P\{p_i > a_j + c_j v_j\} + \frac{1}{2}(v_i - p_i)P\{p_i = a_j + c_j v_j\}\right]$$

由于 v_j 是服从 $[0,1]$ 的标准分布,因此,$p_j(v_j) = a_j + c_j v_j$ 也是标准分布的,服从 $[a_j, a_j + c_j]$ 上的均匀分布,即有 $P\{p_i = p_j\} = 0$。因此,对于每一个类型 v_i,竞价方 i 的最佳反应 $p_i(v_i)$ 应满足:$a_j \leq p_i \leq a_j + c_j$

因此,上式就变为:

$$\max_{p_i}\left[(v_i - p_i)P\{p_i > a_j + c_j v_j\}\right] = \max_{p_i}\left[(v_i - p_i)P\{v_j < \frac{p_i - a_j}{c_j}\}\right] = \max_{p_i}\left[(v_i - p_i)\frac{p_i - a_j}{c_j}\right]$$

其一阶条件为:$p_i = \dfrac{v_i + a_j}{2}$。这就是竞价方 i 对拍卖方 j 采取策略 $a_j + c_j v_j$ 的最佳反应函数。

当然,如果 $v_i < a_j$,这时有 $p_i = (v_i + a_j)/2 < a_j$,实际上竞价方 i 不可能中标。此时,只有当 v_i 至少等于 a_j 时才是最佳反应,因此,竞价方 i 的最佳反应是:

$$p_i(v_i) = \begin{cases} (v_i + a_j)/2, & \text{当 } v_i \geq a_j \\ a_j, & \text{当 } v_i < a_j \end{cases}$$

讨论:

如果 $0 < a_i < 1$,那么存在 $v_i < a_j$ 的可能,此时 $p_i(v_i)$ 不是 v_i 的线性函数,这与假设矛盾。

如果 $a_i \geq 1$,那么存在 $a_i \geq 1 \geq v_i$,此时 $p_i(v_i) \geq v_i$,这对于竞价者来说,并不是一个最佳策略。

因此,如果 $p_i(v_i)$ 是线性均衡的话,必有 $a_i \leq 0$;此时,$p_i(v_j) = (a_j + v_i)/2 = a_i + c_i v_i$;可得:$a_i = a_j/2$, $c_i = 1/2$

显然,根据对称性原理,也有:$a_j = a_i/2$, $c_j = 1/2$

因此,有 $a_j = a_i = 0$, $c_j = c_i = 1/2$;$p_i(v_j) = v_i/2$, $p_j(v_j) = v_j/2$

即在信念均匀分布的条件下,一次性价格密封拍卖的线性贝叶斯均衡所递交的报价是竞价者自己关于货物估价的一半。

8.4　不完全信息静态博弈在机制设计中的应用

在上述商品拍卖中,当有众多拍卖商品的方式可供选择时,在卖者不知道买者对拍卖品估价的情况下,如果卖者的目的是得到一个最高的卖价,那么,他应该选择何种拍卖方式呢? 这就是机制设计问题。梅森(Myerson,1979)给出了一个著名的显示原理(Revelation Principle):任何一个机制所能达到的分配结果都可以通过一个(说实话的)直接机制来实现。直接机制意味着委托人可以通过代理人之间的静态贝叶斯博弈均衡来获得最大的预期效用,因而我们把隐藏信息放在本节介绍。

8.4.1　机制设计的原理和要求

不完全信息的静态博弈可以用于机制的设计,从本质上说,机制设计理论是非对称信息博弈论在经济学上的应用,因而又称信息经济学。尽管目前信息经济学已经几乎成为了微观经济学的基础,但直到 1973 年 Groves 才在 Schultze(1969)的影响下开始关注公共政策的机理问题,后来,人们又逐渐认识到了显示原理的重要性。

在机制设计理论中,一般将拥有私人信息的博弈方称为代理人(Agent),而不拥有私人信息的博弈方称为委托人(Principal);同时,信息公开的委托人选择某种机制,使得具有私人信息的代理人按照委托人期望效用最大化的要求采取行动。其基本步骤如下:

(1)委托人设计一个机制,即博弈规则,并向代理人发出无需成本的信号,机制则包含了依赖于已发出信号的"配给";

(2)代理人同时接受或拒绝委托人所设计的机制,拒绝者获得某种额定的保留效用;

(3)接受机制的代理人进行由机制所确定的博弈。

显然,委托人在设计机制时要考虑到两个约束:一是让一个理性的代理人有兴趣接受委托人设计的机制,这就要使得接受这个机制所得到的效用大于其保留效用(Reservation Utility),这个约束称为参与约束(Participation Constraint)或个体理性约束(Individual Rationality Constraint,IR);二是给定委托人不知道代理人类型的情况下,所设计的机制必须使得代理人有积极性选择委托人希望他选择的行动,这称为自选择约束(Self-selection Constraint)或者激励相容约束(Incentive Compatibility Constraint,IC)。满足参与约束的机制是可行机制(Feasible Mechanism),而满足激励相容约束的机制称为可实施机制(Implementable Mechanism)。

思考:如何理解机制设计的条件?

一般地,存在这样的显示准则(Revelation Principle):假如一个具有信号空间 $M_i(i=1,2,\cdots,n)$ 和分配函数 $y_m(.)$ 的机制有贝叶斯均衡: $u_i^*(\cdot)=\{u_i^*(\theta_i)\}_{i=1,2\cdots,n;\theta_i\in\Theta_i}$,其中 Θ_i 是代理人 i 的类型空间,那么,存在一个直接显示机制(即 $\bar{y}=y_m(u_i^*(\cdot))$),它的信号空间恰为类型空间,并且还直接显示博弈存在一个贝叶斯均衡,其中所有代理人都在机制设计的第二步接受价值,且在第三步博弈中真实地报告他们各自的类型。

8.4.2　垄断厂商的二级价格歧视

垄断厂商在面临需求弹性不同的市场时可以通过实行价格歧视以实现利润最大化,这种价格歧视存在三种情况。其中,在二级价格歧视下,厂商仅知道产品存在不同的需求类型,但事先无法辨识具体消费者具有哪种需求。显然,这是一个典型的不完全信息静态博弈,因此,这里探讨在二级价格歧视的情况下,厂商是如何制定价格的。

假设市场上存在两种类型的消费者,效用函数分别为: $u_1(x)+q$ 和 $u_2(x)+q$,满足 $u_i''<0$;并假设第二类消费者对 x 商品的购买欲较高: $u_1(x)<u_2(x)$,边际购买欲也较高,即单交条件(Single Crossing Property)成立: $u_1'(x)<u_2'(x)$ 。另外假

设厂商具有常边际成本 $c'(y)=c$,其中 $c>0$;消费者的初始收入都为 m,且他们之间没有套利的可能。

显然,如果厂商希望第一类的消费者购买 $[p_1,x_1]$,第二类的消费者购买 $[p_2,x_2]$,其设计的契约需满足以下两个条件:

第一,个体理性约束,即消费者愿意购买。有:

$u_1(x_1)+m-p_1 \geq u_1(o)+m$

$u_2(x_2)+m-p_2 \geq u_2(o)+m$

第二,自选择约束,即每类消费者自动选择厂商为之提供的购买方案。有:

$u_1(x_1)+m-p_1 \geq u_1(x_2)+m-p_2$

$u_2(x_2)+m-p_2 \geq u_2(x_1)+m-p_1$

假设 $u_i(o)=0$,因此有:

$p_1 \leq u_1(x_1)$

$p_1 \leq u_1(x_1)-u_1(x_2)+p_2$

$p_2 \leq u_2(x_2)$

$p_2 \leq u_2(x_2)-u_2(x_1)+p_1$

由于厂商希望 p_1 和 p_2 越大越好,因此,就最优歧视价格 $[p_1,x_1;p_2,x_2]$ 而言,上述两组约束必然有一个等式成立。那究竟哪些等式成立呢?

我们先假设 $p_2=u_2(x_2)$,那么,$p_2 \leq u_2(x_2)-u_2(x_1)+p_1$ 就变为 $u_2(x_1) \leq p_1$;

但根据模型条件有:$p_1 \leq u_1(x_1)<u_2(x_1)$。显然,这与上述约束条件矛盾。

因此,$p_2 \leq u_2(x_2)$ 的严格不等式成立,相应地也就存在:$p_2=u_2(x_2)-u_2(x_1)+p_1$

我们再看另一组约束,先假设 $p_1=u_1(x_1)-u_1(x_2)+p_2$

那么,根据 $p_2=u_2(x_2)-u_2(x_1)+p_1$,就有:$p_1=u_1(x_1)-u_1(x_2)+u_2(x_2)-u_2(x_1)+p_1$

即 $u_1(x_2)-u_1(x_1)=u_2(x_2)-u_2(x_1)$

利用定积分牛顿—莱布尼茨公式,可写为:$\int_{x_1}^{x_2}u'_1(x)dx=\int_{x_1}^{x_2}u'_2(x)dx$

但显然,这与单交条件 $u_1'(x)<u_2'(x)$ 矛盾。因此,应该有:$p_1=u_1(x_1)$

这意味着,低需求的消费者支付的价格恰好等于他消费 x_1 单位商品所得的效用。

同时,根据 $p_2=u_2(x_2)-u_2(x_1)+p_1$,$p_1=u_1(x_1)$;有:$p_2=u_2(x_2)-[u_2(x_1)-u_1(x_1)]$

这也意味着,高需求消费者能得到消费者剩余:$[u_2(x_1)-u_1(x_1)]$;否则,他就会转而选择低需求者的方案。

上述分析我们可以从图 8-8 中得到说明。

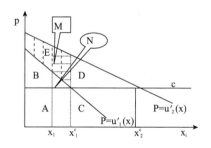

图 8-8　二级价格歧视下的定价

显然,在一级价格歧视下,厂商向第一类消费者出售 x_1^c,价格为 $P = u'_1(x)$,即图中 A + B,厂商净利润为 B;第二类消费者则购买 x_2^c,支付价格 $P = u'_2(x)$,即 A + B + C + D + E,厂商利润为 B + D + E。

但是,在二级价格歧视下,厂商不能识别消费者,没有办法要求消费者按一定方案 $[p_i^c, x_i^c]$ 购买。那么,厂商如何设定其出售合约呢? 这又分为以下两种情况。

就第一类消费者而言,他没有别的选择,因为他按 $[p_1^c, x_1^c]$ 购买至少净剩余为零,而选择 $[p_2^c, x_2^c]$ 购买则净剩余为负。因此,第一类消费者状况与完全信息无差异。

就第二类消费者而言,如果他按 $[p_1^c, x_1^c]$ 购买,则可以得到净剩余 E,这优于按 $[p_2^c, x_2^c]$ 购买获得零剩余。在这种情况下,第二类消费者就没有必要购买 x_2^c。因此,厂商只有将 x_2^c 的价格降低到 $p_2^c - E$,从而第二类消费者购买 x_2^c 也可以获得 E 的剩余,这时厂商也可以获得 B + D 的利润。

然而,最大化的垄断厂商是否真的情愿让第二类消费者获得 E 的消费者剩余呢? 当然不会。那么,厂商又如何减少第二类消费者的剩余呢? 一般地,理性的厂商可以减少第一类消费者的购买数量,从而减少第二类消费者的消费者剩余;显然,只要第二类消费者消费者剩余的减少大于由于第一类消费者的购买数量减少对厂商造成的损失,那么厂商就是有利的。因此,垄断厂商也会一直这样下去,直到第二类消费者消费者剩余的减少 M 等于由于第一类消费者购买数量减少对厂商造成的损失 N 为止。具体的分析我们可以看接下来的另一个例子:垄断厂商的非线性定价。

思考:为何穷人在当前的房价高涨中会遭受更大的损失?

8.4.3　非线性定价——单个代理人情况

上面的分析表明,厂商为了追求利润最大化,在信息不完全的情况下需要设立一个独特合约,这种合约使得高需求者能够购买其最优数量的产品,而低需求者的购买量则大大低于其最优量。那么,厂商为低需求的消费者设计合约的数量究竟多大呢？这节我们继续上节未尽的分析,探讨厂商利益最大化时的合约设计问题。当然,一般地,机制设计的应用可以考虑单个代理人的情况,也可应用于代理人具有连续统的情况。这里首先分析一个单个代理人的例子:公司是委托人,消费者是代理人,委托人设计一个机制使得自己的期望效用最大化。

假设,一个垄断厂商以不变的成本 c 生产某一产品并出售给某个消费者,那么,它怎样定价才能使得自己的效益最大化呢？我们假设,消费者获得的效用为：$u_i(q,T,\theta) = \theta V(q) - T$。式中,$\theta$ 表示消费者的消费剩余系数,$\theta V(q)$ 是消费者总剩余,$V(0) = 0, V' > 0, v'' < 0$;T 是消费者对卖者的转移收益,$V(.)$ 是共同知识,而 θ 是私人信息;厂商只知道 $\theta = \bar{\theta}$ 和 $\underline{\theta}$ 的概率分别为 $\bar{p}$ 和 $\underline{p}$,这里有:$\bar{\theta} > \underline{\theta} > 0$,且 $\bar{p} + \underline{p} = 1$。

现在,垄断厂商分别提供两份合同 $(\bar{q}, \bar{T})$、$(\underline{q}, \underline{T})$ 给 $\bar{\theta}$ 和 $\underline{\theta}$ 两类消费者,那么,厂商的期望收益为:$E_{U_F} = \bar{p}(\bar{T} - c\bar{q}) + \underline{p}(\underline{T} - c\underline{q})$

但是,由于厂商没有消费者类型的信息,因此,它提供的合约面临以下两种约束。

第一,消费者愿意购买的个人理性约束 IR,也称参与约束,它要求消费者的购买获得的效用大于其保留效用。这里假设保留效用为 0,那么,就有:

$(IR_1) \underline{\theta} V(\underline{q}) - \underline{T} \geq 0; (IR_2) \bar{\theta} V(\bar{q}) - \bar{T} \geq 0$

第二,要求消费者自愿选择为其设计的价格数量合约,这称为激励相容约束 IC。有:

$(IC_1) \underline{\theta} V(\underline{q}) - \underline{T} \geq \underline{\theta} V(\bar{q}) - \bar{T}; (IC_2) \bar{\theta} V(\bar{q}) - \bar{T} \geq \bar{\theta} V(\underline{q}) - \underline{T}$

基于与上节相似的推理,我们可以证明只有条件 IR_1 和 IC_2 是紧的,即:

$\underline{\theta} V(\underline{q}) - \underline{T} = 0, \bar{\theta} V(\bar{q}) - \bar{T} = \bar{\theta} V(\underline{q}) - \underline{T}$

这样,厂商的合约制定就要使下式最大化:

$Eu_F = \bar{p}(\bar{T} - c\bar{q}) + \underline{p}(\underline{T} - c\underline{q}) = \{[\underline{p}\underline{\theta} - \bar{p}(\bar{\theta} - \underline{\theta})]V(\underline{q}) - \underline{p}c\underline{q}\} + \bar{p}[\bar{\theta} V(\bar{q}) - c\bar{q}]$

其一阶条件为:

$$\underline{\theta} V'(\underline{q}) = \frac{c}{1 - \dfrac{\bar{p}(\bar{\theta} - \underline{\theta})}{\underline{p}\underline{\theta}}}; \bar{\theta} V'(\bar{q}) = c$$

显然,高需求者消费的边际效用等于边际成本,因而他的购买量是社会最优的;相反,由于 v'' < 0,低需求者的购买量是次优的。这意味着,厂商降低了低需求者的消费,从而减少高需求者假装成低需求者的可能性。可见,厂商的最优选择是

牺牲效率而攫取高需求消费者的剩余。

　　思考:如何理解基于收益原则的资本主义生产的低效率?

8.4.4　拍卖机制设计——两个代理人情况

　　上节分析的是一个委托人面对一个单一代理人的情况,本节探讨一个委托人面对两个代理人的情况,并以拍卖为例进行分析。

　　假设,一个卖者的单一货物面临两个可能的买者($i=1,2$),他们事前恒同,各人对该货物的估价 θ_1 和 θ_2 均以概率 $\bar{p}$ 取值 $\bar{\theta}$,而以概率 $\underline{p}$ 取值 $\underline{\theta}$。其中,$\underline{\theta}<\bar{\theta}$,$\bar{p}+\underline{p}=1$,且两人的估价是相互独立的变量。每个买者都知道自己的估价,但卖者和另一个买者却不知道。现在机制设计的目标是:卖者希望设计一个最优拍卖机制而使自己的盈利达到最大化。

　　从卖者的事前角度看,两个买者是相同的,因此,我们考虑对称性拍卖机制。令 $\bar{q}$、$\underline{q}$、$\bar{T}$、$\underline{T}$ 分别表示具有类型 $\bar{\theta}$ 和 $\underline{\theta}$ 的买者获得货物的期望概率和期望费用,由于对称均衡,因而这些记号无需下标 i。

　　这样,参与约束和激励相容约束可表示为:

　　$(\mathrm{IR}_1)\,\underline{\theta}\,\underline{q}-\underline{T}\geq0$,$(\mathrm{IR}_2)\,\bar{\theta}\,\bar{q}-\bar{T}\geq0$

　　$(\mathrm{IC}_1)\,\underline{\theta}\,\underline{q}-\underline{T}\geq\underline{\theta}\bar{q}-\bar{T}$,$(\mathrm{IC}_2)\,\bar{\theta}\,\bar{q}-\bar{T}\geq\bar{\theta}\underline{q}-\underline{T}$

　　卖者从每个买者得到的期望利润则为:$Eu_0=\underline{p}\,\underline{T}+\bar{p}\,\bar{T}$;

　　在上述四个约束条件中,我们可以证明只有 IR_1 和 IC_2 等号成立(请有兴趣读者自己证明 IR_1 和 IC_2 等号成立),

　　即有:$\underline{\theta}\,\underline{q}=\underline{T}$,$\bar{T}=\bar{\theta}(\bar{q}-\underline{q})-\underline{\theta}\,\underline{q}$

　　代入上式就有:$Eu_0=(\underline{\theta}-\bar{p}\,\bar{\theta})\underline{q}+\bar{p}\,\bar{\theta}\,\bar{q}$

　　注意,当买者只有一个时,$0\leq\bar{q}$、$\underline{q}\leq1$。但由于存在两个买者,那么其中一个获得货物,另一个必定得不到货物;根据对称性,每个买者得到商品的事前概率不可能超过 1/2(因为商品可能留在卖者手中,因而可能小于 1/2),

　　即有:$\underline{p}\,\underline{q}+\bar{p}\,\bar{q}\leq\dfrac{1}{2}$

　　假设 1,$0<\underline{\theta}\leq\bar{p}\,\bar{\theta}$,那么,$Eu_0$ 随 $\underline{q}$ 的增加而下降,随 $\bar{q}$ 的增加而增加。因此,卖者希望 $\underline{q}=0$,而 $\bar{q}$ 尽可能大。但根据对称性原理,如果两位买者都是类型 $\bar{\theta}$ 时,每个买者得到商品的概率都是 1/2。因此,$\bar{q}$ 不可能大于 $\underline{p}+\bar{p}/2$,此时有:$\bar{q}=\underline{p}+\bar{p}/2$。

　　委托人的最优拍卖机制是:如果两个买者都宣称自己是类型 $\underline{\theta}$,那么,货物将留在卖者手中;如果只有一个卖者承认自己是 $\bar{\theta}$,那么,该买者获得货物;而如果两

个都宣称 $\bar{\theta}$，那么，卖者将以 1/2 的概率将货物随机卖给其中任何一个人。

将 $\underline{q}=0$ 和 $\bar{q}=\underline{p}+\bar{p}/2$ 代入 $\underline{\theta}\underline{q}=\underline{T}$ 和 $\bar{T}=\bar{\theta}(\bar{q}-\underline{q})-\underline{\theta}\underline{q}$，可得：$\underline{T}=0$ 和 $\bar{T}=\bar{\theta}(\underline{p}+\bar{p}/2)$。

即 $\underline{\theta}$ 类型买者得不到商品也无须付钱，而 $\bar{\theta}$ 类型买者如果得到货物的话将支付价格 $\bar{\theta}(\underline{p}+\bar{p}/2)<\bar{\theta}$。此时 $\bar{\theta}\bar{q}-\bar{T}=0$，即 IR_2 等式成立，$\bar{\theta}$ 类型买者没有信息租金。货物出售的概率为 $1-\underline{p}^2$。

假设 2，$\underline{\theta}>\bar{p}\,\bar{\theta}$，那么，$Eu_0$ 是 $\underline{q}$ 和 $\bar{q}$ 两变量的递增函数，卖者为使自己收益最大化，不会选择 $\underline{q}=0$；即卖者不会将货物留下来不卖，此时有：$\underline{p}\,\underline{q}+\bar{p}\,\bar{q}=\dfrac{1}{2}$

将 $\underline{q}=\left(\dfrac{1}{2}-\bar{p}\,\bar{q}\right)/\underline{p}$ 代入卖者的期望效用函数，有：$Eu_0=\dfrac{1}{2\underline{p}}(\underline{\theta}-\bar{p}\,\bar{\theta})+\dfrac{\bar{p}}{\underline{p}}(\bar{\theta}-\underline{\theta})\bar{q}$

显然，Eu_0 是 $\bar{q}$ 的递增函数，因此，$\bar{q}$ 越大越好。此时，根据假设 1 的分析，应有：$\bar{q}=\underline{p}+\bar{p}/2$；将之代入 $\underline{p}\,\underline{q}+\bar{p}\,\bar{q}=\dfrac{1}{2}$，可得：$\underline{q}=\underline{p}/2$（注意存在 $\bar{p}+\underline{p}=1$）

可见，最优拍卖机制为：如果只有一个买者承认自己是 $\bar{\theta}$ 类型，那么，他将获得货物；如果两个都宣称 $\bar{\theta}$ 或者 $\underline{\theta}$，货物将以 1/2 的概率在两人之间随机分配。

将 $\underline{q}=\underline{p}/2$ 和 $\bar{q}=\underline{p}+\bar{p}/2$ 代入 $\underline{\theta}\underline{q}=\underline{T}$ 和 $\bar{T}=\bar{\theta}(\bar{q}-\underline{q})\underline{T}$，可得：$\underline{T}=\underline{\theta}\underline{p}/2$ 和 $\bar{T}=\bar{\theta}(\underline{p}+\bar{p}/2)-(\bar{\theta}-\underline{\theta})\underline{p}/2$。显然，$\bar{\theta}$ 类型买者比假设 1 中少支付 $(\bar{\theta}-\underline{\theta})\underline{p}/2$，即 IR_2 严格不等式成立，$\bar{\theta}$ 类型买者获得信息租金。

8.5　不完全信息与混合策略

在完全信息静态博弈中，混合策略是解决博弈中不存在纯策略纳什均衡或存在多个纯策略纳什均衡时，相应的博弈方的策略选择问题。它的基本特点在于，各博弈方无法确定其他博弈方的策略选择，而仅知道其他博弈方选择每种纯策略的概率。因此，人们往往认为完全信息博弈中的混合策略也仅是理论上的概念，而在实际生活中难以理解。针对这一观点，1973 年海萨尼将具有混合策略的完全信息静态博弈与不完全信息静态博弈联系了起来。

海萨尼将混合策略理解为博弈方将要采取的行动具有不确定性，即完全信息博弈的混合策略均衡可以解释为，稍微受到扰动的不完全信息博弈的纯策略均衡的极限，只要在原来的博弈中加入少许不完备信息，得到的（单纯策略）贝叶斯均衡就与完备信息下的混合策略相似。并且，海萨尼将不确定归因于对手的盈利的少量不确定性。实际上,不完全信息静态博弈(即静态贝叶斯博弈)的基本特征也是各博弈方无法确定其他博弈方的选择,而只能对其他博弈方选择各种策略(相当于完全信息静态博弈中的纯策略)的概率进行判断。因此,完全信息静态博弈中的一个混合策略博弈可以被看成一个有少量不完全信息的近似博弈的一个纯策略的贝叶斯均衡。这里的少量不完全信息使得这个近似博弈与原完全信息没有大的区别。

　　例如,在图 8 - 9 所示性别博弈中,我们可以证明,在原混合策略的纳什均衡是:丈夫以 4/5 的概率选择看足球,以 1/5 的概率看歌舞;妻子以 4/5 的概率选择看歌舞,以 1/5 的概率看足球。

妻子		丈夫	
		足球	歌舞
	足球	2,4	0,0
	歌舞	1,1	4,2

图 8 - 9　性别之战

　　在性别博弈中加上一个不完全信息,从而使得两者的得益函数有个随机变量:丈夫知道自己的 θ_h,但妻子不知道;同样,妻子知道自己的 θ_w,丈夫却不知道。但是,他们都知道对方的 θ 值是均匀地分布在 $(0,\varepsilon)$ 上的随机变量,其中 ε 是相当小的正数。这样,就可以得到静态贝叶斯博弈的盈利矩阵,见图 8 - 10:

妻子		丈夫	
		足球	歌舞
	足球	$2,4 + \theta_h$	0,0
	歌舞	1,1	$4 + \theta_w,2$

图 8 - 10　引入不确定信息的性别之战

　　现在,为这个不完全信息博弈构造一个对称的贝叶斯均衡:如果丈夫的类型 θ_h 不小于一个临界值 a,丈夫就选择足球,反之则选择歌舞;而妻子的类型 θ_w 不小于一个临界值 b,妻子就选择歌舞,反之则选择足球。从丈夫角度看,他仅知道 θ_w 均匀地分布在 $(0,\varepsilon)$ 上,因此,他碰到对方看足球的概率是 b/ε,而对方选择看歌舞的概率是 $(\varepsilon - b)/\varepsilon$。因此,丈夫的期望效用为:

选择足球:$\dfrac{b}{\varepsilon}(4 + \theta_h) + \dfrac{\varepsilon - b}{\varepsilon}1 = \dfrac{b(3 + \theta_h) + \varepsilon}{\varepsilon}$

选择歌舞：$\dfrac{b}{\varepsilon}0 + \dfrac{\varepsilon - b}{\varepsilon}2 = \dfrac{2\varepsilon - 2b}{\varepsilon}$

因此，丈夫选择足球的充要条件为：$\theta_h \geq \dfrac{\varepsilon}{b} - 5 = a$

同样，从妻子的角度看，她仅知道 θ_h 均匀地分布在 $(0, \varepsilon)$ 上，因此，她碰到对方看歌舞的概率是 a/ε，而对方选择看足球的概率为 $(\varepsilon - a)/\varepsilon$。

同样，可以得到妻子选歌舞的充要条件为：$\theta_w \geq \dfrac{\varepsilon}{a} - 5 = b$

解这两个条件，就有：$a = b = \dfrac{\sqrt{4\varepsilon + 25} - 5}{2}$

在上面的贝叶斯均衡中，两个博弈方使用的都是单纯策略，因为 $\theta_h \geq a$ 和 $\theta_h < a$ 两种情况只会有一种发生；同样，$\theta_w \geq b$ 和 $\theta_w < b$ 两种情况也只会有一种发生。但是，由于对对方的具体类型并不清楚，因此，双方又感到似乎面对一个使用混合策略的对手，即对丈夫来说，他会觉得妻子将使用 b/ε 概率看足球、$(\varepsilon - b)/\varepsilon$ 概率看歌舞的混合策略。

如果 $\varepsilon \to 0$，用罗必达法则有，丈夫选足球的概率 $(\varepsilon - a)/\varepsilon$ 和妻子选歌舞的概率 $(\varepsilon - b)/\varepsilon$ 都 $\to 4/5$。也就是说，当不完全信息消失时，贝叶斯单纯均衡趋于完全信息下的混合均衡。

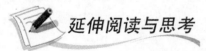

延伸阅读与思考

教授终身制的成因及其衍生效应

自从不完全信息的博弈理论以及相应的信息经济学发展起来之后，人们就开始利用可理性化策略进行最优机制的设计，如最优税收、最优公共品供给、最优经济增长、最优工资水平、最优价格水平、最优消费水平、最优监督机制、最优赔偿机制、最优股权结构，等等。但实际上，所有的最优设计都只是在一系列假设条件下的局部均衡，而一旦在开放的社会中，这种局部最优的机制设计就会衍生出验证问题。我们这里以目前国内高校正在大力模仿的、源于欧美大学的教师聘任制和教授终身制为例加以说明。

一些大学规定：教师以三年为一考核期，每个教师可以接受考核两次，两次考核后必须上升一个新的职称，否则就解除聘用，而一旦评上教授职称就变成终身聘用。那么，为什么要实行这种终身制呢？实行的效果又如何呢？这就要基于从本质到现象的研究路线进行剖析：首先要探究实行终身制的目的为何？其次分析实行的现实目的为何？再次剖析现实的措施产生了何种危害？最后寻求解决的途径。显然，高校的任何改革的目的之一是提高国内学术水平。但目前这种改革能够实现这一目的吗？显然，目前的效果还很不理想。那么，这种改革措施又是如何形成的呢？显然，一方面与既得利益者掌握高校改革的决策权有关，另一方面则与目前流行的"与国际接轨"思潮有关。那么，欧美实行这种终身制又是出于怎样的目的以及面临何种环境呢？是否实现了其目的呢？

1. 欧美高校施行终身制的主要原因

自 20 世纪 60 年代后期起，西方的高等院校中就逐渐兴起了 publish or perish 的做法：凡在大学任教职的，都必须在规定的时期内发表一定数量的高质量文章，否则就会被革职，或不能升职。相应地，如果满足要求，就可以续聘、升职、加薪乃至被授予终身职位。这就是高校雇佣制度中不同于企事业的终身制。一名教师如果不存在严重的道德问题，就几乎没有任何原因可以终止其在学校的任职，即他永远不会因为无法胜任而遭解雇。那么，欧美高校为什么要实行终身聘任制？且以发表论文的数量作为标准呢？一般地，这可以从如下两个方面加以说明。

第一，从实践上看，这主要是 20 世纪 70 年代后功利主义在学术界日益盛行的产物。其实，直到 20 世纪 70 年代，欧美顶级大学中的职称聘任和升迁主要都是靠老一辈的大师作裁决，而这裁决则依赖于老一辈大师对思想重要性的看法；只有那些中、下等的大学由于缺乏这样的权威的大师，才以文章来判定一个青年学者的学术水平。然而，70 年代以后，学术中的功利主义日益盛行，教师也逐渐蜕变为一种普通的职业，从而导致了教师职位的庸俗化、教授职位的泛滥以及对这些职位的功利追求。特别是，当时一些向学而聪明的反战青年拿到了博士学位，并被大学聘为助理教授，但是，由于其激进主义主张而不服年长的老教授对他们升职的裁决，甚至有大兴问罪之势。同时，当年美国有些学府中年长的正教授发表文章的本领比不上后起的年轻博士，却只凭自己的职位较高就对年轻的老师有所留难；这样吵来吵去，后来就逐渐形成了 publish or perish 的做法：升职或留职的决定，取舍于文章数量的排列。因此，从其起源或产生背景来说，终身职制实际上是越战带来的产物。

第二，从理论上看，这种体制有助于选拔一些有才华的年轻学人。其实，在没有实行终身职制的年代，学校中拥有解雇权力的是在位的全体教员，但相对而言，他们的利益与系所的发展状况并不紧密；相反，那些在职的博弈方却有激励把有才华的局外人排除在外。一般地，如果在大学里对系里的全体员工进行考评，并罢免最不称职的人，那么，各个系将订立不同的雇用决定。显然，已成立的系，其成员就不情愿雇用第一流的年轻人，因为这些年轻人比系里的人的工作更有成效；结果，系里就有很强的激励去雇用低素质的新人,最终导致系里全是低素质者。当然,也不是对所有人都实行终身职制;否则,也可能是浑水摸鱼,造成素质不高;因此,一般地,就需要一个筛选机制,而这基本上都是通过科研来考核的,因为一流学术刊物上发表论文需要某些技巧。显然,只有才能高者才能花较少的时间准备一份适合高质量刊物的论文;如果考核不及格,教师就必须离开学校,即使他提出以扣除大笔工资为条件也是如此;而一旦考核合格,就被授予终身教职。因此,从其实施目的来说,这是符合激励理论的基本思路的。

其实,早期欧美高校的聘任体制往往更具弹性和开放性,而且,终身职制也首先是在学术水平比较差的美国大学流传开来的,因为这些大学缺乏学术权威,从而无法实行教授认同这种弹性评价体制。关于这一点,我们可以从张五常与舒尔茨的对话中略见一斑。张五常在芝加哥时就曾问舒尔茨:"像芝加哥大学那样重要的一等经济学系,要有多少篇文章发表才能拿得终生雇用合约呢?"舒尔茨的回应是:"我们这里从来不数文章的多少。"张五常再问:"总要看发表的学报的名气吧。"舒尔茨说:"没有谁管这些。"张五常疑惑了:"那么你们管什么?"舒尔茨答曰:"管你的思想深度与创意。"张五常再问:"那么我一定要有文稿写出来给你们阅读了?"殊不知舒尔茨的回应是:"那也不需要,但你不可以像哑巴那样,一句话也不说。"①正是在这种学术氛围下,尽管张五常没有写过一篇为晋升职称而动笔的文章,但在1969年进入华盛顿大学后的三个月,在他本人没有要求的情况下,那里的正教授就一致通过擢升他为正教授。同样,芝加哥大学经济学派的主要代表人物迪莱克特,尽管学识渊博、思维深邃,但却很少著书立说,甚至也不喜欢教书;显然,这样的学者在现代大学中很可能连一般教员的职位都得不到,但他却受到芝加哥大学的高度礼遇,芝加哥大学法学院院长专门办了一份《法律与经济学》请他当主编。

2. 终身职制度下学术量化的导向效应

一般地,现代终身职制度所依赖的评价标准的特点是:抛弃面对面的直接评价,而选择更为迂回的间接评价。显然,在这种评价体制下,迄今仍传为美谈的王国维、梁启超、陈寅恪、梁漱溟、熊十力以及钱穆等被直接聘为导师的诸多事例就再也不能出现了,即使康德在现代大学里也很可能不会取得教授头衔。究其原因,尽管康德年轻时就已历遍自然科学、自然哲学、自然神学、道德原理以及美学和心理学等几乎所有的人类知识领域,但直到57岁发表《纯粹理性批判》一书之前所发表的那些著作都没有获得多少学界认可,也没有在社会上产生多大影响。显然,这种定量化的评价体制在形式上远多于实质内容:一个人无论知识如何渊博、思想如何

---

① 张五常:《发表是悲剧(二之一)》,http://zhangwuchang.blog.sohu.com/65973022.html。

深邃、观点如何新颖,只要没有在主流刊物上发表一定数量的文章,那么就无法取得教授职称;相反,一个人的知识无论怎样浅薄、思想无论怎样呆滞、观点无论怎样陈腐,只要他通过各种手段在主流刊物上发表了一定数量的文章,就一定可以获得教授职称。正因如此,终身职制的施行就对学者的研究和学术的发展带来了极其严重的不良影响,主要效应表现为:学者行为的道德风险和逆向选择、学术发展的专业化和功利化、论文写作的形式化和庸俗化。

(1)就学者行为的道德风险效应而言,主要表现在学者会选择有利于早出成果和容易发表的研究内容和研究方式。具体表现为:研究领域集中于应用研究、研究方式偏好数量工具、研究形式采取合作方式。首先,理论研究需要非常高的抽象思维和非常广的知识积累,理论创新尤其需要坐冷板凳的精神,显然这与终身职制的激励取向是背道而驰的;相反,应用性研究往往只是掌握了教材上的理论后,找些经验材料加以验证和解释就行了,这不仅简单得多,而且更容易引起世人的兴趣,杂志也更偏好此类“现实”文章。其次,由于思想的创新往往需要长期的学习和内省、需要对各种知识流派的比较和契合,因而那些还无法形成思想洞见的学人希望更早地发表文章,就不得不采用复杂数学符号加以装扮,掩盖文章内在的空洞思想。再次,终身职制对文章发表的数量有一定要求,那么通过相互挂名式的合作就容易满足这种数量要求,而且论文的合作还往往将写作能手、数据处理能手、交际能手等结合起来,“三个臭皮匠”合起来所取得的学术“成就”竟然远比一个诸葛亮大得多。显然,正是受到当前这种终身职制的激励,20世纪70年代以来,越来越多的经济学人开始热衷于所谓的“应用研究”,热衷于数理建模和计量实证,而且绝大多数文章都署着多人名字,甚至往往是分属不同单位的几个学者之“合作”产物。

尤其是,以前学术研究往往源于具有相同学术背景的学者之间长期的交流、探讨和争鸣,即使如此,论文写成后主要还是某个人的署名,其他人的观点只是出现在引文中和致谢中;但是,现代论文的合作者往往相距千里、平时根本没有多少时间会在一起探讨,而且越来越多的“合作”发生在学科和语言都很不相同的作者之间。显然,正是在这种终身职制的激励下,西方学者为了获得职位晋升而不得不努力寻求与其他国家的学者进行合作,究其原因,这种合作文章更容易蒙骗那些编辑和审稿“专家”而得以发表。这里存在一个明显的悖论:如果研究自己更为熟悉的本国问题或者理论性问题,那么其存在的问题往往也就容易为编辑或其他匿名评审者识别,以致这样的文章反而难以发表;相反,如果研究自己很不熟悉的他国问题,由于有对方合作者提供显得比较可信的数据,尽管其合作者所提供的数据也可能存在严重的缺陷,但由于它显得来源有据且形式漂亮,反而更容易通过编辑或其他匿名者的评审，以致这样的文章往往更容易发表。

（2）就学者行为的逆向选择效应而言，主要表现为那些把学术当做敲门砖而游刃有余政、商、学各界的功利之人更乐意并擅长通过各种途径满足这种要求，从而逐渐占据了学术的主要职位并进一步垄断相关资源，从而产生了"劣币驱逐良币"的现象。究其原因，终身职制要求教师在短时间内证明自己的科研才能，那些刚进入高校的而没有终生雇用合约的青年助理教授，没有几篇文章在名学报发表，即使博士后任职六年多也会遭解雇。要知道，在西方高校，获得博士学位的时间变得越来越长：从原先的5、6年延长为7、8年，有的甚至要10年；而且，在进入高校获得正式工作之前往往还需要2年的博士后研究工作，此后的几年又要结婚、生子。在这种情况下，那些前路茫茫的后起之秀就只有模仿杂志上的"主流"文章（包括形式和内容）以求尽快发表文章，而根本顾不上文章的质量如何，是否有真正的思想创建，等等。而且，这种以论文数量为根据的晋升体制特别有利于两类人：一是那些从事数学建模的人，因为这种分析相对不需要更广的知识，而是可以把研究的范围集中；二是更有利于那些在把学术视为敲门砖的人，因为他们更擅长那些形式和规范，而不关心是否有真正的价值。相反，对那些追求学问的真正知识分子而言，这种体制往往成为他们取得成就和认可的障碍；究其原因，学术理念使得他们往往痛心于写一些毫无意义的官样文章，而且，真正的学术洞见往往源自对前人文献的批判式梳理。

（3）就学术发展的专业化而言，主要是指学术日益分立，本身属于一个整体的社会科学各分支之间日渐分裂，甚至在同一学科之内也进一步细分，同时，每个人都局限于非常狭隘的特定领域作细枝末节的"研究"，这就如用放大镜来探索大象的纹理而试图了解大象究竟是什么。究其原因主要有二：一者，终身职制的职称审定主要以专业刊物上发表的文章数为衡量标准，这就迫使学人放弃非"专业"的爱好，否则就成为当今学界的"玩物丧志"；二者，尽管社会现象是整体的，因而需要进行知识的契合，但这种知识是一般青年学子所不具备的，因而他们也会主动选择专业化的道路。就前者而言，曾为经济学发展作出重要贡献的韦伯、帕累托、凡勃伦、康芒斯、加尔布雷思、熊彼特、米塞斯、哈耶克、奈特以及诺斯、奥尔森等人甚至在当前中国经济学界也难以被评为经济系教授，因为他们的文章很少能够符合某些专业刊物对形式规范以及量化实证的要求。就后者而言，正如科塞（2001）指出的，这种"规则要求知识训练，要求服从固定的学术标准，注重资深者的贡献，尤其是要尊重各种专业领域的界限。那些企图创造一个新起点的人，可能被认为是'靠不住'的'外人'而不予信任。这种强调使有潜力的通才失去了勇气，年轻学者很容易感到，从事狭隘问题的研究要比从事大范围问题的研究更稳妥"。事实上，在这种激励机制下,那些打算在高校就业的博士生在选择博士论文选题时,就开始考虑选题是否有利于在主流专业刊物上发表,是否可以拆成几篇标准的经济学论文、是否有助于参加专业会议,等等。这些都导致现代学人的知识越往上就越狭窄,但这种对社会认知已经完全"只见树木不见森林"的学人竟然深受圈内人的好评。

(4)就学术发展的功利化而言,主要是指大多数青年学子只是为发表论文而读书和写作,而且刻意选择那些容易被人认可的研究领域和研究方式,或者容易带来收益的应用政策研究。究其原因,新思想和新理论的出现要综合各方面的知识,需要经历长期的知识积累和沉淀,这可以从历史上众多的思想大师身上得到鲜明的体现;但是,终身职制并不利于知识的沉淀,也不允许青年学子像斯密、穆勒、康德那样对学术进行毫无节制的反思,那样心安理得地"徜徉"于社会科学各分支以及各流派之间。事实上,由于这种学术制度为那些已经获取终身职位的教师们提供了一个相对宽松的生活条件,因而绝大多数教师都仅仅把发表论文视为一个可以换取安定生活的手段,而不在乎自己是否取得真正的认知,更不在于为现实提供真正的决策参考。一个明显的例子是,除了少数对学术情有独钟的学者之外,绝大多数教师在取得终身职位之后,就开始将大部分时间用于学问之外,如旅游、娱乐等。科兰德(2000)写道,"许多我曾与之交谈过的学院派经济学家同意,大部分所谓的应用政策工作实际上只是终身职位的一张入场券。那些相信这种说法但正在从事合意的应用政策工作的研究者,无论如何都会用每个人都在这样做这种借口,为他们正在做的事情进行辩护。如果他们不这样做,他们将不会得到终身职位并且将会失业。他们是正确的。不成文的方法论原则认为:如果一本杂志愿意接受这篇文章,那么它就是一篇值得写的文章。"

(5)就论文写作的形式化和庸俗化而言,论文写作的形式化主要是指"研究"论文逐渐形成了一种"规范"套路,而庸俗化则指论文越来越没有实质内容、缺乏思想,从而也根本无法解决现实问题。显然,这种形式化和庸俗化的取向在现代经济学论文中表现得非常明显,科兰德(2000)就指出,"应用经济学的杂志随处都有——并且每天都在增加,但是这些杂志上的许多文章只是教学练习。这些文章采用一般的最大化模型;有时通过简单地定义一些术语,略微将模型修改一下;而展现在这个特殊案例中,修改过的一般最大化模型看起来是怎样的形式。"而且,在知识分工乃至分立的现代社会中,标准的经济学论文基本上都是基于一定分解的研究思路,从而不能全面地认识这个社会系统,因而那些所谓的应用性"政策研究"的实际应用价值往往非常有限。正如科兰德(2000)所说,"这样的文章对于真实世界的政策只给出一点或几乎没有给出任何指导,因为它们没有回答那些与政策相关的问题。假设合理吗? 模型实现的目标和研究者选择的规范性目标一致吗？提出的政策建议在行政上具有可行性吗？"这从两方面加以说明：一者，这种数理文章往往是在高度抽象的条件下展开的，是个象牙塔的产物；二者，政策的应用本身不在于逻辑推理而在于对各种理论进行选择，而如何选择则在于对现实情形的认知，因而运用政策性研究的关键在于对现实做详尽的分析和描述。正因如此，一些批判家就指出，"主张经济学模型的科学性与在经济模型基础上的预测和政策建议的性质完全是两码事。由于居高不下的失业率或者不可预测的交换率，难道不应该使得经济学家更谦虚一点吗？"（多迪默，2002）

最后，需要指出的是，在终身职制的激励下，上述各种现象还存在着相互强化和自强化效应。譬如，逆向选择效应使得那些功利而热衷于数理的学人更容易获得晋升，这些热衷于数量建模和计量实证的人又更乐于采取合作方式，而且这方面的合作更容易避免语言障碍；因此，国际上的这种合作在技术化和数量化研究方面往往显得尤其普遍，从某种意义上讲，论文合作倾向与经济学的数量化发展又是相互促进的。同时，由于这些人更容易专业化、更容易满足当前这种终身职制的评价标准，从而使得欧美学术的主流化趋势日益强化，学术界中的功利主义倾向日益盛行；究其原因，绝大多数教师首先是考虑饭碗问题，而其为评职称的初期研究投入又进一步决定了他以后的研究路线和研究领域。事实上，那些原先已经在数理建模上投入了时间和精力的学人，一般不愿意把这些数理训练的投入视为不会产生任何收益的沉淀成本，从而还会继续从事原先曾经搞过的数理研究、沿用以前的研究方式；而且，数理建模和计量实证是更容易被重复使用的研究方式，一旦掌握了这方面的基本知识，那么，今后也就比较容易写出相关的文章。而且，在美国一些被认可的学术杂志通常都被那些领导主流潮流的常青藤院校所控制，同时又进一步受到领导经济学主流化的那些泰斗们所支配；出自这些学校或出自这些泰斗门下的博士更容易在这些熟门熟路的杂志上发表文章，更容易在高校中找到工作，更能尽可能早地获得终身职位，这强化了主流化的研究。

9. 不完全信息动态博弈

第8章分析了不完全信息静态博弈,但在绝大多数领域中贝叶斯博弈是动态的。因为私人信息的存在一般会导致拥有信息的一方去沟通或误导对方,而没有信息的一方则试图学习和反应。所谓不完全信息动态博弈,就是指在动态博弈中,至少有部分博弈方对其他博弈方的得益结构不完全了解,即在动态博弈中存在信息不对称。

9.1 动态贝叶斯博弈的一般概述

不完全信息动态博弈问题在现实生活中大量存在,如旧车市场上的讨价还价、贸易谈判、军备控制、寡头竞争等都是不完全信息动态博弈。

9.1.1 动态贝叶斯博弈的特点

在静态贝叶斯博弈中,解决不完全信息的办法是将博弈方的不同得益归结为他们的不同类型,并引进一个为博弈方选择类型的虚拟博弈方,从而把不完全信息博弈转化成完全但不完美信息动态博弈,这种处理方法就是海萨尼转换。同样,动态贝叶斯博弈也可以借助海萨尼转换,从而将其转换为完全但不完美信息动态博弈,这种思路和解法与不完全信息静态博弈的处理一样。

当然,两类转换也存在一些区别。在不完全信息动态博弈中,"自然"首先选择博弈方的类型,然后博弈方开始行动;由于行动有先有后,因而后行动者可以观测到先行动者的行动,而不能观测到先行动者的类型。不过,由于博弈方的行动是类型依存的,每个博弈方的行动都传递着自己类型的某种特征。这样,后行动者可以通过观察前者的行动而推断其类型或修正自己的信息,然后再选择自己的最优行动;同样,先行动者由于知道自己的行为有传递自己特征信息的作用,就会有意识地选择某种行动来揭示或掩盖自己的真实特性。因此,博弈过程不仅是博弈方选择行动的过程,而且是博弈方不断修正信念的过程。

例1 我们回顾"空城计"的故事。司马懿来到城下,见"孔明坐于城楼之上,笑容可掬,旁若无人焚香操琴。左有一童子,手捧宝剑;右有一童子,手执麈尾。城门内外,有二十余名百姓,低头洒扫,旁若无人"。便到中军,教后军作前军,前军作后军,望北山路而退。次子司马昭曰:"莫非诸葛亮无军,故作此态?父亲何便退兵?"懿曰:"亮平生谨慎,不曾弄险。今大开城门,必有埋伏。我兵若进,中其计也。汝辈岂知?宜速退。"于是两路兵尽退去。显然,面对一座表面上的空城,司马懿需要判断蜀军的真实实力:凭历史经验司马懿知道"诸葛一生唯谨慎",而空城这种行为往往是与冒险性格类型的人相依存的,因而他判断蜀军肯定有重兵部署在城内。结果,诸葛亮利用司马懿对自己"谨慎"的成见而冒险设计了空城计,从而得以死里逃生。其博弈展开式见图9-1。

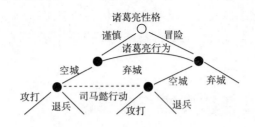

图9-1 不完全信息的空城计博弈

例2 在空城计的故事中,由于司马懿只知道"诸葛一生唯谨慎",却不料,诸葛亮充分利用司马懿对自己以前谨慎性格的了解而选择了一种冒险策略,从而使司马懿失策。与此相反的例子则是曹操败走华容道的故事。赤壁之战大败后,曹操逃到一个叉路口,军士禀曰:"前面有两条路,请问丞相从哪条路去?"操问:"哪条路近?"军士曰:"大路稍平,却远五十余里。小路投华容道,却近五十余里;只是地窄路险,坑坎难行。"操令人上山观望,回报:"小路山边有数处烟起;大路并无动静。"操教前军便走华容道小路。诸将曰:"烽烟起处,必有军马,何故反走这条路?"操曰:"岂不闻兵书有云:虚则实之,实则虚之。诸葛亮多谋,故使人于山僻烧烟,使我军不敢从这条山路走,他却伏兵于大路等着。吾料已定,偏不教中他计!"诸将皆曰:"丞相妙算,人不可及。"显然,曹操自作聪明认为已经识破了诸葛亮的计谋,却不料恰恰走进了诸葛亮设下的圈套。见图9-2。

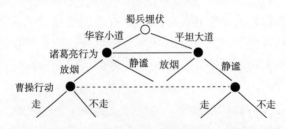

图9-2 不完全信息的华容道动态博弈

例3 再以前面所提到的不完全信息雇佣博弈为例。我们现在假设行为是有先后的:经理人员先工作,企业主根据其工作情况并结合对其能力高低的判断进行工资支付。该博弈的扩展型见图9-3,在该博弈中,经理人员有两个单节信息集,表示经理人员知道"自然"的选择;而企业主面临各自包含两个决策节的信息集,意味着,企业主只能观察到经理人员的努力程度而不能知道其真实能力水平,从而只能形成对经理人员努力水平的先验信念。以上只是第一阶段的博弈图示,当博弈进入第二阶段后,两者的行动实际上成了一个简单的静态博弈决策问题。但是,第二阶段的博弈要复杂得多:一方面,经理人员的努力水平与企业主给予的工资状况有关;另一方面,经理人员的努力水平与其本身的经营能力有关。一般地,经营能力越高,越愿意努力工作,因为努力所得到的边际收益更大。因此,与静态博弈不同,在观测到经理人员第一阶段的努力水平选择后,企业主可以修正对经理人员的能力水平的先验概率,因为经理人员的努力水平的选择可能包含了有关能力水平的信息。

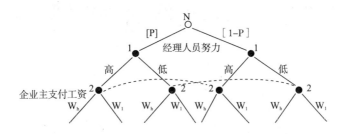

图 9 – 3　不完全信息雇佣博弈

当然,上面所举例子中,"自然"选择是狭义的,仅就信息集进行选择。如在图9 – 3 所示博弈中,企业主面临一个包含两个决策节的信息集,意味着企业主不知道"自然"对经理人员的类型选择,而经理人员知道自己的工作能力。我们可以将"自然"首先选取包括更广的含义,如博弈方的策略空间、信息集、得益函数等。

9.1.2　贝叶斯—纳什均衡在动态博弈中的缺陷

在静态贝叶斯均衡中,博弈方的信念是事前给定的,均衡概念没有规定博弈方如何修正自己的信念,因此,仅用静态不完全信息博弈中定义的贝叶斯—纳什均衡来说明均衡结果是不够的。事实上,在完全信息动态博弈中,引入的子博弈精炼纳什均衡概念对剔除那些包含不可置信威胁策略的纳什均衡并没有直接的帮助作用,因为不完全信息博弈只有一个子博弈。相反,在不完全信息动态博弈中,通过引入后验概率则可以剔除不完全信息静态博弈或者完全但不完美信息动态博弈中那些不可信的贝叶斯均衡。

例4 在图9-4所示完全但不完美信息动态博弈中,有两个纯策略纳什均衡(L, B)和(M,A)。而且,由于这个博弈只有一个子博弈,因此,(L,B)和(M,A)都是子博弈精炼纳什均衡。但显然,(L,B)依赖于一个不可置信的威胁,因为如果博弈进入博弈方乙的信息集,A将严格优于B,因而选择B不是序贯理性。可见,子博弈精炼纳什均衡不能剔除(L,B),但是,我们可以使用精炼贝叶斯均衡剔除(L,B)。

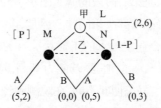

图9-4 完全但不完美信息动态博弈扩展型

图9-4所示扩展型博弈树可以写成策略型博弈矩阵,见图9-5。

甲		乙	
		A	B
	L	2,6	2,6
	M	5,2	0,0
	N	0,5	0,3

图9-5 完全但不完美信息动态博弈策略型

在不完全信息情况下,博弈方根据自己的主观信念选择行动,因此,我们得到的是主观相关均衡。问题是,上述主观相关均衡允许每个博弈方关于其对手的信念是完全随意的,因而没有体现可理性化的限制。为此,布兰登伯格和戴克尔(Brandenburger 和 Dekel,1987)引入了后验均衡思想,这就是精炼贝叶斯均衡。

根据精炼贝叶斯思想,当博弈进入博弈方乙的信息集时,博弈方乙必须有一个博弈方甲选择 M 和 N 的概率分布。给定博弈方乙认为博弈方甲选择 M 和 N 的概率分别为 p 和(1-p),那么,博弈方乙选择 A 的期望效用为:$2p+5(1-p)=5-3p$,而博弈方乙选择 B 的期望效用为:$0p+3(1-p)=3-2p$。显然,不论 p 为多少,博弈方乙都会选择 A。给定博弈方乙选择 A,那么,博弈方甲的最优选择是 M。显然,在给定 M 是博弈方甲的最优策略,博弈方乙观测到博弈方甲没有选择 L 时,他就知道博弈方甲一定选择了 M,即 p=1 时。因此,这个博弈的唯一精炼贝叶斯均衡是(M,A;p=1)。

9.2　精炼贝叶斯—纳什均衡

由于不完全信息只有一个子博弈,即从初始节开始的整个博弈,因此,所有的均衡都是子博弈精炼均衡。不过,尽管子博弈精炼纳什均衡不能直接用于不完全信息动态博弈,但子博弈精炼均衡概念的逻辑是适用的。根据这一逻辑,如果我们将从每一个信息集开始的博弈的剩余部分称为一个"后续博弈"(Continuation Game)——不同于始于单节信息集的子博弈。为了使后续博弈成为真正的博弈,就必须在每个后续博弈的一开始规定好博弈方的信念。那么,一个"合理"的均衡应该满足:给定每一个博弈方有关其他博弈方类型的后验信念,博弈方的策略组合在每一个后续博弈上构成贝叶斯均衡。

9.2.1　贝叶斯法则与后验概率

对应于不完全信息动态博弈的均衡概念是"精炼贝叶斯均衡",这个概念是泽尔腾的完全信息动态博弈的精炼纳什均衡和海萨尼的不完全信息静态博弈的贝叶斯均衡的结合。精炼贝叶斯均衡有以下要求:

(1)在每一个信息集上,决策者必须有一个定义在属于该信息集的所有决策节上的一个概率分布(信念)。对于非单节信息集,推断是在信息集中不同节点的一个概率分布;对于单节的信息集,博弈方的推断就是到达此单一决策节的概率为1。

(2)给定该信息集上的概率分布,博弈方的策略在每一个信息集开始的"后续博弈"上构成贝叶斯均衡。一方面,给定博弈方的推断,它的策略必须满足序贯理性;另一方面,在处于均衡路径上的信息集中,推断由贝叶斯法则及博弈方的均衡策略给出。

(3)在所有可能的情况下,博弈方使用贝叶斯法则修正有关其他博弈方的类型的信念。

精炼贝叶斯均衡的思维要点是:博弈方根据所观察到的其他人的行动来修正自己有关后者的"信念"(主观概率),并由此选择自己的行动。它假设其他博弈方选择的是均衡策略,因而精炼贝叶斯均衡是所有博弈方策略和信念的一种结合。它满足如下条件:

第一,在给定每个人有关其他人类型的信念的情况下,他的策略选择是最优的。

第二,每个人有关其他人类型的信念都是使用贝叶斯法则从观察到的行为中获得的。

一般地,我们将修正之前的判断称为"先验概率"(Prior Probability),而修正之后的判断称为"后验概率"(Posterior Probability)。贝叶斯法则是人们根据新的信息从先验概率得到后验概率的基本方法。

假设,博弈方 i 有 K 个独立分布的可能类型,有 H 个可能行动。θ^k 和 a^h 分别表示博弈方 i 的一个特定类型和一个特定行动,并设 $p(\theta^k) \geq 0$,$\sum_{k=1}^{K} p(\theta^k) = 1$。同时,给定 i 属于类型 θ^k,i 选择行动 a^h 的条件概率为 $p(a^h/\theta^k)$,$\sum_h p(a^h/\theta^k) = 1$。

那么,i 选择行动 a^h 的边缘概率为:$p(a^h) = p(a^h/\theta^1)p(\theta^1) + ,\cdots, + p(a^h/\theta^K)$ $p(\theta^K) = \sum_{k=1}^{K} p(a^h/\theta^k)p(\theta^k)$

即博弈方 i 选择行动 a^h 的"总"概率是每一种类型的 i 选择 a^h 的条件概率 $p(a^h/\theta^k)$ 的加权平均,而权数是他属于每种类型的先验概率 $p(\theta^k)$。这样,在观测到博弈方 i 选择行动 a^h 后,我们可以判断 i 属于类型 θ^k 的后验概率。

我们用 $p(\theta^k/a^h)$ 表示后验概率,即给定 a^h 的情况下 i 属于类型 θ^k 概率。根据概率公式,i 属于类型 θ^k 并选择行动 a^h 的联合概率等于 i 属于类型 θ^k 的先验概率乘以 θ^k 类型的博弈方选择行动 a^h 的概率,或者等于 i 选择行动 a^h 的总概率乘以给定 a^h 情况下 i 属于类型 θ^k 的后验概率。

即有:$p(a^h, \theta^k) = p(a^h/\theta^K)p(\theta^K) = p(\theta^k/a^h)p(a^h)$

因此,后验概率为:$p(\theta^k/a^h) = \dfrac{p(a^h/\theta^K)p(\theta^K)}{p(a^h)} = \dfrac{p(a^h/\theta^K)p(\theta^K)}{\sum_{j=1}^{K} p(a^h/\theta^j)p(\theta^j)}$

这就是贝叶斯法则。我们再用一些具体的事例来深化对后验概率以及贝叶斯法则的认识。

思考:区分先验概率和后验概率及其应用。

例5 在抽奖活动中,有三张奖券 A、B、C,其中只有一张奖券可获得 100 元的奖品,而另两张奖券没有奖品。现在假设一个活动参与人抽取了奖券 A,而活动主持者拿出奖券 B,并公示大家表明 B 是一张无奖品券。此时,主持人对参与人说,"现在再给你一次机会,你是否要将奖券 A 换成 C 呢?"那么,你如何选择? 也就是说,此时,奖券 C 中 100 元奖品的概率有多大呢? 它是否比奖券 A 中奖的概率更大呢?

根据贝叶斯法则:

prob(主持人打开奖券 B) = prob(主持人打开奖券 B/奖券 C 中奖)prob(奖券 C 中奖) + prob(主持人打开奖券 B/奖券 B 中奖)prob(奖券 B 中奖) + prob(主持人打开奖券 B/奖券 A 中奖)prob(奖券 A 中奖)

$$= 1 \times \frac{1}{3} + 0 \times \frac{1}{3} + \frac{1}{2} \times \frac{1}{3} = \frac{1}{2}$$

所以有:

prob(奖券　C 中奖／主持人打开奖券　B)

$$= \frac{prob(主持人打开奖券\ B／奖券\ C 中奖)prob(奖券\ C 中奖)}{prob(主持人打开奖券\ B)} = \frac{1 \times \frac{1}{3}}{\frac{1}{2}} = \frac{2}{3}$$

相反,

prob(奖券　A 中奖／主持人打开奖券　B)

$$= \frac{prob(主持人打开奖券\ B／奖券\ A 中奖)prob(奖券\ A 中奖)}{prob(主持人打开奖券\ B)} = \frac{\frac{1}{2} \times \frac{1}{3}}{\frac{1}{2}} = \frac{1}{3}$$

显然,有:

prob(奖券　C 中奖／主持人打开奖券　B) > prob(奖券　A 中奖／主持人打开奖券　B)

因此,为了有更高概率中奖,理性的活动参与人会寻求将奖券 A 换成 C。

9.2.2　精炼贝叶斯纳什均衡概念

有了上述概念作准备,我们把子博弈完美性、贝叶斯均衡和贝叶斯推论结合起来,就可以给出精炼贝叶斯均衡的定义。其中贝叶斯推论是指:给定博弈方的后验概率,要求策略在每一个"后续博弈"中都能产生一个贝叶斯均衡;并且要求只要贝叶斯法则能使用,信念就应该根据贝叶斯法则加以更新。

假定有 n 个博弈方,博弈方 i 的类型是 $\theta_i \in \Theta_i$,θ_i 是私人信息,$p_i(\theta_{-i}|\theta_i)$ 是属于类型 θ_i 的博弈方 i 认为其他 n－1 个博弈方属于类型 $\theta_{-i} = (\theta_1, \cdots, \theta_{i-1}, \theta_{i+1}, \cdots, \theta_n)$ 的先验概率。令 S_i 是 i 的策略空间,$s_i \in S_i$ 是一个特定的策略(依赖于类型 θ_i),$a_{-i}^h = (a_1^h, \cdots, a_{i-1}^h, a_{i+1}^h, \cdots, a_n^h)$ 是在第 h 个信息集上博弈方 i 观测到的其他 n－1 个博弈方的行动组合,$\tilde{p}_i(\theta_{-i}|a_{-i}^h)$ 是在观测到 a_{-i}^h 的情况下博弈方 i 认为其他 n－1 个博弈方属于类型 $\theta_{-i} = (\theta_1, \cdots, \theta_{i-1}, \theta_{i+1}, \cdots, \theta_n)$ 的后验概率,$\tilde{p}_i$ 是所有后验概率 $\tilde{p}_i(\theta_{-i}|a_{-i}^h)$ 的集合,$u_i(s_i, s_{-i}, \theta_i)$ 是 i 的效用函数;

那么,精炼贝叶斯均衡是指一个策略组合 $S^*(\theta) = (S_1^*(\theta_1), S_2^*(\theta_2), \cdots, S_n^*(\theta_n))$ 和一个后验概率组合 $\tilde{p} = (\tilde{p}_1, \tilde{p}_2, \cdots, \tilde{p}_n)$;满足:(P) 对于所有博弈方 i,在每一个信息集 h 下存在:$EU_i(s^*, \theta_i) \geq EU_i(s_1^*(\theta_1), \cdots, s_{i-1}^*(\theta_{i-1}), s_i'(\theta_i), s_{i+1}^*(\theta_{i+i}), \cdots, s_n^*(\theta_n); \tilde{p}_1, \cdots, \tilde{p}_{i-1}, \tilde{p}, \tilde{p}_{i+i}, \cdots, \tilde{p}_n)$;(B) $\tilde{p}_i(\theta_{-i}|a_{-i}^h)$ 是使用贝叶

斯法则从先验概率 $p_i(\theta_{-i}|\theta_i)$ 观测到的行动 a^h_{-i} 和最优策略 $S^*_{-i}(\cdot)$ 而得到的后验概率(在可能的情况下)。

其中,条件(P)是精炼条件(Perfectness Condition),反映在给定其他博弈方的策略 $s_{-i}=(s_1,\cdots,s_{i-1},s_{i+1},\cdots,s_n)$ 和博弈方的后验概率 $\tilde{p}_i(\theta_{-i}|a^h_{-i})$,每个博弈方 i 的策略在所有从信息集 h 开始的后续博弈上都是最优的,即所有博弈方都是序贯理性的,这是子博弈精炼均衡在不完全信息动态博弈上的扩展。条件(B)对应的是贝叶斯法则的运用。

精炼贝叶斯均衡也简称 PBE 均衡,它是均衡策略和均衡信念的结合:给定信念 $\tilde{p}=(\tilde{p}_1,\tilde{p}_2,\cdots,\tilde{p}_n)$,在博弈的任何阶段,策略 $S^*=(S^*_1,S^*_2,\cdots,S^*_n)$ 都是最优的;给定策略 $S^*=(S^*_1,S^*_2,\cdots,S^*_n)$,信念 $\tilde{p}=(\tilde{p}_1,\tilde{p}_2,\cdots,\tilde{p}_n)$ 是使用贝叶斯法则从均衡策略和所观测到的行动得到的。因此,精炼贝叶斯均衡是一个不动点:后验概率依赖于策略,而策略又依赖于后验概率。正是由于这种循环性,当存在不完全信息时,完全信息博弈中用后向归纳法求解精炼均衡的办法在不完全信息博弈中就并不适用,我们必须使用前向归纳法进行贝叶斯修正。

9.3 信号博弈及应用

不完全信息博弈所导致的复杂性在"信号传递"博弈中表现最为明显。信号传递博弈是指一种领头者—追随者的博弈。其中,只有领头者具有私人信息,领头者先行动;追随者观察到领头者的行动,但不知道领头者的类型是什么,然后选择自己的行动。实际上,在不完全信息静态博弈中,代理人是在合约提供之后选择信号,委托人则通过某种机制对其进行甄别;而在不完全信息动态博弈中,代理人是在合约提供之后进行选择信号,从而向委托人传递某种信号。因此,信号传递博弈是一种比较简单但应用广泛的不完全信息动态博弈,而信号博弈则是不完全信息动态博弈的经典类型,是包含信息更新和完美性问题的一种最简单的博弈。我们这里作一介绍。

9.3.1 信号博弈

信号博弈(Signaling Game)是两个博弈方之间进行的非完全信息动态博弈,其基本特征是:博弈方分为信号发出方和信号接收方两类,先行方为信号发出方,而后行者为信号接收方;同时,先行的信号发出方的类型是私人信息,而后行的信号接收方的类型是公共信息。显然,尽管后行的信号接收方具有不完全信息,但他可以从先行的信号发出方的行为中获得部分信息,信号发出方的行为对信号接收方来说具有传递信息的作用。

　　信号博弈的一个重要类型是声明博弈。声明博弈中的声明方相当于信号发出方,接收方就是信号接收方。当然,如果声明博弈中信号发出方的行为既没有直接成本,也不会影响各方的实际利益,那么,这就是一种所谓的"空口声明"(Cheep Talk);相反,一般信号博弈中信号发出方的行为本身往往都是有意义的现实行为,自身既有成本代价,同时对各方的利益也有直接的影响。例如,大学生毕业寻找工作时就通过教育经历、学位以及其他资格证来向可能的雇主传递自身素质能力方面的信息,但获得这些教育凭证却需要付出相当的代价。在某种意义上,声明博弈只是信号博弈的特例,是一种没有成本的"空口声明";信号博弈则是声明博弈的一般化,是研究信息传递机制的更重要的一般模型。一般地,一个声明的成本越高,威胁的信息就越可信。因此,研究这一不完全信息动态博弈中一般性模型,比简单的声明博弈更有意义。

　　一般地,我们假设,有一个博弈方 O 先为发出方按一定的概率从其类型空间中随机选择一个类型,并将这类型告诉先行者;然后,信号发出方从自己的行为空间中选择一个行为,即发出一个信号;最后,接收方根据先行者发出的信号选择自己的行为。因此,信号博弈就用图 9-6 作简明表示。

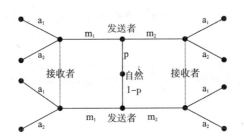

图 9-6　信号博弈

　　如果我们用 S 表示信号发出方,R 表示信号接收方,$\Theta = \{\theta_1, \cdots, \theta_i\}$ 表示 S 的类型空间,$M = \{m_1, \cdots, m_j\}$ 表示 S 的行为空间或称信号空间,$A = \{a_1, \cdots, a_k\}$ 表示 R 的行为空间,而 π_S, π_R 分别表示 S 和 R 的得益;并且,博弈方 O 为 S 选择类型的概率分布为 $\{p(\theta_1), \cdots, p(\theta_i)\}$。

　　那么,一个信号博弈就可表示为:

　　(1)博弈方 O 以概率 $p(\theta_i)$ 选择 θ_i,并让 S 知道,但 R 不知道,知道 S 属于 θ 的先验概率分布 $p = p(\theta)$,其中 $p(\theta_i) > 0$,且 $\sum_{i=1}^{n} p(\theta_i) = 1$;

　　(2)S 在观测到类型 θ_i 后选择行为 $m_j, m_j \in M$;

(3)R 看到 S 发出的信号 m_j 后,使用贝叶斯法则从先验概率 $p = p(\theta)$ 得到后验概率 $\tilde{p} = \tilde{p}(\theta|m)$,然后选择行为 a_k,$a_k \in A$;

(4)S 和 R 的得益 π_S、π_R 都取决于 t_i、m_j 和 a_k。

显然,当博弈方 S 发出信号时,预测到博弈方 R 将根据他发出的信号修正对自己类型的判断,因而将选择一个最优类型的依存信号策略;同样,博弈方 R 知道博弈方 S 遵循的是给定类型和考虑信息效应的情况下的最优策略,因而使用贝叶斯法则修正对博弈方 S 的类型判断,选择自己的最优行动。可见,信号传递博弈实际上就是不完全信息情况下的 Stachelberg 博弈。

例6 米尔格罗姆—罗伯茨(Milgrom 和 Roberts,1982)的垄断限价模型就是信号传递博弈在产业组织理论中的一个应用。根据以前的理论,垄断在位者阻止其他厂商进入的低价策略是不可置信的,因为不论垄断在位者现在索取什么价格,一旦其他企业进入,垄断者就会改变价格。但是,他们提出的垄断限价模型却说明,垄断限价反映了这样一个事实,即其他企业不知道垄断厂商的生产成本,而垄断者用低价来告诉其他企业自己是低成本者,进入是无利可图的。

同样,在斯彭斯(Spence,1973)的劳动力市场模型中,领头者是一个知道自己生产率的工人,并且他必须选择一个教育水平;跟随者则是一家(或数家)厂商,它观察到工人的努力水平,但不知道他的生产率,然而决定支付工资。在该模型中,子博弈完美性的精神在于:对于工人选择的任何教育水平,后续的策略,即所收益的工资应该是合理的。这就要求厂商所支付的工资将主要取决于厂商对工人的生产率的信念,而这个信念又取决于工人可观测到的教育水平。显然,如果这个水平在均衡中是被赋以正概率的,那么,工人生产率的后验概率就可以运用贝叶斯法则计算出来。

一般地,信号传递博弈的所有可能的精炼贝叶斯均衡可以分为三类:分离均衡、混同均衡和准分离均衡。分离均衡是指不同类型的发送者以 1 的概率选择不同的信号,此时信号能够准确地揭示出类型。混同均衡是指不同类型的发送者选择相同的信号,或者说,没有任何类型选择与其他类型不同的信号,因此,接收者不能修正先验概率,无法揭示出类型。准分离均衡是指一些类型的发送者随机地选择信号,而另一些类型的发送者则选择特定的信号。

思考:区分分离均衡和混同均衡。

9.3.2 柠檬市场的质量信号

我们知道,由于市场的不确定性,买主在购买产品时并不能确切地了解每件商品的具体质量,如果没有其他信息可利用,那么,市场出清价格必然是影响到某些高质量产品的市场价格的加权平均数,以致高质量产品的卖主不进入市场。但即使如此,某些市场上,买卖双方也可以通过市场发出传递产品质量信息的信号,柠檬市场是传递产品质量信号的一个经典场所。

首先,由于存在严重信息不对称,柠檬市场上也会出现明显的逆向选择,此时,高质量产品就难以成交,甚至可能出现整个市场的崩溃。分析如下:

例7 在一个二手车市场,二手车的质量 q 均匀地分布在 0 和 q 之间;对一个质量为 q 的车来说,正常市场的均衡价格为 p_q,此时买卖双方达成均衡。但是,由于是柠檬市场,买主要确切地辨认市场上产品的质量是困难的,这导致所有外表相同的汽车都以同样的价格交易。特别是,买主偶然买到高质量汽车所愿意支付的价格,又影响到其他低质量汽车的买主的预期,从而进一步促使那些低质量汽车的卖主不愿意以较低的价格出售。

在这种情况下,买主往往只能根据市场上二手车在 0 和 q 之间的平均质量判断出价,从而只愿意出 $p_q/2$。在这种情况下,质量介于 q/2 和 q 之间的二手车卖主是不愿意提供汽车的,而那些质量低于 q/2 的汽车则大量供应。如果买主考虑到这一情况,那么,他就只愿出 $p_q/4$ 的价;此时,质量介于 q/4 和 q/2 之间的二手车的卖主又继续退出,买主就只能买到平均质量为 q/8 的车。相应地,买主又继续压价到 $p_q/8$。这样循环下去,买主的出价是零,也就没有卖主愿意卖车。

其次,既然不对称信息理论上将会导致二手车市场的崩溃,那么,为何现实生活中二手车市场还大量存在呢?究其原因,根本上就在于存在一些能够传递产品质量信息的信号机制。事实上,只要二手车的车主能够向买主在一定程度上显示其产品的质量,那么,买主就愿意出相应的较高价格,柠檬市场也就可以正常运行。这个信号显示机制可以是空口声明,如打广告,也可以是一些制约自身收益的行动。特别是,如果高质量产品的卖主能够通过某些活动使他比低质量产品的销售者有更低的成本,那么,这就可能作为信号诱发高质量产品的销售者采取这些行动。相应地,这些行动又作为买主的信号而诱发购买行为。

例如,高质量产品的卖主向买主附加一个一定期限的保修条款:如果车在一定期限内出了问题,可以免费维修。因为如果卖主的车有较好的质量,那么,做这样的保修承诺实际上并不需要支付真实的保修费;相反,那些知道其车存在质量缺陷的卖主就不敢做出这样的承诺。这样,买主就可以根据卖主在保修条款中的维修期限和维修范围等确定产品的质量。一般来说,卖主的产品质量越高,敢于承诺的保修期限越长,范围也越宽。因为在这段期限他不必支付保修费,而低质量产品的买主则随保修时限越长可能支付的保修费越大。因此,在卖主承诺一定的维修条款后,买主也就不再根据平均质量来出价了。

现实世界中的各种市场上都大量存在这种信号,如抵押贷款、广告。例如,保险公司的保险条款规定:合同生效的一定期限内如果风险发生,那么保险公司只赔偿有限的金额。因此,接受这种条款的投保人在一定程度上也就向保险公司承诺了他的健康状况,并避免了在自杀前夕去买寿险等逆向选择行为,甚至也可以有效预防故意破坏等道德风险。

9.3.3 劳动市场的教育信号

在劳动市场上,工人的能力对雇主来说是不确定的,而雇主观察工人劳动能力的成本很高。显然,不确定情况对高能力者是不利的,为此,他就会努力向雇主发送一种能够显示其能力水平的信号。其实,尽管求职者无法决定自身的指标,却往往可以改变某些信号。当然,调整信号也是要成本的,即信号成本,如教育就是昂贵的。因此,个人往往选择信号以使预期收益和信号成本之差最大,特别是,他往往倾向于利用那些不需要支付成本情况下的信号发送。因此,我们分析时往往合理假定:信号成本与生产能力呈负相关;否则,就难以依靠信息进行区分。

阿罗认为,毕业文凭基本上只是一种不完备的衡量工作能力的尺度,而不是拥有技能的证据。大学就像一个双层过滤器:一方面是对进入与没有进入大学的社会成员进行挑选;另一方面是对能否完成大学学业的社会成员进行筛选。劳动市场中教育信号的博弈过程如下:

(1)自然决定一个工人的生产能力 η,它可能是高(H),也可能是低(L),$\eta = L$ 的概率为 π;

(2)工人认识自己的能力,并随后选择一个教育水平 $e \geq 0$;

(3)企业观测到工人的教育水平,并同时向工人给出一个工资水平;

(4)工人接受工资水平。

假设,劳动市场上存在两类效率的工人 θ_1 和 θ_2,且 $\theta_1 < \theta_2$。

如果信息是对称的,那么,根据完全竞争市场均衡,厂商支付的工资是 $w_i = \theta_i$

但是,在不对称信息市场上,厂商只能根据各类工人效率的概率分布支付平均工资,假设,低效率工人的比例是 π,那么厂商支付的平均工资为:$\bar{w} = \pi\theta_1 + (1 - \pi)\theta_2$

显然,平均工资制度便宜了低效率工人,而损害了高效率工人,从而会导致高效率工人离开。因此,厂商就要挖掘传递工人工作能力的信号。

一般地,厂商可以很容易地了解工人的教育程度,这里用工人获得的学位来替代。尽管学位与工作效率之间并不一定呈正相关关系,但是,取得学位却要付出一定的成本。一般地,聪明的人取得学位所需要花费的成本往往较低,如他可以在较短时间内取得学位等,因此,聪明的人也就愿意在学位上进行更多投资。因此,我们可以合理地假设,学历成本 c 是教育学位 e 的线性函数:$c_i(e) = c_i e$,其中,$c_1 > c_2 > 0$。再假设,工人的效用函数为:$u_i(e, w) = w_i - c_i e$

这样,工人的效用可用图 9 - 7 表示。其中,无差异曲线沿左上方移动表示效用水平增加,其斜率为 c_i。从中可以看出,低效率工人的无差异曲线比高效率工人的无差异曲线高。

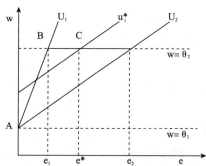

图 9 - 7　不同受教育者的效用无差异曲线

因此,厂商以学位作为工资支付的一个标准就可以吸引更具效率的工人。这时,厂商可以简单地宣布一个门槛工资:学位低于某一临界值 e^* 的工人工资为 $w_1 = \theta_1$,学位高于 e^* 的工人工资为 $w_2 = \theta_2$。如果这个工资制度是一项长期的社会制度,那么,工人在孩童时期就可以预见到,因此,他会选择一个合适的学历,最大化自己的效用。

思考:教育是孩童决定还是家长或社会决定?

要使得这个工资制度具有效率甄别作用,关键在于 e^* 的选择,它需要满足以下两个约束条件。

第一,对低效率工人来说,他选择低于 e^* 的学历是最佳的。但是,由于低于 e^* 学历的工人工资都是相同的 θ_1,且对于他们来说上学是痛苦且要成本的。因此,个人理性约束使得他会选择:$e_1 = 0$

同时,e^* 满足低效率工人的自选择约束:$\theta_1 - c_1 \times 0 \geq \theta_2 - c_1 e^*$,即 $e^* \geq \dfrac{\theta_2 - \theta_1}{c_1} = e_1$

第二,对高效率的工人来说,他选择高于 e^* 的学历是最佳的。但是,由于高于 e^* 学历的工资都是相同的 θ_2,而上学是痛苦而要成本的。因此,个人理性约束使得他会选择:$e_1 = e^*$

同时,e^* 还要满足高效率工人的自选择约束:$\theta_2 - c_2 e^* \geq \theta_1 - c_2 \times 0$,即 $e^* \leq \dfrac{\theta_2 - \theta_1}{c_2} = e_2$

因此,厂商只要确定一个 $e^* \in [e_1, e_2]$,高效率工人就会选择学历水平 e^*,获得工资 θ_2;而低效率工人就会选择学历水平 0,甘愿获得工资 θ_1。显然,图 9 - 7 就显示了这种可能的分离均衡:低效率工人选择 A 点,而高效率工人选择 C 点。而分离均衡存在的现实条件是,低能力人的教育成本较高,否则他就会模仿高能力工人。

当然,如果厂商将临界学历 e^* 定低一点,只要高于 e_1 点,高效率工人的效用会增加,但厂商没有损失。特别是,在完全竞争市场中,如果厂商定在点 e^*,那么,其他厂商就会以稍低的临界学历吸引走高效率的工人。因此,市场最终的均衡是,低效率工人选择 A 点,高效率工人选择 B 点。

问题是,上面的分离均衡建立在一个基本假设之上:教育仅起到甄别能力的作用,而对提高自身的效率并没有帮助;这意味着,教育本身是无用甚至有害的,因为是它增加了社会成本却没有提高总产出。莱亚德和塞凯罗波罗斯(Layard 和 Psacharopoulos)就给出了以下三条驳斥理由:①退学者与完成学位者得到同样高的教育收益率,所以学历不能是信号,尽管教育年限可能是;②不同教育水平的工资差异随年龄而提高,但当雇主已多次观测工人的产出后可以预期信号的重要性将降低;③尽管各类测试成本低于教育,但它在雇用中并未得到广泛使用。

思考:教育仅作为能力信号的假设是否合理?

9.3.4 资本结构的示意模型

1956 年,诺贝尔经济学奖得主莫迪利亚尼(Modigliani)和米勒(Miller)共同提出了著名的"无关性定理"(Irrelevence Theorem),即 M - M 定理。该定理指出,企业的市场价值与其资本结构(即股票与债券的比例)无关。但是,上述定理与人们对现实生活的直觉有很大差异。如何解释呢? 罗斯(Ross, 1977)较早系统地引入非对称信息理论对企业资本结构展开了分析,其研究基本保留了 M - M 古典定理的全部假设,仅放宽了关于充分信息的假定,并由此解释了这种差异。

罗斯假定,企业管理者对企业的未来收益和投资风险有较为准确的信息,投资者则没有这些内部信息,而只能通过管理者输送出来的信息间接地评价企业的市场价值;同时,企业管理者的效用是企业市场价值(包括股票价值和债券价值)的增函数,企业管理者自己选择的企业负债—资产结构就是一种把内部信息传给市场的信号工具。一般地,负债—资产比上升是一个积极的信号,它表明管理者对企业未来收益有较高期望,企业市场价值也会随之增加;相应地,投资者也应把较高的负债率看成是企业高质量的表现,因为破产概率与企业质量和企业负债率负相关,低质量的企业不敢用过度举债的办法来模仿高质量的企业。因此,企业管理者改变企业资本结构直接影响投资者对企业市场价值的评价。

我们可以用一个简单的模型加以说明:假设有两个时期,企业时期 2 的利润 R 在区间 $[0,\theta]$ 上均匀分布,企业经理知道 θ 值,而投资者只知道 θ 的概率分布 $e(\theta)$。在时期 1,经理首先选择负债水平 B,投资者再根据观测到的负债水平 B 决定企业的市场价值 V_0;在时期 2,企业实现利润。

经理的目标函数就是: $u(B, V_0(B), \theta) = (1 - P)V_0(B) + P(\theta/2 - L * B/\theta)$

其中,$\theta/2$ 是企业在时期 2 的期望价值,B/θ 是企业破产的概率,L 是破产惩罚,P 是权数。这里假定 $B \leqslant \theta$;否则,破产概率将大于 1。显然,经理的福利函数随企业市场价值的增加而增加,随破产概率的上升而减少。

当经理选择负债水平 B 时,他预测投资者认定企业属于类型 θ 的期望值为 $\theta(B)$;那么,企业的市场价值为: $V_0(B) = \hat{\theta}(B)/2$

根据斯彭斯—莫里斯条件(分离均衡条件,Sorting Condition)和单交条件(Single – crossing Condition):质量(θ)越高的企业,越不害怕负债;有: $\dfrac{\partial^2 u(B, V_0(B), \theta)}{\partial B \partial \theta} = \dfrac{pL}{\theta^2} > 0$

将 $V_0(B) = \hat{\theta}(B)/2$ 代入经理效用函数,并对 B 求导,得一阶条件: $\dfrac{\partial u}{\partial B} = \dfrac{1}{2}(1 - p) > \dfrac{\partial \hat{\theta}(B)}{\partial B} - pL \dfrac{1}{\theta} = 0$

在均衡时,投资者从 B 中正确地推断出 θ,即 $\hat{\theta}(B(\theta)) = \theta$;代入上面一阶条件,就有微分方程: $2pL \dfrac{\partial B}{\partial \theta} - (1 - p)\theta = 0$

解上述方程有: $B(\theta) = \left(\dfrac{(1 - p)}{4pL}\right)\theta^2 + c$,这就是经理的策略均衡。

逆转上式就可以得到投资者均衡策略的市场价值: $\theta = \left[(B(\theta) - c)\dfrac{pL}{(1 - p)}\right]^{1/2}$

显然,上述精炼贝叶斯均衡意味着,越是高质量的企业,负债率越高;投资者可以通过观测企业的负债率来判断企业的质量,从而正确地给企业定价。

思考:现实世界中高盈利企业的负债率究竟高还是低?

9.4　不完全信息动态博弈在机制设计中的应用

在第 8 章中,我们介绍了不完全信息的静态博弈在机制设计中的应用,但主要是考虑在契约发生之前(ex ante)的信息不对称,这主要反映为信息经济学中的逆向选择模型和信息甄别模型(Screening Model)等。但是,不对称信息也可能发生在契约之后(ex post),这主要反映了信息经济学中的隐藏行动的道德风险模型和隐藏信息的道德风险模型。一般地,我们把隐藏行动的道德风险模型称为委托—代理模型。典型的委托—代理模型是一个三阶段不完全信息博弈:第一阶段,委托人设计一个机制;第二阶段,代理人同时选择接受或不接受;第三阶段,接受机制的代理人根据机制的规定选择一个行动。

9.4.1 有效工资水平的决定

夏皮罗和斯蒂格利茨(Shapiro 和 Stiglitz,1984)提出了一个动态的工资模型:公司通过高工资促使个人努力劳动,同时削减劳动力的需求。由于失业队伍不断壮大,公司的解雇威胁变得更为有效。现考虑公司与工人之间的阶段博弈:

我们假设,公司支付的工资为 w,如果工人努力工作,公司收益为 $y-w$,工人收益为 $w-e$。而如果工人偷懒,即 $e=0$,工人的盈利仍然为 w;假设,工人偷懒时生产高产量的概率为 q,因此公司的期望收益为 $qy-w$。

我们还假设,如果工人不接受 w 的工资而被解雇成为个体户后的工资为 w_0。并且假设,$y>w,w-e>w_0$,即 $y-e>w_0$;以及工人自谋生路比在公司里偷懒的处境好一些,即 $w_0>qw$。因此,有:$y-e>w_0>qw$

我们考察无限重复博弈的策略选择。由公司先提供工资,双方采取触发策略。公司的策略是:在第一期出价 w^*,在以后的各个周期,如果历史是高工资、高产量的,则继续开价 w^*,否则开价 $w=0$。工人的策略是:如果 $w>w_0$,则接受公司开价,否则就自谋出路;而且,如果历史是高工资、高产量的,就选择努力,否则就偷懒。显然,只要 $w^*>w_0$,工人接受 w^* 是最佳行动。但在该前提下,工人有两种选择:努力工作,呈现出高产量,于是公司继续提供 w^*;或者选择偷懒。

如果努力工作是工人的最佳策略,那么,他所得到的盈利的现时价值为:

$V_e=(w^*-e)+\delta V_e$,即可写成:$V_e=(w^*-e)/(1-\delta)$

如果工人在接受 w^* 后采取偷懒策略,这样,一方面,他将以概率 p 生产高产量,此时将在下一个周期做出同样的努力决策;另一方面,他又以 $1-p$ 的概率生产低产量,公司观察到后将从下一周开始永远解雇他,即工人永远自谋生路。

如果在工资 w^* 下,工人偷懒是最佳策略,那么,他所得到的盈利的现时价值为:

$$V_s=w^*+\delta\left(pV_s+(1-p)\frac{w_0}{1-\delta}\right),即可写成:$$

$$V_s = [(1-\delta)w^* + \delta(1-p)w_0]/(1-\delta p)(1-\delta)$$

显然,如果工人努力工作是最佳策略,必有:$V_e \geq V_s$,即有:

$$w^* \geq w_0 + e + \frac{(1-\delta)e}{\delta(1-p)}$$

可见,为了引导工人努力工作,公司不仅应当付给工人 $w_0 + e$,还要支付工人额外的奖金 $\frac{(1-\delta)e}{\delta(1-p)}$。

当 $p \to 1$ 时,表示公司很难发现工人偷懒(公司业绩往往是受其他因素影响的),因此要引导工人努力工作就需要支付更多的奖金;而如果 $p \to 0$ 时,工人偷懒必然会导致低产量而遭解雇,此时 $w^* \geq w_0 + \frac{e}{\delta} \Leftrightarrow \frac{1}{1-\delta}(w^*-e) \geq w^* + \frac{\delta}{1-\delta}w_0$

同时,就公司而言,策略要成为子博弈完美,必须有:$y - w^* \geq 0$,即 $y - e \geq w_0 + \frac{(1-\delta)e}{\delta(1-p)}$;显然,这比原先假设 $y - e > w_0$ 更进了一步。而且,δ 越趋于 1,$y - e \geq w_0 + \frac{(1-\delta)e}{\delta(1-p)}$ 就越接近原来的假设 $y - e > w_0$,即只要 δ 充分大,这就是子博弈完美均衡。

思考:为何企业高管的工资与一般员工的工资偏离其真实贡献更远?

9.4.2　工龄工资和强迫退休制

现代主流经济学流行两种工资理论:一种是边际生产力工资,这主要在欧美企业中比较流行,并得到新古典经济学理论的阐释;另一种是年功工资,这源于日本社会的实践,大多数国家的实践也主要采取这种工资支付模式。年功工资主要有两方面的理论解释。一是根据隐含合同理论,企业是风险中性的,而工人是风险厌恶者,而且企业比工人承担风险的能力更强,因此,就业关系不仅是劳动和工资之间一次性的现货交易关系,而是一种涉及较长期的合同保险关系,这种保险合同可以避免工人收入的不确定性,即合同工资不再等于劳动的边际产品而是相对固定。二是在团队生产中存在隐蔽行为的道德风险,雇主难以判别员工的努力程度和贡献大小;但是,如果雇佣是长期的,那么,雇员的工作态度就容易暴露出来,所谓"瞒得了一时,瞒不了一世"。当然,如果那些机会主义的员工能够轻易地转换工作,那么单纯的解雇往往难以起到约束道德风险的作用。

莱瑟尔(Lazear,1979)证明,在长期的雇佣关系中,如果雇主实行年功工资制,在员工工作的早期阶段支付的工资低于劳动市场均衡的工资水平,而在后期阶段的工资高于劳动市场均衡的工资水平,那么,就可以有效地遏制员工的偷懒行为。实际上,这相当于员工向雇主缴纳一定的押金,当偷懒被发现而解雇时,就会失去保证金,从而具有较大的约束作用。而且,员工一旦解雇,他转换到新的工作也只能从头算年功工资,因此,他转换工作的成本就相当大。这个模型为强制退休的存在也提供了解释:到一定年龄阶段,工资大于边际生产率(或保留工资),自然没有人愿意退休,因而必须实行强制退休。

我们假设,X是员工的闲暇时间,Y是除闲暇以外的所有其他商品的组合。x、y分别是这两种消费品的消费量,这两种消费品的效用是相互独立的,员工的效用函数可表示为:$u(x,y) = B(x) + y$。

再假设,L是劳动时间,而L单位劳动时间生产Y的数量为$f(L)$。显然,当消费者效用最大化时有:$B'(x) = f'(L)$(因为如果$B'(x) < f'(L)$,那么,消费者如果多提供dL单位劳动,获得Y的效用为$f'(L)$;而此时,因为$dx = -dL$,闲暇减少导致的效用下降为$B'(x)dL$;因而将增加效用)。

再假设,一个人的时间禀赋为T(即生命周期),那么,有效的劳动时间为$L = T - x^*$,即图中的L^*。因为B'随闲暇消费的增加而减少,也即随工作时间L的增加而上升;劳动的边际产品$f'(L)$在工作早期阶段递增,而在后期将递减,见图9-8。

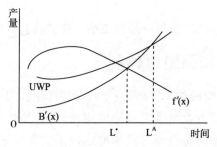

图9-8 员工的效用组合

显然,如果信息是完全的,工资将等于劳动的边际产品,员工也将选择在L^*处自动退休。但是,由于信息不对称,企业一般都是按照向上倾斜的曲线UWP支付工资。这样,在L^*处退休的员工在工作阶段前期获得的低工资由后期的高工资补偿。一般地,就要找到一个合适的工龄工资使得在L^*处退休的员工的效用是无差异的。但是,正如上图所示,因为在L^*处,UWP的实际工资高于$B'(x)$,那么员工将愿意继续工作,直到L^A点。显然,追求利润最大化的企业是不愿意员工在L^*点以后才退休的,因为此时的工资已经远远超过劳动的边际产品;而且,员工退休的时间越晚,企业损失越大。因此,企业往往会强迫员工在L^*点退休。

当然,按照完全竞争理论,在发达市场下,无论采取何种支付方式,两种类型的工资支付总和与工人的贡献应该相等。但是,在实践中,雇主往往强迫工人尽可能早地退休,从而可以取得更多的剩余。为了更好地说明这一问题,我们将上图稍作改变,见图 9 - 9。

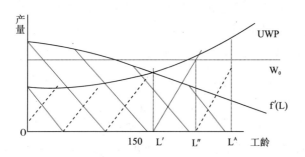

图 9 - 9　变异的员工效用组合

其中,W_0 是市场均衡工资。显然,如果信息是完全的,工资将等于劳动的边际产品,员工也将选择在 L^* 处自动退休。在实践中,企业一般都是按照向上倾斜的曲线 UWP 支付工资,根据工资总和与工人总贡献相等的原则,企业应该让员工在 L^A 点退休。但是,L' 之后员工的工资已经超过劳动的边际产品,而且,员工退休的时间越晚,企业损失越大,因此,企业往往会强迫员工尽早退休。如果后期以市场均衡工资作筹码的话,企业全要求员工在 L'' 处退休。而且,市场越不完善、社会失业率越高,企业让员工退休的年龄就越早。目前我国大量的"三资"企业和民企中都存在偏爱雇用年轻人的现象,在早期工业革命时期也是如此,其实现的基本条件是存在大量的失业人员。

思考:早退休是利还是弊?

9.4.3　工作竞赛

现代企业治理依据的流行理论是委托—代理理论,但委托—代理治理机制也会产生问题,其中之一就是委托人并不能有效监督代理人。因此,在现实生活中,更常见的是代理人相互之间的监督机制。

假设,一个企业主雇用两个工人,工人 $i(i=1,2)$ 的产出函数为:$y_i = e_i + \varepsilon_i$。其中,$e_i$ 是努力程度,$e_i \geq 0$;ε_i 是随机扰动项,ε_1 和 ε_2 相互独立,并服从期望值为 0、密度函数为 $f(\varepsilon)$ 的概率分布。同时假设,企业主只可观察到工人的产出水平,而无法直接观测他们的努力水平,并根据工人的产出水平决定工人的工资。

显然,为了激励工人努力工作,企业主试图建立一定的机制以促使他们展开工作竞赛:工作的优胜者获得工资 w_H,失败者获得工资 w_L。这样,工人获得工资 w 并支出努力程度 e 时的收益为 $u_L(w,e) = w - g(e)$,其中,$g(e)$ 是努力工作带来的负效用,有 $g'(e)>0,g''(e)>0$;企业主的收益为 $u_B=y_1+y_2-w_H-w_L$。

(1)首先考虑工人不存在其他职业选择的情况:假设在企业主选定工资水平 w_H 和 w_L 的情况下,(e_1^*,e_2^*) 是两工人工作竞赛的纳什均衡,那么,对每一工人 i,他追求自己的净收益最大化,有:

$$\max_{\varepsilon_i\geqslant0}w_H\mathrm{Prob}\{y_i(e_i)>y_j(e_j^*)\}+w_L\mathrm{Prob}\{y_i(e_i)\leqslant y_j(e_j^*)\}-g(e_i)$$

$$=(w_H-w_L)\mathrm{Prob}\{y_i(e_i)>y_j(e_j^*)\}+w_L-g(e_i)$$

那么,一阶条件为:$(w_H-W_L)\dfrac{\partial\mathrm{Prob}\{y_i(e_i)>y_j(e_j^*)\}}{\partial e_i}=g'(e_i)$

即工人 i 选择努力程度 e_i,从而使得额外努力的边际负效用 $g'(e_i)$ 等于增加努力的边际收益;而后者等于对优胜者的奖励工资 (w_H-w_L) 乘以因努力程度提高而使获胜率增加的值。

而根据贝叶斯法则,$\mathrm{Prob}\{y_i(e_i)>y_j(e_j^*)\}=\mathrm{Prob}\{\varepsilon_i>e_j^*+\varepsilon_j-e_i\}$

$$=\int_{\varepsilon_j}\mathrm{Prob}\{\varepsilon_i>e_j^*+\varepsilon_j-e_i|\varepsilon_j\}f(\varepsilon_j)d\varepsilon_j=\int_{\varepsilon_j}[1-F(e_j^*+\varepsilon_j-e_i)]f(\varepsilon_j)d\varepsilon_j$$

那么,一阶条件就可简化为:$(w_H-w_L)\int_{\varepsilon_j}f(e_j^*+\varepsilon_j-e_i)f(\varepsilon_j)d\varepsilon_j=g'(e_i)$

在对称纳什均衡下,$e_1^*=e_2^*=e^*$,即有:$(w_H-w_L)f(\varepsilon_j)^2d\varepsilon_j=g'(e_i^*)$

显然,由于 $g''(e)>0$,因此,对优胜者的奖励工资 (w_H-w_L) 越高,就越可以激发更大的努力。在同样的激励下,对产出的随机扰动因素越大,就越不值得努力工作。如 ε 服从方差为 σ^2 的正态分布,则有:$\int_{\varepsilon_j}f(\varepsilon_j)^2d\varepsilon_j=\dfrac{1}{2\sigma\sqrt{\pi}}$;它随着 σ 的增加而下降,此时 e^* 也随 σ 的增加而下降。

(2)存在其他职业选择的情况。我们再来考虑另一种可能性:对企业主选定的工资,工人们可能不愿意参与竞赛,而存在另谋高就的情况。我们假设,工人的保留效用是 u_a。因为在对称的纳什均衡中,每个工人在竞赛中获得优胜的概率为 $1/2$,即 $\mathrm{Prob}\{y_i(e_i)>y_j(e_j^*)\}=1/2$

因此,企业主选定的工资水平必须满足工人的参与约束:

$$\frac{1}{2}w_H+\frac{1}{2}w_L-g(e^*)\geqslant U_a$$

在最优条件下,企业主努力使得上式束紧,即 $w_L=2U_a+2g(e^*)-w_H$

并且使得自己的期望收益最大,即 $\max(2e^*-w_H-w_L)$

上两式合并就有企业主的期望利润为:$2e^*-2U_a-2g(e^*)$

显然,企业主要考虑的就是:$\max(e^*-g(e^*))$,即有:$g'(e^*)=1$

代入上面的激励相容约束条件,就意味着最优激励满足:$(w_H-w_L)f(\varepsilon_j)^2d\varepsilon_j=1$

9.4.4　保险市场的道德风险

保险市场是发生道德风险最突出的场所。例如,就火险而言,当物主没有投保时,他就会加强对风险的防范,从而降低风险发生的概率;一旦他投了保险后,那么预防的积极性就会降低,从而提高了风险发生的可能性。这意味着,保险公司得到的平均风险发生的概率要高于全社会的一般发生率,因此,保险公司不得不提高保费率。这样,又会进一步引发保险市场的逆向选择问题。

我们假设,投保人一项投保财产的初始价值为 W,以保费率 p 投保金额为 I 的火险,风险发生对消费者造成的损失为 L,而保险公司对风险发生支付的补偿为 P,风险发生的概率为 π。进一步地,投保人会对风险采取一定的预防性措施,支出为 e,而预防性支出的大小会影响风险发生的概率,因而火灾发生的可能性可表示为 $\pi(e)$。

这样,在投保的情况下,消费者的效用是:

风险发生时的收益: $R_1 = W - L - I - e + P$

风险没发生的收益: $R_2 = W - I - e$

根据期望效用理论,该投保人的最优选择为:

$$\max U(e, P) = \pi(e) u(R_1) + [1 - \pi(e)] u(R_2)$$

显然,如果 P = L,即发生火灾时投保人可以获得全部的赔偿,那么,投保人就不会采取任何的防止火灾的措施,在这种情况下,有 e = 0。为此,我们一般假设 P < L,此时,投保人最优的预防性支出为:

$$U'(e, P) = \pi'(e) u(R_1) - \pi(e) u'(R_1) - \pi'(e) u(R_2) - [1 - \pi(e)] u'(R_2) = 0$$

显然,上式可表示为 e 是 P 的反应函数,即 e = e(P)

现在假设,投保金额是保险公司对风险发生支付的补偿额的函数,即 I = I(P)。因此,将 e = e(P) 代入目标函数,有:

$$V(P) = \pi(e(P)) u(R_1(P)) + [1 - \pi(e(P))] u(R_2(P))$$

其中, $R_1(P) = W - L - I(P) - e(P) + P, R_2(P) = W - I(P) - e(P)$

最优化对 P 的一阶条件:

$$V_P(P) = \pi' e' u(R_1) + \pi u'(R_1) dR_1/dP - \pi' e' u(R_2) + [1 - \pi] u'(R_2) dR_2/dP = 0$$

其中, $dR_1/dP = 1 - e' - dI/dP, dR_2/dP = -e' - dI/dP$

上式就可写成:

$$\pi' e' u(R_1) - \pi(e) e' u'(R_1) - \pi'(e) e' u(R_2) - [1 - \pi(e)] e' u'(R_2) +$$
$$\pi u'(R_1) - [\pi u'(R_1) + (1 - \pi) u'(R_2)] dI/dP = 0$$

$$\Rightarrow \pi u'(R_1) - [\pi u'(R_1) + (1 - \pi) u'(R_2)] dI/dP = 0$$

即 $dI/dP = \dfrac{\pi u'(R_1)}{\pi u'(R_1) + (1 - \pi) u'(R_2)}$

这反映了在预防支出 e 可观察的条件下,投保人对保险的需求情况。因此,上式的右边可以看成是投保人的保险需求,即 $D(P) = \dfrac{\pi u'(R_1)}{\pi u'(R_1) + (1-\pi)u'(R_2)}$。

从供给方面说,在完全竞争的保险市场,保险公司的利润为零,即有:

$(1-\pi)I - \pi(P-I) = 0 \Rightarrow I(P) = \pi(e)P$

在预防支出 e 可观察的条件下,保险公司对保险的供给函数为:

$dI/dP = \pi + \pi'e'P$

保险的供给函数和需求函数决定了保险的均衡数量,即

$$D(P) = \frac{\pi u'(R_1)}{\pi u'(R_1) + (1-\pi)u'(R_2)} = \pi + \pi'e'P$$

但是,如果保险公司无法观察到投保人的预防支出行为,从而 e 的数量是未知的。因此,保险公司就只能根据平均价格向所有的投保人索要相同价格,这时,保险公司的供给函数就变为:

$dI/dP = \pi$

将它代入市场均衡条件就可得:

$$D(P) = \frac{\pi u'(R_1)}{\pi u'(R_1) + (1-\pi)u'(R_2)} = \pi$$

一般来说,$\pi' < 0, e' < 0$,因为随着预防支出的增加,风险发生的概率是下降的,而随着赔偿数额的增加,投保人的预防支出是下降的;所以,$\pi'e' > 0$。

因此,在保险的需求是向右下方倾斜及信息不对称的情况下,每个投保人都是过度保险的。因为信息不对称条件下所决定的赔付金额更大。这意味着,在保险费用既定的情况下,投保人倾向于减少预防支出的费用,这就是道德风险。或者,我们也可以看出,在信息不对称下,R_1 更大,即风险发生时投保人可以得到比对称信息下更大的收益,因而保险也必然是过度的。

其他保险市场如汽车保险市场、健康保险市场都存在这样的道德风险。如在健康保险市场,一旦投保人获得了健康保险,就相当于降低了投保人的医疗护理费用。因此,理性的个人将增加他在这方面的消费量,从而加大了医疗保险支付的数量,结果导致社会的风险服务和医疗服务的效率降低。为了减少道德风险,保险公司一般都将完全保险改变为某种形式的不完全保险,使得赔付的要少于风险发生时造成的损失。

思考:现代社会将原本要求个人或家庭谨慎行为的事务都外包化为社会保险,这种发展趋势合理吗?

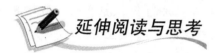

延伸阅读与思考

从教育信号到经济论文的八股化

现代主流经济学的最优化设计往往存在一系列的假设条件,而这些假设条件往往是不现实的,因此,简单地依据这些最优化模型来设计合约以及指导实践,往往就会造成很不好的后果。例如,受信息经济学将文凭仅仅视为传递天生能力信号的影响,国内各行各业都越来越看重出身:不仅不同高校的毕业生所获报酬越来越高,一些名牌高校在招聘时也开始只要海归博士。同时,青年经济学人也热衷于在所谓的一流专业刊物上发表数理经济学文章,因为这些都是体现能力的信号。那么,这种倾向是否合理呢?

1. 作为能力信号的古代科举制

将文凭视为能力信号的假设在现实中的一个重要对应就是中国古代的科举制。尽管中国的科举制度在促进社会基层的流动、人员的开放,甚至是优秀人才的选拔上都起到非常有效的作用,但一般认为,这种为科举考试所准备的教育本身却不能直接提高人对实际事务的处理能力,从某种程度上讲,它仅仅是起到筛选人才的作用。正因为如此,自科举制实行之初,关于科举的可行性以及应试的内容就引发了很大的争论。如在应试内容方面,就出现了围绕明经科(主要是考儒家经典)和进士科(主要考诗赋)的优劣之争,这一争论也一直贯穿于科举制始终。

首先,在中唐时的科举内容就衍生出了牛李之争:以李德裕为首的经学世家出身的官僚反对"文学取士",认为进士们浮华浅薄;不过,由于科举的首要功能是分出考生之高下,而当时的诗赋比经学更易于与科举相结合,从而导致在科举中诗赋压过了经学。究其原因就在于,诗赋技巧的高下较易同考试相结合,而经学的造诣则很难从考试中反映出来,因为经学进入考试很可能成为考核背诵,当时明经中的"贴经"就是以填空的方式考核对经典的记忆。正因如此,尽管绝大多数人都承认经学的地位,却无法承认"明经"科中的成功者的高明,而认为诗赋考核中的高下更可信任。

其次,注重诗赋考核的科举之弊到了宋代就更为严重,从而关于科举内容的争论也更为激烈。积极主张改革的范仲淹认为,"专以辞赋取进士,士皆舍大方而趋小道,虽济济庭庭,求有才有识者十无一二"(《续资治通鉴长编》卷155);而后的王安石则愤愤地说:"今以少壮时,当讲求天下正理,乃闭门做诗赋,及其入官,世事皆所不习,此乃科法败坏人才,致不如古"(《宋史·选举志一》)。为此,宋代有许多人出来试图改革考试制度,其中有两个基本思路:一是通过学校教育来代替考试,因为当时的考试只能选拔人才,却不能培养人才,而两汉的太学、唐代的门第都是培养人才的机构;二是改革考试内容,不考诗赋,改考经义,事实上,范仲淹等推行的"庆历新政"将策论放在辞赋之上。与此相反,苏东坡则坚持科举取士的必要性,他的理由如下:①"自政事言之,则策论诗赋均为无用矣";②"自唐至今,以诗赋为名臣者不可胜数";③经义策论"无规矩准绳,故学之易成;无声病对偶,故考之难精;以易学之文,付难考之吏,其弊有胜于诗赋者也"(《苏东坡全集·议学校贡举状》)。

确实,围绕科举的争论本身就面临现实的困境:一方面,注重诗赋的考核难以选出合格的治国之才,反而会引发华而不实的教育风气;另一方面,注重经典的考核却缺乏明确的评价标准,反而引发士子热衷于囫囵吞枣式的背诵。"庆历新政"所推行的考试内容改革的结果就显得得不偿失,考经义反而不如考诗赋;以致王安石就叹息说,本欲变学究为秀才,不料转变秀才为学究。在很大程度上,正是学术败坏,人才衰竭,造成了北宋的灭亡,朱熹就感慨说,"朝廷若要恢复中原,须罢科举三十年"。正因如此,宋代以后人们逐渐强化了"学以致用"的认识,到了元代遂专以朱熹的《四书》取士,以致明清两代的考试内容均重经义,并以朱熹一家之言为准。究其原因,诗赋只论工拙,比较客观,而经义要讲是非,则没有标准,因而只能择定一家之言作为是非之准则。既然择定了一家之言,则是非人人所讲,导致录取标准又难定,于是在《四书》义中又演变出了八股文:犹如唐诗之律诗,文字也必有一定格律,只有这样才可见技巧,才可评工拙,才可有客观取舍之标准。可见,正是基于考试作为甄别效率的要求,中国社会最终将经学、义理与诗赋、美文合二为一,从而产生贯穿明清以后500多年的八股文。八股文内容基本出自《四书》,并不容许有与"历代圣贤"相背的个人见解,而在考场上角逐的却是写作美文的技巧。正因如此,八股文流弊深远,危害甚大,并导致了社会日益腐朽,顾炎武就指出,"八股之害,等于焚书,其败坏人才有甚于咸阳之坑",而龚自珍则认为,清政府有意用八股文来斲丧人才。

2. 从教育信号到经济学八股文

从某种意义上讲,目前经济学论文的形式化倾向越来越类似于这种八股文:都是搞一些在现实中找不到对应的虚拟东西。有学者将八股文章归成了三类:一是教材式的土八股,其明显标志就是教材化、概念化、平庸化;二是对策式的垃圾八股,它以长期以来盛行的"问题—原因—对策"类文章为突出代表;三是实证式的洋八股,以目前盛行的数学实证类经济稿件最为典型。其实,前两类八股文章已经越来越为学术界所排斥,但第三类八股文章却日益偏盛。这类八股文章几乎全篇都以统计数据、表格、数学公式推导和模型构建为主干,很少有文字论述,即使有也大多为说明性、解释性的文字;同时,此类文章大都没有作者的学术主张,既不主张、赞成什么观点,更不反对、驳斥什么观点,唯一的目的就试图证明一种无甚学术价值且往往是人所共知的经济现象或浅显道理。正因如此,这类全篇充斥了说明与解释以及表格和数学运算、公式推导、模型检验的所谓研究确实没有多大实际价值和学术价值。但是,这种八股化经济论文受到主流信息经济学的理论支持,因为根据这种理论,那些通过复杂的数量训练的人似乎具有更令人相信的科研能力,从而适合于从事科研工作。麦克洛斯基(2007)就写道:"数学常常空洞无物,偏离主题。然而,既然能做如此艰深工作(在 1947 年的经济学家眼中似乎理当如此),那便可以保证它具有专业能力。这种论证类似于以前的古典学教育所摆出的那种盛气凌人之势。像使用自己的母语一样精于拉丁语和希腊语被认为是极难的事情,这意味着此人的能力远超常人;故而——或者像 1900 年左右的英国人认识到的那样——获得了这种技能的人应当能够管理一个大帝国。同样——或者像在 1983 年左右的经济学家所认识到的那样——学会了分块矩阵和矩阵值的人应当掌管一个巨大的经济系统"。正是在这种思想的支配下,尽管已有一些有识之士对新古典经济学的训练方式和研究范式产生了不满,但大多数人还是心悦诚服地接受这种主流的学术传统。显然,欧美这种数理化倾向成为海归经济学人在国内搞"形式"和"规范"的理论和实践依据,而中国历来流行的八股文应试训练似乎也成了这种学术倾向的社会基础。问题是,八股文式的训练和研究还适应当代社会吗?

　其实,尽管长期实行的科举制度确实限制了我国知识分子的创造力,但平心而论,这种形式及其优美而烦琐的科举制在古代社会还是与现代信息经济学中"将文凭仅仅当作传递天生能力信号"这一假设较相符合:一是科举在古代社会是一块确确实实的"敲门砖",一般的读书人用焚膏继晷的方式熟读儒家经典,其目的不过是希望能够通过科学考试,在政府机关中谋取一官半职,从而能够以之光宗耀祖、光耀门楣;二是国家通过科举来选拔人才也不是从事于原来应试领域的工作,科举考试仅是人才甄别的一种机制,而不是培养人才以提高其治理国家和社会的能力。实际上,这种情况不仅发生在古代中国,而是发生在几乎所有的古代社会中。例如,在古希腊的雅典城邦,一个人正是通过他的美德才被判断为适合于担任公职的;再如,丘吉尔凭借其学习拉丁文的语言能力和学习历史的智慧而成为国家的最高领导人,并最终领导英国打败了纳粹德国。而且,即使如此,古代社会也不是把通过考试的人直接派往各地去治理社会,如汉代是先经地方政府历练再加以察举,唐代是礼部试及第后就地方官辟署,等吏部试再及第才获正式入仕,而宋代以下进士在先未有政治历练的情况下及第即释褐,从而直接导致了宋代的吏治无能;而明清两代则对宋之弊进行了补救,考试只是遴才,而翰林院则在养才,进入翰林院之进士一方面可接近政府,另一方面又不实际负政治责任而可从容问学,从而也培养了不少名臣大儒。

然而,仅仅注重甄别人才而不注重培养人才的学校教育或学位考试已经远远不能满足现代社会的实际需要了:一方面,现代社会是高度专业分工的社会,一个人往往是从事于他曾经应试的领域,这是他的相对优势乃至绝对优势所在;另一方面,每个领域的知识要求已经越来越高,这就要求我们在从事之前有较坚实的基础。例如,科学型研究生经历了艰苦的科研训练,基本上是希望今后能在此领域有进一步的发展,甚至有新的发现;而从事商业活动则需要开始就培养对机会的敏锐性,这并不是科研训练的内容。因此,现代社会的论文写作和学术研究的目的已经与古代社会的科举考核具有本质区别:它不再仅是对个人智力的甄别,而是主要在于创造知识和提高生产力。因此,我们再也不能以甄别科研能力为借口来维护八股文式的现代科研的训练,而想当然地把这种状态视为不得已的次优选择本质上就是在维护既得利益集团的利益,那些提倡者本身也正是既得利益者。其实,当年康有为、梁启超正是看到八股文的弊端而极力废除之,不过却引发了那些经受“十年寒窗苦”的儒生的强烈反对,从而在双重力量的制约下失败了。当前有关经济学界所面临的不仅是思想的争论,也涉及各种利益关系,那些经过特定学术训练的人都害怕失去自身的原有投入。在很大程度上,正是当前的“学术规范”受到明显的利益关系的制衡,才引爆了我国学术界的功利主义取向。

第 3 篇　现实问题

10. 博弈结构与利益分配

博弈论研究社会现象的基本出发点就是:每个人都充分利用一切可资利用的优势来最大化自身效用,从而最终达到一种条件既定下的均衡。从这点上讲,博弈论往往成为对社会现象成因所作的一种静态分析,博弈均衡主要是建立在博弈各方的力量之上。也就是说,博弈理论探讨的是由力量决定的社会现象,博弈各方的力量结构不同将导致不同的博弈结局。在很大程度上,博弈本身就是一个讨价还价的过程,而博弈均衡则取决于事前的博弈结构。为了使读者对基于力量博弈所产生的利益分配有更深的认识,本章通过对影响博弈势力的诸因素进行归纳,来探究博弈结构和利益分配之间的关系。

10.1 讨价还价博弈解的确定

新古典经济学基于供求平衡来分析市场价格的形成以及相应的收入分配,但这仅仅适用于有大量参与者的完全竞争情形,而当参与者是少数时,就产生了价格和收入分配的讨价还价。这里作一分析。

10.1.1 讨价还价博弈的理想解

一般地,通过合作可以促进帕累托改进,从而也就实现了变和博弈的理想解;而要形成合作均衡,关键是要确定最优策略。当然,在主流博弈论看来,合作解的形成并不需要共谋和强制,相反,受个人利益驱使的博弈方在一定情形下能够表现出合作的行为,如在重复博弈中声誉的建立等。为此,主流博弈论将非合作博弈与合作博弈区别定位:"非合作"反映了博弈方的选择仅仅是基于所观察到的个人利益,而合作博弈则建立了一些公理,从而能够体现公平的思想。讨价还价的理想解在很大程度上也就是在讨论合作博弈的形成条件,那么,这个形成条件有何要求呢?

假想存在一个调解员,他提出合作的规则,遵循一定的条件:①对每一个博弈方而言,合作总比不合作要好;②要尽量使得双方达到最优;③调解员要保持公正。也就是说,合作方案至少给所有博弈方带来的效用大于不合作的效用。关于这一点,我们可以借图 10-1 所示的埃几沃斯交易框图进行分析。显然,在图 10-1 中,如果双方的初始点在 A 处的话,那么,对博弈方 1 而言,在无差异曲线 u_1 下方的区域是不可接受的;同样,对博弈方 2 而言,在无差异曲线 u_2 下方的区域是不可接受的。进一步地,在无差异曲线 u_1 和 u_2 围成的区域中,位于契约线的点是帕累托有效的。

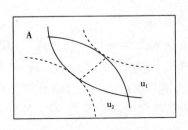

图 10-1　埃几沃斯交易框图

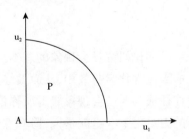

图 10-2　福利无差异曲线边界

我们可以将无差异曲线 u_1 和 u_2 围成的区域重新在新的坐标上表示出来,从而形成图 10-2。其中,P 区域就代表无差异曲线 u_1 和 u_2 围成的区域,边界线就是契约曲线。显然,在图 10-2 中,整个契约曲线都是讨价还价的可能解。那么,现实谈判的结果究竟如何呢?

纳什证明,讨价还价双方总是有最大化最小值和最小化最大值性质的最优威胁。即如果给定一方使用一个最优的威胁,他将确信会获得最好的条件,这是从其理性对手给定的所有情况下可以得到的条件。事实上,任何威胁都旨在给对手增加冲突的成本,但不能过度地给自己增加冲突的成本,否则,他的对手会认为这个威胁是不可信的。

对纯粹交换经济,纳什提出的纳什谈判解如下:我们设 U_A、U_B 分别是谈判双方 A、B 的初始效用,P 是协商的全部可行方案,$U^* = (U_A^*, U_B^*)$ 是谈判达成的结果。纳什提出谈判调解程序应满足以下公理:

(1)个体理性:$U_A^* \geq U_A^0, U_B^* \geq U_B^0$

(2)可行性:$(U_A^*, U_B^*) \in P$

(3)帕累托最优性:如果 $(U_A, U_B) \in P$,且 $U_A \geq U_A^*$,$U_B \geq U_B^*$,则 $U_A = U_A^*$, $U_B = U_B^*$

(4)无关方案独立性:如果 $P_1 \in P_2$,(U_A^*, U_B^*) 是可行集 P_2 的谈判合作解,那么只要 $(U_A^*, U_B^*) \in P_1$,它也是可行集 P_1 的谈判合作解,即在大范围内形成的有关小范围内的谈判解也一定适合于小范围。

(5)线性变换无关性:设 P′ 是 P 经过线性变换 $U'_A = aU_A + b$,$U'_B = cU_B + d$(a, c > 0)而成的集合。如果(U_A^*, U_B^*)是可行集 P 的合作解,则$(aU_A^* + b, cU_B^* + d)$是可行集 P′上的合作解;即支付函数的单位不影响最终的谈判解。

(6)对称性:如果 p 是对称的,即对任意$(U_A, U_B) \in P$,有$(U_B, U_A) \in P$,且$U_A^0 = U_B^0$;那么,$U_A^* = U_B^*$;即重要谈判双方初始条件相同,实力相当,那么双方在协议中便能获得相同的支付。

上述公理基本反映了谈判的个体理性、集体理性和平等特征,因而也是合理的。

在上述公理的基础上,纳什考虑了所有博弈方效用的增加,而不是个体具体效用的变化,这个总效用用两者效用的乘积来表示,即 $W = u_1 u_2$。一般认为,在满足上述公理的前提下,存在着这样一个促使合作解达致的谈判程序。

当然,上述纳什谈判条件只是达致合作的一个充分条件,而不是一个必要条件。事实上,正如上面指出的,还存在大量的其他达成合作解的可能性条件。譬如,纳什赋予博弈方效用相同的权重,因而更加注重博弈方的平等性,但同时也就忽视了两者的差异性。

这样,纳什的讨价还价解的充分必要条件可以表示为:

定理:对一个初始点 A,可行集 P 的两人合作对策而言,存在唯一一个纳什均衡解 $u = (u_1^*, u_2^*) = \Gamma(P, A)$($\Gamma(P, A)$表示由 A 到 P 的映射,即谈判程序)的充分必要条件是,对任意 $u_1 > u_1^0$ 或者 $u_2 > u_2^0$,有下列不等式成立:$(u_1^* - u_1^0)(u_2^* - u_2^0) > (u_1 - u_1^0)(u_2 - u_2^0)$。

也就是说,讨价还价的纳什谈判解可表示为:$\arg\max_{s \in S}[u_1(s) - u_1^0][u_2(s) - u_2^0]$。

我们假设初始点是原点,由于 P 是一个有界闭集,因而其边界与无差异曲线 $W = u_1 u_2$的切点是唯一的;这个切点就是满足谈判公理和上述谈判程序的纳什均衡解。也就是说,谈判公理的假定核心在于限定谈判目标是实现 $W = u_1 u_2$最大化,见图 10-3。

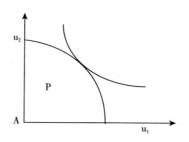

图 10-3　纳什合作解的确定

社会福利函数形式一般有两种:一是加式福利函数,它可追溯到边沁;二是乘式福利函数,可追溯到纳什。显然,可加性的社会福利函数基于这样两点:一是基于比率基准的效用的可计量性;二是在相同收入给予每个人相同效用的假设下,效用的人际具有可比较性。在这种社会福利函数中,一个人福利的下降可以被另一个人的福利增长所抵消。相反,纳什提出的乘式福利函数暗含了效用分配的平等价值观:在乘式社会福利函数下,某人的效用增加一倍,可能被其他人效用减半所抵消。这意味着,乘式社会福利函数的这种替换可能导致为了避免其他人效用的微小的绝对下降而使某些人做出极大的牺牲。

当然,乘式社会福利函数在参与方近似同质的情形下是可行的,但面对一致程度较大的社会个体时就存在问题。事实上,穷人的 u_1^0 往往很低,那么乘式社会福利函数最大化时的 u_1^* 也较小。显然,这对穷人是不利的。为此,高德提出了"最小最大相对让步"原理:任何人所做的最大相对让步应该尽可能的小。设 U_{max} 为某人能得到的最大效用,u_0 为此人的保留效用,u^* 为契约达成此人所获得的效用;那么,该人的相对让步就是:$(u_{max} - u^*)/(u_{max} - u_0)$。不过,社会福利函数的这一发展对穷人仍然是不利的,因为这种谈判结果往往取决于人的保留效用,那些初始保留效用较低的人为了获得协议往往不得不放弃更多。社会福利函数的另一种表示是:最差地位决定式福利函数,即 $W = minimum\{U_1, U_2\}$,它是罗尔斯发展并完成的。只有当最差的人的处境得到改善时,社会福利才能增长。不过,为了判断哪个人的处境最差,要求效用在人际间具有可比性。

10.1.2 讨价还价博弈的现实解

合作提供了讨价还价的理想状态,但这种合作解往往依赖于特定的社会规范以及强制力量。但是,在现实日常生活中,大量的讨价还价发生在私人之间,那么,它的现实解又如何呢?

海萨尼(2002)曾指出,当博弈双方本来可以通过合作得到某种所得,而每一方也都可以把拒绝合作作为威胁而除非达成一项令其满意的分享利润的协议时,或者当一方能够使对方遭受某种确实的损失并把这种可能性作为一种威胁时,就会出现每一方都具有一种可能威胁对方的讨价还价情形。而且,在更一般的情形中,讨价还价双方将在几个可能的威胁中进行选择,每一个都带有不同程度的非合作或确实造成损失的行为。那么,这种讨价还价的结果究竟如何呢?它由什么因素决定呢?为此,很多主流博弈论专家都热衷于寻找精确的讨价还价博弈解。例如,纳什—泽森讨价还价模型就试图预测协议点在可行讨价还价范围内部的实际位置,它认为,决定协议点位置的最重要的因素是双方用他们的技术效用函数表示的承担风险的态度:讨价还价一方对风险的偏好越大,而他的对手对风险的偏好越小,那么他获得的条件就越好。这种研究思维更早还体现在希克斯 1932 年的《工资理论》一书中,它对劳动力市场上讨价还价的理论分析是:只要不让步而造成的罢工给他带来比让步更大的成本,讨价还价双方就都会做出让步。显然,工资率越高,雇主忍受的罢工时间就越长;工资率越低,工人进行的罢工时间就越长。因此,就存在一个唯一的工资率,使得双方与之相联系的罢工时间一样长,这也恰好是工会可以从雇主那里得到的最高工资率。

然而,经济理论迄今为止还不能解释在可行的讨价还价范围内,实际协议点的位置是如何确定的,即净所得是如何在讨价还价的双方之间分割的。尤其是,在这种具有威胁的博弈中,如在寡头垄断或双边垄断的情况下,以及在其他通过明确的或不明确的讨价还价必须达成协议的情况下,一般经济理论无法预测可能会达成协议的条件。事实上,根据庇古(Pigou)定义的"可行的讨价还价的范围",它包括两个方面:一是在埃几沃斯契约线上,即位于没有一方能够在不使另一方情况变坏的同时使自己的情况变得更好的点的轨迹;二是在这条曲线的两个极限点之间,双方都不会接受一项使自己的情况比不接受更坏的协议。也就是说,直线上的无数点都可能是均衡结果。关于这一点,我们可以借助埃几沃斯曲线来说明。

在图 10 - 4 所示的埃几沃斯交易框图中,两个消费者边际替代率相等的点的连线就称为契约线 CD,CD 线上所有点都是帕累托有效点。显然,CD 是一条曲线,而不是一个点,即埃几沃斯分析得到的是一个均衡集合。那么,均衡点究竟在哪里呢? 实际上,由于埃几沃斯曲线分析是建立在弱条件的基础上的,因此这种分析也就一般化了。一般地,个体交换的最终点需要依赖于交换方的偏好、禀赋以及积极的讨价还价的能力。实际上,从 E^0 到 E 的斜率 $(y_1^* - y_1^0)/(x_1^* - x_1^0)$ 是 1 用 y 换取 x 的价格。显然,斜率越接近 E^0D,消费者 1 越合算。

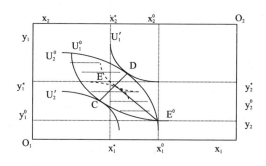

图 10 - 4　埃几沃斯交易框图

因此,博弈的最终分配结果往往取决于博弈各方的权力对比。泽尔腾(2000)

就指出,在谈判过程中,一个居于谈判地位优势的博弈方可能得到证明其优势的机会,而处于谈判地位劣势的博弈方可能被迫暴露其弱势;谈判过程的动态看来是形成可信信息交流的工具,其可信程度由冒冲突危险的愿意程度来决定。当然,博弈权力本身也体现为不同的类型,有经济的、心理的、社会的、政治的,等等。例如,根据博弈中"权力"的外在表现形式,往往有"显权力"和"隐权力"之分。其中,大家都知道的优势称为"显权力",它主要是建立在外在的地位、实力、贡献大小等基础上;不为他人所知而某博弈方实际拥有的优势称为"隐权力",它主要源于信息占有上的差异。

    一般地,以"显权力"进行的博弈结果往往是:收益分配比与"显权力"比成正相关。这种利益分配显然不是均等的和公正的,但西方社会主流观点却常将基于"显权力"博弈的分配结果视为公平的。因为,在西方社会看来,这种结果更容易达成共识,也便于建立一般的规则。例如,西方社会认为,谁占的股份多,谁就拥有更大的投票权和剩余索取权。与此不同,由于源于信息不对称性等造成"隐权力"的存在,博弈结果往往就变得更不确定。例如,在双头垄断博弈中,如果双方并不知道达成交易能实现的总利润究竟有多少,或者不知道对方的成本状况,那么,双方都会尽量隐瞒自己的信息,争取更多的收益,从而就更难以达到等量分割点。正因如此,西方社会往往将基于"隐权力"所决定的分配结果视为不公正的。相应地,建立有效的信息机制、促进信息交流就成为促成合作博弈中的一个重要课题。

    总之,博弈分配结构取决于博弈方的权力对比,而影响权力的因素是多样的,这就产生了讨价还价解的不确定性。海萨尼(2002)指出,在现实生活中,"老道"的商人、政客、外交官等只要掌握了足够的关于讨价还价局面的信息,他们似乎总是能够相当准确地合理预测不同协议的条件,而如果信息还不够,结果很可能依赖于一些"意外"因素,如双方实际的谈判代表所具有的讨价还价技巧。为了更好地阐明这一点,这里从行动顺序、互动人数、耐心大小、垄断力量、经济地位以及信息状态等方面作一分析。

10.2 行动顺序的先后

    一般来说,博弈方的行动次序往往会导向不同的博弈结局:先行动者往往可以通过将博弈引入特定路径而取得先占优势,所谓的"置之死地而后生"就是如此,斯塔克伯格模型则是经典案例;后行动者则可以针对先行动者的相机抉择策略而取得后发优势,所谓的"紧跟领头羊"就是如此,"田忌赛马"博弈则是典型案例。

10.2.1　先占优势

先行动者可以抢占先机,造成既成事实而缩小后行动者的行动范围。例如,在20 世纪 90 年代的南斯拉夫战争中,俄国空降兵抢占机场就给北约造成很大的麻烦。这里以抓钱博弈作一说明。假设桌上放着一元钱,两个博弈方去抓,谁先得到就归谁。但是如果同时抓,纸币被损坏,两者都要罚款一元,而如果没有人抓,则均无所获。该博弈的策略型表述见图 10 – 5。

		2	
		抓	不抓
1	抓	– 1, – 1	1,0
	不抓	0,1	0,0

图 10 – 5　抓钱博弈

我们这里把时间当做离散处理,即每一定时间产生一个回合的博弈;并且假设,博弈方每一回合的折扣因子都是 δ。那么,在每一阶段 n,先抓者的盈利 $R(n) = \delta^n$,没有抓的失败者的盈利 $F(n) = 0$,同时抓的盈利为 $C(n) = -\delta^n$。

现考虑对称混合策略均衡,即在每一个阶段 n,每一博弈方以 1/2 概率去抓。显然,在 n = 0 时,p(博弈方 1 单独抓) = p(博弈方 2 单独抓) = p(博弈方 1 和 2 同时抓) = p(博弈方 1 和 2 都不抓) = 1/4。假设在 n 回合,博弈方 i 去抓而抓到的概率为 p(n),那么,p(博弈方 1 在 n 回合单独先抓得钱) = $(1/4)^{n+1}$,p(博弈方 2 在 n 回合单独先抓得钱) = $(1/4)^{n+1}$,p(两博弈方在 n 回合同时抓) = $(1/4)^{n+1}$。

显然,当 n 趋于无穷大时,博弈方 i 在 n 回合之前赢得一元钱的均衡分布概率近似为:

$$1/4 + (1/4)^2 + \cdots + (1/4)^n = (1/4)(1 - (1/4)^{n+1})/(1 - (1/4)) = 1/3$$

尽管我们在动态过程中考虑到了每个 t 时刻的折扣因子 δ,但由于混合策略均衡所涉及的概率均与 δ 无关,即这些概率与周期的长度无关,因而可以将博弈回合的时间无穷细分。例如,每一回合的时间为 Δ,那么,t 时期就可以划分为 t/Δ 个回合。当 Δ 趋于无穷小时,回合数就是无限大,这对任何时期 t 都成立。这意味着,在抓钱初始,t = 0 时,任何博弈方抓到钱的概率都为 1/3。而且,上面的分析也表明,博弈在 t > 0 时继续进行的概率为 0(这显然与在 t = 0 时的一次性静态抓钱博弈的均衡策略不同),这反映了博弈中的先占优势。

显然,抓钱博弈体现了一种博弈类型,它反映了博弈中的先占优势;即先行动者往往具有剥削后来者的优势。事实上,大量的最后通牒式议价实验表明,先行动者往往能够获取一定的多余分配。例如,我们可以把它类比于企业的投资行为。企业面临投资和不投资两种选择。其中,如果只有一个企业投资,则它可得到 1 的收益;如果双方同时投资,则两者都损失 1 的收益;如果企业不投资,则它不赢也不亏。实际上,抓钱博弈也就是一个典型的先发制人博弈(Preemption Game):在该博弈中,选择了导致博弈结束的行动的博弈方将获得最后奖赏,而同时行动则都将付出代价,因而每个博弈方都试图取得先发优势。

思考:如何理解抓钱博弈? 并举例说明。

总之,如果适当运用策略,先行动者就可以采取一定的措施赢得先发优势。例如,他可以有意识地缩小自己的可选择集范围,从而发出可信的承诺或威胁,并由此引导后行动者的行动。《老子·十九章》说:"祸莫大于轻敌,轻敌几丧吾宝;故抗兵相加,衰者胜矣。"在很大程度上,博弈的强势方往往也会给失势方让出一定出路,不会逼人太甚,否则会招致"困兽犹斗"的结局。所以,春秋时期的孙子就认为,兵法在于"围师遗阙"。

思考:举先占优势的博弈实例并加以说明。

10.2.2 后发优势

由于后行动者可以观察到先行动者的特征和行动,因而他就可以充分利用先行动者暴露出来的信息或缺陷而达到以静制动的效果,这就是后发优势。

这里以突然中断型博弈加以说明。假设顾客和营业员之间就一个商品进行讨价还价,顾客的最高出价是 100 元,而营业员的最低卖价是 50 元。显然,两者进行讨价还价博弈的结果,成交价应在两者的保留价 50 ~ 100 元,即相差的 50 元就是双方可以瓜分的"蛋糕"。那究竟会是哪个具体价格? 究竟谁获利更大?

我们设想一个两阶段动态博弈,在第二阶段后马上结束博弈过程,故称突然中断性博弈。并且假设营业员 S 先出价,此时顾客 B 有两种选择:接受策略 A,或者拒绝策略 R,且拒绝后进行还价;此后,营业员有两种选择:接受 A 则买卖成交,而拒绝 R 则买卖中断。因此,该博弈的扩展型表述如图 10 - 6 所示。

图 10 - 6 所示博弈从开价角度,营业员 S 是先行者,而顾客 B 是后行者,由他最后开价。显然,顾客的还价最有实际意义,因为根据后向归纳法,在这个博弈中只要 B 的还价不低于 50 元,营业员都只能接受;而顾客将拒绝营业员开出的任何高于 50 元的价格。因此,作为后行动者的顾客将获得几乎整个收益,这就是后发优势。

当然,我们也可以把这个动态博弈推广为多个阶段,只要存在突然中断机制,那最后轮到的开价者总享受这种后发优势,因为这种博弈实际上就可简化为一阶博弈,见图 10 - 7。

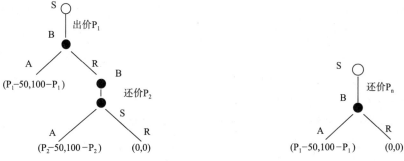

图 10 - 6　突然中断型博弈　　　　图 10 - 7　突然中断型博弈的最后阶段子博弈

　　总之,由于拥有更多的信息优势,后行动者往往可以剥削先行动者。例如,在猜币博弈中,后行动者总能够采取相机抉择的行动取得胜利。在我们生活中,所谓的"以静制动"、"藏而不露"都包含了后发优势这个道理。当然,先发优势和后发优势都是相对的,还是取决于博弈者把握机会的能力。例如,在决斗博弈中,先开枪者往往能够取得先发制人的优势,但如果开枪不准而没有命中,那么,后开枪者就能从容不迫地将他一枪毙命。

　　思考:举后发优势的博弈实例并加以说明。

10.3　时间价值的影响

　　时间价值也构成了博弈力量的主要因素,因为时间价值使得博弈者更能够承担时间资源的消耗。事实上,前面的分析主要集中在少数阶段的无耗损博弈,但时间是有价值的。一般地,谈判时间拉得很长,将导致可分配的利益缩水,因而博弈双方都希望能够尽快达成协议。狄更斯在《荒凉山庄》中就描述了这样的极端情形:围绕贾恩迪斯(Jarndyce)山庄展开的争执变得没完没了,以至于最后整个山庄不得不卖掉以支付律师们的费用。在现实生活中,如劳资双方的纠纷、贸易之间的诉讼等都是如此。同时,不同人的时间价值观是不同的,因此在预测博弈的结局时,我们需要考虑时间价值问题,这也就是人们在博弈拖延中呈现出来的耐心问题。

10.3.1　相同时间价值

　　假设现有两个博弈方分割一定的外在收益,如以前面提到的顾客和营业员之间的交易博弈为例,不过,这里考虑了收益的贴现问题。显然,上述一次性或中断型博弈的结果就不再是子博弈完美均衡,因为如果还价者拒绝出价者的提议,反而给他一个 $x > \delta_1$ 的份额(δ_1 是出价者的贴现因子),先出价者也只能接受,否则在新一轮博弈中,即使获得全部 1 的份额也只值 δ_1。那么,如果摒弃突然中断的可能性,而是假设博弈进行多个回合,甚至是无穷,只要双方有耐心,那么,纳什均衡又如何呢? Stahl(1972)运用后向归纳法对有限水平的讨价还价博弈进行了分析。我们假设博弈每拖延一轮,将会使两个博弈方都缩减从交易中所获收益的 10%。这里首先看一个进行 6 轮的博弈:

在第 5 轮时由 S 报价,此时,S 提出 55 元的价格是合理的并相信 B 会接受,因为延长一个回合将使 B 付出 $50 \times 10\% = 5$ 元的成本,因此第 5 轮 45 元的盈利和第 6 轮 50 元的盈利对 B 来说是无差异的,即 B 在第 5 轮愿意接受 45 元的盈利分配方案。

根据后向归纳法,在第 4 轮时轮到 B 出价,他考虑到在第 5 回合时 S 接受了 5 元的盈利,那么在第 4 回合时 S 就愿意接受 $5 \times (1 - 10\%) = 4.5$ 元的盈利,于是,B 自然将开价 54.5 元,从而使自己的盈利增加到 45.5 元;这样的出价不仅可多得 0.5 元,而且节省了等待的成本。

再推导到第 3 轮由 S 出价,由于 S 知道 B 在第 4 轮接受 45.5 元的盈利,那么他理所当然地认为 B 在第 3 轮将接受 $45.5 \times (1 - 10\%) = 40.95$ 元的盈利,因此他的出价为 59.05 元。

同样,到第 2 轮再由 B 出价,由于他知道在第 3 轮 S 接受 9.05 元的盈利,那么 S 在第 2 轮也应当接受 $9.05 \times (1 - 10\%) = 8.145$ 元的盈利,此时他的出价为 58.145 元。

最后到达第 1 回合由 S 出价,他知道 B 在第 2 轮接受 41.855 元的盈利,那么 B 在第 1 轮也应当接受 $41.855 \times (1 - 10\%) = 37.6695$ 元的盈利,此时他的出价为 62.3305 元。

显然,随着博弈回合的增多,均衡价格将越来越向均分盈利的价格靠近;当博弈阶段无限大时,均分盈利的 75 元将是纳什均衡点。

上面 50 对 50 的分享均衡的条件是:双方具有对称的耐心、博弈轮次较大以及一个周期的拖延成本较小。但如果双方的耐心不同,将会影响最后的博弈均衡。在上面的例子中,如果博弈方 B 拖延造成的损失是 20%,那么,显然就对博弈方 S 更有利。在这种情况下,无限次博弈下的 S 与 B 的盈利分配将为 2:1。

10.3.2 不同时间价值

上面的后向归纳法适用于有限阶段的博弈,因而这个模型存在一个缺陷:其解依赖于博弈的长度和哪一个博弈方最后出价,而当其解的数目增加到无穷时,这种依赖性就会变小。因此,鲁宾斯坦恩(Rubinstein,1982)将上述分析推广到无限水平的博弈中去,这种讨价还价的模型又称 Rubinstein - Stahl 模型。

鲁宾斯坦恩的谈判程序是:两人分割一块蛋糕,博弈方 1 先出价,提出自己的分配方案 X_1,博弈方 2 选择接受和拒绝;如果选择接受,则博弈结束;如果选择拒绝,则博弈方 2 还价,提出分配方案 X_2;如此往复无限次。

我们假设博弈方 S 和 B 的贴现因子分别是 δ_S 和 δ_B。在这个具有无穷多个子博弈的博弈中,我们记原博弈为 G_1,该博弈由 S 出价,令 Q_S 和 q_S 分别是 S 在 G_1 的所有子博弈完美均衡中的最大盈利和最小盈利;完整博弈的第二个子博弈记为 G_2,该博弈由 B 第 1 次出价,令 Q_B 和 q_B 分别是 B 在 G_2 的所有子博弈完美均衡中的最大盈利和最小盈利。开始于 S 第 2 次出价的子博弈记为 G_3,由于博弈是无穷的,因而 G_3 可视作等价于 G_1,而且,如果以 G_3 开始时刻的价值看做子博弈 G_3 的"现时价值",那么,显然,G_3 中所有子博弈完美均衡中 S 最高和最低盈利和等于 Q_S 和 q_S。

在 G_1 时 S 开价,为了使 S 的第 1 次出价构成子博弈完美均衡的初始策略,即要求这个出价有被 B 接受的机会,因此,B 接受的盈利至少应等于 $\delta_B \times q_B$。因为一旦博弈达到子博弈 G_2 时,B 可以保证具有盈利 q_B。相应地,S 至多可得到 $1 - \delta_B \times q_B$;即有:$Q_S \leq 1 - \delta_B \times q_B$

另外,如果 S 提供给 B 的盈利大于等于 $\delta_B \times Q_B$,那么 B 肯定会接受,也就是说,S 至少可以得到 $1 - \delta_B \times Q_B$;即有:$q_S \geq 1 - \delta_B \times Q_B$。

同样,我们从子博弈 G_2 开始分析,也可以得到:$Q_B \leq 1 - \delta_S \times q_S$,$q_B \geq 1 - \delta_S \times Q_S$

变换方程:$q_B \geq 1 - \delta_S \times Q_S \Leftrightarrow 1 - \delta_B \times q_B \leq 1 - \delta_B + \delta_B \times \delta_S \times Q_S$

$\Leftrightarrow Q_S \leq 1 - \delta_B + \delta_B \times \delta_S \times Q_S \Leftrightarrow Q_S \leq (1 - \delta_B)/(1 - \delta_B \times \delta_S)$

$Q_B \leq 1 - (\delta_S \times q_S) \Leftrightarrow 1 - \delta_B \times Q_B \geq 1 - \delta_B + \delta_B \times \delta_S \times q_S$

$\Leftrightarrow q_S \geq 1 - \delta_B + \delta_B \times \delta_S \times q_S \Leftrightarrow q_S \geq (1 - \delta_B)/(1 - \delta_S \times \delta_B)$

比较上面两式有:$q_S \geq (1 - \delta_B)/(1 - \delta_S \times \delta_B) \geq Q_S$

而根据假设有:$q_S \leq Q_S$

这意味着:$Q_S = q_S = (1 - \delta_B)/(1 - \delta_S \times \delta_B)$

同样的逻辑可以证明:$Q_B = q_B = 1 - (1 - \delta_B)/(1 - \delta_S \times \delta_B) = \delta_B(1 - \delta_S)/(1 - \delta_S \times \delta_B)$

上面分析的关键是:在无限水平下,G_3 可视作等价于 G_1,否则在有限水平下就难以行得通。

我们对上面的结论进行分析,如果固定 δ_B,而令 $\delta_S \to 1$,显然就有:$Q_S = q_S \to 1$,即 S 获得整块蛋糕。这就表示,博弈方耐心 δ_S 越大,博弈中获得的份额越大。而如

果 $\delta_S \to 0$，显然就有：$Q_S = q_S \to 1 - \delta_B$，即 S 获得蛋糕大小取决于 B 的耐心。

同样，如果固定 δ_S，而令 $\delta_B \to 1$，显然也就有：$Q_B = q_B \to 1$，即 B 获得整块蛋糕；而如果 $\delta_B \to 0$，则就有：$Q_B = q_B \to 0$，此时 S 也将获得整块蛋糕，因为此时 B 极端无耐心，接受 S 给予的任何分配；而在 $\delta_S \to 0$ 时，B 之所以不能取得整块蛋糕，是因为 S 具有先占优势。

为了说明先占优势，实际上我们假设 $0 < \delta_S = \delta_B = \delta < 1$，显然就有：

$Q_S = q_S = (1 - \delta)/(1 - \delta \times \delta) = 1/(1 + \delta) > 1/2$，S 将分得更大的份额。

当然，如果将每一回合的时间间隔任意地缩短，先占优势就消失了。实际上，我们用 Δ 表示阶段的时间长度，设 $\delta_S = \exp(-r_S \Delta)$ 和 $\delta_B = \exp(-r_B \Delta)$，其中 r 是时间偏好率；当 Δ 趋近于 0 时，$\delta_i \approx 1 - r_i \Delta$；此时，$Q_S = q_S = (1 - \delta_B)/(1 - \delta_S \times \delta_B) \approx r_B/(r_S + r_B)$，$Q_B = q_B \approx r_S/(r_S + r_B)$。两者的耐心程度决定了双方获得蛋糕的份额。

显然，在劳资博弈中，由于资本家本身的家底雄厚，并且长期雇佣，因而耐心就比较大；相反，工人往往无法忍受长时期的失业，因而耐心较小。因此，博弈结果也一般有利于资方。我们这里也可以用商业交易中的信息搜寻进行解释。在信息搜寻中，存在一个最佳搜寻次数问题，最佳搜寻次数的确定原则为：搜寻的边际成本等于预期的边际收益。显然，对最佳搜寻次数的这种分析是基于购买是一次性的基础上，如果购买是反复进行的，则情况就会发生变化。如果贸易商在各继起时期的要价是完全正相关的，买者只要在第一个时期进行搜寻就足够了，此时，搜寻的预期节约额是所有未来购买贴现节约额的现值。而一般地，各继起时期的要价是正相关的，因此，由于购买次数的不同必然导致搜寻次数的差异。事实上，我们知道，没有经验的买主（旅游者）在一个市场上支付的价格往往高于有经验的买主。其原因在于前者没有积累起要价方面的知识，即使达到了最佳搜寻次数，他们支付的价格也往往是较高的。

思考：为何市场工资并不是公正的？

10.4 人数多寡的影响

博弈权力还直接与博弈双方人数上的多寡有关。事实上，我们经常可以看到人数多的团伙抢夺小团伙的利益，大的孩子会欺负小的孩子，大的国家会侵占小的国家。同时，我们也可以发现相反的现象，如一个国家中的剥削者总是少数，民主的发展往往导致个人的独裁。为什么会如此呢？我们这里也从两方面进行分析。

10.4.1　少数剥削多数

奥尔森(1995)的集体行动逻辑理论指出,一般来说,小集团比大集团更容易组织起集体行动,这些小集团不用强制或不需要任何集体物品以外的正面诱因就会给自己提供集体产品。这是因为在一个很小的集团中,由于成员数目很小,每个成员可以得到总收益的相当大的比重,因此,只要这些小集团中的每个成员或至少其中一个成员发现他从集体物品中获得的个人收益超过了提供一定量的集体物品的总成本,即使这些成员必须承担提供集体物品的所有成本,集体物品也可以通过集体成员自发、自利的行为提供。然而,即使在最小的集团里,集体物品的提供一般也不会达到最优水平,这是因为集体物品具有外部性:一个成员只能获得他支出成本而带来的部分收益,因而必然在达到对集团整体来说是最优数量之前就停止支付了,而其从他人那里免费得到的集体物品则会进一步降低他自己支付成本来提供该物品的动力。一般而言,集团越大,它提供的集体物品的数量就会越低于最优数量。

另外,在由"规模"不等或对集体物品兴趣相差悬殊的成员组成的集团中,这种低于最优水平或低效率的倾向相对不那么严重。因此,在成员的"规模"不等或对集体物品带来的收益份额不等的集体中,集体物品最有可能被提供。但是,由于某成员对集体物品的兴趣越大,其能获得的集体物品带来的收益的份额也越大,因而他可能承担的成本比例将更高,其分担提供集体物品负担的份额与其收益相比往往是不成比例的;而对集体物品的兴趣较小的成员所占的份额较小,也就缺乏激励来提供额外的集体物品。这意味着,对于具有共同利益的小集团,存在少数"剥削"多数的倾向。事实上,一些大国也往往不成比例地分担多国组织如联合国或北约组织的经费;一些社区的公共设施也主要是由部分富人指建的。相应地,在现实社会中,那些处于统治阶层的人也往往是社会的少数,他们往往更能团结一致而形成集体行动。

为了说明上述道理,我们可以借鉴智猪博弈来分析一个社区的公共品供给,博弈矩阵见图 10-8。显然,在该博弈中,公共品往往由富人供给,而穷人最佳的策略是不提供公共品,这在一定程度上反映了少数对多数的剥削。

		穷人	
		提供	不提供
富人	提供	10,5	15,10
	不提供	20, -5	0,0

图 10-8　公共品供给博弈

10.4.2 多数掠夺少数

现实生活中更主要的是多数对少数的剥削。有一则笑话讲道:由于机构精简,一个5人的办公室中要裁减2人,于是他们开会进行讨论决定精简对象,但碍于情面,开会时大家都不好意思提名裁减的人,于是只有一个劲地喝水,最后有两个人终于憋不住了而上洗手间,在他们回来以后,没有上洗手间的3人向他们宣布,经3人一致同意上洗手间的2人下岗。这个故事的另一个版本是,其中有3人憋不住了而上洗手间,回来后他们向没有上洗手间的2人宣布,经他们3人一致同意另2人下岗。不管故事的版本如何,它都说明了少数的不利地位。

显然,这种多数掠夺少数的分析也可用到对发展中国家加入全球化浪潮的现象进行分析,这里,发展中国家之所以加入世界贸易组织的重要原因就是游离于其外就成了少数派。尽管当前的经济全球化是发达国家的跨国公司发动的,它首先是更有利于领先的国家。在入世博弈中,如果发展中国家都不加入当前的经济秩序而联合起来制定有利于自己的规则,固然可以得到更多的益处。但是,如果一部分国家加入经济体系,它们这部分国家就可以享受发达国家集中产业转让的好处,因为这些国家在排除了其他发展中国家后,在谈判中的地位将得到改善,而那些没有加入的将受到更大的损失。事实上,在信息不对称情况下,有限理性和机会主义导致的纳什均衡就是所有发展中国家都想加入到全球化进程当中,尽管许多发展中国家的领导言词上并不承认。

我们再来回顾一下斗鸡博弈,若我们合理地将博弈方设定为力量不相等的两方,这就表示了多数与少数的区别。我们假设人数不等的两个群体抢夺一个外在资源,如西部地区两个村庄抢夺共用的水井或河流。显然,根据图10-9所示的博弈,少数只能采取合作策略。

		少数	
		合作	强硬
多数	合作	6,4	0,6
	强硬	10,0	2,-5

图10-9 少数与多数的斗鸡博弈

我们周围也存在大量的歧视现象,而歧视之所以能够长期存在则体现了多数对少数的剥削。按照现代经济学的理论,追求个人利益最大化可以有效解决歧视问题,而存在的歧视肯定符合社会的总体利益,因此不存在真正的歧视。如黑人之所以失业率高,就在于其自身的教育和能力问题;因为正如施蒂格勒指出的,商人更感兴趣的,并不是顾客的身份,而是其所得到的金钱的色彩。但 G. S. 贝克尔(1995)却证明,歧视的出现恰恰是原子式个人主义竞争机制的结果。他认为,团体 A 对团体 B 实行有效歧视的必要条件是 B 是经济上的少数,充分条件是 B 是数量上的少数;而充分必要的条件则是:和 B 数量上的多数相比,它更是经济上的少数。因此,在竞争的社会中,经济歧视看来就与经济上的少数有关,政治上的歧视就与政治上的少数有关。如在美国,黑人的人数只有总人数的大约 10%,而且其拥有的资本的数量更低,因此,通过竞争的经济机制的运转,歧视的偏好必然产生对黑人的有效歧视,尽管歧视对黑人和白人都会造成损失,但对黑人要大得多。而如果少数一方对多数一方进行报复性歧视的话,那么不但于己不利,而且还会使自己的境况更加恶化,因为歧视对少数一方造成的损害远远超过对多数一方造成的损害;特别是,多数一方通常控制了更大部分的资源,少数一方主动的歧视只能使得自己与这些资源更为遥远,而多数一方通过歧视则可以占有更大量的资源比例。

　　思考:当前社会中流行患者向手术医生塞红包的现象,但绝大多数患者并没有受到特别的照顾,为什么会形成这种现象呢?

10.5　经济地位的影响

　　博弈权力更为直接的决定因素就是经济地位。经济地位不同,交易结果也必然不一样。这里通过初始收入和行动成本上的差异来反映博弈中的经济地位,并由此来分析对博弈结果和利益分割的影响。

10.5.1　初始收入的差异

　　在追加型投注的赌博中,由于翻盘方和不翻盘方承担的风险不同(赔率不同),其中,要求终止追加而翻盘者往往会承担更高的赔付,而继续追加赌资的跟随者承担的赔付要小。显然,这种赌博方式更有利于那些有财力的赌客,因为他不仅拥有不断追求赌资的选择能力,而且更能承担翻盘的赔付风险。在很大程度上,博弈者的初始收入构成了谈判中的实力,从而对博弈结果产生很大影响。事实上,一个仅有 100 元的穷人是不会与一个有 1 万元的富人在相同规则下进行一个胜负概率为 50% 而收益各为正负 100 元的赌博的;同样,我们也很少看到穷人倾其所有去赌赛马、玩博彩。

　　一般地,行为者的初始收入越高,就越敢于选择风险性和期望收益同比例增加的策略,从而在博弈过程中展示更强的博弈势力。这已经为一些行为实验所证实。

例如,卡尼曼和特维斯基(Kahneman 和 Tversky,1979)就做了这样的实验:

方案一:在拥有 1000 以色列磅的条件下进行选择:A. 额外再确定性地增加 500 以色列镑;B. 以 50%:50% 的机会得到 1000 或 0 以色列镑。

方案二:在拥有 2000 以色列磅的条件下进行选择:A. 额外再确定性地增加 500 以色列镑;B. 以 50%:50% 的机会得到 1000 或 0 以色列镑。

实验结果:在方案一中,84% 的受试者选择了获得确定性收入的方案 A,而方案二中,69% 的受试者选择了获得以 50%:50% 概率博弈的方案 B。

初始收入之所以能够影响博弈方的策略选择就在于,收入水平越高就越有利于分散风险。在很大程度上,博弈方的收入水平,即实力的高低,直接体现了他可以参与的博弈次数,而博弈策略的取舍也与博弈的次数有关。显然,根据风险摊平和风险汇合理论,多次博弈可以降低博弈的风险。因为在满足大数定律的条件下,最终出现的结果将按概率分布,实际上足够多的次数的博弈结果往往是期望确定的。相应地,如果只进行一次性博弈,那么,承担风险能力小的博弈方必然处于劣势,因为他无法承受微小的不利结果造成的损失,所谓"一次失足铸成千古恨"。当前的很多行为实验之所以得出了风险厌恶的结果,在很大程度上也是因为受试者往往是经济不宽裕的学生或低收入者,他们承担不起高风险的代价;相反,如果选择更富裕者作为受试者,那么,他们的选择很可能是另外一种情形。

基于这一思维,我们就可以理解发达国家或大企业为什么更勇于进行技术更新和改造,因为雄厚的经济实力提高了它们承担风险的能力;相反,大多数发展中国家很难承担得起这样高风险的行为,因为它们在没有等到创新出现之前往往就已经无力为继了。同样,可以理解硅谷为什么能够兴盛,重要原因就在于那里存在雄厚的投资基金,这些投资基金更能够承担风险。事实上,只要其中一小部分成功,它们就可以得到丰厚的回报,从而收回全部投资。现实生活中,高报酬(期望收益)往往也是与高风险呈正相关的:一个人的初始收入越低,越难以承受具有高收益的高风险,无法获得几乎确定性的高期望收益。这也是流行马太效应的内在机制,我们在日常生活中也直观感受到:一个人越有钱,他赚钱也就越容易。

可见,正是由于初始收入的不同,造成了博弈势力的差异,并导致最后博弈结局不同。正如泽尔腾(2000)所说,强势博弈方不会得到比弱势博弈方更少的支付,弱势伙伴得到比强势伙伴更高的支付份额是不合理的。我们也可观察劳资谈判中的博弈结局:一般而言,谈判失败对资方的损失非常小,因为雄厚的资产使他可以分担风险,或者说,他并不是与单一的劳动者在谈判,从而就具有相当强的风险分散和承担能力;相反,谈判失败对劳方的损失非常大,他必须一人承担所有失业的后果,从而具有非常弱的风险分散和承担能力。正因如此,资方往往能够从长期利益出发,选择总期望效用最大的方案;相反,劳方首先必须考虑眼前的需要,从而只能选择风险小收益更小的方案。在劳资谈判中,由于信息的明显不对称,从而谈判就不能完全公平,结果只能由谈判前的双方的期望水平和对谈判结局的预期来决定。

10.5.2　行动成本的差异

博弈文献中有一类博弈叫做简单终止博弈,即每一个博弈方的唯一选择就是何时选择行动"停止",而一旦博弈方选择了停止,他对未来就没有影响。实际上,上面的抓钱博弈和发明创造博弈都是突然中断性博弈的一个例子,这里结合时间博弈来进一步分析消耗战(War of Attrition)情形,它最早是史密斯(M. Smith,1974)提出来的。实际上,这种博弈也就是耗费型的博弈结构,每增加一次博弈都将耗费时间、精力、金钱等成本,这种博弈中耗费实质上也就是行动成本。显然,金钱、时间和精力对不同博弈方具有不同的意义,从而反映了博弈方的行动成本是不同的。例如,当两个人通过排队购买紧缺商品(球票、纪念币、紧缺物资或其他免费商品)时,就需要考虑两人的机会成本,这种机会成本主要体现在时间工资收入。一般地,时间工资收入越高,通过排队获取同一价值物品的成本也越高,从而越不会去争夺这种商品。正因如此,我们常常看到的是,大量的农民工在火车站通宵排队买票,体育比赛或演唱会通过排队买票的往往是没有收入来源的学生。那么,行动成本的差异会对博弈结局和收益分配产生何种影响呢?

在消耗战博弈中,两个博弈方为获得在任一时期 $t = 0,1,2,\cdots$ 价值为 $V > 1$ 的奖品而展开争夺,博弈方每期的争夺成本是不同的。这里设定等待某长度时间为一个回合,并假设两个博弈方 A 和 B 每一回合博弈的成本分别为 a 和 b,并有 $a > b$,而 δ 表示每一回合的折扣因子。

因此,随着博弈回合的延长,两人的博弈成本分别为:

$$C_A^T = a(1 + \delta + \delta^2 + \cdots + \delta^{T-1}) = a(1 - \delta^T)/(1 - \delta), C_B^T = b(1 + \delta + \delta^2 + \cdots + \delta^{T-1}) = b(1 - \delta^T)/(1 - \delta)$$

相应地,它们进行争夺的收益为:$R_I^T = -i(1 + \delta + \delta^2 + \cdots + \delta^{T-1}) + \delta^T V = -C_I^T + \delta^T V$

设想时间间隔充分短,那么,上述离散型就成为连续时间型的消耗战,其博弈成本就可用图 10 - 10 来描述。

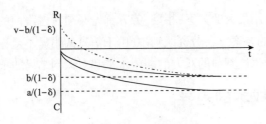

图 10 - 10　消耗战博弈

我们假设,排队寻求的物资是稀缺的,只有一个人可以得到。显然,由于博弈方 A 参与博弈的消耗成本较大,因而可以合理地预测,他将是失败者。根据这种分析,那么,最终获得物资的博弈方 B 的盈利曲线就可用上述虚线表示。在这种博弈中,实际上结果在一开始就已经决定了,即成本低的一方"绝不停止",而成本高的一方"总是停止"。这样,可使得输者损失最小而赢者盈利最大。

这种博弈也体现了一种类型的博弈,有点类似于完全信息静态博弈中的斗鸡博弈,其中懦弱方总是先退却。例如,两个寡头公司面临着需求下降的市场,只有一家退出,公司才有盈利;在对称的博弈中,两家公司都可能坚持不退出而它们的损失超过了最后作为幸存者的收益。再如,寻租造成的福利损失就是一个例子,这造成了塔洛克四边形的损失

思考:举周边的消耗战博弈例子进行分析。

10.6　信息结构的影响

一般地,权力是信息的函数,信息是权力的重要基础,谁掌握了信息也就拥有了权力。因此,权力的根源就在于信息的不对称,它对博弈结果产生深远的影响。事实上,分工产生了合作剩余,但合作剩余的分配却依赖于信息结构,因而这里以分工收益的分配来说明信息不对称对分工的影响。

10.6.1　完全信息下的收益分配

我们假设:有两个相同的消费者,生产者,生产和消费 x、y 两种产品。这两种产品的购买量分别为 x^d 和 y^d,假设交易费用系数 $1 - k$ 是外生给定的,即购买量的 $1 - k$ 部分在买卖过程中因交易费用而消耗。这样,当购买 x^d 或 y^d 时,实际得到的是 kx^d 或 ky^d。再假设两种产品的总产量都为 1,这样,专业生产 x 或 y 可得的效用就为:

$$U_x = (1 - x^s) ky^d, U_y = (1 - y^s) kx^d$$

根据专业生产者 x、y 的预算约束:$p_x x^s = p_y y^d, p_x x^d = p_y y^s$

可得：$p_y/p_x = x^s/y^d = x^d/y^s$

再根据供求相等约束，有：$x^s = x^d, y^d = y^s$

因此，可以简化两种产品的供求量为 X 和 Y，同时，假设在完全自给自足时的效用为：$U_a = 2^{-2e}$，这是双方在议价下拒绝交易的最低点，或者称为策略威胁点。

结果，x 和 y 专业生产者从分工中得到的净收益为：$V_x = (1-X)kY - U_a$，$V_y = (1-Y)kX - U_a$

从 x 专业生产者的角度而言，希望用尽可能少的 x 换取更多的 y，即 $p_x/p_y = Y/X$ 要尽量高。而 y 专业生产者则相反。在信息完全的议价过程中必然要使得纳什积 V 最大，即：

$$Max: V = V_x V_y = [(1-X)kY - U_a][(1-Y)kX - U_a]$$

其解为 $X = Y = 1/2, U_x = U_y = k/4, p_x/p_y = Y/X = 1$

可见，在完全信息条件下，纳什议价均衡与瓦尔拉斯均衡没有不同，也就是说，在没有信息问题时，不会产生内生交易费用。

10.6.2　不对称信息下的收益分配

上面的模型中，我们假设两种产品的总产量都为1，不但专业生产者知道，非专业生产者也知道。现我们假设 x 生产具有信息不对称性，只有 x 专业生产者确切地知道产量 Q 的真实值，而其他人只知道它的产量 Q 以 1/2 的概率随机地取值 3/2 和 1/2，平均值为1。并假设 y 生产具有完全信息，总产量为1。这样，纳什积为：

$$Max: V = V_x V_y = [(H-X)kY - U_a][(1-Y)kX - U_a]$$

得到的纳什议价均衡为：$X = H/2, Y = 1/2, p_x/p_y = Y/X = 1/H$

可见，均衡时的价格与 x 专业生产者的真实生产能力 H 成反比例。因此，x 专业生产者就会努力隐藏自己的信息，低报 H。如果他的真实 H = 3/2，他也会声称是 H = 1/2。

这时：$X = 1/4, Y = 1/2, p_x/p_y = Y/X = 2$

x 专业生产者的真实效用为：$U_x = (H-X)kY = (3/2 - 1/4)k/2 = 5k/8$

而完全信息时，$X = 3/4, Y = 1/2$，X 专业生产者的效用是：$U_x = (H-X)kY = (3/2 - 3/4)k/2 = 3k/8$

可见，在不完全信息情况下，信息的偏在方可以从分工中获得更多的好处，即 $5k/8 > 3k/8$

但是，由于 y 专业生产者具有信息劣势，他知道 x 专业生产者有可能欺骗他，因此就不会相信 x 专业生产者声称的 H = 1/2，而是根据社会常识来进行策略选择，使自己的纳什积的期望值最大化，即：

$$Max: EV = V_x V_y = [(3/2 - X)kY - U_a][(1 - Y)kX - U_a]/2 + [(1/2 - X)kY - U_a][(1 - Y)kX - U_a]/2$$

得：$X = Y = 1/2$

当 $H = 3/2$ 时，x 专业生产者的真实效用为：$U_x = (H - X)kY = (3/2 - 1/2)k/2 = k/2$

x 专业生产者仍能从分工中获得好处，即 $k/2 > 3k/8$

总之，信息结构对博弈均衡和收益分配具有根本性的影响，因为博弈力量本身就是信息的函数。阿洪和泰勒尔（Aghion 和 Tirole，1995）区分了实际权力和法定权力，他们认为，具有优先信息的人可能具有有效的权力，即使他不具有法定权力，因为具有法定权力的人——所有者——可能会遵循他的建议。在很大程度上，正是由于信息结构的不对称造成了现实生活中收入分配不公正。例如，美国的印第安人自愿同意以 24 美元的价格将曼哈顿的土地卖给荷兰人，这种交易是公平的吗？所以，有人就提出，如果不能得到可供交易者选择的方案的全部信息，那这样的交易就是不道德的，交易的一方不公正地欺骗了另一方。奥肯（1999）也语中的地指出，"水门事件"所披露出来的关于殷富的牛奶生产者的内幕，有助于弄清为什么 20 万牛奶生产者通常能够击败 2 亿牛奶消费者。

10.7　合作均衡与收益分配

上面分析的都是非合作情形下的收益分配，但实际上，人们的收益往往是从合作中才得以增进的。布坎南将在私有权条件下生产的产品的价值与在资源共同使用条件下生产的产品的价值之间的差额称为"社会租金"，这种社会租金相当于博弈中的合作收益与非合作收益之差。那么，如何才能获得这种租金呢？合作博弈面临的最大问题是合作收益如何分配问题，这实际上也就是合作博弈的解的问题。迄今为止，博弈论文献中已经包括了合作博弈的多种可能的解法，基本上都是选择特定帕累托最优点的特定方法，其中，最普遍运用的两种方法是：核和夏普利值法。主流的观点认为，非合作博弈与合作博弈的区别在于："非合作"反映了博弈方的选择仅是基于所观察到的个人利益，而合作博弈则因建立了一些公理而能够体现公平的思想。那么，这些利益分割在多大程度上体现了公平正义呢？这里作一介绍。

10.7.1　联盟和核均衡

（1）联盟的一般条件。合作博弈实际上就是联盟的建立问题，联盟就是博弈中某些或者全部博弈方的组合，是一些博弈方组成一个整体，从而实施统一行动。我们一般假设，合作博弈中效用是可以转移的，即不同的博弈方的效用可以相加。

相应地,一个联盟的效用就可以定义为:联盟中所有博弈方的效用之和。

我们用特征函数 v 表示联盟自身能够实现最大效用的数字度量。例如,n 个博弈方中的一些人构成联盟 S,他所获得的支付不仅取决于他自己的策略,也取决于竞争对手的策略。当然,最糟糕的情况是,其他人也形成联盟进行对抗。我们定义联盟最糟糕情况下能获得的最大支付为 v(S),则 v(S) 就是所有可能联盟上定义的一个函数,也通常称为 n 人对策的特征函数。

一般地,假设存在两个联盟 S 和 T,且两者没有交叉成员,那么,如果 v(S∪T) ≥v(S)+v(T),就称特征函数具有超可加性,即两个联盟组成新联盟至少不会更差。如果等式成立,就意味着,联合和竞争是无差异的。

特别地,对 n 人组成的联盟而言,如果联盟的支付 v(S) 与所有博弈方单独行动所获得的支付之和相同,那么,就称这一对策是非实质性的。反之,则称为实质性的合作对策。

当一个合作对策形成以后,联盟实现最大支付,关键的问题就是利益如何在成员之间进行分配。联盟成立的一般条件是:处在联盟中所得的支付至少不能比单独行动更差。在一个 n 人对策中,所有博弈方对支付的分配是对所有博弈方联合起来所得到的最大支付的一个分割。

因此,其分配必须满足:
$$\begin{cases} \sum_{i=1}^{n} u_i = v(N) \\ u_i \geq v(\{i\}), i=1,2,\cdots,n \end{cases}$$

其中,v(N) 是联盟所能够得到的最大支付,v{(i)} 是博弈方独立所得支付。

但是,如果博弈方还有其他联合方式,从而可以得到更多的支付,那么,满足上述条件的分配也不一定会被所有的博弈方所接受。

对一个特定的分配 $(u_1,u_2,\cdots,u_n)$,如果在联盟 S 中存在这样一个分配 X,使得 S 中的每个人的支付 x_i,

满足:
$$\begin{cases} \sum_{i \in s} x_i \leq v(S) \\ x_i > u_i, i \in S \end{cases}$$

那么,原有的分配方案就是不可行的。究其原因,这些人可以形成新的联盟 S,这时,它们在最坏的情况下也比现在更好。

因此,如果对 i∈S,S⊂N,满足上述两个条件,我们就称对 i∈S,在联盟 S 上比联盟 N 占优。占优分配意味着,只有当大集体 n 提出的分配方案不被小集体 S 否决时,才有可能执行。因此,一个合作对策合理的结果是不存在占优分配的方案。

定义:S⊆N 是经济中的一个合作联盟,x 是经济中的一个可行配置。如果存在另一种配置 x′,使得①对每个个体 i∈S,$u_i(x') \geq u_i(x)$,并且至少有一个严格不等式成立;② $\sum_{i \in S} x'_i = \sum_{i \in S} \omega_i$ ——禀赋约束。我们就称配置 x 是被合作联盟 S 淘汰的（Blocked by S）。

经济中一个不会被任何合作联盟淘汰的配置称为经济的一个核配置,所有的核配置的集合称为经济的核（Core）。

（2）核与均衡。合作博弈的关键概念就是核。核是指这样一种两个或多个联盟互动的结果:在其他联盟的策略不变时,没有任何联盟可以通过单方面改变其策略而取得对该联盟所有成员更好的结果。也就是说,核就是一个结果集,在这些结果中,任何联盟都无法使所有成员同时得到改善。

核这个概念也广泛运用于市场均衡中。一般地,将经济中所有个体的集合记为 N:N = {1,2,…,n},N 中任何一个非空子集 S 称为一个合作群（Coalition）。

定义:对任意联盟 S 都不存在占优分配的分配方案所构成的分配集合,就称为合作对策的核（Core）,记为 C(N,v)。

因此,假设（u_1,u_2,…,u_n）是合作对策的一个核分配,那么,对任意的分配（x_1, x_2,…,x_n）和联盟 S,

满足: $$\begin{cases} \sum_{i=1}^{n} u_i = v(N) \\ \sum_{i \in S} u_i \geq v(S), 对所有的 S \end{cases}$$

当然,需要指出,并不是所有的 n 人合作的对策都有核。因此,合作对策发展出了稳定解、夏普利解、交易集等概念,从而缩小了解的范围。

我们再以两人合作联盟进行分析。在图 10-11 所示的两两交换经济中,有三个合作联盟:{1}、{2}、{1,2}。所有的可行配置都处在埃几沃斯方框中,其中,E^0 是初始禀赋点,因此个体 1 和 2 的初始无差异曲线分别是 U_1^0 和 U_2^0。显然,处在 U_1^0 左下方的点将被{1}淘汰,而处于 U_2^0 右上方的点被{2}淘汰,剩下的只有两条曲线围成的区域。但这些区域中契约线 CD 以外的点会被{1,2}淘汰,而 CD 上的任何一点都不会被淘汰;因此,契约线 CD 就是这个经济中的核。

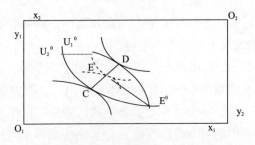

图 10-11 埃几沃斯交易框图

10.7.2 夏普利值及其应用

（1）夏普利值和权力指数。核有可能是空集,在通常情况下更可能是一个很大的集合,因此,夏普利尝试用另一种解法获得一个特定的解。其实,纳什—泽森的讨价还价理论主要适用的是双头垄断、双边垄断以及有政治压力干预的讨价还价领域,而不适合多于两个垄断者的讨价还价情况。要去掉这一条件,就依赖于夏普利提出的适合一般 n - 人博弈的确定的解,它把讨价还价均衡的纳什—泽森概念推广到了 n - 人合作博弈。

一般地,我们用博弈方 i 对联盟 S 的边际贡献表示该博弈方加入联盟前后联盟价值的变化,即 $v(S) - v(S - \{i\})$。夏普利值就是为博弈方 i 指定一个效用水平,它等价于将这个博弈方对所有可能出现的联盟的边际贡献进行某种加权平均后得到的数值,它可表示为:

$$u_i = \sum_{S \subseteq N} \frac{(s-1)! \ (n-s)!}{n!} [v(S) - v(S - \{i\})]$$

其中 s 表示 S 中元素的个数,$[v(S) - v(S - \{i\})]$ 是 i 对 $v(S - \{i\})$ 向 $v(S)$ 转化所作的贡献;$\frac{(s-1)! \ (n-s)!}{n!}$ 则是加权平均值中的权数,反映了博弈方相互随机组合而形成某个特定联盟的概率。

当博弈方 i 参与结成规模为 s 的联盟时,其余 $(s-1)$ 个参与人将从除 i 以外的 $(n-1)$ 个参与者中选取,因而可能的组合个数为:$C_{n-1}^{s-i} = \frac{(n-1)!}{[(n-1)-(s-1)]! \ (s-1)!} = \frac{(n-1)!}{(n-s)! \ (s-1)!}$。显然,由于每个联盟出现的可能性都相同,因而博弈方 i 对规模为 s 的某个具体联盟 v 的"重要程度"就可以以上述个数的倒数乘以 $[v(S) - v(S - \{i\})]$ 来衡量。

同时,对任何 i 和联盟 v 而言,还有另外 $(n-1)$ 个参与者处于相等重要的地位,因而它对形成规模为 s 的联盟 v 的重要程度还必须乘以 $1/n$,即 $\frac{1(n-s)! \ (s-1)!}{n(n-1)!} = \frac{(n-s)! \ (s-1)!}{n!}$。

可见,夏普利值反映了每个博弈方在联盟形成中的边际作用,也体现了市场中的边际分配原则。

为了更好地了解夏普利值的含义,我们可以举例进行说明。

例如,一个拥有四个股东的股份有限公司,股东 1、2、3、4 分别持有 10%、20%、

30%、40%的股份,而公司的任何决定都必须经过持有半数以上股份的股东同意才能通过。这个问题就可以被看成是一个四人博弈问题,在该博弈中可以获胜的联盟为$\{2,4\}$、$\{3,4\}$、$\{1,2,3\}$、$\{1,2,4\}$、$\{1,3,4\}$、$\{2,3,4\}$与$\{1,2,3,4\}$。我们可以求各自的夏普利值。

首先,可以使 T 获胜而 T$-\{1\}$失败的联盟只有$\{1,2,3\}$;因为$\{1,2,3\}-\{1\}$ $=\{2,3\}$,其股份不超过50%,所以 t = 3。此时,$u_1 = \dfrac{(3-1)!\ (4-3)!}{4!} = \dfrac{1}{12}$

其次,可以使 T 获胜而 T$-\{2\}$失败的联盟有$\{2,4\}$、$\{1,2,3\}$和$\{2,3,4\}$;所以,$u_2 = \dfrac{(2-1)!\ (4-2)!}{4!} + \dfrac{(3-1)!\ (4-3)!}{4!} + \dfrac{(3-1)!\ (4-3)!}{4!} = \dfrac{1}{4}$

类似地,可以求得:$u_3 = \dfrac{1}{4}$,$u_4 = \dfrac{5}{12}$

因此,这四个人博弈的夏普利值为$(1/12,1/4,1/4,5/12)$。

尽管夏普利值本意上是体现各个博弈方对联盟的边际贡献,但是,夏普利值的一个最直接应用就是在投票选举方面;而在选举联盟的实际分配过程中,往往通行"赢者全胜"的原则,即只要达到或超过阈值的结盟 S,其赢得的 v(S)并不是简单的"直观"实力相加,而是100%的全胜。

一般地,假设阈值为 Q,那么,可以定义:

①若 v(S)$\geq$Q,且 v(S$-\{i\}$)$<$Q,则称博弈方 i 为联盟 S 的"主元"或者"关键加入者",即由于它的到来使得联盟 S 的赢得 v(S)达到或者超过阈值 Q 而或全胜。

②若 v(S)$<$Q,或 v(S$-\{i\}$)$\geq$Q,则称博弈方 i 为联盟 S 的"哑元",因为它的入盟并未使得联盟 S 的赢得发生任何根本性变化。

因此,一些学者在夏普利值概念的基础之上进一步提出了以"边际贡献"为基础衡量多人结盟对策中各博弈方实力的"权力指数"。权力指数是指,投票者的权力体现在它能通过自己加入一个要失败的联盟而挽救它,或者它能背弃一个联盟而使它失败。根据这个观点,某一博弈方在合作博弈中的实力就应以其在各种结盟组合中作为"主元"的频率来确定,因而频率就成为衡量各博弈方实力的"权力指数"。这样,将夏普利值用于权力分析时被称为夏普利权力指数,或者夏普利—苏比克权力指数。

当然,为了方便运算,常常采用(0,1)赋值,即对仕何 v(S)赋值为1,而 v(S$-\{i\}$)的赋值为0,则上述公式就可以简化为:$u_i = \sum_{S \subseteq N} \dfrac{(s-1)!\ (n-s)!}{n!}$。

(2)夏普利权力指数的应用。现有 A、B、C 三人分割 100 万元的财产,其中,A 的投票数为 5,B 为 3,C 为 2;并且,财产的分配要获得简单多数票。显然,如果根据票数多少进行投票,那么,A、B、C 将分别获得 50 万元、30 万元和 20 万元。不过,此时 C 可以向 A 提出新的分配方案:A 得 60 万元,C 得 40 万元,而 B 一无所有,这个方案也可以获得通过;相应地,B 也可以向 A 建议另一种方案:A 得 70 万元,B 得 30 万元,而 C 一无所有,这个方案也可以获得通过;……如此循环。那么,如何进行分配呢? 显然,一个具体分配份额并不一定等同于每个人的投票权数。为此,夏普利值就是为了解决合理的份额分配,在各种可能的联盟次序下,博弈方对联盟的边际贡献之和除以各种可能的联盟组合。

就这个试验而言,每个方案要获得通过,至少需要两个人的联盟。边际贡献就在于这个顺序中谁是这个联盟的关键加入者,如果是关键加入者,它的边际贡献就是 100 万元。显然,这个试验的各种联盟和关键加入者如表 10 – 1 所示。

表 10 – 1　各种联盟的关键加入者

次序	ABC	ACB	BAC	BCA	CAB	CBA
关键加入者	B	C	A	A	A	A

因此,夏普利值分别是:$\Phi_A = 4/6$,$\Phi_B = 1/6$,$\Phi_C = 1/6$;相应地,根据夏普利值,财产就可以分别分为 66.7 万元、16.7 万元、16.7 万元。显然,虽然 B 和 C 的投票数不同,但获得财产的份额是相同的。

进一步地假设,一个股份公司有 A、B、C、D、E 5 个股东,公司的重大决策遵循"一股一票"原则,并且要获得简单多数通过。并且假设,在公司成立之时每个股东都持有相同的 20% 的股票,后来随着公司的经营,股份结构发生了变化,其中,A 想多持有公司的股份,而其他 4 个股东都想减持,但是又不想让 A 完全控制企业。因此,其他 4 个股东决定每人都减持 3 个百分点,这样,A 的股份就增加到 32%,而其余 4 个股东的份额都下降为 17%。在这种情况下,A 决定再要求 B、C、D、E 各减持 1 个百分点,此时,A 的股份增加到 36%,而其余 4 个股东的份额则下降为 16%。由于此时 A 拥有的股份没有超过 50%,从而不能完全控制公司,因而其余四个股东也就同意了。那么,其余四个股东的决策明智吗?

实际上,虽然 A 仅增加了 4 个百分点的投票权,但它的投票力或者夏普利权力指数却发生了很大变化。根据前面的分析,我们可以把不同股权分配情况下的夏普利权力指数列表,如表 10 – 2 所示。

表 10 - 2　不同股权结构的夏普利权力指数

股东	股份(%)	权力指数	权力指数比(%)
A	20	6	20
B	20	6	20
C	20	6	20
D	20	6	20
E	20	6	20
股东	股份(%)	权力指数	权力指数比(%)
A	32	6	20
B	17	6	20
C	17	6	20
D	17	6	20
E	17	6	20
股东	股份(%)	权力指数	权力指数比(%)
A	36	14	63.6
B	16	2	9.1
C	16	2	9.1
D	16	2	9.1
E	16	2	9.1

　　夏普利值的应用也很多,如在联合国的策略中,5 个常任理事国在 20 世纪 50 年代就控制了 98.7% 的权力,其他 6 个非常任理事国只有 1.3% 的支配权。虽然 1965 年增补了 4 个非常任理事国,也只是将权力比变成了 98.1% : 1.9%。再如, 在美国的政府决策中,尽管有 533 个国会议员,但一个众议员、参议员和总统的权力指数为 2 : 9 : 350。

　　思考:计算主要国家在联合国货币基金组织中的权力指数。

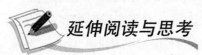

延伸阅读与思考

自由市场交换是自由和公正的吗

　　从博弈均衡和博弈结构之间的关系中,我们可以看出,收益分配受很多因素影响。显然,现实世界根本不存在完全竞争的市场,因此,现实市场中的收入分配根本上由社会原则而非贡献原则决定,它主要取决于力量结构对比而不是劳动贡献水平。但是,现代主流经济学却把既存的资本主义制度视为既定合理的,这种合理性的基础就是市场竞争,而市场竞争的基础又是力量的较量,因此,它往往也把自由市场经济中的博弈结果视为是合理的。一般地,现代主流经济学把市场交换视为自由而公正的,主要基于以下两点理由:一方面,自由市场经济中不存在强制,几乎所有的市场契约都是出自自愿,因而市场中的行为者是自主和自由的;另一方面,自由市场经济中实行的是边际生产力分配理论,它确保了每个人的报酬等于他的贡献,因而市场经济中的交换和分配结果是公正和合理的。为此,主流经济学者极力反对政府对经济的干预,反对基于收入再分配的财政政策。在他们看来,这是对市场规律的破坏,其结果不仅无助于收入差距的缩小,而且还会人为地扩大收入差距。那么,是否果真如此呢?

其实,现代经济学的理论并不是根基于真实世界的市场逻辑而是逻辑化的市场,这种逻辑化市场有两大特征:一是将复杂的个人选择化约为以谋私利为目标的极大化原理,并以此来解释和分析市场经济行为;二是将复杂的人类相互行为化约为上帝式的拍卖人的试错,通过一系列的试错过程来保障"一般均衡"的存在。同时,这种抽象化的逻辑分析又以还原论的主体假设为前提,将市场主体还原为同质化的原子个体,其行为遵循经济模型中所使用的那种精于计算的理性选择方式。但实际上,现实世界的市场主体并不是同质的,相反,无论是社会地位还是博弈权力都很悬殊,这导致市场交易的结果往往因不同时空而迥异。正因如此,现代主流经济学的逻辑结论与现实世界存在明显差异,而借助基于力量的博弈均衡分析,我们可以更清楚地认知现实市场的真实逻辑。

1. 自由市场交换是自由和公正的吗?

首先,市场主体的行为是自由的吗? 现代主流经济学的逻辑化市场将市场主体视为同质的原子个体,它们根据有利于自身的功利原则采取行动而不受外来干预,从而是平等自由的。但显然,这里存在两个基本逻辑问题。一是这种不受干预的自由只是消极自由,这种无干涉的消极自由实际上体现了马克思所讲的"物的依赖性"社会关系。马克思(1995)写道:"每一个主体都是交换者,也就是说,每一个主体和另一个主体发生的社会关系就是后者与前者发生的社会关系。因此,作为交换的主体,他们的关系是平等的关系。"但是,他认为,抽象而普遍的外部关系只具有形式上的平等,此时个人转而受到资本的支配。二是市场异质主体所享有的自由并不是同等的,这在贫富分化的社会尤其如此。史蒂文斯(1999)认为:"政府对人们实施强制而市场是非强制性的,这不过是一种过分简化的说法。市场也以非常现实的方式强制人们。富人和穷人不可能同等自由地作出经济决策。如果你是穷人,你可以自由地为低工资工作或撤出你的劳动,这取决于你对生存的偏好。如果你是失业的煤矿工人或钢铁工人,没有任何人告诉你必须移居到其他城市或州,但你仍然受到市场的强制。不管怎样,市场和政府间存在区别,区别之一是买卖双方自由和自愿决定价格和产量的相对程度。自愿行为程度越大,我们就说市场起更大作用。政府施加在自愿行动上的约束越大,市场发挥的作用就越小。"然而,现代主流经济学却不从人类的需求实现以及市场交换的后果来剖析自由的程度,而是在自然主义思维支配下将基于力量的市场机制与"自由"交换等同起来,从而形成了支配性的市场化原教旨主义。显然,这种逻辑化市场观只会误导社会大众对真实市场的认识,并使得真实市场的实践遭到进一步的扭曲。

其次,自发市场机制可以实现分配的公正吗?按照现代主流经济学的逻辑化市场理念,激烈的市场竞争使得企业在边际成本等于边际收益处生产以获得最大化利润,因而每个生产要素所获的报酬必然等于其边际贡献;同样,激烈的市场竞争使得市场主体在供求平衡处交换以获得各自的最大化剩余,因而不受干预的市场交换结果是公正的。但显然,这两者都存在严重的逻辑缺陷:一是体现劳动贡献的边际生产依赖于生产要素之间具有独立性和生产规模报酬不变这两大条件,而这两大条件在现实生活中是根本不存在的;二是体现公平剩余的市场交换依赖于初始资源的平等占有和交换程序的公正合理这两大条件,而这两大条件在现实生活中也是很难得到满足的。市场经济中劳动收入往往不是基于贡献原则而是社会原则,取决于特定的分配规则以及由此支持的谈判力量。当异质化的市场主体存在明显不对等的社会地位时,无论是资源的初始占有还是财富转移的程序制定都控制在少数人手中,从而就无法实现所谓的分配正义。同时,异质化的市场主体因个体力量的差异也难以实现交换平等:一是在交易起点上,因资源的占有以及财富的集中而存在交易主体地位上的不平等,这是马克思经济学强调的;二是在交易过程中,因交换程序的不健全以及信息机制的不通畅而出现交易剩余分配上的不公正,这是现代经济学所关注的。

2. 自由市场交换会导向共同富裕吗?

在很大程度上,现代主流经济学所推崇的纯粹市场机制实际上是指由参与互动的市场主体的力量决定交易和分配,而交易规则在很大程度上就由强势者决定,分配结果也有利于强势者。因此,我们可以从两个维度对真实市场中的收入分配作一审视:一方面,个体间直接交换的结果根本上取决于他们的力量对比,其结果必然有利于强势一方;另一方面,影响博弈均衡的博弈规则很大程度上也是基于力量博弈的产物,体现的是强势者的偏好和意志。显然,社会的、政治的不平等构成了现实市场中交换主体的权力差异以及交换程序的利益偏向,这些对市场交换的供求关系以及最终的竞争均衡产生了根本性影响。这典型地表现在社会收入分配的差异上:一般地,一个社会的权力结构越不均等,其收入分配就越不平均;而且,现有的分配制度越不正义,它越是体现了强势者的意志和利益诉求。同时,市场机制在收入分配上还存在明显的马太效应,即富者越富、穷者越穷,最终导向社会收入分配的两极化。如何理解这一点呢?事实上,市场交易中的剩余分配结构取决于博弈方之间的力量对比,分配结果总是有利于势力大的一方,使得强势者占有更高的收入份额;同时,更高的收入份额又进一步增强了强势者的力量,从而使得它在今后的交易中拥有更大的优势,并获得更高的收入份额。

当然,现代主流经济学也承认因劳动能力的差异而产生的收入差距,但它又认为,收入差距在拉大到一定限度之后就会出现缩小的趋势,这就是库兹涅茨发现的倒 U 型收入分配规律。为此,大多数主流经济学家都为现实收入差距辩护,反对人为干预来缩小这种收入差距,而期待市场机制的自发作用,否则收入差距只会拉大而不会缩小。然而,这里我们必须分清收入差距变化曲线中出现前后不同变化趋势的不同原因:①收入差距变化曲线中前一段的扩大主要源于自发市场的马太效应,这种马太效应最终会导致社会收入分配两极化,这也是坎梯隆、马克思等很早就提出的所有权集中规律;②收入差距变化曲线中后一段的缩小主要源于社会干预的转移效应,这种社会干预主要促使弱势者的力量联合和直接的立法来保障弱势者的基本诉求,这也是康芒斯、加尔布雷思等强调的抗衡力量。事实上,收入分配本身就是社会力量博弈的结果,而随着财产权利的集中,其所有者将在谈判中拥有越来越强大的权势,从而也会获得越来越有利的收入分配,这是一个自我强化的过程。为此,一个良善的社会就体现为:存在一系列法律来限制那些附属于特定功能角色的财产权利的使用,使之不会因累积效应而膨胀,这也正是民生主义的经济干预政策的理论基础。正是通过抗衡力量的引入以及对财产权利的"约束"壮大了弱势者在谈判中的力量和地位,从而最终使得收入分配差距的拉大趋势出现缓和甚至转向缩小。

11. 博弈困境与行为协调

主流博弈论得出的囚徒困境结论给现代主流经济学造成了严重困境,因为它表明,长期以来一些经济学家所信奉的"私恶即公益"的教条是错误的。E.奥斯特罗姆(2000)认为:"囚徒困境表明的个人理性策略导致集体非理性的悖论对理性的人类能够取得理想的结果这一基本的信念似乎构成了挑战"。同时,囚徒困境在现实中出现的概率明显会比主流博弈论在理论上推导的概率要小得多,那么,是什么原因使得实践比理论推演的结果更优呢? 显然,这涉及对博弈过程中协调机制的挖掘。正因如此,基于标准经济学模型得出的公地悲剧和囚徒困境之类的结论就遇到了严重的挑战。

11.1 囚徒困境引发的协调问题

主流博弈论的基本思维就是每个人在条件允许的情况下都会抓住一切机会实现自己的效用最大化,这种行为的出发点是非合作性的,导向的结果则是囚徒困境,因此,如何跳出这种囚徒困境,就成为博弈协调机制研究的核心课题。

11.1.1 个体理性与集体理性的悖论

目前,为了体现自身体育方面的成果,各高校普遍倾向于招收体育特招生。但实践的结果却是,一方面,由于这些特招生缺乏足够强的学术求知精神,从而造成学校学术氛围的日益淡化;另一方面,由于各学校都在体育方面投入了精力和资金,从而导致每个学校的体育排名并没有提高。那么,学校招收体育特招生理性吗? 为什么会形成这种恶性竞争现象? 如何才能降低这种不合作现象呢?

思考:高校为何热衷于招收体育特招生?

再如,在麦琪的礼物博弈中,德拉(Della)和吉姆(Jim)是对非常恩爱的夫妻,都愿意为对方付出牺牲,但是,他们相互付出的结局却是悲惨的,见图 11-1。

		吉姆	
德拉		卖表	不卖
	卖发	− 10, − 10	5,10
	不卖	10,5	0,0

图 11 − 1　麦琪的礼物博弈

其实,如果他们真的非常怜惜对方,而且,这种相互怜惜是共同知识,那么,他们就应该意识到,为了给对方买一份礼物,两人都可能卖掉他的心爱之物,结果将是一个悲剧。因此,两人都应该三思,留下自己的东西等待对方的礼物。但是,如果两人都这么想,那么,就会出现另一个合成谬误,两人都不愿卖掉自己的东西。可见,尽管两者的利益是一致的,但相互的策略影响却可能对双方造成伤害,这就涉及两者之间的行为协调。

在简单的两策略选择中如此,而在多策略选择的博弈矩阵中,这种困境就更为普遍,如图 11 − 2 所示博弈矩阵中,(M,d)是纳什均衡,但显然,(R,r)和(D,r)都是更佳的选择。

		B		
		r	d	m
A	R	5,5	0,10	0,1
	D	5,5	0,1	0,10
	M	5,0	1,1	1,0

图 11 − 2　多策略选择博弈

事实上,现代经济学在引入博弈论以后已经越来越多地注意到了个人理性和集体理性之间的矛盾和冲突,这是对传统经济学的发展。但是,现代经济学(信息经济学)认为,解决冲突的根本办法并不是如传统经济学所主张的引入政府干预或者否认个人理性,而是主张设计一种机制使得在满足个人理性的前提下达到集体理性。究其原因,纳什均衡意味着,有效协议的关键在于它能够在没有外在强制力的作用下自动实施。如卡特尔协定就不是一个纳什均衡:在给定对方遵守协议的情况下,每个企业都想增加生产,结果每个企业都只能得到小于卡特尔产量的纳什均衡产量的利润。

正是沿袭主流博弈论的思想,信息经济学认为,一种有效的制度安排应该是一种符合纳什均衡的安排。然而,不仅纳什均衡的制度安排往往是无效率的,而且现实中大多数现象也不是纳什均衡的制度安排。尽管一般纳什均衡理论给出了囚徒困境普遍存在这一结论,但现实生活中困境却要少得多。这意味着,博弈论和信息经济学基于单向个体理性的思路存在严重缺陷:无法解释现实问题。正是由于与现实的观察结果很不相符,因而囚徒困境又常常被认为是一个悖论。

11.1.2 行为博弈中的协调问题

博弈论分析的是人们之间的互动行为,人们互动过程中长期利益和共同利益的实现源于合作,即博弈双方相互作用的收益恰恰是来自协调而非冲突。然而,主流博弈机理以及以此为基础的信息经济学却集中于对冲突机理的考察,正是由于每个人都根据自己的效用最大化原则独立行动导致了博弈协调的失败。

我们以图 11 - 3 所示博弈矩阵为例加以分析:它存在两个纯策略纳什均衡(1,1)和(2,2)。但显然,均衡(1,1)的收益较差,这意味着协调失败,因为存在(2,2)对双方都更优的选择。如果 B 选择 1,则 A 从行动 1 转到行动 2,边际收益为 -1;如果 B 选择 2,则 A 转到行动 2 所得的边际收益为 1。那么,博弈方究竟该如何行动?

A	B	
	1	2
1	1,1	1,0
2	0,1	2,2

图 11 - 3 双重均衡博弈

实际上,图 11 - 3 所示博弈反映出,一方较高水平的行动将会增进另一方采取较高水平行动的边际收益,库珀(2001)将这种正反馈的性质称为策略的互补性。协调博弈的关键就是建立在行为主体间的相互作用上,它意味着,博弈方增加努力会引发其他博弈方的追随,而且,这种互动会进一步引起乘数效应,从而具有自强化倾向。例如,在图 11 - 3 所示博弈中,A 选择 2 会引导 B 自发地选择 2,从而达到更高的均衡收益组合。显然,这里的博弈协调就是影响博弈结果的关键因素,这在信息经济学中就是协调机制问题。

当然,尽管图 11 - 3 所示博弈具有策略互补性,但这种互补性并不一定能得到充分利用和发挥。还是以图 11 - 3 所示博弈为例:由于均衡(2,2)的策略组合具有较大的风险性,因为,万一对方因"颤抖"而没有采取 2 策略,就可能一无所获;相反,选择 1 策略则可以保证有 1 的收益。特别是,在机会主义盛行以及偏好相对效用的社会中,博弈方对其他博弈方是否会选择行动 2 就可能深抱怀疑,这样,(1,1)

反而是更常见的结果。一般地,(1,1)策略组合被称为风险占优均衡,(2,2)策略组合则被称为得益占优均衡。库珀等(1992)人的实验表明,结果往往是由风险占优决定的:在最后 11 个阶段中,97% 的结果出现了(1,1)均衡,而没有观察到(2,2)均衡。这反映了现实中协调的低效率。

11.1.3　公地悲剧的再解读

囚徒困境的推广就是公地悲剧,它是由生物学家哈丁于 1968 年提出来的。哈丁选择中世纪时期的公有土地作为例子来说明,如果一种资源没有排他性产权,就可能导致对这种资源的过度使用,即个人会搭集体的"便车"。

我们以公共鱼塘为例:一个村庄 n 个村民共同拥有一个鱼塘,可以自由捕捞, $g_i \in [0, \infty]$ 是村民 i 每年进行捕捞的次数, $G = \sum_{i=1}^{n} g_i$ 是所有 n 个村民进行捕捞的总次数;v(G)是每次捕捞产生的平均收益,它是捕捞总次数的递减函数,即 $\partial v / \partial G < 0, \partial^2 v / \partial G^2 < 0$;并且,我们假设,鱼塘存在一个捕捞上限 G_{max} ,超过这个上限鱼资源将会枯竭,即: $G < G_{max}$ 时,有 v(G) > 0;当 $G \geqslant G_{max}$ 时,有 v(G) = 0。

在这种情况下,对村民 i 而言,他将选择最佳捕捞次数 g_i 以最大化自己的收益,因此,他面临的收益函数为:

$R_i(g_1, \cdots, g_i, \cdots, g_n) = g_i v(G) - g_i c, i = 1, 2, \cdots, n$

最优化的一阶条件为:

$\partial R_i / \partial g_i = v(G) + g_i v'(G) - c = 0, i = 1, 2, \cdots, n$

显然,增加捕捞次数将带来两方面的效应:增加捕捞次数所带来的收益增加 v 和增加捕捞次数导致各次捕捞收益的下降($g_i v'(G) < 0$)。

按纳什均衡的捕捞次数,就有: $g^* = (g_1^*, \cdots, g_i^*, \cdots, g_n^*)$;我们将 n 个村民的一阶条件相加,就可以得到:

$$v(G^*) + \frac{G^*}{n} v'(G^*) = c$$

对整个村庄而言,集体面临的收益函数为: $R = Gv(G) - Gc$

最大化的一阶条件为: $v(\hat{G}) + \hat{G} v'(\hat{G}) = c$;其中, $\hat{G}$ 是集体最优的捕捞次数。

比较集体最优和个人最优的一阶条件,显然可以看出: $G^* > \hat{G}$,即过度捕捞。

当然,尽管这种公地悲剧为众多主流经济学家所接受,但正如里德雷(2004)指出的,哈丁并没有搞清楚公有牧场的放牧方式。在中世纪时期,人们组成的共同群体并没有因为财富公有而导致灾难性的后果,群体成员往往小心地管理着公有财产;尽管群体内的每一个人都可以任意使用这些公有财产,但是,你如果试图在群体共有的牲畜中加上自己的一头牛,很快就会发现一些尚未成文的规则的存在。

那么,为什么理论上无效的制度却可以长期存在呢? 其关键就在于,我们理论上分析时往往是基于一次性行为,而一次性行为往往难以为理性合作提供基础(宾默尔,2003)。人们日常交往的对象往往是多次的,或者交往的基础是人类以往行为的潜在规则,这些规则的存在保证了人们在交往上寻求合作。

11.2 博弈协调的基本类型

一般来说,具有变和特性的博弈以及存在多个纳什均衡的博弈都面临着协调问题。为了让读者更好地理解博弈协调的重要性,这里对本书中曾经介绍过的博弈类型再作一简要归纳,并由此对各类博弈对协调机制的要求加以剖析。

11.2.1 囚徒博弈

囚徒博弈反映了个体理性与集体理性之间的冲突关系:每个博弈方都从自身利益最大化出发选择行为,结果却既没有实现两人总体的最大利益,也没有真正实现自身的个体最大利益。囚徒博弈自塔克提出后就引发了大量的相关研究,并在社会经济领域建立起了很多版本,如公共品的供给不足、集体行动的困境、公地的悲剧等。因此,囚徒博弈是一类博弈的总称,体现了普遍存在的社会关系,既包括国际上国与国之间的贸易、市场上厂商之间的竞争等经济行为,也包括重大国际国内政治问题,如军扩和裁军等。显然,囚徒博弈没有帕累托最优纳什均衡,却存在帕累托劣解纳什均衡,因为至少有一种结果使所有人都比纳什均衡时获得更高收益。表现在现实生活中就是只要存在多数抱怨的现象,也就意味着出现囚徒困境了。例如,在团队生产、卡特尔组织等中,我们常会抱怨"搭便车"现象;在公共资源的使用中,常会出现资源浪费和无效率的现象;等等。

思考:说明囚徒博弈的基本含义并构建反映现实例子的博弈矩阵。

一般地,囚徒博弈可以写成图 11-4 所示博弈矩阵形式,其中,存在两个基本条件:$C_K>A_K$,$D_K>B_K$,$A_K>D_K$;其中,K=1 或 2。因此,背信就是个体理性的选择,从而实现(背信,背信)均衡;但显然,(合作,合作)比(背信,背信)均衡对所有人来说都是更优的。该类型博弈的问题在于,借助于何种机制可以促使人们选择合作,从而跳出囚徒困境? 一个基本思路就是,通过政策或宪政设计改变支付矩阵,或者引入伦理认同而将囚徒博弈转换成信任博弈,使得共同结果也成为纳什均衡(鲍尔斯,2006)。

	合作	背信
合作	A_1, A_2	B_1, C_2
背信	C_1, B_2	D_1, D_2

图 11-4　囚徒博弈

例1 教育减负问题。目前,中国内地经常出现要求为中小学生减负的呼声,因为中小学生基于升学压力已经陷入了恶性竞争的循环之中却没有提高真正的能力,因而这也是一个囚徒困境。实际上,只要高等教育资源是分等次的和稀缺的,并且高等学校入学的基本标准体现的是应试能力,那么,就必然会存在进入高等学校以及进入名牌大学的竞争;同时,只要中等教育资源是分等次的和稀缺的,并且中学入学的基本标准体现的也是应试能力,那么,也就必然会存在进入中学以及进入重点中学的竞争。以此类推,初中、小学乃至幼儿园都存在激烈的竞争现象,因为在应试教育的压力下,每个父母都希望自己的小孩能够升入更高一级或更好的小学、中学以及大学,从而也就会迫使小孩接受越来越多的学习负担。正因如此,尽管"减负"的呼声不断,情况却没有根本改变,相反有恶化的趋势。为什么呢?当然,如果通过竞争能够丰富学生的知识的话,这种竞争式学习非但没有坏处,反而可以促进整个民族和社会的进步。问题是,目前的学习主要是为了应试的需要,以致这种灌输式教育磨灭了学生的创造性,这已为绝大多数人所认识。显然,只要应试教育的大环境没有改观,每位家长的收益结构没有发生变化,那么就无法真正实现学生的"减负"。因此,我们现在的中小学教育的主要问题不是减负问题,而是改革教育内容以及与此相适应的教育机制问题。这样,我们就可以勾画图 11-5 所示博弈矩阵。

		其他家长	
		不减负	减负
家长甲	不减负	-5, -5	10, -10
	减负	-10, 10	5, 5

图 11-5　应试教育下的"减负博弈"

例2 卡特尔式的价格战。目前,很多家电行业已经进入寡头垄断的市场结构,寡头垄断厂商常常发现自己处于一种囚徒困境。像囚徒一样,各厂商都有一种"背叛"它的竞争者和降价的冲动。虽然合作很吸引人,但各个厂商都担心如果自己坚持合作原则不降价,而它的竞争者则率先降价,就会夺取市场的大半份额,结果事与愿违。例如,厂商 A 和厂商 B 达成协议,共同保持价格不变。如果两厂商都遵守协议,各拥有 10% 的市场份额;如果两厂商都不遵守协议,则会两败俱伤,各拥有 2% 的市场份额;另外,如果一个厂商不遵守协议而另一个厂商遵守协议,不遵守的这个厂商就拥有 15% 的市场份额,而另一个将只拥有 1% 的市场份额。显然,在图 11 - 6 所示博弈矩阵中,如果他们都能同意遵守,那么他们的市场份额总额最大。但是不管厂商 A 怎么选择,厂商 B 不遵守总是优选方案。同样,厂商 A 不遵守也总是优选方案,所以厂商 B 必须担心要是遵守,他就会被利用。经营者不能满足这种不公开串通带来的稍高利润,而是宁愿进行攻击性竞争,试图获得大部分市场,结果两败俱伤。

厂商 A	厂商 B	
	遵守	不遵守
遵守	10% ,10%	1% ,15%
不遵守	15% ,1%	2% ,2%

图 11 - 6　卡特尔博弈

11.2.2　性别博弈

性别博弈(Game of Sexes' Battle)描述了一对恋人或夫妻之间的矛盾,尽管他们都有自利的效用目标,但如果需要的话,都愿意牺牲自己的喜好来满足对方。性别博弈也是一类追求合作而利益分配不对称的博弈总称,它具有以下两个特点:①任一纳什均衡都是帕累托有效的,博弈方的收益最优化有赖于各博弈方间的行为协调,因而每一博弈方的最大化策略都是与其他博弈方保持一致;②收益结构具有不对称性,先行动者往往可以获得更大收益,因而谁先行动是至关重要的。例如,同一行业内的两家公司选择行业标准就是一个性别博弈,先行动者往往拥有制定标准的实质权力。

思考:说明性别博弈的基本含义并构建反映现实例子的博弈矩阵。

一般地,性别博弈可以写成图 11 - 7 所示博弈矩阵形式,其中,存在三个基本条件:$C_K > A_K$,$B_K > D_K$,$C_K > B_K$;其中,$K = 1$ 或 2。因此,跟随对方就是每一博弈方的理性选择,均衡就是(舞蹈,舞蹈)和(足球,足球);同时,这两个均衡下每一博弈方的收益又是不同的。该类型博弈的问题在于,存在何种机制确保参与方在存在两个纳什均衡的情况下进行一致行动呢? 其利益分配又如何显得更为公平? 一个基本思路就是形成长期合作的惯例,或者存在一些协调大家行动的信号;同时,需要存在一种收入再分配机制,否则将会产生收入差距以及社会等级制。

妻子		丈夫	
		舞蹈	足球
	舞蹈	C_1, B_2	D_1, D_2
	足球	A_1, A_2	B_1, C_2

图 11-7 性别博弈

在很大程度上,性别博弈的协调体现了男女之间的分工关系以及分工收益的分配,男女分工产生的分工收益由家庭共享;同时,性别分工也可以在种群范围内扩大化而形成社会分工,在经济一体化中则由男主外女主内的性别分工扩展到等级制的国际分工秩序,所谓的相对比较优势也就对应了这种情形。一般地,男女间的协作分工(男主外女主内,或者女主外男主内)博弈就可用图 11-8 所示博弈矩阵表示。

妻子		丈夫	
		家庭事务	市场工作
	家庭事务	0,0	1,2
	市场工作	2,1	0,0

图 11-8 性别分工博弈

例3 电话断线问题。这是一个经常发生在我们身边的例子,当你与一个朋友,特别是与恋人通电话的时候,由于某些原因电话突然中断,此时你就面临一个博弈的问题:如果你重新给对方打电话,而他又在尝试给你打电话,那么结果就是忙音而不通;如果你不给对方打电话,而对方也如此,那么也不能通电话。显然,这里也存在如下协调博弈问题:只有双方找到一个协调他们行动的方法时,才可以达到均衡解。一般地,这就需要形成社会惯例或行为规则,不论是打电话的人还是被叫方回电,只要存在某种规定或默契,那么就可以实现行为的协调,见图 11-9。

主叫方 A		被叫方 B	
		回电	不回电
	回电	0,0	1,2
	不回电	2,1	0,0

图 11-9 电话断线回叫博弈

例4 学术偏至问题。我们同样可用性别博弈来说明中国经济学人对现代西方主流经济学的模仿以及女性经济学人对男性创设的现代主流经济学的模仿。首先,为了获得合作收益,中国经济学与西方经济学、女性经济学与男性经济学之间必须保持规范和术语上的一致性;其次,西方经济学或男性经济学是学术标准的创设者,从而获得更大的收益。性别博弈的纳什均衡就具有如下两大特点:一是双方必须合作才能实现更大利益;二是任何一方先行动就可以取得更大收益。事实上,现代主流经济学是西方男性率先展开行动而建立的基于西方男性文化心理的理论体系,并由此创设了有利于西方男性的学术评价体系。在这种情况下,中国经济学人和女性经济学人要最大化自身收益就只能遵循西方男性创设的现代主流经济学,而在此均衡下中国人和女性获得的收益要低于西方人和男性。在这种学术制度下,女性经济学人所显示出来的贡献要远低于男性,从而造成现代经济学队伍中的性别失衡,而且,也造成了现代主流经济学的偏至性。尽管美国的主流社会学试图在实证的基础上构建"科学"的社会学,但是,美国黑人社会学界对之却持极力批判的态度,认为美国社会学实际上是白人社会学者的产品,他们不了解并扭曲了黑人社会的形象,从而仅仅是"白人社会学"。图 11 - 10 所示为规则制定博弈。

西方人		中国人	
		基于基督教文化心理的规则	基于儒家文化心理的规则
	基于基督教文化心理的规则	4,2	1,1
	基于儒家文化心理的规则	0,0	2,4

图 11 - 10　规则制定博弈

11.2.3　斗鸡博弈

斗鸡博弈(Chicken Game)首先源自进化生物学的分析,因而往往也被称为鹰鸽博弈。这种博弈也反映了大量的社会经济现象,如国际政治、经济关系的博弈,行业进入的博弈,乃至街头的械斗都是如此。因此,斗鸡博弈也是一个重要的博弈类型,该博弈的特征如下:①没有稳定的占优均衡,一方勇敢,另一方就要采取懦弱策略;②谁表现强硬谁就占有优势,两方为了获得更多个人利益而首先会表现出强硬的态度,而弱势者最终会认清形势而屈服;③相互之间相互逞强,往往会造成两败俱伤,而相互选择退让策略则可以分享共同收益。

思考:说明斗鸡博弈的基本含义并构建反映现实例子的博弈矩阵。

一般地,斗鸡博弈可以写成图 11 - 11 所示矩阵形式,该博弈表明,如果冲突造

成的损失大于由此带来的收益,即 $c > v > 0$,那么,该博弈就有两个严格纳什均衡
(鹰,鸽)、(鸽,鹰)。该类型博弈的问题在于,博弈方采取何种策略能够最大化自
身的收益? 同时,选择鹰策略所获得的利益是否能够长期维持? 在很大程度上,鹰
策略将导致冲突的不断升级,从而最终损害双方利益。因此,该博弈的基本思路在
于,存在一个宪政设计来对鹰策略进行抑制,通过改变鹰策略的收益结构来影响它
的行为。

	鹰	鸽
鹰	$(v-c)/2,(v-c)/2$	$v,0$
鸽	$0,v$	$v/2,v/2$

图 11 - 11　斗鸡博弈

例5 冲突对抗问题。我们可以分析20世纪60年代的古巴导弹危机。1962年
赫鲁晓夫偷偷地将导弹运送到古巴以近距离对付美国,但苏联这一行动被美国的
U-2飞机侦察到了,于是美国就派遣了航空母舰等,并结集登陆部队对古巴进行
军事封锁,美苏战争一触即发。此时,美苏都有两种选择:苏联面临的选择是坚持
在古巴部署导弹还是撤回导弹,美国面临的选择是容忍苏联的挑衅行为还是采取
强硬措施,当时的情形可用图11-12所示博弈矩阵表示。当然,由于当时的美国
实力更为强大,因而它坚持了强硬策略;在这种情况下苏联不得不做出让步,把导
弹撤了回来,因为这总比爆发战争好。不过,为了给苏联一个台阶下,美国也象征
性地从土耳其撤回了一些导弹。这是一个最终达成满意结果的例子,但在现实生
活中大量存在的往往是陷入恶性循环的例子。例如,在冷战时期的武器竞赛就是
如此,结果苏联和美国在相互竞争中都消耗了自己的力量,最终还导致了苏联的解
体。再如,在伊拉克战争中,美伊都采取强硬立场,最后是伊拉克政府倒台,而美国
也陷入困境。

美国		苏联	
		撤回导弹	坚持部署
	懦弱	$0,0$	$-5,10$
	强硬	$10,-5$	$-10,-10$

图 11 - 12　古巴导弹危机博弈

例6 自设困境现象。在斗鸡博弈中,博弈方要获得有利于自己的均衡,就要发出一种可信的威胁;而其中一个重要的途径就是:博弈方可以通过限制自己的选择集而改变对手的最优选择,其典型例子就是项羽的破釜沉舟的故事。在巨鹿之战中,当时反秦武装赵王歇及张耳被秦将王离率20万人围困于巨鹿,秦将章邯率军20万屯于巨鹿南数里的棘原以供粮秣,而齐、燕等各路反秦武装已达陈余营旁但皆不敢战。此时,项羽派英布、蒲将军率军2万渡过漳水切断了章邯与王离的联系,自己则率领全部楚军渡过河水,并下令全军破釜沉舟,每人携带三日口粮,以示决一死战之心。结果,楚军奋勇死战、以一当十,大败章邯军,章邯也率军20万请降。这里的破釜沉舟就是设定一个置之死地而后生的处境,同时,也为他人设置了一个可信的威胁,见图11-13。

楚军		秦军	
		抵抗	投降
	进攻	0,0	20,10
	后退	-10,10	0,0

图11-13 破釜沉舟博弈

思考:如何理解两军相遇勇者胜的箴言?

11.2.4 跟随博弈

斗鸡博弈往往体现了力量、信息和地位之间的博弈,它会产生有利于强者的效果。为此,在斗鸡博弈中,每一方都努力装扮成强势一方,都力图采用强硬或先发制人的手段。这样,鹰策略会逐渐侵蚀鸽策略,并很可能导致斗争不断升级,这在对抗式的人类社会中非常常见。显然,当鹰策略具有优势并成为其他人模仿的对象时,就出现了跟随现象。跟随策略衍生出的一个重要现象就是主流化现象,如英语的普及、QWERTY键盘的流行、电子产品的标准化、政策的中间化、衣着的潮流化、论文的标准化、学术的主流化等。因此,跟随博弈(Following Game)也是一类博弈的总称,其主要特征是模仿多数是有利的,从而呈现出一元化趋势,并陷入马尔库塞所谓的"单向度"状态。

思考:说明跟随博弈的基本含义并构建反映现实例子的博弈矩阵。

一般地,跟随博弈可以写成图11-14所示矩阵形式。显然,如果$v>c>0$,那么该博弈有唯一的严格纳什均衡(随主流,随主流),因而主流化策略是演化稳定的。该类型博弈的问题在于如何突破主流化带来的路径锁定效应。一个基本思路就是在制度上保证自由竞争和自由交流,从而促进社会、政治、经济和思想的多元化,这些都是现代社会面临的问题。

	随主流	逆主流
随主流	$(v-c)/2,(v-c)/2$	$v,0$
逆主流	$0,v$	$v/2,v/2$

图 11 -14　跟随博弈

例7 民主决策问题。跟随博弈在现实生活中的一个重要表现就是多数对少数的剥削以及多数的民主暴政现象。就多数的民主暴政现象而言,在雅典民主时期,法国大革命时期以及苏联肃反运动时期都有明显的表现。就多数对少数的剥削而言,则可以从我们周围大量的歧视现象中获得切身的感受。G. S. 贝克尔(1995)就证明,团体 A 对团体 B 实行有效歧视的必要条件是 B 是经济上的少数,充分条件是 B 是数量上的少数;而充分必要的条件则是:和 B 数量上的多数相比,它更是经济上的少数。关于这一点,我们也可以分析一下:为何大多数国家都在积极加入WTO,而那些没有加入者则会被边缘化。即使这种组织确实是由发达国家主导的,从而存在收益分配的不对称,存在发达国家对发展中国家进行资本剥削、体制压迫的事实;但一些发展中国家的领导人(如马来西亚的前总理马哈蒂尔)口头上常常发表一些过激的言论,但实际上却在积极采取种种优惠措施吸引外资,并努力加入各种世界组织。该博弈矩阵可用图 11 - 15 表示。

大多数 发展 中国家	个别发展中国家	
	加入	不加入
加入	$-10, -10$	$-8, -20$
不加入	$-15,10$	$0,0$

图 11 -15　"入世"博弈

例8 "傲慢的主流"现象。由于多数人通过简单多数规则可以掌握更大比例的资源,因而为了维护其不对称的收益,这些多数人就会极力排斥其他少数人,从而产生了"傲慢的主流"现象。在竞争的社会中,经济歧视往往都与经济上的少数有关,政治上的歧视则与政治上的少数有关。例如,在欧美国家,白人无论在经济上还是政治上都占多数,从而常常会出现"傲慢的白人"现象,他们宁可封闭起来不与周围其他种族的人交流。中国的学术圈中也出现了"傲慢的主流"现象。那些所谓的主流经济学者往往自视甚高,对非主流的挑战往往表现出不屑一顾的样子。例如,目前国内马克思主义经济学就试图向西方主流经济学发起挑战或对话,但现代主流经济学就很少理会;一些学者则试图沟通两者关系,却往往遭到两个阵营的共同抵制。同样,尽管新老制度经济学在方法和理论方面都存在问题,但两者的差异并不如人们想象的那样尖锐:两者都从不同的角度探讨了制度与制度变迁,两者都遇到了类似的困难;不过,卢瑟福等发动的"架桥"运动在两个阵营却遇到了截然不同的态度:旧制度经济学阵营的反应较为积极主动,但新制度经济学家则反应冷淡。究其原因,无论是西方主流经济学在当前国内还是新制度经济学在国外,其都处于有利的生存环境和现实地位:占据了各种资源的主流经济学不愿与其他经济学流派分享目前的利益,因而对其他经济学流派的挑战会持极力排斥和漠视的态度。一般地,这种现象可以用图 11 - 16 所示博弈矩阵表示:博弈的最终结果就是(漠视,争鸣),即只有非主流不断地向主流挑战,而主流却一直高高在上。

主流派		非主流派	
		争鸣	漠视
	争鸣	10,10	1,5
	漠视	15,5	3,0

图 11 - 16　傲慢的主流

思考:为何国内的马克思经济学更愿与现代西方经济学进行交流,而现代西方经济学往往对马克思经济学不屑一顾?

11.2.5　智猪博弈

智猪博弈(Game of Boxed Pigs)体现了跟随博弈的基本特征,它描述了一个大猪和小猪抢食的情形,而小猪跟随大猪是最佳策略。显然,在智猪博弈中,尽管大猪是强势者,但小猪却可以通过"搭便车"而占尽大猪的便宜。因此,智猪博弈又展示了另一类博弈的基本特征:少数往往可以搭多数的"便车",从而出现了少数剥削多数的现象。显然,智猪博弈是对很多社会经济现象的概括。例如,社会中处于统治地位的总是少数,大国在国际事务中承担了更大比例的责任,少数富人承担了大部分税收。事实上,累进制的税收往往会使得一部分的劳动收益向另一部分人转移,这就意味着一些努力工作的人和不工作的人得到与付出并不相称。当然,小猪的"搭便车"行为也会引起大猪的不满,尤其当大猪拥有巨大的权力的时候,它就会对小猪进行处罚。

思考：说明智猪博弈的基本含义并构建反映现实例子的博弈矩阵。

一般地，智猪博弈矩阵可见图 11－17，其中，$C_2>A_2$，$D_2>B_2$，且 $C_1>A_1$，$B_1>D_1$。显然，(按，等待)是纳什均衡。该类型博弈的问题在于，如何减少"搭便车"现象以防止集体行动的解体？一个基本思路是：采取选择性激励措施，从而降低"搭便车"者的收益并提高其他行动者的积极性；同时，强者应该采取自我克制的措施，主动维护和转移一部分利益给弱势者。

		小猪	
		按	等待
大猪	按	A_1，A_2	B_1，C_2
	等待	C_1，B_2	D_1，D_2

图 11－17　智猪博弈

例9 费用分担问题。智猪博弈在现实生活中的一个重要表现是多数对少数的剥削以及"搭便车"现象，从而埋下冲突和矛盾。例如，在石油输出国组织（OPEC）中，那些产油大国往往会充当大猪的角色，如沙特就希望所有的成员国都能节制石油产量以维持高价格，而当一些小国偷偷地增加石油产量时，沙特往往大度地削减自己的产量，这也是 OPEC 组织能够长期稳定的原因。当然，这种收益不对称也会引发冲突。20 世纪 90 年代伊拉克之所以出兵科威特，很大程度上就在于对科威特偷采石油的不满；同样，几乎每任美国总统都会发动战争，也在于它认为这些"小猪"的行为损害了它的利益。关于智猪博弈，典型地体现在集体投资和集体监督中：那些大集团往往会承担更大的责任。例如，在股份公司中，大股东往往承担着监督管理层的职能，因为大股东从监督管理层努力工作中获得的收益明显大于小股东。再如，在城市和省区之间，接头公路的修筑往往是发达省市实施的，发达地区总要不成比例地承担公共品（如道路、桥梁、河道等）的费用。其博弈矩阵见图 11－18：小城市最佳的策略是不提供公共品。

		小城市	
		修筑	不修筑
大城市	修筑	20,8	15,10
	不修筑	25,－5	0,0

图 11－18　修路博弈

例10 集体行动困境。休谟(Hume,1964)早在《人性论》中就观察到了这个现象:互为邻居的两人可以统一排除他们所共有的一片草地中的积水,因为他们容易相互了解对方的心思,而且,每个人必然看到,他不执行自己任务的直接后果就是把整个计划抛弃了。但是,要使1000个人同意那样一种行动,乃是很困难的,而且的确是不可能的。他们对于那样一个复杂的计划难以同心一致,至于执行那个计划就更加困难了,因为每个人都在寻找借口,想使自己省却麻烦和开支,而把全部负担加在他人身上。后来,奥尔森对此作了进一步的发展而提出了有关集体行动的逻辑理论:一般来说,小集团比大集团更容易组织起集体行动,这些小集团不用强制或不需要任何集体物品以外的正面诱因就会给自己提供集体产品。为此,奥尔森将非市场的集团分为三种类型:一是特权集团,其每个成员或至少其中的某个人受到激励提供集体物品,即使他得承担全部成本,因而该集团也不需任何组织或协调;二是中间集团,即没有一个成员获得的收益的份额足以使他有动力单独提供集体物品,但成员数量也没有大到成员间彼此注意不到其他人是否在帮助提供集体物品,在这种集体中就需要组织和协调;三是对应市场完全竞争的原子式的潜在集团,其特点是,其成员不会受到其他成员帮助或不帮助的影响,因此,潜在集团中的某一个体不能为任何集团努力作多少贡献,而且他也没有激励去作贡献,一般地,大集团也可被称为"潜在集团"。

思考:为什么集体行动会陷入困境?如何解决?

11.2.6 确信博弈

确信博弈(Assurance Game)描述了博弈方之间的动机和信心状况:如果相信大多数人会选择合作策略,那么,参加合作社生产就是最佳的;但如果相信很多人会选择"单干"策略,那么个体式经营则更佳。也就是说,博弈方如何行动的决策依赖于他关于其他人如何行动的信念,只有相信其他人也会选择合作时才会合作,但人们应付这一不确定的范式往往会导致次优的结果。确信博弈也是对诸多社会现象的反映:不仅体现在合作社生产、公共品投资、集体行动、企业集聚上,也体现在共同面对银行危机、经济危机以及合作社的维持上。因此,确信博弈体现了一类重要的博弈,有两个基本特征:①它注重博弈方之间共同动机的协调,通过协调可以获得更高的收益;②如果缺乏动机的协调,那么低收益的均衡则是风险占优的。在某种意义上,确信博弈就是危险的分级协调博弈,许多被认为是因徒困境博弈其实都是此类分级协调博弈。

思考:说明确信博弈的基本含义并构建反映现实例子的博弈矩阵。

一般地,确信博弈可以写成图11-19所示矩阵形式:如果两人都选择参加集体活动,那么就可以获得收益(x,x),这对两人都是得益占优或帕累托占优的;相反,如果两者都选择独立经营,尽管收益只有(y,y),但这却是"保险"的,是风险占优的。其中,x >y。该类型博弈的问题在于如何树立博弈方的信心以使他更愿意选择集体行动而不是单干,从而可以实现帕累托优化。显然,在确信博弈中,树立信心和预期是至关重要的,而这往往又有两种思路。一是隐性的协调机制,如伦理认同上的默会,直接的信息交流,这些都可以降低帕累托上策均衡的风险;二是显性的协调机制,主要是通过社会规则的设立来引导集体行动。例如,在集体行动中,可以进行产权界定或者强化互动者之间的博弈次数和频率,从而促使风险占优向收益占优转变。

	合作	单干
合作	x,x	0,y
单干	y,0	y,y

图 11 –19 确信博弈

例11 合作生产问题。我们可以分析一下卢梭(Rousseau,1913)在《论人类不平等的起源》一书所提供的有关猎鹿的寓言故事:如果大家在捕捉一只鹿,每人都知道应该忠实地守着自己的岗位。但是如果有一只兔子从其中一人的眼前跑过,这个人一定会毫不迟疑地追捕这只兔子,当他捕到了兔子之后,往往并不太在意他的同伴们因此而没有捕到他们的猎物。现假设:有两个猎人分别堵住藏有一只鹿的前后两个洞口,如果两人都坚守自己的阵地,则必然可以获得洞中的鹿,这洞中的鹿为两人所共有;但此时恰好两只兔子在他们面前经过,其中,一只鹿的价值为40,而一只兔子的价值为10,此时两人就出现了可选择策略。假设:①如果有一个人去追逐兔子,那么,鹿就可能乘机从其守护的洞口逃脱,而追逐兔子者将独自获得一只兔子。此时,追逐兔子人的收益为10,而守护洞口者的收益为0。②如果两个猎人都去追逐兔子,那么,洞中之鹿将乘机逃脱。此时,两人各获得一只兔子,两人的收益都为10。显然,该博弈矩阵可表示为图11 –20,而博弈均衡则是:两人都去追逐兔子并获得(10,10)的收益,但这小于两人都守护岗位下可以获得的收益(20,20)。如果两人都坚守洞口,那么就可以获得收益(20,20),这对两人都是支付占优或帕累托占优的。如果两人都去追逐兔子,尽管收益只有(10,10),却更为"保险",符合最大最小原则。

猎人 A	猎人 B	
	守护洞口	追逐兔子
守护洞口	20,20	0,10
追逐兔子	10,0	10,10

图 11 – 20　猎鹿博弈

例12 公共品捐赠问题。在图 11 – 21 所示博弈矩阵中,捐赠的成本是 c,如果一个人捐赠的话,该公共品的价值为 P,如果两人捐赠的话,其价值为 P + s,而不捐赠者得到公共品的(1 − e)倍;其中,s 反映了捐赠产生的协调效应,而 e 则体现了公共品对那些不捐赠者的排他效应,1 > e > 0。显然,当 Pe + s > c > P 时,(捐赠,捐赠)和(不捐赠,不捐赠)就是两个纳什均衡。显然,西方社会有很多公共品都是依靠私人捐赠来维系的,那么,如何促使均衡从(不捐赠,不捐赠)到(捐赠,捐赠)的演化呢? 这也涉及对其他人行为和动机的信息问题。

	捐赠	不捐赠
捐赠	P + s − c, P + s − c	P − c, P(1 − e)
不捐赠	P(1 − e), P − c	0,0

图 11 –21　公共品捐赠博弈

11.2.7　分级协调博弈

分级协调博弈(Ranked Coordination Game)也描述了博弈方之间的动机和信心状况:如果相信大多数人会选择合作策略,那么,参加合作社生产就是最佳的。但与确信博弈不同的是,"单干"是一个更差的选择,因而如何形成行动的协调就显得更为重要。分级协调博弈也是对诸多社会现象的反映。例如,饭店里酒与菜的关系,酒给人的效用越大,菜的需求量越多;同样,对一个网站使用得越多,使用它也就越便捷,这也是产品对消费者的束缚效应。因此,分级协调博弈也体现了一类重要博弈,其主要特征如下:①有几个纳什均衡,但其中某个纳什均衡给所有博弈方带来的利益都大于其他所有纳什均衡会带来的利益;②一方较高水平的行动实际上增进了另一方采取较高水平行动的边际收益,库珀(2001)将这种正反馈的性质称为策略的互补性。

思考:说明分级协调博弈的基本含义并构建反映现实例子的博弈矩阵。

一般地,分级协调博弈可以写成图 11 – 22 所示矩阵形式:如果两人都选择参加集体行动1或集体行动2,就可以分别获得(x,x)或(y,y)的收益,而如果分开行动则一无所获;同时,由于 x >y,因而(x,x)相对于(y,y)是支付占优或帕累托占优的。分级协调博弈的关键就是建立在行为主体间的相互作用上,它意味着,博弈方增加努力会促使其他博弈方追随,如 A 选择集体行动1会引导 B 自发地选择集体行动1,从而达到更高的均衡收益组合。而且,这种互动会进一步引起乘数效应(库珀,2001),从而具有自强化倾向。那么,存在何种机制使得人们选择更高收益水平的集体行动? 基本思路就是:先行动者持续地坚守某种行动,并通过信号传递来展示自己的行动,后行动者则采取紧跟领头羊的策略。

	集体行动1	集体行动2
集体行动1	x,x	0,0
集体行动2	0,0	y,y

图 11 - 22   协调博弈

例13 夸特键盘的锁定。QWERTY(夸特)键盘是 1873 年斯科尔斯(Scholes)设计的一种排法,但 QWERTY 键盘之所以成为标准的设计并不是因为它比其他可能的设计更为有效;相反,它的设计却是为了减慢打字者的速度。然而,由于偶然的原因,QWERTY 键盘却成了现在的流行键盘,究其原因,只要绝大多数打字员被训练成 QWERTY 键盘的使用者,目前绝大部分制造者就不情愿单独生产 DSK 键盘;而当绝大多数的键盘都是 QWERTY 键盘时,绝大多数的打字员又不情愿练习使用 DSK 键盘。这样相互强化,就使得一个偶然性的结果成为永久不变的定论。例如,在图 11 - 23 所示博弈矩阵中:显然,(DSK,DSK)、(QWERTY,QWERTY)是两个纯策略的纳什均衡,而且(QWERTY,QWERTY)均衡对双方来说都是更优的选择。但是,在动态博弈中,由于策略的不确定性导致了键盘的制造和使用之间动态的相互强化的结果发生了变化,相互强化的结果使得最终锁定在(QWERTY,QW-ERTY)均衡。

制造者		打字员	
		DSK	QWERTY
	DSK	3,3	1,1
	QWERTY	1,1	2,2

图 11 - 23   键盘演化博弈

思考:如何理解企业簇群如硅谷的兴起机理?

例14 星期周期的演化。我们知道,在早期的农业社会,农民们只能通过固定的集市才能交换到他们所需要的作物,并且能够卖掉自己的作物。一般地,我们假设,这个集市在远离各个乡村的城市。因此,农民每次将自己的作物带到集市需要花费一定的交通成本。同时,由于农作物往往是易腐的,带到集市的产品必须被卖掉,否则会损坏。因此,农民就必须选择去集市的时间,如果那天所有的农民都去集市,那么商品得到有效配置的可能性就越高,从而收益也就越大。这样,经过反复的超博弈,市场就会形成一定的时间长度,这就是星期。星期制度是一个协调均衡,因为没有行为人愿意选择偏离它,见图 11–24。

农民 2		农民 1		
		隔 5 天	隔 7 天	隔 9 天
	隔 5 天	6,5	3,4	2,3
	隔 7 天	5,5	8,10	0,0
	隔 9 天	3,2	0,0	14,11

图 11–24　星期博弈

显然,这种时间长度往往是偶然形成的,这受人们开始聚集在集市相互见面的巧合影响。因此,在一个给定社会里最终演化而来的星期的长度可能不是帕累托最优的。在上述博弈矩阵中,尽管 5 天和 7 天长度的星期劣于 9 天的星期,但仍可能被演化成为一个均衡的方式。正如瓦萨夫斯基(Varsavsky)在其《为什么一周有 7 天》中指出的,今天已经成为事实的一周 7 天星期制度并不是一个有效率的星期的长度,而一个 9 天的星期周期更加好,因为它比习惯上的星期制度更好地适应了今天生活中的技术上的一些实际情况。事实上,人类早期很多社会的星期周期都不是 7 天。例如,在秘鲁,印卡斯人建立了 10 天的星期制度,而在古墨西哥,一个星期有 5 天。

11.2.8　路径依赖博弈

诺斯指出,制度变迁过程中存在着路径依赖,很有可能陷入路径锁定之中,这也是为什么原来有效的制度往往会变得无效的原因。当然,路径依赖和路径锁定不仅呈现在宏观社会经济现象中,也是个体行为的一个重要特点。例如,芝加哥学派的代表人物之一的贝克尔就指出,在所有的社会中,很多选择在很大程度上由过去的经历和社会力量的影响决定,如一个人上个月吸烟和吸毒的严重程度将会显著地影响他这个月是否继续吸毒或吸烟；个人之所以会有不同的效用函数，就是因为他们"继承"了不同水平的个人和社会资本，而人们的行为之所以可能出现前后不一致，仅仅是因为在个人资本存量方面的变化。这意味着，人们的行为或策略选择往往并不是"绝对自由"的，而是要受到历史上可能已经被人们遗忘的某些事件的影响，受到某些环境的约束，即使他们的利益与这些环境无关。

博弈的行为协调也受这种历史因素的影响。例如，在不完全信息的动态博弈中，后行动者采取的策略受先行动者行为和所发送信号的影响，而后行动者的行为又强化了先行动者的策略选择，这种相互强化效应就成了演化博弈理论的基础。当人们在社会博弈中的信息不完备时，如果人们由于"颤抖"而对遵从这种惯例的偏离程度又相当低时，那么，绝大多数人在绝大多数时间里会趋于遵从同一惯例，这就是所谓的"局部认同效应"。而且，一种惯例一旦生成，它就倾向于在一定时期长期存在，这也就是所谓的"继续均衡效应"。习俗的演化存在着一种正反馈机制：一种惯例为人们遵从的时间越长久，遵从它的人越多，则这种惯例越稳定，能够继续生存的时间也越长，这就是所谓的"吸同状态"。上面两个例子实际上也就体现了路径依赖对博弈均衡的影响，以下再举两个例子。

例15 社区的种族自我隔离。美国社会重视种族平等，调查也表明，居住在城市里的美国人大多数都赞成种族混居的社区模式。例如，在密尔沃基、洛杉矶以及辛辛那提等地区，当白人居民被问及希望自己邻居中黑人的比例时，有超过半数的人"更愿意"这一比例达到 20% 或更多，有 1/5 的人希望白人和黑人各占一半（Clark，1991），大多数黑人则更愿意白人和黑人各占一半。但是，现实生活中种族隔离却依然非常常见，几乎没有几个种族混合居住的社区。例如，在洛杉矶，超过 90% 的白人只和少于 10% 的黑人居住在一起，而 70% 的黑人只和少于 20% 的白人居住在一起（Mare、Robert 和 Bruch，2001）。那么，如何理解偏好与现实背反的情形呢？

谢林最早通过演化博弈对此作了剖析：可能是各家各户选择住所的博弈均衡导致了社区的自我隔离。究其原因，无论人们喜欢何种形式的种族混居模式，但或多或少地都具有某种形式的种族主义，也就是说，承受种族混居的程度存在非黑即白之外的灰色地带：无论是黑人还是白人，对于最佳的混合比例多少存在着不同的界限。例如，尽管很少有白人坚持认为社区的白人比例应达到 95% 或者更高，但对只占 5% 或更低的社区又往往会感到没有归属感。因此，当一个地方的黑人居民的比例超过一定的临界水平，这个比例很快就会上升为 100%；相反，当这一比例跌破一个临界水平，也很快变成了白人社区。

我们用图 11－25 表示社区的动态发展。如果一个社区变成了完全种族隔离，即全部是白人,那么下一个迁入者也很可能是白人;即使白人的比例下降到95%和更低,新迁入者是白人的可能性仍然很高。但是,如果白人的比例继续下降到一定水平,下一个迁入者是白人的概率会急剧下降,最后直至白人的实际比例降至0。如果这个社区变成了全是黑人,那么下一个迁入者也很可能是黑人。在这种情况下,均衡将出现在社区种族混合比例等于新迁入住户种族混合比例的水平。显然,从图 11-25 中可以看出,它一共有三个这样的均衡:全部是黑人、全部是白人和混合的某一点。

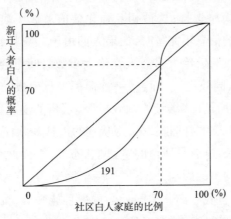

图 11-25　社区种族的演化图

我们假设白人和黑人混居的均衡点是 70:30,由于偶然的原因,一个黑人家庭搬走了,而进来一个白人家庭,那么这一社区的白人比例就会稍稍高于70%。那么下一个搬进来的人是白人的概率也将高于70%,这个新住户加大了白人比例向上移动的压力;如此类推,整个社区将变得越来越隔离,直到新住户种族比例等于社区人口种族比例。因此,虽然 70:30 是绝大多数人比较偏好的混居社区模式,但是这个种族混居比例却不是一个稳定的均衡。为了防止这个由于偶然的搬迁造成的社区种族失衡,一些社区就制定特别政策来维持种族和谐混居模式。如有的社区禁止在房屋前挂出"出售"的牌子,以免这一信息传遍整个社区,避免恐慌。

例16 酒吧问题和少数者博弈。美国人阿瑟(W. B. Arthur)1994 年发表在《美国经济评论》上的《归纳论证和有界理性》和1999 年发表在《科学》上的《复杂性和经济学》两文提出了一个酒吧问题:有 100 个人,在每个周末决定是去一家酒吧还是待在家里,由于酒吧的容量有限,因而都不愿在人多的时候去。假设酒吧的容量(如座位)是60 人,因而如果某人预测去的人超过 60 人,那么他就会选择待在家里;问题是,这 100 人如何决定去还是不去呢? 显然,这个故事体现了互动的博弈思维:每个人都希望能够正确地预测别人的决策,但是,这里每个人都不知道别人的决策,而且他们的信息都是一样的,只能参照过去的历史。因此,阿瑟认为,博弈中其实每个人都是基于过去的经验"归纳"地作出预测。

假设,前面几周去酒吧的人数分别是 44、76、23、45、66、78、22,那么,不同的人就可以作出不同的预测:如以前 4 周平均数预测就是 53 人,如果根据隔周的周期循环就是 78 人,而根据隔月(四周)的周期循环就是 45 人等。我们假设根据上述预测的人都是 1/3,那么,此周去的人数就是 67 人;如果预测的依据进一步分散化,则去的人数更接近于 60 人。实际上,通过计算机的模拟试验,阿瑟得出的结论是:不同的行动者是根据自己的归纳来行动的,并且,去酒吧的人数没有一个固定的规律,但是经过一段时间以后,去的平均人数总是趋于 60 人。

收敛求解:我们假设,存在 n 种预测方法,在时期 t 期,有 x 种预测方法的预测结果是去的人数不足 60 人,而 (n − x) 种预测方法的预测结果是去的人数超过 60 人。因此,在 t + 1 期,决定去的人数就是 $100 \times x/n$。

上述的酒吧问题实际上是一个少数人博弈问题。例如,一家剧院发生火灾,那么你朝 A、B 两个门的哪一个跑呢? 如果你选择的是一个较多人跑的门,那么很可能发生拥挤现象而速度缓慢,甚至被踩倒。同样,我们开车上班的时候,如果选择了拥挤的道路将会极大地耽搁时间。在这些情形下,一般都是根据历史的经验进行判断。再如,凯恩斯论及的股市问题也暗含了一个少数人的博弈问题,如果选择大多数人出仓的时候买进,那么,买入价就会比较低。

思考:如何从演化博弈来分析集体腐败现象?

11.3　行为协调的基本机理

上面介绍了主流博弈思维中所凸显的个体理性与集体理性之间的不一致问题,而博弈双方相互作用的收益恰恰是来自合作而非冲突。那么,具有共同利益的分立个体之间为何会出现行为的不协调呢? 一般地,这主要由于以下两方面原因:一是信息问题,人们往往不知道对方如何行动;二是约束问题,那些背信者往往得不到惩罚。同时,大量的现实情形和行为实验却又反映出,个体之间往往又能够进行合作,从而形成有效的集体行动。那么,现实世界中的人们又是如何突破囚徒困境的呢? 一般地,这主要由于现实世界中存在一系列的协调机制,因为协调机制是引致合作的关键因素。

11.3.1　增进博弈协调的传统思路

一些博弈论专家已经从多方面对博弈协调机制作了探索,但迄今为止大多数研究都是在主流博弈论框架下通过引入信息沟通和违约惩罚的机制进行分析,其中,信息沟通又分为直接进行沟通的显性信息交流和遵循习俗和惯例的隐性信息交流,违约惩罚则分为存在外部选择机制的隐性惩罚和依赖法律及第三者监督的显性制约。这里作简要的归纳分析。

(1)信息交流机制。在现实生活中博弈协调性不高的最主要原因就在于信息不完全,因此,信息沟通就是树立信心、提高预期的最基本方面。希克斯在1932年就指出,如果博弈各方完全掌握了对方的偏好等信息,则个人理性就不会造成冲突,因为完全信息保证了对可能冲突的预测,在这种情况下,冲突的发生只能是"谈判不完善的结果"(莱昂斯和瓦罗法基斯,2000)。参与者之所以不能形成联盟而采取联合行动,在很大程度上正缘于他们之间缺乏有效的信息交流。例如,在传统的中央计划体制中,决策的执行、知识的传送和接受等各个环节上都存在这种问题。这意味着,要提高互动的人们之间的协调性,关键就在于要建立一种机制以便于各方的协商,特别是形成一种共同的知识。关于共同的知识对协调人们行为的显著作用的一个经典分析就是红帽子白帽子故事(也称脏脸案例)。在这一案例中,一句看似废话的话却从根本上改变了人的判断信息,它使得"三个人中至少有一人的帽子是红色的"这一信息的特点发生了改变:从"三人都具有的知识"转变为了"三人的共同知识"。而每个人都知道的知识并不必然是共同的知识,因为它不表明每个人都知道他人也知道这个知识。那么,如何将"都具有的知识"转变为"共同的知识"呢? 这就需要建立一种廉价有效的协调机制。

一般地,要将默会的知识转变为共同的知识,人类社会中主要存在如下基本途径:一是直接进行沟通的显性信息交流。这种显性信息交流又可分为以下两个小类:①互动者之间的直接沟通,主要是通过对话;②依赖第三人的信息交流,中间人对两者行为加以协调、仲裁,这个中间人可以是企业的管理者、政府宏观经济的计划者,也可以是其他仲裁者。二是基于其他媒介所产生的隐性信息交流。这种隐性信息交流又可分为以下两个小类:①互动方经过多次互动而形成一种预期、习惯乃至惯例,这种预期的形成往往是基于共同生活背景以及互动的认同之上,也就是说,基于共同社会背景的默会知识容易成为"共同的知识";②通过编码的方式将默会知识转变为明示知识,以及通过立法的形式将非正式的规则、惯例确认为正式的法律制度,这就需要对默会知识的整理、编码(无论是由个人、企业还是政府来进行)以及法制的完善。在很多场合,人们都能够基于各种机制进行不同程度的信息交流,从而使得最后的结果要比标准博弈论的囚徒困境更优。而且,这也已经为很多行为实验所证实,如 Farrell(1987)就强调,廉价对话(Cheap Talk)能够在自然垄断行业的潜在进入者之间实现部分协调,廉价对话也可以有助于在对称的混合策略均衡中实现非对称的协调。

第一,直接进行沟通的显性信息交流机制。针对那些具有帕累托改进的正和博弈,特别是对那些具有收益等级的协调博弈而言,通过信息沟通有助于取得更大的收益支付,这已经为很多实验所证实。例如,E.奥斯特罗姆和她的同事模拟公地环境做了一个实验:发给 8 名学生 25 张代用券,在 2 小时的实验结束后可以用来换取现金。这些学生可以用这些代用券以匿名方式通过电脑在两个证券市场上选择其中一个进行投资,一个交易市场按照固定的利率返还,另一个交易市场按照参与测验的 8 名学生共同投注证券的多少进行返还:如果仅有少部分证券投注,则返还就多,远高于第一个返还利率固定的市场,但投注越多返还就越低,直到受试者开始亏损为止。显然,如果每个人都采取克制的措施,就会有很好的回报,但如果他人都克制的同时有人却放纵私欲,那么这个不劳而获者将是最大的受益者。两小时的实验表明,在没有任何信息沟通的情况下,学生们只拿到本应该得到的最高收入的 21%。第二次实验则允许学生们在实验进行到一半的时候进行交流,讨论一次他们之间共同面临的问题,之后再进行匿名投注;结果学生们得到的回报激增至可得到最高收入的 55%,而不断让他们保持交流则获得的回报可高达 73%。而且,如果允许他们进行交流,共同协商对自私自利者的惩治措施时,学生们拿到了原本可以得到最高收入的 93%。显然,人类的交流和协商不仅对解决公地悲剧起到极为关键的作用,而且也有利于整个社会福利的改进。其实,阿罗不可能定理就表明,以伯格森、萨缪尔森为代表的福利主义理论正是由于非常缺乏"信息基础"而难以为社会福利作出令人信服的测定。

第二,遵循习俗和惯例的隐性信息交流机制。习俗和惯例是增强预期的另一重要机制。事实上,习俗和惯例实际上就是靠自然演进的方式将默会知识转变为共同的知识,从而提高了博弈双方行动的协调性。一些博弈理论家甚至已经倾向于认为,所谓的均衡状态只不过是"惯例"。当然,"惯例"往往难以用理论来做精确的说明,因此,一些学者开始转而接受休谟和哈耶克等人的观点:理性是我们习惯的产物,而不是相反。人们在社会博弈中产生的这种习俗逐渐沉淀便成了社会的博弈规则。阿克洛夫(Akerlof,1980)也提出了一个社会学模型,认为如果按照某种"社会惯例"行事,那么这种惯例的共同体价值会影响一个人的偏好,受之影响,追求个人利益的个人也可能倾向于无私。剖析习俗和惯例对博弈协调的作用,一般从以下两个方面进行:①聚点均衡。聚点(Focal Point)均衡是谢林 1960 年首先提出的,后来 Roth 和 Murnighan(1982),Cooper、Russell、Dejong、Forsythe 和 Ross(1990),Huyck、Battalio 和 Beil(1990)以及 Mehta、Starmer 和 Sugden(1990)等人都对此作了探索。实际上,聚点是人们基于社会习俗和惯例而自发采取的行为所达致的一种均衡,如工人的努力水平和企业主支付的工资之间,夫妻俩周末在足球和芭蕾之间的选择等,都是聚点均衡的典型例子。②相关均衡。相关均衡是指通过"相关装置",使博弈方获得更多的信息,从而协调博弈各方的行动。它是奥曼(Aumann,1974)首先提出的概念,随后,梅森(Myerson,1986)等人作了进一步发展,并发展出了机制设计理论。实际上,相关均衡在现实中就体现为各种市场信号的创造,如某一著名品牌的商品,市场则以高价交易;而毕业于著名学府的学生,企业则愿意以高薪聘用等。习惯、习俗是社会合作的坚实基础,因为人的行为本身就是基于习惯而内生的。G. S. 贝克尔(2000)曾指出,在经济发达的国家,工人们倾向于准时上班和重视工作效率,这不仅是因为在富裕国家中时间是宝贵的,还因为生活在一个崇尚效率的社会中,人们已经养成了重视效率的习惯。

(2)违约惩罚机制。对合作构成威胁的主要因素是人的有限理性及由此产生的机会主义行为,那么,如何降低行为者的机会主义倾向呢?现代主流经济学关注的就是建立一整套惩罚机制,惩罚机制在博弈协调中的有效性也为大量的实验所证实。一般来说,通过制裁惩罚的方式,改变博弈的效用矩阵,可以使合作变得更加有吸引力。制裁可以是消极的,也可以是积极的,积极的制裁包括对那些为取得社会合意结局而合作的人给予奖励。但在现实世界中,消极的制裁更为普遍,消极的制裁意味着那些不采取合作的人将受到惩罚。一般来说,有三种主要的约束类型:①自我约束,即自律;②对方约束;③第三方约束。后两个约束机制也通称为他律,这是传统约束机制分析的主要方面。

第一,博弈方之间的对方约束。对方约束是指一个人的行为受到行为承受者的反应行为的制约,你如果损害了他人,就有可能在将来受到他人的报复;当然,你如果施恩于他人,也有可能会得到回报。在交易中,对方约束的主要方式就是抛弃而不再与对方进行交易,如果由于对方的机会主义而使己方参与交易非但无所获,反而有所损失的话,己方对之的惩罚实质上就是进行外部选择。这时外部选择的收益为零,而由于对方的机会主义而引起的可能收益则为负值。特别是,如果博弈方之间缺乏直接沟通,每个博弈方就有必要选择某种博弈策略以实现合作解,这就需要借助于对方约束。这种特级博弈策略在博弈中主要有两种机理:针锋相对策略和冷酷策略。艾克斯罗德(1996)的计算机模拟实验证实了这种策略的有效性:每个人要维系自己的利益不受侵犯,就必须随时准备应付他人可能采取的机会主义行为。

这两种合作策略都是通过惩罚来达到目的的,它的有效性与惩罚的成本和收益有关。一般认为,是否会出现合作解取决于博弈方的人数、博弈的次数,以及相对于非合作结局的损失和成功地实施非合作策略的收益而言采取合作策略的收益的大小等。显然,在信息越来越分散,分工越来越深化,交往越来越频繁的社会,就越需要市场的完善以及信息的可得。特别是当人数很多时,一个人或少数几个人很容易采用非合作策略,因为他们对其余人的影响微小,而难以被发现,或者采取合作行为的人对之的惩罚成本太高,这也就是奥尔森的集体行动困境。这反过来意味着,在市场规模越来越扩大的进程中,加强信息披露以及道德伦理建设的必要性。另外,随着个人市场上与其他人交易频率的增加,如果市场上的交易者对之采取一个微小的惩罚,那么,他遭受的整个损失也是巨大的,这也将迫使其收敛机会主义倾向。

第二,引入社会机制的第三方约束(法律约束)。第三方约束是指行为互动双方外的第三方对两方所施加的约束行为,不管哪方违反了规则都要受到它的惩罚。第三方可以是个人,也可以是团体。但一般地,第三方必须是中立的、有威信的。同时,随着社会的发展,第三方越来越主要地由国家通过法制来施行,因此,第三方约束往往也等同于国家约束或法制约束。博弈论专家博厄德认为,包括"以牙还牙"在内的任何互惠策略都不足以解释大型群体间的协作行为,因为大型群体间的成功协作的策略要求个体对哪怕是偶然出现的欺骗行为都严惩不贷,否则那些不劳而获的人将迅速横行于世;而如果一种机制既能惩罚欺骗者又能惩罚放任欺骗的人,那么互惠协作就一定能得以发展。尤其是,随着社会信任的下降,人们将越来越不愿意承担风险,而会实施更多的自我保护行为以应付别人可能的背叛,但是,相互之间的提防往往会导致交易成本的上升,因而,要改变信任他人可能出现的风险,就必须有一种社会机制对违反信任原则的人进行制裁。例如,鲍尔斯(2006)就比较了两个地区的捕虾人的遭遇:美国罗得岛的捕虾没有限制,以致目前近海岸的渔业资源枯竭,捕虾人索林如今要将圈套设在离海岸 70 英里远处;澳大利亚林肯港的捕虾需要获得政府执照,但捕虾人斯宾塞拥有 60 个圈套所赚得的钱比索林 800 个圈套赚得的钱还要多。

例如,在图 11-26 所示无约束的博弈矩阵中,显然,纯策略的纳什均衡是双方都违诺,结果谁也得不到合作的剩余收益。

但是,如果存在着外在的约束,如法律将对违诺的人处以惩罚,并补偿守信的人一定的损失,则博弈的收益结构就会发生变化。我们假设:规定对违诺方处以 8 的惩罚,而补助损失方 2 的收益,图 11-26 所示博弈矩阵变为图 11-27 所示博弈矩阵。在这种情况下,博弈的均衡结果显然也将发生变化,变为(承诺,承诺)。

	守信	违诺
守信	5,5	-2,6
违诺	6,-2	0,0

图 11 - 26　无外在约束的承诺博弈

	守信	违诺
守信	5,5	0,-2
违诺	-2,0	-6,-6

图 11 - 27　法律干预下的承诺博弈

（3）基于外部选择的退出机制。赫希曼指出,惩罚机制主要有两个思路:一是积极的呼吁机制,通过一定的制度来强迫机会主义改变行为,这是依赖法律及第三者监督的显性制约机制;二是消极的退出机制,不再与机会主义进行交易,这是存在外部选择机制的隐性惩罚机制。事实上,消极的惩罚机制就是设立一个外生标准,以对协调收益的底线进行限制,即允许一个博弈方选择一个肯定的结果,而且这个确定的外部选择项足够高以至于超过了协调博弈中一个策略的收益,那么博弈方就不会选择劣于外部选择的策略。显然,这也就给博弈双方对行为互动的最低收益有个预期,从而对博弈各方的行为产生制约。我们以图 11 - 28 所示博弈矩阵为例:

A		B	
		1	2
	1	800,800	800,0
	2	0,800	1000,1000

图 11 - 28　具有外部选择的原始博弈

假设外部选择项为 900,这样,图 11 - 28 所示博弈矩阵实际上就可用图11 - 29 所示表示。

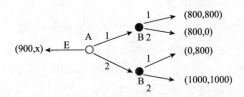

图 11 - 29　具有外部选择的展开博弈

在图 11 - 29 所示博弈中,显然,根据向前递推的逻辑,如果 A 不选取外部选择 E,则意味着他预期是更高的收益,也就必然会采取策略 2。这样,博弈双方在博弈协调中必然都预期选择策略 2,从而达到帕累托优化。库珀(Cooper 等,1992)等人的实验也表明,存在外部选择 900 的情况下,如果博弈方 A 拒绝外部选择而选择了子博弈,那么有 77% 的结果是帕累托最优均衡,而只有 2% 的结果是(800,800),这显然与向前递推是一致的。但需要指出的是,和向前递推的预计相反的是,存在 40% 的情况下外部选择中选,这反映了 A 对 B 缺乏信息,一个社会的机会主义、相对主义越严重,则在外部中选的可能性就越大。

现实生活中就存在大量这样的退出机制,如股票市场就是一个很好的退出场所:当人们对公司的业绩预期不佳时,就选择在股市上用脚投票;开放式基金也是如此。显然,现实经验也能表明,一个社会的市场机制越不完善、社会的信任度越低,股票的换手率就越高,换手率意味着退出率,它实际上反映了外部选择中选的概率。根据林毅夫(1994)的研究,中国 20 世纪 50 年代后期农村合作社之所以失败就是因为缺少这样一个退出场所,从而对合作社协调性的下降没有一个必要的限制。

11.3.2　传统协调机制的局限性

迄今为止,主流博弈论对博弈协调的解释以及相应的机制设计都是因循纳什博弈机理而展开的:从个体理性的最大化出发,特别是遵循最大最小化原则,只不过引入了另外的信息和约束这两个因素;相应地,主流博弈论提出的主张基本上都是基于个人理性作机制设计,使得在满足个人理性的前提下达到集体理性。不可否认,这两种思维和机制设计都在一定程度上提高了博弈双方行为的协调性,从而增进了合作的可能性,但同时,它们也都具有内在的局限性,难以从根本上避免因徒困境出现。这里作一说明。

(1)就信息交流而言。尽管信息交流与沟通机制成为提高博弈协调性的最重要机理之一,也是一个国家甚至全球发展所要努力的方向,并成为当前社会所重视的信息机制建设的重要内容。但是,即使信息再完备、对称,也难以从根本上保证持久、真正的合作。事实上,无论是体现为对话的显性信息交流,还是体现为习俗和惯例共享的隐性信息交流,两者的有效性都存在严格的条件。

首先,就信息沟通而言。信息沟通的有效性首先取决于沟通成本,其条件是信息传递无成本并且没有约束力,这类博弈通常也被称为廉价对话。但实际上,沟通的成本往往是高昂的,有些行为可能就根本不能沟通。例如,不同宗教信仰的人、不同意识形态下的人在许多行为上都是对立的,有些至少在短期内是难以协调的,这也是世界上不断爆发冲突的原因。正因如此,有些学者(亨廷顿、斯宾格勒、汤因比等)甚至预言,今后世界的冲突是文明的冲突。而且,即使在信息沟通有效的情况下,要达成真正的合作也不是易事,因为功利主义的社会会滋生出大量的内生交易成本,建立在个体理性(特别是近视、短期的)之上的思维是滋生机会主义的土壤。例如,奥曼(Aumann,1989)就指出,即使博弈方在事前能够进行交流,并且相互口头保证将采取合作的策略,也并不真正保证他们能够遵守自己的诺言。

一般地,我们可以将信息的沟通分为单向沟通和双向沟通。就单向沟通是否有效而言,Farrell(1987)认为,它取决于这样两个条件:一是遵守承诺对传递消息者事实上是最优行动;二是他预期接受者会相信该信息。而在双向沟通中,Farrell则假定:①如果双方的声明构成对第二阶段博弈的一个纯策略纳什均衡,那么每一个博弈方将采取他声明的策略;②如果博弈双方的声明不构成第二阶段博弈的一个纯策略纳什均衡,则每一个博弈方的行为就如同从未进行过沟通一样。在随后的文章中,Farrell(1988)进一步指出,信息交流并不能确保均衡的有效。同样,在图 11 - 28 所示双重均衡博弈中,Cooper 等(1992)人的实验表明,双向沟通克服博弈中的协调问题十分有效:在博弈矩阵的最后 11 阶段中,90% 的均衡结果都是(2,2),而且,最后 11 阶段中所有的声明都是策略 2。但是,单向沟通的效果却并不非常明显,只有 53% 的结果实现了帕累托最优均衡;而且,在单向沟通中,博弈方 A 中有 87% 宣布策略 2,但他们并不总是遵守承诺,而博弈方 B 也不采取策略2。当然,双向沟通的效率也是建立在简化的基础上,它没有考虑沟通的成本,而双向沟通的成本实际上要比单向沟通要高得多。

其次,就聚点信号而言。试图依靠信息交流来解决博弈协调问题并不如意,正如凯莫勒(2006)认为:"在一般概念中,协调博弈通过交流应该很容易被'解'。这种偏见无论在实践中还是理论上都是错的。在实践中(至少在实验中),交流通常情况下会改进协调,但并不总是有用的,而且交流经常导致低效率。理论上,交流并不是真正的解决办法,因为在许多大型社会活动中,参与者无法全部同时交谈(而大型公共宣言又不被置信),由少数不可互相交谈的参与者构成的简单协调实际上是反映这种大型社会活动的小型简约模型。"为此,谢林等在习惯和惯例的基础上引入了聚点信号的协调机制。在很大程度上,习俗和惯例实际上是靠自然演进的方式将默会知识转化为共同知识,从而转变成为协调人们行动的信号。但是,这种聚点协调机制也存在一些问题,从而无法成为普遍的协调方式。①聚点往往并不是明确的,在不同文化下的人们之间进行博弈时尤其如此;②聚点往往不是普遍的,只有将习俗和惯例明示化以后才能形成聚点;③基于演化的聚点往往可能因"锁定效应"而导向一个低收益水平的纳什均衡,如历史上低效率的制度就普遍且长期存在。也就是说,我们不否认聚点对人类行为的引导,但如果希望更好地探究引导人类协调和合作的机制,又必须对人类社会中的聚点作更进一步的辨析。

(2)就惩罚机制而言。尽管惩罚也是提高博弈协调的重要机制之一,并为现代社会广泛采用。但是,这种机制也不是充分有效的,这一方面涉及惩罚的成本问题,另一方面更重要的是对违规的识别。在人类社会中,约束机制针对的主要是那些重大的反社会现象,而对经济学所推崇的那种对他人利益持冷淡态度的人的行为是无能为力的。无论是体现为退出的消极惩罚还是呼吁的积极惩罚,它们的有效性也都受到严格的条件制约。消极的退出惩罚方式的弱点在于:它往往会造成"集体行动的困境"。例如,在无限制的"华尔街用脚投票法则"的支配下,美国市场中的个体行为就具有明显的短期化和近视性。而更明显,也可能更有力的惩罚方式则是积极的惩罚,它的条件恰恰与上面的相反:要求没有外部选择项,也就是说,要求增加退出成本,从而使得"以牙还牙"的惩罚性威胁能够构成"子博弈完美均衡",这也就是麦克洛伊德(Macleod,1988)的"退出成本"理论。

首先,就对方约束而言。对方约束的有效性一般取决于以下两个因素。一是受到行为互动双方的机会主义和有限理性的影响。一般来说,信息越不完全,机会主义倾向越大,有限理性程度越低,对方约束的有效性也就越差。二是对方制约的程度,这主要与行为互动双方的力量对比有关。如果行为互动双方的力量是不对等的,那么力量大者为其行为承担的损失风险就很小,因此,他就缺乏限制自己行为的约束力。可见,即使是信息较为完全,机会主义也较弱,如果存在力量的不对等,也会造成对方约束的失效。一般来说,行为互动双方的力量对比越大,对方约束的有效性就越差。此外,有效的对方约束还取决于双方的互动频率,只有在频率较高的互动中,未来收益对现在而言才是足够重要的,以至形成稳定的合作关系。

其次,就第三方约束(国家约束或法律约束)而言。第三方约束的有效性主要在于:通过改变博弈者的收益结构来影响博弈结果;如果某方不履行契约,那么国家机关就会对之进行惩罚,这种惩罚是如此之大以至合作成为最好的选择策略。然而,第三方约束的有效性也取决于这样两个因素:一是第三方的公正性和权威性。权威性主要是指它的法理性,其关键是被约束者的认同程度;一个实施社会规范的机构或政府,如果缺乏合法性,那么它执行这一功能的基础必然是脆弱的,会遭到行为互动双方或明或暗的反对。二是第三方的威权性。威权性是指国家机关执行其命令的强制性,这与监督双方所花费的成本和实施约束所花费的成本有关。显然,如果国家政府的法理基础不是非常牢固的话,它维持社会秩序的能力,就往往要借助于它的威权性;而如果国家的威权性不够强,实施约束所花费的成本必然很高,从而会导致措施的失效。这有两方面原因:①行为施加方就会采取其他手段来规避或对抗国家的约束;②行为承受方则会转而求助于其他的报复方式。而且,需要指出的是,尽管第三方约束具有规模经济和减少交易费用的好处,但第三方约束的施行必然会由于不可避免地实施统一和强制性规则而导致"一致性损失",而这种损失是无形的,也是巨大的。

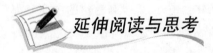

延伸阅读与思考

作为博弈协调基础的伦理机制

　　主流博弈论推导出的囚徒困境反映了这样两点:一是基于个体理性行动的结果并没有实现个人效用最大化的目的,因而基于主流博弈思维采取行动并不是理想的结果;二是人们的日常生活博弈结果往往比主流博弈理论推导的结果更好,因而主流博弈思维也并不能解释现实行为。正因如此,从"囚徒困境"被发明开始,非合作的博弈理论就成为经济学家关注的焦点。那么,人类如何跳出囚徒困境呢?迄今为止,主流博弈论家主要通过引入信息机制和惩罚机制等来探究博弈互动的协调机制。确实,大量的证据也显示,在博弈参与者之间没有信息交流、没有制裁的标准公共资源博弈中,无效的滥用资源就会成为一个明显的规律,但是,如果存在信息交流和非正式的制裁时,资源占用的行为就变得更加有效。不过,在主流博弈论框架下通过引入信息交流和惩罚机制来探究博弈协调的途径,仅仅是协调博弈理论的小发展途径,它难以从根本上说明现实行为与博弈理论之间所存在的明显差异,也无法获得一个一般性的协调机制。

　　那么,如何理解现实社会中人类个体间行为协调的基础机制呢?库珀(2001)指出,在博弈协调中,信心和预期是关键因素。宾默尔(2003)则强调,如果每个理性人都不被相信会信守承诺,则这样的社会是没有前途的。这都反映出,良好的互动需要引入影响信心和预期的伦理认同因素。同时,梁漱溟强调,"是关系,皆伦理"。也即,人与人的互动必然会涉及伦理的考虑,任何社会性行为都不纯然是基于短期最大化的行为功利主义。事实上,如果缺乏稳定而持久的相互信心和伦理认同,博弈各方之间的信息交流往往要以很高的成本为代价,即使信息交流比较顺畅,也存在是否自动实施的风险。相反,伦理道德上的认同却提供了树立博弈者信心和协调博弈者行为的另一个重要机理:如果双方都是一个具有高度自律性的博弈者,显然就更能够促进博弈者之间的协调。那么,伦理道德是如何影响人类的互动行为的?引导社会合作的究竟是何种伦理机制?这里就博弈协调的伦理机制作一比较分析。

　　1.作为"绝对道德"的同情伦理

　　从人类社会的演化史看,人类社会出现了多种多样的制裁方式:①心理性制裁,主要是指舆论的道德谴责;②疏远性制裁,即交往的中断;③物质性制裁,即给予赔偿;④物理性制裁,即刑罚惩处。从实质内涵上讲,自我约束也就是所谓的心理制裁包括两个方面:一是由于羞愧带来的耻辱惩罚,鲍尔斯和金迪斯(2006)就指出,"羞耻是一种社会情感:当一个人因为违背一种社会价值或没有遵守一种行为规定时,他会因被他所处的社会群体的其他人贬低而感到痛苦";二是由于道德已经内化于个人的偏好中,因而主体也会因为没有达到这一道德要求而在内心产生负疚感。正是在心理制裁的支配下,博弈矩阵就不再是一个,而是分解为若干个客观的和主观的博弈矩阵。其中,客观博弈由行为人决策形势的客观特征构成,如支付矩阵所表示的那些性质;主观博弈由客观博弈和行为人决策形成的主观特征构成,如行为人关于支付矩阵的主观信念。相应地,两种博弈矩阵则分别具有客观解和主观解:客观解为行为人达成一种成功,取决于诸如支付之类的因素;主观解仅替他们指引达成那种成功的方向而不能保证其实现,取决于诸如偏好和理性的因素。正是对主观效用的引入,同一博弈的支付矩阵就会得到改变。

例如,宾默尔设计了图 11 - 30 所示的几种变体鹰鸽博弈:(b)表示博弈方相互承诺选择鸽策略,但这个承诺主要是依靠个人心理制裁来保障,每一个违约者将会遭受额外的效用损失 x;显然,当 x 大于 1 时,就可以实现(鸽,鸽)均衡。(c)表示博弈方相互之间具有同情之心,以至自己的效用与他人的效用密切相关,这些的相关度是 y;显然,当 y 大于 1/2 时,就可以实现(鸽,鸽)均衡。

	标准型(a)		心理制裁(b)		同情关爱(c)	
	鸽	鹰	鸽	鹰	鸽	鹰
鸽	2,2	0,3	2,2	$0,3-x$	$2+2y,2+2y$	$0+3y,3+0y$
鹰	3,0	1,1	$3-x,0$	$1-x,1-x$	$3+0y,0+3y$	$1+y,1+y$

图 11 - 30 变体鹰鸽博弈

同样,诺贝尔经济学奖得主阿马蒂亚·森设计了图 11 - 31 所示的两种囚徒博弈的变体:信心博弈和其他相关博弈。因为在森看来,基于个人利益偏好保持不变所反映的仅是原始效用矩阵,但个人并不是根据原始矩阵行动,而是根据另一个效用矩阵,这个矩阵取决于"行为的道德密码"。其中,信心博弈是指,如果对方合作,个人就合作,而只有当对方不合作时才停止合作。例如,根据这种心理进行的博弈的囚徒就会这样想:如果我的同伙和我想的一样,那么入狱一年比出卖同伙更让人心安理得,如果同伙打算出卖我,我将报复他。其他相关矩阵则是建立在风气甚至更浓的利他主义之上:它假设个人总是合作的,即使其他人拒绝这样做也是如此。例如,在无条件的利他主义支配下,囚徒会这样想:出卖我的同伙比入狱30年更糟糕。

囚徒博弈	信心博弈	其他相关矩阵
(3,3)(1,4)	(4,4)(1,3)	(4,4)(3,2)
(4,1)(2,2)	(3,1)(2,2)	(2,3)(1,1)

图 11-31　基于绝对道德的博弈矩阵

　　显然,从上面的博弈矩阵可以看出,在信心博弈的支配下,纯纳什均衡的策略组合就从原来的囚徒博弈中单一的坦白均衡发展为都坦白和都不坦白两种均衡组合。更进一步地,在相互利他主义的支配下则发展为单一的不坦白均衡,从而达到了帕累托优化。因此,阿马蒂亚·森建议,社会可以发展这样一种传统:使上述的其他相关矩阵的偏好最受赞扬,信心博弈次之,而囚徒博弈偏好最次。实际上,阿马蒂亚·森是在强调一种道德博弈,道德博弈中的合作倾向则源于自我约束。一般地,从各种约束机制所付出的成本来看,自律约束的成本是最小的。一是它是出自行为施动者的内心,因而是不需要监督成本和约束实施成本的;二是如果在有相对规范和统一的意识形态的支配下,这种约束具有相对确定性和规模经济的特点。正因如此,一般都认为,基于道德伦理的自我约束有助于加强博弈中的协调,从而提高博弈的合作性。

　　显然,阿马蒂亚·森这里引入了信心博弈和利他主义更浓的道德矩阵来化解囚徒困境,然而,信心博弈中的“信心”来自何处?道德矩阵中的“道德”来自何处?阿马蒂亚·森对这些问题都没有给予充分有力的说明。宾默尔(2003)写道:“我并不认为理性人不能或不应该相互信任,而是理性人不做没有正当理由的事情。例如,除非有理由使一个理性人相信他的邻居值得信任,否则他是不会信任他的邻居的。”在很大程度上,这两种博弈都是建立在抽象的绝对道德基础之上,从而也就缺乏来自社会经验的坚实基础,以致在实践应用中往往会遇到一系列的问题。这里,我们可以对阿马蒂亚·森所引入的两个博弈作一简要说明。

　　第一,就信心博弈而言,博弈均衡究竟如何取决于博弈者对另一方的信心。威廉姆斯(2003)指出,在这种情况下,“双方都必须清楚对方是在‘有保证的(即信心)博弈’中选择对策,必须知道对方对他(第一人)的选择了然于心。若办不到这一点,双方都认为有被对方出卖的风险,就会揣度如何规避,如何抢险制胜,因而就可能违背初衷而放弃双方约定”。但是,就现实而言,这种信息要求似乎很难得到满足,威廉姆斯就列举了现实生活中参与者在认知上所存在的四种局限:①其他人的选择偏好或对或然性的估计,人们不能够尽如人意地获取到这两方面信息;②局限性得不到充分了解;③受各种因素影响,获取这些信息的可能性小而且代价高昂,特别困难的是:任何现实的探询步骤本身就可能引起参与者偏好改变,破坏了信息,引发更多疑问,并使得问题更加扑朔迷离;④除了认知的缘故,社会因素也给推测带来不容小视的局限。所以,德尔和韦尔瑟芬(1999)指出,信心博弈的特征是:个人的捐赠和集团结果之间呈直接的和积极的关系,特别是在交易人数较少时更容易出现。

第二,就道德博弈而言,任何个体是否能够长期无条件的奉行这种利他主义行为是值得怀疑的,因而它的有效性同样也受到一定的制约。威廉姆斯(2003)认为,这种博弈的基础存在着"不受学习影响的一种偏好的重复表达"的局限,而现实中这种"关心他人"的"你我都不招"的对策却因频繁遇到"我不招你却招"的情形而受挫。这表现为以下两方面:①自律的形成主要是出于个人的价值取向,这可以是一个人的天性,如孟子所谓的"性善"说;也可以是受一个特定时代的意识形态等支配。其实,自律有效性往往取决于对方约束的有效性,因为从某种意义上说,自律是一种习惯性行为;而习惯会由于互动双方行为的刺激——反应作用而受到影响,在这种作用多次强化后,习惯也会发生改变,自律机制会因此而崩溃。②纯粹的利他主义消除了人们之间存在的真正的仁爱和善意,因为它灌输的是这样一种观点:珍视他人需要无私的行为,这将被接受者置于乞讨者的地位,从而从对方的角度上说,则意味着受到侮辱和失去自尊;这意味着,这种纯粹的利他主义最终产生的反而是贬低人道的思潮。特别是,根据这种纯粹利他主义,帮助一个陌生人甚至是仇人比帮助自己所爱的人将更加体现利他性,但显然,这又是与社会事实相悖的;相反,在现实生活中,理性主义者总是要求人们的行为应该与自己的价值等级相一致,而不要牺牲大的价值来迎合小的价值。

因此,博弈协调可以从伦理机制上加以理解和解释,但这种伦理并不是绝对意义上的。宾默尔(2003)认为,如果"将道德探究的领域限定在'定言命令'即类似东西的研究上——将迫使我同意尼采的观点,即不存在什么道德现象"。其实,尽管阿马蒂亚·森通过引入信息或偏好等对基于理性经济人的标准博弈模型进行了修正,从而提出了两类"互惠合作性的"和"利他性的"合作博弈模型,但是,这两种合作博弈模型的基础还不坚实,还存在缺陷。一方面,阿马蒂亚·森提出的基于信心的合作博弈模型仅仅依赖于个体之间的信息和认知,这种基础显然是不充分的;相反,它把博弈理论特殊化和具体化了,仅仅适合于具体的案例探究。当然,如果把这信息和认知推广为社会性的,那么,这种博弈互动就具有更强的互动性;也就是说,信心博弈主要不是体现在个体之间的具体案例上,而是可以对一个社会中的普遍互动行为进行考察。另一方面,阿马蒂亚·森提出的基于道德的合作博弈模型仅仅依赖于个体的自我约束,这个条件太强了。因为利他主义一般都不是无条件的;相反,它往往要受各种因素的影响。在某种意义上讲,阿马蒂亚·森的道德矩阵与康德的绝对道德以及罗尔斯的正义秩序是相通的,韦森(2002)认为,这种思路显然是一种道德理想主义。

2. 作为"相对道德"的移情伦理

大量的心理学证据表明,人类的大多数利他主义行为都不是平面式的:人们不会平等一致地帮助其他人,而往往会根据他人的行为特征以及需求程度而定,这就是道德的相对性和利他主义的差序性。其中,家庭成员之间往往具有更强烈的相互信任关系,从而更容易产生利他主义行为,更容易实现互惠合作。究其原因,家庭成员之间存在天然的血缘联系,存在频繁的日常互动。这样,他们之间不但形成了相似的心理背景,而且造成了紧密相连的利益共同体,从而更容易站在对方的角度想问题,这就是移情。所谓移情,就是指一个人在观察到别人所处的情境时所感受到的一种恰当体验。霍夫曼历经30多年的研究发现,移情是打开亲情社会道德发展之门的一把钥匙。宾默尔等则借用移情偏好来表达海萨尼的扩展同情偏好,他认为,经济人必须具有一定程度的移情能力,他对别人的体验必须达到能站在他们的角度、从他们的观点出发来看待问题;否则,就不能预测他们的行为,并难以作出最优反应。显然,基于移情的道德就不是绝对主义的,而是相对主义的,他根基于个体利益与他人和社会共同利益之间的关系,而且,只有将自身利益也考虑进去,这种利他主义才可以持续下去,这种伦理道德才可以不断扩展。

因此,要对现实生活中的互惠合作现象进行解释,并由此构建一个促进人类合作和博弈协调的持久稳定的行为机理,就不应诉诸于虚幻而又苛刻的纯道德主义,而是要从人类的根本利益出发,寻找那种有助于把个体利益和他人(集体)利益沟通起来的切实可行的行为机理。显然,这就是"为己利他"行为机理,它强调,通过利他的手段来实现自己的目的。正是在这种"为己利他"行为机理的基础之上,社会上才会出现大量的"强互惠"现象;同时,我们才能解释和理解为何人们会为了节省几美元而宁愿开几十公里车去买便宜货,而不愿就近购买较贵的商品,虽然这样他们会节省一些钱(汽油费等)。例如,美国西北大学经济学家戈登就说,他往往开车半个多小时去更便宜的杂货店而不在附近食品店购物,尽管便宜的总额不超过五美元。而且,这位戈登教授也不是禁欲主义者,他和妻子以及两只狗住在一幢1889年建造的有11000平方英尺、21个房间的大楼里。事实上,阿马蒂亚·森也曾隐含地提及,建立在"为己利他"契约协议上的行为可以是囚徒共同选择最佳策略,如他(Sen,1982)说,"拿极端的例子来看,如果两个囚徒都试图尽量增加另一个人的福利,那他们都不会坦白……所以每个人试图增加另一个人的福利结果也导致了他自己更好的福利"。正因如此,他在上述设计的道德矩阵中实际上已经倾向于一种通过"利他的手段"来达到"为己的目的"。

关于"为己利他"行为机理在博弈中的应用,我们可以用图 11-32 所示博弈矩阵加以说明。该博弈存在两个纳什均衡:(D,r)和(R,d)。但是,对 A 来说,D 是弱劣策略,因而根据主流博弈理论,实现(R,d)均衡的概率更高。事实上,在博弈方 B 采取 r 策略时,A 就会对策略 R 和 D 表现出无所谓的态度,特别是,在机会主义盛行的环境中,博弈方 A 反而更有可能选择 R。基于这种考虑,B 可能一开始就选择策略 d,从而达成(R,d)均衡。但是,对博弈的任何一方来说,(D,r)均衡都是比(R,d)均衡更为理想的结果,那么,怎样才能达致(D,r)均衡呢? 显然,这就要依靠一种"为己利他"的思维机制:对博弈方 A 来说,他要最大化自己的收益,就必须通过利他的手段,要在增进其他人收益的基础上实现自己的目的。因此,在相等收益的情况下他应该采取策略 D,B 也基于同样的考虑采取行动,结果就可以形成(D,r)均衡。显然,从这个博弈我们可以看出,主流博弈论中的"占优策略"并不就是人们在日常生活中的选择策略;相反,如果遵行"为己利他"行为机理,博弈各方都可能获得更高的收益,从而实现博弈协调。

A		B	
		r	d
	R	10,0	5,5
	D	10,5	0,0

图 11-32 基于"为己利他"机理的博弈

在很大程度上,"为己利他"行为源于移情效应,而移情本身在不同的伦理关系下往往会产生不同的结果:积极的效应是产生互利主义行为,它的相互强化有助于实现博弈协调,从而带来收益的增进;而消极效应则是产生冷淡主义乃至自私主义行为,它的相互强化只会破坏博弈协调,甚至出现比纳什均衡还要糟糕的结果。例如,在社会公共伦理沦丧而个体功利盛行的社会中,小偷可以明目张胆地进行偷盗,而那些旁观者却明哲保身地不敢吭声,那么,这必然导致偷盗行为的猖獗;相反,如果旁观者通过移情而设身处地地思考:当自己处于被偷盗的处境,是否希望别人也能够伸出仗义之手？究竟哪种效应占主导，往往就依赖于社会文化。宾默尔(2003)指出："任何条件下，博弈论都不会宣称理性人彼此不能信任，他们只是认为不能无条件地信任。"确实，在现实生活中，人们之间的信任都不是无条件的，而是与对方的了解结合在一起，这种了解又与对方所受的文化熏陶、教育水平等联系在一起，也与互动双方之间的私人关系、互动频率等联系在一起，同时也与互动发生的社会背景和支付结构密切相关。

一般地，社会要形成积极的合作，就需要充满积极的移情效应，这会产生大量的见义勇为的事例，而积极移情的产生和扩展，在很大程度上又有赖于一系列的社会制度和舆论的引导。例如，目前，美国和加拿大等国都制定了好撒马利亚人法(Good Samaritan Law)，它是给伤者病人的自愿救助者免除责任的法律，目的在于使人做好事时没有后顾之忧，不用担心因过失造成伤亡而遭到追究，从而鼓励旁观者对伤病人士施以帮助；而在其他国家和地区，如意大利、日本、法国、西班牙以及加拿大的魁北克，好撒马利亚人法要求公民有义务帮助遭遇困难的人(如联络有关部门)，除非这样做会伤害到自身。显然，正是积极的移情体现了"己所欲施于人"的"为己利他"本质，相应的舆论引导也有利于更好的合作。例如，Hoffman、Mc-Cabe 和 Smith(2000)在作最后通牒博弈实验时对提议者加了一个引导：考虑你希望回应者怎样去选择，同时也要考虑回应者会希望你去怎么选择。结果，提议者的出价就上升了 5%~10%。

社会风气往往对行为者的行为方式以及社会互动的最终结果产生明显的影响。例如，在图 11-33 所示博弈矩阵中：如果 A 选择 R 策略，那么对 B 来说，无论选择什么策略，对自己的效用都没有影响，那么 B 会如何选择呢？显然，在一个关爱他人的社会中，B 往往会选择策略 r 以形成(R,r)均衡，因为此种策略选择并没有损害 B 自身的效用却可以增进他人的效用；相反，在一个追逐相对效用的社会，B 必然会选择 d 策略，因为此种策略选择尽管不能提高 B 自己的效用却可以降低他人的效用。如果这种行为动机是普遍的，那么，A 将被迫采取 D 策略；如果 B 考虑到 A 对 D 策略的选择，他的最佳策略是 r；进一步地，如果 B 采取策略 r，A 的最佳策略又是 R，……显然，如此往复，在一个追求相对效用的恶性竞争社会中，即使是纳什均衡(R,r)也是难以实现的。

A		B	
		r	d
	R	10,5	0,5
	D	5,4	5,0

图 11-33 位置消费标准博弈模型

特别是,如果我们把它放入一个动态博弈中进行分析,在一个损人不利己风气盛行的社会中,原本不是纳什均衡的(D,r)很有可能会出现。这里,我们可以将图 11-33所示策略式博弈用图 11-34 所示动态扩展式表示:在博弈方 A 选择 R 策略的情况下,由于博弈方 B 选择策略 r 还是 d 是无差异的,而博弈方就很可能会选择策略 d,在考虑到这一情况后,博弈方 A 就不得不在一开始就选择策略 D,从而导致(D,r)的均衡结果。事实上,在真实的人类社会中,人们之间的关系不可能像经济人假设所宣称的那样是相互冷淡的;相反,人们之间的关系不是倾向于相互合作就是相互争夺。为此,主流博弈理论只有引入"为己利他"行为机理,才能保证更优的纳什均衡(R,r)必然会出现。与此相反,如果极力鼓吹相互争夺的行为机理,将人类的社会关系局限在敌意的环境中,那么,不仅基于纳什均衡的囚徒困境会大量出现,而且更为糟糕的非纳什均衡也可能出现。

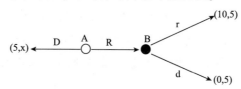

图 11-34 位置消费的扩展模型

可见,合作的达成关键在于博弈中的行为协调,而行为协调的关键则在于正确地预计别人如何行动;对一个具有社会性的个体而言,就需要充分施展移情通感的能力,而移情效应和通感能力则与社会伦理有关。所以,宾默尔(2003)强调:"经济人必须在一定程度上具有移情能力。我的意思是,他对别人的体验必须达到能站在让他们的角度从他们的观点出发来看待问题的程度,否则他就不能预测他们的行为而无法做出最优的反应。"当然,经济人一旦具有了移情能力,他就不再是现代主流经济学所设定的标准经济人,而变成了具有社会性的"为己利他"人。事实上,任何个体都不是生活在真空之中,人们之间的任何互动都内含了一定的伦理关系。在某种意义上,如果没有社会伦理作为基础,那么,也就根本不存在所谓的社会行为,而仅仅蜕变成一个单向的选择问题,这也正是现代主流经济学的基本思维。相反,在移情的基础上产生了互惠合作和促进协调的利他主义行为,这种利他主义行为不是单向的而是双向的,是强调实现"为己"目的的"利他"手段;只有建立在"为己利他"行为机理之上,博弈双方之间的合作才会更充分、更持久,才有利于整个社会秩序的扩展。

　　总之,要真正理解现实生活中的合作现象以及跳出囚徒困境的束缚,就需要摆脱主流博弈论的理性思维和分析框架,跳出主流博弈论对人性及其行为机制的理解,摆脱主流博弈论基于理性经济人的可理性化策略思维。宾默尔(2003)就写道:"囚徒困境的规则不利于实现理性合作,就像把一个人的双手反绑之后要他表演手技一样。因此,不要希望囚徒困境规则约束下理性参与人会成功地达成合作。"究其原因,理性经济人假设抽掉了人类的社会性,而现实生活中的任何个体行为都具有亲社会的倾向,而这种亲社会性将会导向社会的合作,因为它使个体在进行行动策略的选择时很难只考虑到自身利益,只选择那些能够最大化其金钱收益的策略,当这些行为将会损害其他人的收益时尤其如此。正是由于现实生活中的人具有社会性,个体之间的利益关系又具有互补性,因此,将经济人那种对抗式思维引入到对日常生活的解释就显得"牛唇不对马嘴",运用这种源于兵家的对抗理论来指导人类的日常实践就显得更为荒唐可笑。通过增进对方利益来实现自己利益最大化的行为也就是"为己利他"行为,这一行为机理是在人们长期的社会互动中形成的,而且,社会互动越频繁,"为己利他"行为机理也就越容易得到贯彻。所以,谢林(2006)指出,"博弈双方能否取得满意结果取决于双方之间的社会认知和互动程度"。

参考文献

1. 艾克斯罗德：《对策中的制胜之道：合作的演化》，吴坚忠译，上海人民出版社 1996 年版。

2. 奥尔森：《集体行动的逻辑》，陈郁等译，上海三联书店、上海人民出版社 1995 年版。

3. 奥肯：《平等与效率》，王奔洲等译，华夏出版社 1999 年版。

4. E. 奥斯特罗姆：《公共事物的治理之道》，余逊达、陈旭东译，上海三联书店 2000 年版。

5. 鲍尔斯：《微观经济学：行为、制度和演化》，江艇等译，中国人民大学出版社 2006 年版。

6. 鲍曼：《道德的市场》，肖君等译，中国社会科学出版社 2003 年版。

7. 贝克尔：《人类行为的经济分析》，王业宇等译，上海三联书店、上海人民出版社 1995 年版。

8. 贝克尔：《习惯、成瘾性行为与传统》，载《口味的经济学分析》，李杰等译，首都经济贸易大学出版社 2000 年版。

9. 宾默尔：《自然正义》，李晋译，上海财经大学出版社 2010 年版。

10. 宾默尔：《博弈论与社会契约（第 1 卷）：公平博弈》，王小卫、钱勇译，上海财经大学出版社 2003 年版。

11. 波兰尼：《个人知识：迈向后批判哲学》，许泽民译，贵州人民出版社 2000 年版。

12. 德尔、韦尔瑟芬：《民主与福利经济学》，陈刚等译，中国社会科学出版社 1999 年版。

13. 德沃金：《原则问题》，张国清译，江苏人民出版社 2005 年版。

14. 多迪默：《留给宏观经济学的发展空间是什么》，载多迪默、卡尔特里耶编：《经济学正在成为硬科学吗》，张增一译，经济科学出版社 2002 年版。

15. 迪克西特、奈尔伯夫：《策略思维》，王尔山译，中国人民大学出版社 2002 年版。

16. 弗登博格：《重复博弈中对合作和承诺的解释》，载 J.-J. 拉丰编：《经济理论的进展——国际经济计量学会第六届世界大会专集》(上)，王国成译，中国社会科学出版社 2001 年版。

17. 弗登博格、梯若尔：《博弈论》，黄涛等译，中国人民大学出版社 2002 年版。

18. 弗罗门：《经济演化：探索新制度经济学的理论基础》，李振明等译，经济科学出版社 2003 年版。

19. 古德：《个体、人际关系与信任》，载《信任：合作关系的建立与破坏》，郑也夫编译，中国城市出版社 2003 年版。

20. 海萨尼：《海萨尼博弈论论文集》，郝朝艳等译，首都经济贸易大学出版社 2002 年版。

21. 何宗武：《经济理论的人文反思》，载黄瑞祺、罗晓南主编：《人文社会科学的逻辑》，松慧文化 2005 年版。

22. 霍布斯：《利维坦》，黎思复等译，商务印书馆 1996 年版。

23. 吉本斯：《博弈论基础》，高峰译，中国社会科学出版社 1999 年版。

24. 金迪斯、鲍尔斯：《走向统一的社会科学：来自桑塔费学派的看法》，浙江大学跨学科社会科学研究中心译，上海世纪出版集团 2005 年版。

25. 金迪斯、鲍尔斯：《人类的趋社会性及其研究：一个超越经济学的经济分析》，浙江大学跨学科社会科学研究中心译，上海世纪出版集团 2006 年版。

26. 凯莫勒：《行为博弈：对策略互动的实验研究》，贺京同等译，中国人民大学出版社 2006 年版。

27. 克莱因：《契约与激励：契约条款在确保履约中的作用》，载沃因和韦坎德等编：《契约经济学》，李风圣主译，经济科学出版社 1999 年版。

28. 科兰德：《通过数字建立的经济学的艺术》，载巴克豪斯编：《经济学方法论的新趋势》，张大宝等译，经济科学出版社 2000 年版。

29. 科塞：《理念人：一项社会学的考察》，郭方等译，中央编译出版社 2001 年版。

30. 库珀：《协调博弈——互补性与宏观经济学》，张军等译，中国人民大学出版社 2001 年版。

31. 莱昂斯、Y. 瓦罗法基斯：《博弈论、寡头垄断与讨价还价》，载 J. D. 海主编：《微观经济学前沿问题》，王询等译，中国税务出版社、北京腾图电子出版社 2000 年版。

32. 拉斯缪森：《博弈与信息——博弈论概论》，王晖等译，生活·读书·新知三联书店 2003 年版。

33. 雷斯曼:《保守资本主义》,吴敏译,社会科学文献出版社 2003 年版。

34. 里德雷:《美德的起源:人类本能与协作的进化》,刘珩译,中央编译出版社 2004 年版。

35. 林毅夫:《制度、技术与中国农业发展》,上海三联书店、上海人民出版社 1994 年版。

36. 马克思:《马克思恩格斯全集》(第 30 卷),人民出版社 1995 年第 2 版。

37. 马歇尔:《经济学原理》(上卷),朱志泰译,商务印书馆 1964 年版。

38. 麦克洛斯基:《经济学的修辞》,载豪斯曼编:《经济学的哲学》,丁建峰译,上海世纪出版集团、上海人民出版社 2007 年版。

39. 纳什:《纳什博弈论论文集》,张良桥等译,首都经济贸易大学出版社 2000 年版。

40. 诺伊曼、摩根斯坦:《博弈论与经济行为》,王文玉、王宇译,生活·读书·新知三联书店 2004 年版。

41. 普特南:《事实与价值二分法的崩溃》,应奇译,东方出版社 2006 年版。

42. 萨格登:《权利、合作与福利的经济学》,方钦译,上海财经大学出版社 2008 年版。

43. 盛昭瀚、蒋德鹏:《演化经济学》,上海三联书店 2002 年版。

44. 史蒂文斯:《集体选择经济学》,杨晓维等译,上海三联书店、上海人民出版社 1999 年版。

45. 施锡铨:《博弈论》,上海财经大学出版社 2000 年版。

46. 王则柯:《新编博弈论评话》,中信出版社 2003 年版。

47. 韦森:《经济学与伦理学:探寻市场经济的伦理维度与道德基础》,上海人民出版社 2002 年版。

48. 韦伯:《学术与政治》,冯克利译,生活·读书·新知三联书店 1998 年版。

49. 威廉姆斯:《形式结构与社会现实》,载《信任:合作关系的建立与破坏》,郑也夫编译,中国城市出版社 2003 年版。

50. 魏里希:《均衡与理性》,黄涛译,经济科学出版社 2000 年版。

51. 肖特:《社会制度的经济理论》,陆铭等译,上海财经大学出版社 2003 年版。

52. 肖条军:《博弈论及其应用》,上海三联书店 2004 年版。

53. 谢林:《冲突的战略》,赵华等译,华夏出版社 2006 年版。

54. 谢林:《承诺的策略》,王永钦、薛峰译,上海世纪出版集团 2009 年版。

55. 谢林:《微观动机和宏观行为》,谢静等译,中国人民大学出版社 2005 年版。

56. 谢识予:《纳什均衡论》,上海财经大学出版社 1999 年版。

57. 杨联陞:《中国制度史研究》,江苏人民出版社 1998 年版。

58. 叶航:《导读:被超越的"经济人"与"理性人"》,载金迪斯和鲍尔斯等著:《走向统一的社会科学》,浙江大学跨学科社会科学研究中心译,上海世纪出版集团 2005 年版。

59. 泽尔腾:《策略理性模型》,黄涛译,首都经济贸易大学出版社 2000 年版。

60. 张维迎:《博弈论与信息经济学》,上海三联书店、上海人民出版社 1996 年版。

61. Aghion P. &Tirole J. ,1995 ,Some Implications of Growth for Organizational form and Ownership Structure,*European Economic Review*,39(3-4):440-455.

62. Akerlof G. A. ,1980 ,A Theory of Social Custom,of which Unemployment may be One Consequence,*The Quarterly Journal of Economics*,94(4):749-775.

63. Alchian A. & Demsetz H. ,1972 ,Production,Information Costs,and Economic Organization,*American Economic Review*,62(December):777-795.

64. Arrow,1974,*The Limits of Organization*,New York:Norton.

65. Aumann R. ,1959 ,Acceptable Points in General Cooperative n-person Games,*volume IV of Contributions to the Theory of Games*,Princeton University Press.

66. Aumann,1974,Subjectivity and Correlation in Randomized Strategies,*Journal of Mathematical Economics*,1:67-96.

67. Aumann R. J. ,1989 ,Nash Equilibria are Not Self-enforcing,*Mimeo*,Hebrew University of Jerusalem.

68. Aumann R. ,1990 ,Nash Equilibria are not Self-enforcing,in J. J. Gabszewicz,J. -F. Richard and L. A. Wolsey,(Eds),*Economic Decision Making:Games,Econometrics and Optimization*,Amsterdam:North-Holland.

69. Bernheim B. D. , Peleg B. & Whinston M. D. , 1987, Coalition-Proof Nash Equilibria,*Journal of Economic Theory*,42(1):1-29.

70. Bowles S. &Gintis H. , 2003, Origins of Human Cooperation, In: P. Hammerstein,(Eds),*Genetic and Cultural Evolution of Cooperation*,MIT Press,pp. 429-443.

71. Brandenburger A. & Dekel E. , 1987, Rationalizability and Correlated Equilibria,*Econometrica*,55(6):1391-1402.

72. Campbell R. , 1985, Background for the Uninitiated, In: Campbell and L. Sowden, *Paradoxes of Rationality and Cooperation*, Vancouver: University of British Columbia Press,p. 3.

73. Clark H. & Marshall C. R. , 1981, Difinite Reference and Mutual Knowledge, In: Joshi A. K. , Webber B. L. & Sag I. A. , (Eds.), Elements of Discourse Understanding, Cambridge: Cambridge University Press, pp. 10-63.

74. Clark W. A. V. , 1991, Residential Preferences and Neighborhood Racial Segretion: A Test of the Schelling Segeration Model, *Demography*, 28(1): 1-19.

Cooper R. W. , Dejong D. V. , Forsythe R. &Ross T. W. , 1990, Selection Criteria in Coordination Games. *American Economic Review*, 80(1): 218-233.

75. Cooper R. W. , Dejong D. V. , Forsythe R. & Ross T. W. , 1992, Communication in Coordination Games, *Quarterly Journal of Economics*, 107: 218-233.

76. Dawes, Robyn M. &Thaler, Richard H. , 1988, Cooperation, *Journal of Economic Perspectives*, 2(3): 187-197.

77. Dow, Sheila C. , 2002, Pluralism in Economics, Paper presented at the Annual Conference of the Association of Institutional and Political Economics, 29 November, p. 7.

78. Elster, 1986, *Rational Choice*, New York: New York University Press.

79. Erev I. , Roth A. E. , Slonim S. L. & Barron G. , 2002, Predictive Value and the Usefulness of Game Theoretic Models, *International Journal of Forcasting*, 18 (3): 359-368.

80. Edgeworth F. Y. , 1881, *Mathematical Psychics: An Essay on the Application of Mathematics to the Moral Science*, London: C. Kegan Paul.

81. Farrell, J. , 1987, Cheap Talk, Coordination, and Entry, *Rand Journal of Economics*, 18: 34-39.

82. Farrell, J. , 1988, Communication, Coordination and Nash Equilibrium, *Economics Letters*, 27: 209-214.

83. Fehr E. & Zych P. K. , 1998, Do Addicts Behave Rationally? *Scandinavian Journal of Economics*, 100(3): 643-662.

84. Fehr E. & Schmidt K. M. , 1999, A Theory of Fairness, Competition, and Cooperation, *Quarterly Journal of Economics*, 114: 817-868.

85. Fehr E. & Gächter S. , 2000, Fairness and Retaliation: The Economics of Reciprocity, *Journal of Economic Perspectives*, 14: 159-181.

86. Fudenberg, Kreps & Levine, 1988, On the Robustness of Equilibrium Refinements, *Journal of Economic Theory*, 44(2): 354-380.

87. Fudenberg D. & Tirole J. , 1991, *Game Theory*, Cambridge, MA. : MIT Press.

88. Gillies D. B. , 1953, Discriminatory and Bargaining Solutions to Symmetric Majority Games, *Annals of Mathematics Study*, 28:325-342.

89. Gillies D. B. , 1959, Solutions to General Non-zero-sum Games, *Annals of Mathematics Study*, 40:47-85.

90. Harsanyi J. C. , 1967-1968, Games with Incomplete Information Played by "Bayesian"Players, Ⅰ-Ⅲ, *Management Science*, 14(3):159-182, 320-334, 486-502.

91. Harsanyi J. C. & Selten R. , 1988, *A General Theory of Equilibrium Selection in Games*, Cambridge MA: MIT Press.

92. Ho Teck-Hua, Camerer C. & Keith Weigelt, 1998, Iterted Dominance and Iterated Best-response in Experimental " P-beauty Contests ", *American Economics Review*, 88:947-969.

93. Hoffman E. , McCabe K. &Smith V. L. , 2000, The Impact of Exchange Context on the Activation of Equity in Ultimatum Games, *Experimental Economics*, 3:5-9.

94. Holmstrom B. , 1982, Moral Hazard in Teams, *The Bell Journal of Economics*, 13 (2):324-340.

95. Hotelling H. , 1929, Stability in Competition, *Economic Journal*, 39:41-57.

96. Hume D. , 1964, David Hume, The Philosophical Works, Darmstadt: Scientia Verlag Aalen.

97. Van Huyck J. B. , Battalio R. C. & Beil R. O. , 1990, Tacit Coordination Games, Strategic Uncertainty, and Coordination Failure, *American Economic Review*, 80(1):234-248.

98. Van Huyck, John B. , Battalio R. C. & Cook J. , 1997, Adaptive Behavior and Coordinationfailure, *Journal of Economic Behavior and Organization*, 32:483-503.

99. Johnson E. J. , Camerer C. , Sen S. & Rymon T. , 2002, Detecting Failures of Backward Induction: Monitoring Information Search in Sequential Bargaining, *Journal of Economic Theory*, 104(1):16-47.

100. Kagel J. H. , Battali R. C. & Green L. , 1981, *Economic Choice Theory: An Experimental Analysis of Animal Behaviour*, Cambridge & New York: Cambridge University Press.

101. Kahneman D. & Tversky A. , 1979, Prospect Theory: An Analysis of Decision under Risk, *Econometrica*, 47(2):263-291.

102. Kohlberg E. & Jean-Francois Mertens, 1986, On the Strategic Stability of Equilibria, *Econometrica*, 54(5):1003-1037.

103. Kreps D. , 1990, *Game Theory and Economic Modeling*, Oxford University Press.

104. Kreps D. M. & Wilson R. , 1982, Reputation and Imperfect Information, *Journal of Economic Theory*, 27(2):253-279.

105. Lazear E. P. , 1979, Why Is There Mandatory Retirement? *Journal of Political Economy*, 87(6):1261-1284.

106. List J. A. , 2004, Young, Selfish and Male: Field Evidence of Social Preferences, *The Economic Journal*, 114 (January):121-149.

107. Mare R. & Bruch E. , 2001, *Spacial Inequality, Neighborhood Mobility, and Residential Segregation*, Working Paper, California Center for Population Research, University of California at Los Angeles.

108. McKelvey R. D. & Palfrey T. R. , 1992, An Experimental Study of the Centipede Game, *Econometrica*, 60(4):803-836.

109. Mehta J. , Starmer C. & Sugden R. , 1994, The Nature of Salience: An Experimental Investigation of Pure Coordination Games, *American Economic Review*, 84 (3):658-673.

110. Milgrom P. & Roberts J. , 1982, Predation, Reputation, and Entry Deterrence, *Journal of Economic Theory*, 27(2):280-312.

111. Myerson R. B. , 1986, Acceable and Predominant Correlated Equilibria, *International Journal of Game Theory*, 15:133-154.

112. Myerson R. B. , 1979, Incentive Compatibility and the Bargaining Problem, *Econometrica*, 47(1):61-73.

113. Rosemarie Nagel, 1995, Unraveling in Guessing Games: An Experimental Study, *American Economic Review*, 85(5):1313-1326.

114. Rosenthal R. W. , 1981, Games of Perfect Information, Predatory Pricing and the Chain Store Paradox, *Journal of Economic Theory*, 25:92-100.

115. Roth A. E. & Keith M. J. , 1982, The Role of Information in Bargaining: An Experimental Study, *Econometrica*, Seember, 50(5):1123-1142.

116. J-J. Rousseau, 1913, The Inequality of Man, In G. Cole, (Eds.), *Rousseau's Social Contract and Discourses*, London: J. M. Dent.

117. Rubinstein A. , 1982, Perfect Equilibrium in a Bargaining Model, *Econometrica*, 50(1):97-109.

118. Schelling T. C. , 1960, *The Strategy of Conflict*, Cambridge, MA: Harvard

University Press.

　　119. Selten R. , 1975 , Reexamination of the Perfectness Concept for Equilibrium Points in Extensive Games, *International Journal of Game Theory*, 4 (1) : 25-55.

　　120. Sen A. K. , 1982 , *Choice , Welfare and Measurement* , Oxford : Basil Blackwell.

　　121. Shapley L. S. , 1953 , Stochastic Games, *Proceedings of the National Academy of Sciences of USA*, 39(10) : 1095-1100.

　　122. Shapley L. S. , 1971 , Cores of Convex Games, *International Journal of Game Theory*, 1(1) : 11-26.

　　123. Shapiro C. & Stiglitz J. E. , 1984 , Equilibrium Unemployment as a Worker Discipline Device, The *American Economic Review*, 74(3) : 433-444.

　　124. Slovic P. , 2001 , Cigarette Smokers : Rational Actors or Rational Fools? In : Slovic P. (Eds.) , *Smoking : Risk , Perception , & Policy* , Thousand Oaks, CA : Sage, pp. 97-124.

　　125. Smith J. M. , 1974 , The Theory of Games and the Evolution of Animal Conflicts, *Journal of Theoretical Biology*, 47(1) : 209 – 221.

　　126. Spence A. M, 1973 , *Market Signalling : Information Transfer in Hiring and Related Processes* , Cambridge, MA , Harvard University Press.

　　127. Stahl I. , 1972 , Bargaining Theory, *Stockholm : Economics Research Institute* , Stockholm School of Economics.

　　128. Stephan M. , 2007 , A Survey of Economic Theories and Field Evidence on Pro-Social Behavior, In : Frey B. S. & Stutzer A. , (Eds.) , *Economics and Psychology : A Promising New Field*, Cambridge, MA : MIT Press, p. 51-88.

　　129. Wilson R. , 1971 , Computing Equilibria of N – Person Games, *SIAM Journal of Applied Mathematics*, 21 : 80-87.

后　记

丹尼尔·贝尔曾说过一句令笔者深有感触的话，"我在芝加哥大学教了三年经济学，……得到一个基本经验，如果你想学点什么，那就教书吧！简单而言，你必须备课，这就迫使你把那些基本的东西想透。多年来，人们总是问我：'你教什么课'。我说，'我教我想学的课，我写的也就是我学到的知识'"。贝尔的这句话之所以引起笔者很大的共鸣，就在于笔者深深体会到：自己的大多数知识都是在授课过程中学到的，并在授课过程中得以不断提升。

事实上，从10多年前进入大学从事教学开始，笔者就努力尝试开设各种课程：从博弈论、信息经济学、公共选择理论、比较经济制度分析到经济学方法论、经济学说史、政治经济学，再到中国经济学、中西文化比较、儒家文化与企业责任以及伦理经济学等。同时，为了确保思维在授课过程中不会突然中断，每开设一门新课时，笔者都要对该课程的理论发展轨迹作系统的梳理，对理论的潜在含义作反复的设问。而且，为了给学生提供尽可能多的知识并提高他们的课堂兴趣，又努力博览相关书籍，对不同学者和流派的思维和理论进行比较和契合。基于这些功课，就逐渐积累起了不少较为系统的讲义，并且，这些讲义在课堂上下与学生交流中得到持续的修正和充实，本书就是这些讲义中的一部分。

当然，自编讲义的做法明显异于当前国内经济学界的流行取向——热衷于照搬现代西方主流教材，尤其是那些流行的原版教材。之所以如此，原因在于现代主流经济学往往将经济学当成一门类似物理学的学科，试图基于先验的引导假设和形式的数理逻辑构建一套不受时空限制的普遍理论体系，从而致力于讲解"不言而喻"的原理。问题是，经济学毕竟是研究人类行为及其所衍生的社会经济现象的社会科学，经济理论不仅具有强烈的人文性，而且还需要随着社会演化而发展，但是，普通教材却往往忽视经济理论的这种特性，并将历时性发展的理论共时性地放到一起，因而常常无法解释具体的现实问题。正因为如此，笔者在撰写讲义以及授课时，特别重视理论与现实的对比，不仅注重理论的现实解释能力，而且尤其偏好以现实来反思理论缺陷,本书就充满了这种学问追寻。

最后,值得一提的是,这些讲义已经积压了 10 余年,但一直没有付梓。主要原因有二:一是,笔者长期沉浸于书斋中作文献的梳理、理论的提炼以及学术的沉思,而与包括出版社在内的社会各界一直缺乏联系;二是,笔者相信,一部有特色的讲义只有经历了长期的沉淀后才会逐渐走上成熟和完善,如马歇尔《经济学原理》中的大部分内容在出版的 10 年前或更早就已经形成了。如今,这本《博弈论》在众多讲义中率先付梓,则要归因于王光艳女士。笔者与她在一次学术会议上结识并立刻成为很好的学术对话者,她鼓励笔者先将《博弈论》讲义发展成教材。同时,笔者也认识到,只有更多的学界同仁了解到讲义的思想和内容,才能够从更多的反馈中发现错误进而加以改进,因而也就开始倾向于出版。由于种种原因,尽管本书的主要思想已经形成很多年了,但从讲义整理成教材则是在几个月之内完成的,因而其中的疏忽、错误必然不少,因而内心一直惴惴焉。是故,诚挚地期待读者的宝贵建议,笔者定会不断改进它。